메가스터디 **중학수학**

1일 1개념

1·2

중학수학,
개념이 먼저다!

초등수학은 "연산", 중학수학는 "개념", 고등수학은 "개념의 확장"이라고 합니다.

수학에서 개념이 중요하다는 말을 흔히 합니다. 많은 학생들을 살펴보면, 교과서나 문제집의 개념 설명 부분을 잘 읽지 않고, 개별적인 문제들을 곧장 풀기 시작하는 경우가 종종 있습니다. 이런 학생들은 문제를 풀면서 자연스럽게 개념이 이해되었다고 생각하고, 문제를 맞히면 그 개념을 이해한 것으로 여겨 더 이상 깊이 있게 개념을 학습하려 하지 않습니다.

그렇다면 수학을 공부할 때 문제 풀이는 어떤 의미를 가질까요?
개념을 잘 이해했는지 확인하는 데 가장 효율적인 방법이 문제 풀이입니다. 따라서 문제를 푸는 목적을 "개념 이해"에 두는 것이 맞습니다. 개념을 제대로 이해한 후에 문제를 풀어야 그 개념이 더욱 확장되고, 확장된 개념은 더 어려운 개념을 이해하고 더 어려운 문제를 푸는 데 도움이 됩니다.

이때 개념 이해를 소홀히 한 학생들은 개념이 확장되어 어려운 문제를 다루는 고등학교에 가서야 비로소 문제가 잘 풀리지 않는 경험을 하게 되고, 그제야 개념이 중요했다는 것을 깨닫습니다. 따라서 **중학교 때 수학 개념을 꾸준히, 제대로 익히는 것이 무엇보다 중요합니다.**

중학수학,
이렇게 공부하자!

01 문제 안에 사용된 개념을 파악하자!

문제를 푸는 기술만 익히면 당장 성적을 올리는 데 도움이 되지만, 응용 문제를 풀거나 상급 학교의 수학을 이해할 때 어려움을 겪을 수 있다.

그래서 이 책은, 교과서를 분석하여 1일 1개 개념 학습이 가능하도록 개념을 선별, 구성하였습니다. 또한 이전 학습 개념을 제시하여 학습 결손이 예상되는 부분을 빠르게 찾도록 하였습니다.

02 문제 풀이 기술보다 개념을 먼저 익히자!

문제를 푸는 목적은 개념 이해이므로 문제에서 묻고자 하는 개념이 무엇인지 파악하는 것이 문제 풀이에서 가장 중요하다.

그래서 이 책은, 개념 다지기 문제들은 핵심 개념을 분명하게 확인할 수 있는 것으로만 구성하였습니다. 억지로 어렵게 만든 문제들을 풀면서 소중한 학습 시간을 버리지 않도록 하였습니다.

03 쉬운 문제만 풀지 말자!

조금 까다로운 문제도 하루에 1~2문제씩 푸는 것이 좋다. 이는 어려운 내신 문제를 해결하거나 더 어려워지는 고등수학에의 적응을 위해 필요하다.

그래서 이 책은, 생각이 자라는 문제 해결 또는 창의·융합 문제를 개념당 1개씩 마지막에 제시하였습니다. 문제를 풀기 위해 도출해야 할 개념, 원리를 스스로 생각해 보는 장치도 마련하였습니다.

04 공부한 개념 사이의 관계를 정리해 보자!

한 단원을 모두 학습한 후에 각 개념을 제대로 이해했는지, 개념들 사이에 어떤 관계가 있는지를 정리해야 한다.

그래서 이 책은, 내신 빈출 문제로 단원 마무리를 할 수 있게 하였습니다. 이어서 해당 단원의 마인드맵으로 개념 사이의 관계를 이해하고, OX 문제로 개념 이해 유무를 빠르게 점검할 수 있게 하였습니다.

05 꾸준히 하는 수학 학습 습관을 들이자!

01~04의 과정을 매일 꾸준히 하는 수학 학습 습관을 만들어야 한다.

그래서 이 책은, 하루 20분씩 매일 01~04의 학습 과정을 반복하도록 하는 학습 시스템을 교재에 구현하였습니다.

이 책의 짜임새

이 책의 차례 & 학습 달성도 / 학습 계통도 & 계획표

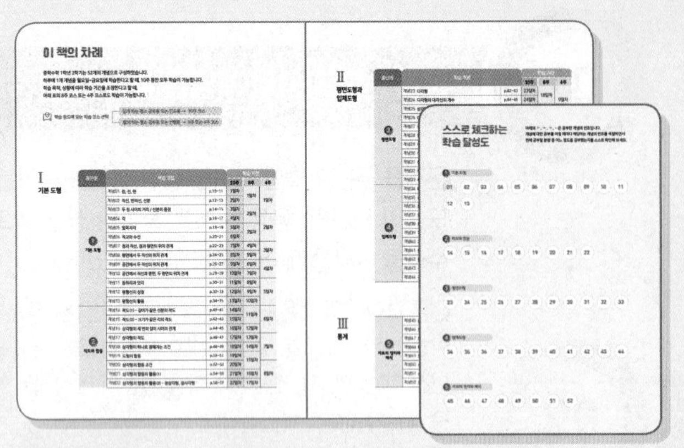

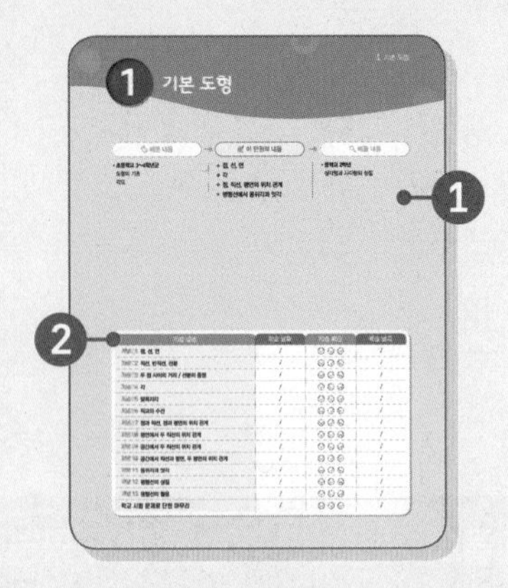

이 책의 차례

학습할 전체 개념과 이에 대한 10주, 8주, 4주 완성 코스를 제시

학습 달성도

개념 학습을 마칠 때마다 개념 번호를 색칠하면서
학습 달성 정도를 확인

학습 계통도 & 계획표

❶ 이 단원의 학습 내용에 대한 이전 학습, 이후 학습 제시

❷ 이 단원의 학습 계획표 제시(학습 날짜, 이해도 표시)

step1 개념 학습

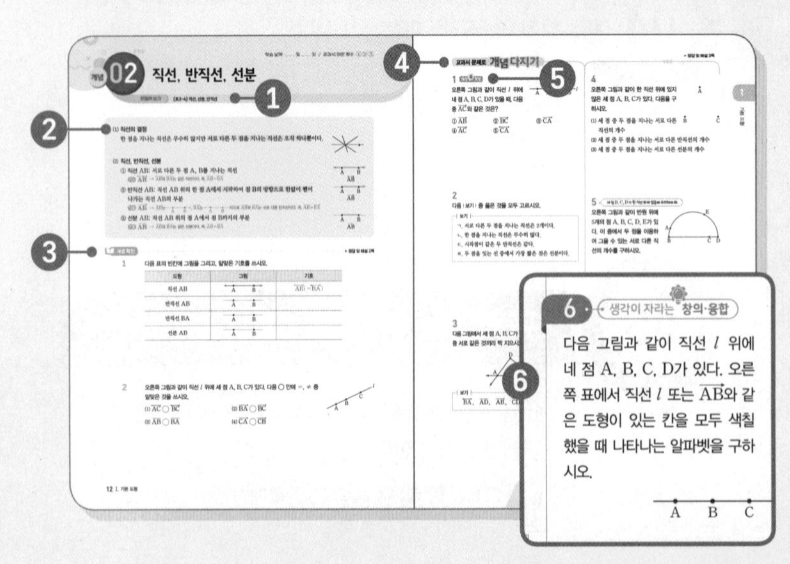

❶ 해당 개념 학습에 필요한 사전 학습 개념 제시

❷ 1일 학습이 가능하도록 개념 분류 & 정리

❸ 기본기를 올리는 개념 확인 문제 제시

❹ 학습한 개념을 제대로 이해했는지 확인하는 문제들로만 구성

❺ 해설 꼭 확인 자주 실수하는 부분을 확인할 수 있는 문제 제시

❻ 생각이 자라는 창의·융합/문제 해결

- 학습한 개념을 깊이 있게 분석하는 문제 또는 타 교과나 실생활의 지식과 연계한 문제 제시
- 문제 풀이에 필요한 개념, 원리를 스스로 도출하는 장치 제시

step2 단원 마무리 & 배운 내용 돌아보기

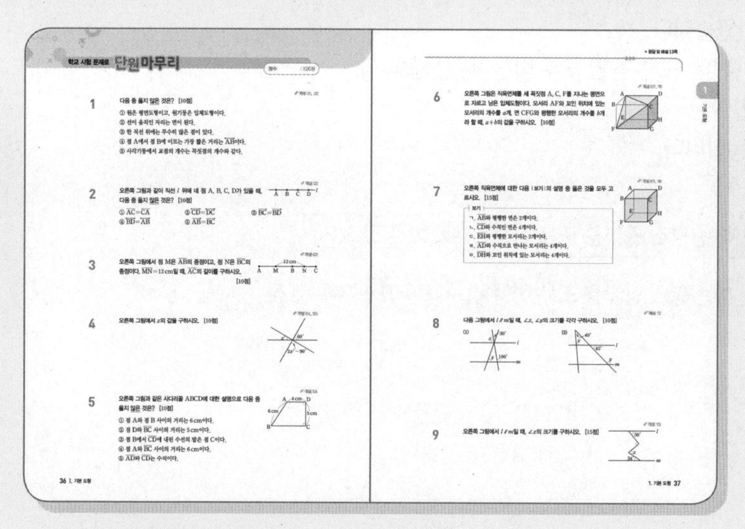

학교 시험 문제로 단원 마무리

1 다음 중 옳지 않은 것은? [10점]
① 원은 평면도형이고, 원기둥은 입체도형이다.
② 선이 움직인 자리는 면이 된다.
③ 한 직선 위에는 무수히 많은 점이 있다.
④ 점 A에서 점 B에 이르는 가장 짧은 거리는 $\overline{AB}$이다.
⑤ 사각기둥에서 교점의 개수는 꼭짓점의 개수와 같다.

2 오른쪽 그림과 같이 직선 l 위에 네 점 A, B, C, D가 있을 때, 다음 중 옳지 않은 것은? [10점]
① $\overline{AC}=\overline{CA}$ ② $\overrightarrow{CD}=\overrightarrow{DC}$ ③ $\overrightarrow{BC}=\overrightarrow{BD}$
④ $\overrightarrow{BD}=\overrightarrow{AB}$ ⑤ $\overrightarrow{AB}=\overrightarrow{BC}$

3 오른쪽 그림에서 점 M은 $\overline{AB}$의 중점이고, 점 N은 $\overline{BC}$의 중점이다. $\overline{MN}=12$ cm일 때, $\overline{AC}$의 길이를 구하시오. [10점]

4 오른쪽 그림에서 x의 값을 구하시오. [10점]

5 오른쪽 그림과 같은 사다리꼴 ABCD에 대한 설명으로 다음 중 옳지 않은 것은? [10점]
① 점 A와 점 B 사이의 거리는 6 cm이다.
② 점 D와 $\overline{BC}$ 사이의 거리는 5 cm이다.
③ 점 B에서 $\overline{CD}$에 내린 수선의 발은 점 C이다.
④ 점 A와 $\overline{BC}$ 사이의 거리는 6 cm이다.
⑤ $\overline{AD}$와 $\overline{CD}$는 수직이다.

36 I. 기본 도형

• 정답 및 해설 13쪽

6 오른쪽 그림은 직육면체를 세 꼭짓점 A, C, F를 지나는 평면으로 자르고 남은 입체도형이다. 모서리 AF와 꼬인 위치에 있는 모서리의 개수를 a개, 면 CFG와 평행한 모서리의 개수를 b개라 할 때, $a+b$의 값을 구하시오. [10점]

7 오른쪽 직육면체에 대한 다음 보기의 설명 중 옳은 것을 모두 고르시오. [15점]
보기
ㄱ. $\overline{AB}$와 평행한 면은 2개이다.
ㄴ. $\overline{CD}$와 수직인 면은 4개이다.
ㄷ. $\overline{EH}$와 평행한 모서리는 2개이다.
ㄹ. $\overline{AD}$와 수직으로 만나는 모서리는 4개이다.
ㅁ. $\overline{DH}$와 꼬인 위치에 있는 모서리는 4개이다.

8 다음 그림에서 $l /\!/ m$일 때, $\angle x$, $\angle y$의 크기를 각각 구하시오. [10점]

9 오른쪽 그림에서 $l /\!/ m$일 때, $\angle x$의 크기를 구하시오. [15점]

1. 기본 도형 37

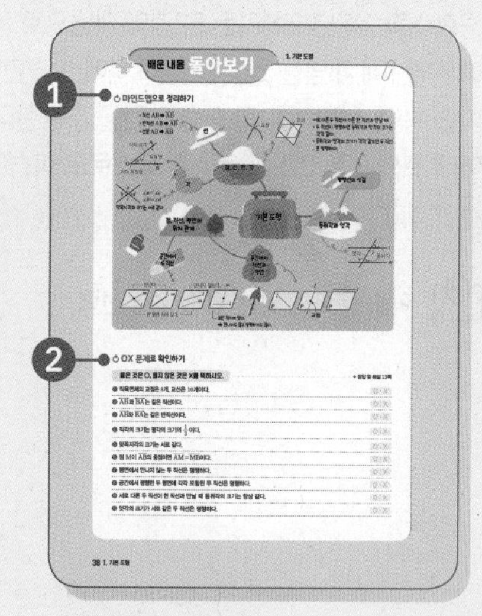

배운 내용 돌아보기

❶ 마인드맵으로 정리하기

❷ OX 문제로 확인하기

옳은 것은 O, 옳지 않은 것은 X를 택하시오. • 정답 및 해설 13쪽
- 직육면체의 교점은 8개, 교선은 10개이다. O X
- $\overleftrightarrow{AB}$와 $\overleftrightarrow{BA}$는 같은 직선이다. O X
- $\overrightarrow{AB}$와 $\overrightarrow{BA}$는 같은 반직선이다. O X
- 직각의 크기는 평각의 크기의 $\frac{1}{3}$이다. O X
- 맞꼭지각의 크기는 서로 같다. O X
- 점 M이 $\overline{AB}$의 중점이면 $\overline{AM}=\overline{MB}$이다. O X
- 평면에서 만나지 않는 두 직선은 평행하다. O X
- 공간에서 평행한 두 평면에 각각 포함된 두 직선은 평행하다. O X
- 서로 다른 두 직선이 한 직선과 만날 때 동위각의 크기는 항상 같다. O X
- 엇각의 크기가 서로 같은 두 직선은 평행하다. O X

38 I. 기본 도형

학교 시험 문제로 단원 마무리

자신의 실력을 점검하고, 실전 감각을 키울 수 있도록
전국 중학교 기출문제 중 최다 빈출 문제를 뽑아 중단원별로 구성

배운 내용 돌아보기

❶ 핵심 개념을 **마인드맵**으로 한눈에 정리
❷ **OX 문제**로 공부한 개념에 대한 이해를 간단하게 점검

정확한 답과 친절한 해설

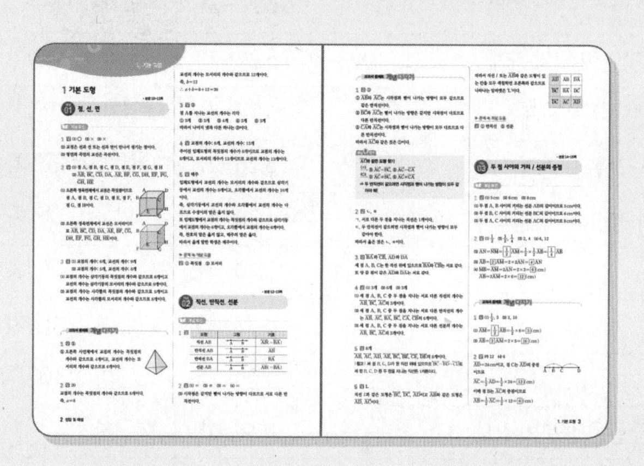

쉬운 문제부터 조금 까다로운 문제까지 과정을 생략하는 부분 없이 이해하기 쉽도록 설명

해설 꼭 확인 개념 학습 부분에서 오개념이 발생할 수 있는, 즉 자주 실수하는 문제에 대해서는 그 이유와 실수를 피하는 방법 제시

질문 리스트

개념이나 용어의 뜻, 원리 등을 제대로 이해했는지
확인하는 질문들을 모아 구성

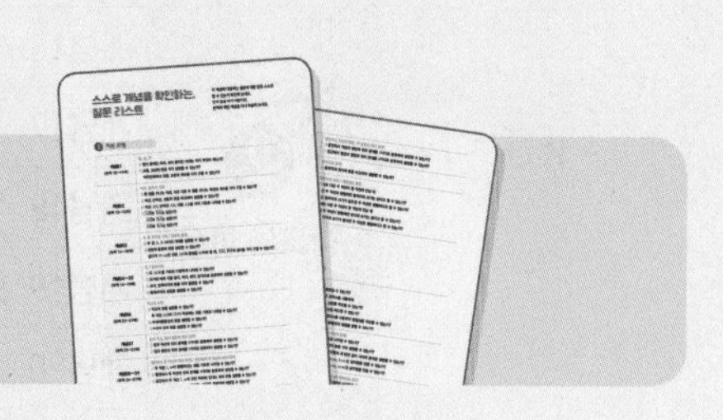

개념 Drill **1일 1개념 드릴북**(별매) – 계산력과 개념 이해력 강화를 위한 반복 연습 교재

"1일 1개념 드릴북"은 "1일 1개념"을 공부한 후, 나만의 숙제로 추가 공부가 필요한 학생에게 추천합니다!

이 책의 차례

중학수학 1학년 2학기는 52개의 개념으로 구성하였습니다.
하루에 1개 개념을 월요일~금요일에 학습한다고 할 때, 10주 동안 모두 학습이 가능합니다.
학습 목적, 상황에 따라 학습 기간을 조정한다고 할 때,
아래 표의 8주 코스 또는 4주 코스로도 학습이 가능합니다.

학습 용도에 맞는 학습 코스 선택
- 길게 하는 평소 공부용 또는 진도용 → 10주 코스
- 짧게 하는 평소 공부용 또는 선행용 → 8주 또는 4주 코스

I 기본 도형

Ⅱ 평면도형과 입체도형

중단원	학습 개념		학습 기간		
			10주	8주	4주
③ 평면도형	개념23 다각형	p.62~63	23일차	18일차	9일차
	개념24 다각형의 대각선의 개수	p.64~65	24일차		
	개념25 삼각형의 내각과 외각	p.66~67	25일차	19일차	
	개념26 다각형의 내각과 외각의 크기의 합	p.68~69	26일차		10일차
	개념27 정다각형의 한 내각과 한 외각의 크기	p.70~71	27일차	20일차	
	개념28 원과 부채꼴	p.72~73	28일차	21일차	
	개념29 부채꼴의 성질 (1) - 호의 길이, 넓이	p.74~75	29일차	22일차	11일차
	개념30 부채꼴의 성질 (2) - 현의 길이	p.76~77	30일차		
	개념31 원의 둘레의 길이와 넓이	p.78~79	31일차	23일차	
	개념32 부채꼴의 호의 길이와 넓이	p.80~81	32일차	24일차	12일차
	개념33 색칠한 부분의 넓이	p.82~83	33일차	25일차	
④ 입체도형	개념34 다면체	p.88~89	34일차	26일차	13일차
	개념35 정다면체	p.90~91	35일차		
	개념36 회전체	p.92~93	36일차	27일차	14일차
	개념37 회전체의 성질	p.94~95	37일차	28일차	
	개념38 회전체의 전개도	p.96~97	38일차	29일차	15일차
	개념39 기둥의 겉넓이	p.98~99	39일차	30일차	
	개념40 기둥의 부피	p.100~101	40일차		
	개념41 뿔의 겉넓이	p.102~103	41일차	31일차	16일차
	개념42 뿔의 부피	p.104~105	42일차	32일차	
	개념43 구의 겉넓이	p.106~107	43일차	33일차	17일차
	개념44 구의 부피	p.108~109	44일차	34일차	

Ⅲ 통계

중단원	학습 개념		10주	8주	4주
⑤ 자료의 정리와 해석	개념45 줄기와 잎 그림	p.114~115	45일차	35일차	18일차
	개념46 도수분포표 (1)	p.116~117	46일차		
	개념47 도수분포표 (2)	p.118~119	47일차	36일차	
	개념48 히스토그램	p.120~121	48일차	37일차	19일차
	개념49 도수분포다각형	p.122~123	49일차		
	개념50 상대도수	p.124~125	50일차	38일차	
	개념51 상대도수의 분포를 나타낸 그래프	p.126~127	51일차	39일차	20일차
	개념52 도수의 총합이 다른 두 자료의 비교	p.128~129	52일차	40일차	

스스로 체크하는 학습 달성도

아래의 01, 02, 03, …은 공부한 개념의 번호입니다.
개념에 대한 공부를 마칠 때마다 해당하는 개념의 번호를 색칠하면서
전체 공부할 분량 중 어느 정도를 공부했는지를 스스로 확인해 보세요.

1 기본 도형

01 02 03 04 05 06 07 08 09 10 11
12 13

2 작도와 합동

14 15 16 17 18 19 20 21 22

3 평면도형

23 24 25 26 27 28 29 30 31 32 33

4 입체도형

34 35 36 37 38 39 40 41 42 43 44

5 자료의 정리와 해석

45 46 47 48 49 50 51 52

1 기본 도형

배운 내용	이 단원의 내용	배울 내용
• **초등학교 3~4학년군** 도형의 기초 각도	◆ 점, 선, 면 ◆ 각 ◆ 점, 직선, 평면의 위치 관계 ◆ 평행선에서 동위각과 엇각	• **중학교 2학년** 삼각형과 사각형의 성질

학습 내용	학습 날짜	학습 확인	복습 날짜
개념 01 점, 선, 면	/	☺ 😐 ☹	/
개념 02 직선, 반직선, 선분	/	☺ 😐 ☹	/
개념 03 두 점 사이의 거리 / 선분의 중점	/	☺ 😐 ☹	/
개념 04 각	/	☺ 😐 ☹	/
개념 05 맞꼭지각	/	☺ 😐 ☹	/
개념 06 직교와 수선	/	☺ 😐 ☹	/
개념 07 점과 직선, 점과 평면의 위치 관계	/	☺ 😐 ☹	/
개념 08 평면에서 두 직선의 위치 관계	/	☺ 😐 ☹	/
개념 09 공간에서 두 직선의 위치 관계	/	☺ 😐 ☹	/
개념 10 공간에서 직선과 평면, 두 평면의 위치 관계	/	☺ 😐 ☹	/
개념 11 동위각과 엇각	/	☺ 😐 ☹	/
개념 12 평행선의 성질	/	☺ 😐 ☹	/
개념 13 평행선의 활용	/	☺ 😐 ☹	/
학교 시험 문제로 단원 마무리	/	☺ 😐 ☹	/

개념 01 점, 선, 면

되짚어 보기 [초3-4] 직선, 선분, 반직선

(1) **점, 선, 면**

① 점, 선, 면을 도형의 기본 요소라 한다.

② 점이 움직인 자리는 선이 되고, 선이 움직인 자리는 면이 된다.

(2) **교점과 교선**

① 교점: 선과 선 또는 선과 면이 만나서 생기는 점

② 교선: 면과 면이 만나서 생기는 선 ← 교선은 직선 또는 곡선이 될 수 있다.

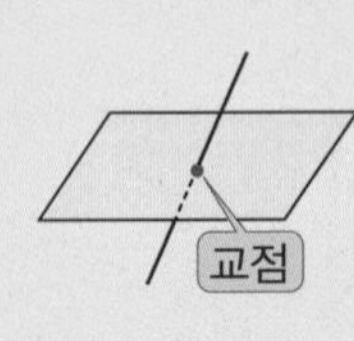

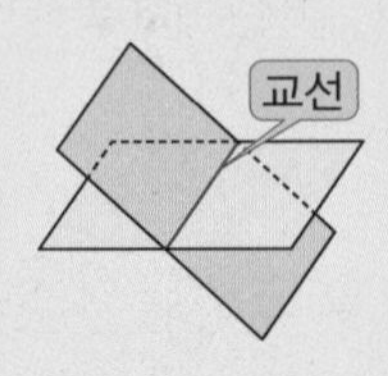

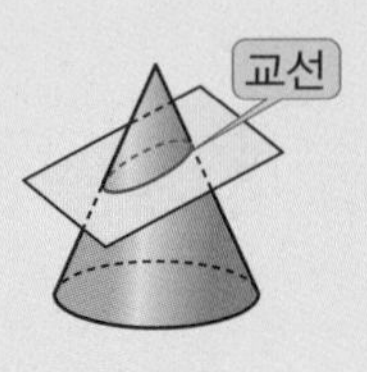

참고 평면만으로 둘러싸인 입체도형에서 교점의 개수는 꼭짓점의 개수와 같고 교선의 개수는 모서리의 개수와 같다.

개념 확인

● 정답 및 해설 2쪽

1 다음 설명 중 옳은 것은 ○표, 옳지 않은 것은 ×표를 ( ) 안에 쓰시오.

(1) 점이 움직인 자리는 선이 된다. ( )

(2) 교점은 선과 선이 만나는 경우에만 생긴다. ( )

(3) 평면과 곡면의 교선은 직선이다. ( )

2 오른쪽 그림의 정육면체에 대하여 다음 물음에 답하시오.

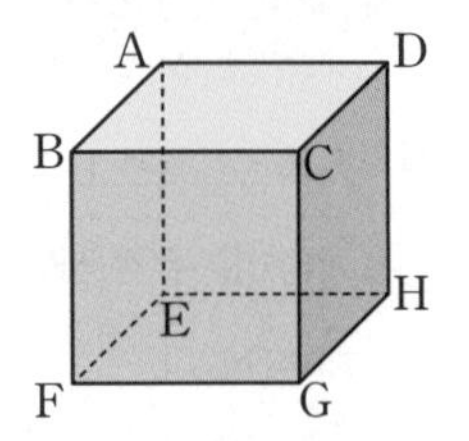

(1) 교점을 모두 말하시오.

(2) 교선을 모두 말하시오.

3 다음 입체도형에서 교점의 개수와 교선의 개수를 각각 구하시오.

(1)

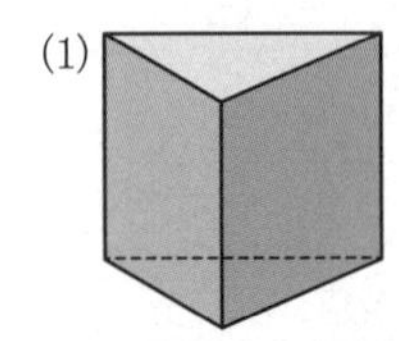

(2)

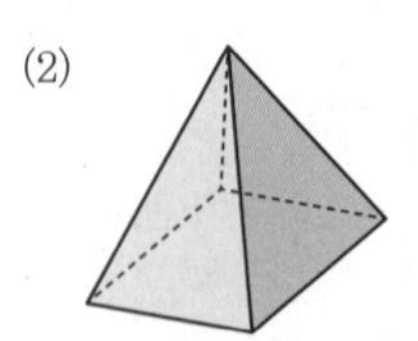

교과서 문제로 개념 다지기

1
다음 중 옳지 않은 것은?

① 선이 움직인 자리는 면이 된다.
② 평면도형은 한 평면 위에 있는 도형이다.
③ 교점은 선과 선 또는 선과 면이 만나면 생긴다.
④ 입체도형은 점, 선, 면으로 이루어져 있다.
⑤ 사면체에서 교점의 개수는 교선의 개수와 같다.

2
오른쪽 그림과 같은 입체도형의 교점의 개수를 a개, 교선의 개수를 b개라 할 때, $a+b$의 값을 구하시오.

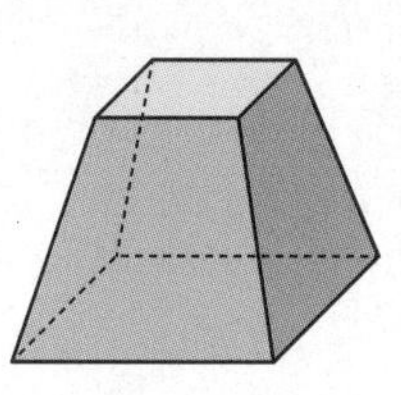

3
다음 중 점 A를 지나는 교선의 개수가 나머지 넷과 다른 하나는?

①

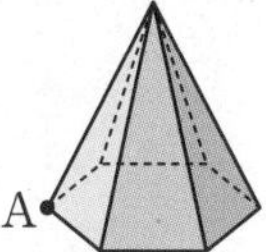

②
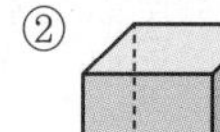

③

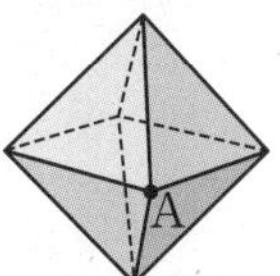

④
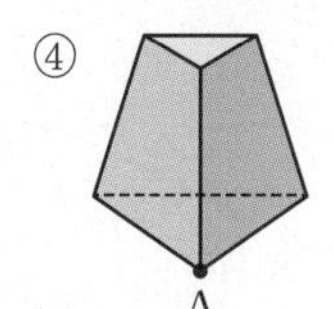

⑤
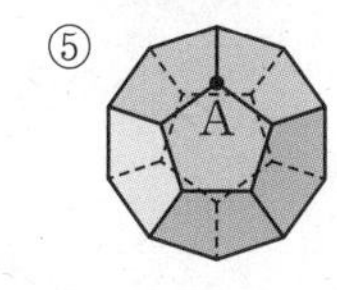

4
오른쪽 그림은 정육면체에서 일부를 잘라 내고 남은 입체도형이다. 이 입체도형의 교점의 개수와 교선의 개수를 각각 구하시오.

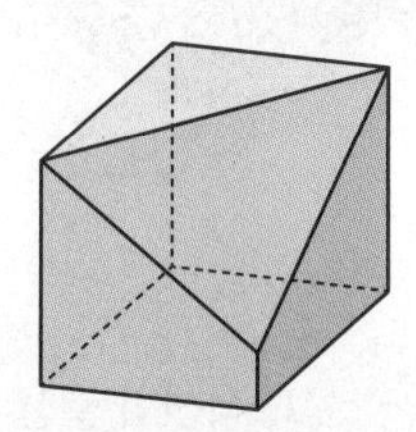

5 생각이 자라는 창의·융합
다음은 세 학생이 삼각기둥과 오각뿔에 대하여 나눈 대화이다. 옳게 말한 학생을 찾으시오.

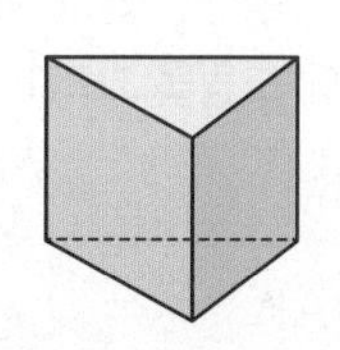
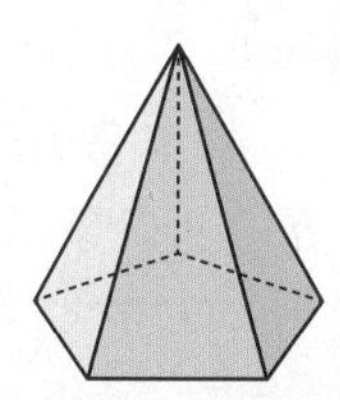

수경: 삼각기둥에서 교선의 개수와 오각뿔에서 교선의 개수가 같아.
찬호: 삼각기둥에서 교점의 개수는 9개야.
태주: 오각뿔에서 교점의 개수는 6개야.

▶ 문제 속 개념 도출
- 평면만으로 둘러싸인 입체도형에서 꼭짓점은 모서리와 모서리 또는 면과 모서리의 교점이고, 모서리는 면과 면의 교선이다.
  ➡ (교점의 개수)=(① ______ 의 개수)
  (교선의 개수)=(② ______ 의 개수)

개념 02 직선, 반직선, 선분

되짚어 보기 [초3-4] 직선, 선분, 반직선

(1) 직선의 결정

한 점을 지나는 직선은 무수히 많지만 서로 다른 두 점을 지나는 직선은 오직 하나뿐이다.

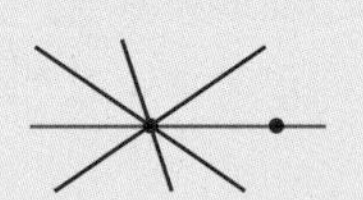

(2) 직선, 반직선, 선분

① 직선 AB: 서로 다른 두 점 A, B를 지나는 직선

기호 $\overleftrightarrow{AB}$ → $\overleftrightarrow{AB}$와 $\overleftrightarrow{BA}$는 같은 직선이다. 즉, $\overleftrightarrow{AB}=\overleftrightarrow{BA}$

A B
$\overleftrightarrow{AB}$

② 반직선 AB: 직선 AB 위의 한 점 A에서 시작하여 점 B의 방향으로 한없이 뻗어 나가는 직선 AB의 부분

기호 $\overrightarrow{AB}$ → $\overrightarrow{AB}$는 A B, $\overrightarrow{BA}$는 A B 이므로 $\overrightarrow{AB}$와 $\overrightarrow{BA}$는 서로 다른 반직선이다. 즉, $\overrightarrow{AB}\neq\overrightarrow{BA}$

A B
$\overrightarrow{AB}$

③ 선분 AB: 직선 AB 위의 점 A에서 점 B까지의 부분

기호 $\overline{AB}$ → $\overline{AB}$와 $\overline{BA}$는 같은 선분이다. 즉, $\overline{AB}=\overline{BA}$

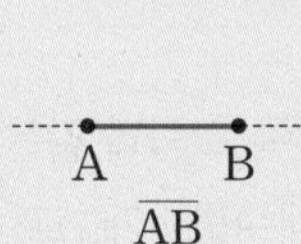

개념 확인

• 정답 및 해설 2쪽

1 다음 표의 빈칸에 그림을 그리고, 알맞은 기호를 쓰시오.

도형	그림	기호
직선 AB	A B	$\overleftrightarrow{AB}(=\overleftrightarrow{BA})$
반직선 AB	A B	
반직선 BA	A B	
선분 AB	A B	

2 오른쪽 그림과 같이 직선 l 위에 세 점 A, B, C가 있다. 다음 ◯ 안에 =, ≠ 중 알맞은 것을 쓰시오.

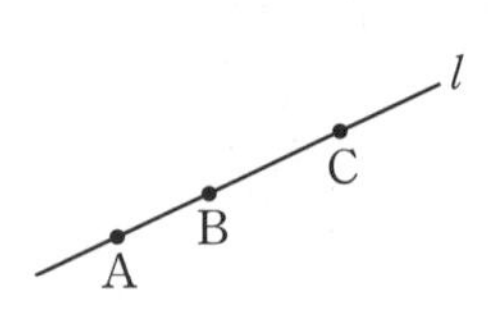

(1) $\overleftrightarrow{AC}$ ◯ $\overleftrightarrow{BC}$

(2) $\overrightarrow{BA}$ ◯ $\overrightarrow{BC}$

(3) $\overline{AB}$ ◯ $\overline{BA}$

(4) $\overrightarrow{CA}$ ◯ $\overrightarrow{CB}$

교과서 문제로 개념 다지기

1 해설 꼭 확인

오른쪽 그림과 같이 직선 l 위에 네 점 A, B, C, D가 있을 때, 다음 중 $\overrightarrow{AC}$와 같은 것은?

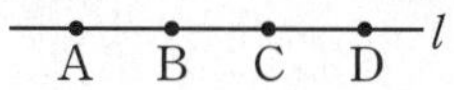

A B C D l

① $\overrightarrow{AB}$ ② $\overrightarrow{BC}$ ③ $\overrightarrow{CA}$
④ $\overleftrightarrow{AC}$ ⑤ $\overleftrightarrow{CA}$

2

다음 | 보기 | 중 옳은 것을 모두 고르시오.

| 보기 |
ㄱ. 서로 다른 두 점을 지나는 직선은 2개이다.
ㄴ. 한 점을 지나는 직선은 무수히 많다.
ㄷ. 시작점이 같은 두 반직선은 같다.
ㄹ. 두 점을 잇는 선 중에서 가장 짧은 것은 선분이다.

3

다음 그림에서 세 점 A, B, C가 한 직선 위에 있을 때, | 보기 | 중 서로 같은 것끼리 짝 지으시오.

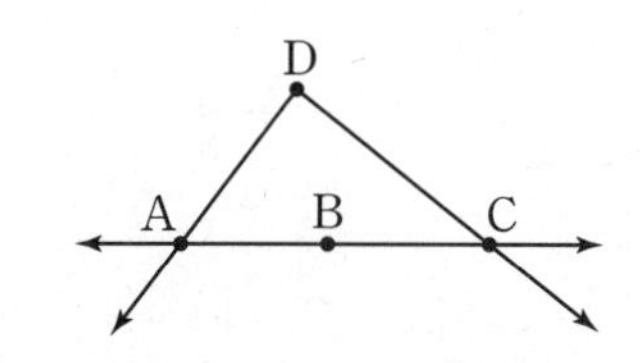

| 보기 |
$\overleftrightarrow{BA}$, $\overline{AD}$, $\overrightarrow{AB}$, $\overline{CD}$, $\overrightarrow{DC}$, $\overleftrightarrow{CB}$, $\overline{DA}$

4

오른쪽 그림과 같이 한 직선 위에 있지 않은 세 점 A, B, C가 있다. 다음을 구하시오.

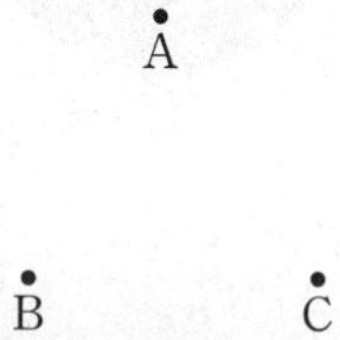

A
B C

(1) 세 점 중 두 점을 지나는 서로 다른 직선의 개수
(2) 세 점 중 두 점을 지나는 서로 다른 반직선의 개수
(3) 세 점 중 두 점을 지나는 서로 다른 선분의 개수

5 세 점 B, C, D가 한 직선 위에 있음에 주의해야 해.

오른쪽 그림과 같이 반원 위에 5개의 점 A, B, C, D, E가 있다. 이 중에서 두 점을 이용하여 그을 수 있는 서로 다른 직선의 개수를 구하시오.

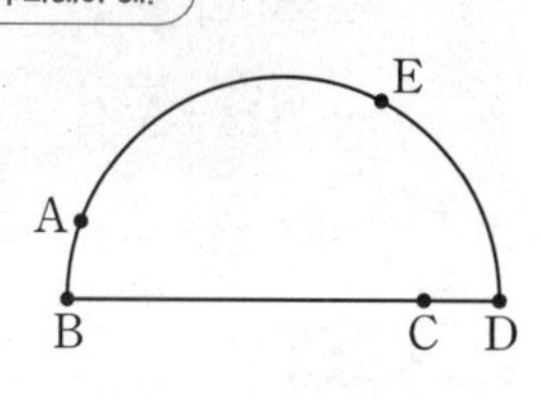

6 생각이 자라는 창의·융합

다음 그림과 같이 직선 l 위에 네 점 A, B, C, D가 있다. 오른쪽 표에서 직선 l 또는 $\overrightarrow{AB}$와 같은 도형이 있는 칸을 모두 색칠했을 때 나타나는 알파벳을 구하시오.

$\overrightarrow{AD}$	$\overline{AB}$	$\overline{DA}$
$\overleftrightarrow{BC}$	$\overrightarrow{BA}$	$\overrightarrow{DC}$
$\overleftrightarrow{DC}$	$\overrightarrow{AC}$	$\overleftrightarrow{AD}$

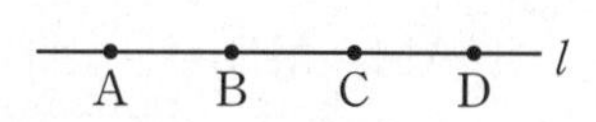

▶ 문제 속 개념 도출

직선 AB	① ______ AB	② ______ AB
A B	A B	A B

개념 03 두 점 사이의 거리 / 선분의 중점

되짚어 보기 [중1] 직선, 반직선, 선분

1 두 점 A, B 사이의 거리

서로 다른 두 점 A, B를 잇는 무수히 많은 선 중에서 길이가 가장 짧은 선인 선분 AB의 길이를 두 점 A, B 사이의 거리라 한다.

참고 기호 $\overline{AB}$는 도형으로서 선분 AB를 나타내기도 하고, 그 선분의 길이를 나타내기도 한다.
➡ 선분 AB의 길이가 3 cm일 때 $\overline{AB}=3\text{ cm}$와 같이 나타내고,
선분 AB와 선분 CD의 길이가 같을 때 $\overline{AB}=\overline{CD}$와 같이 나타낸다.

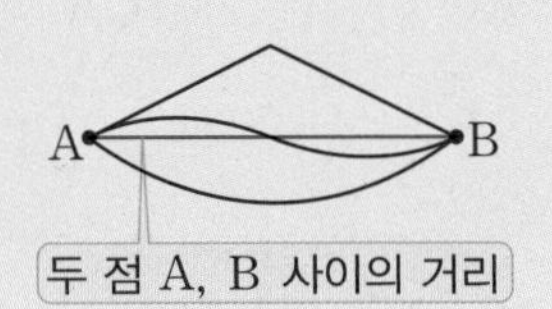

2 선분 AB의 중점

선분 AB 위의 한 점 M에 대하여 $\overline{AM}=\overline{MB}$일 때, 점 M을 선분 AB의 중점이라 한다.

➡ $\overline{AM}=\overline{MB}=\frac{1}{2}\overline{AB}$ → $\overline{AB}=2\overline{AM}=2\overline{MB}$

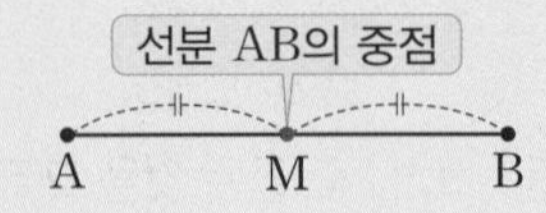

개념 확인

● 정답 및 해설 3쪽

1 오른쪽 그림에서 다음을 구하시오.

(1) 두 점 A, B 사이의 거리

(2) 두 점 B, C 사이의 거리

(3) 두 점 A, C 사이의 거리

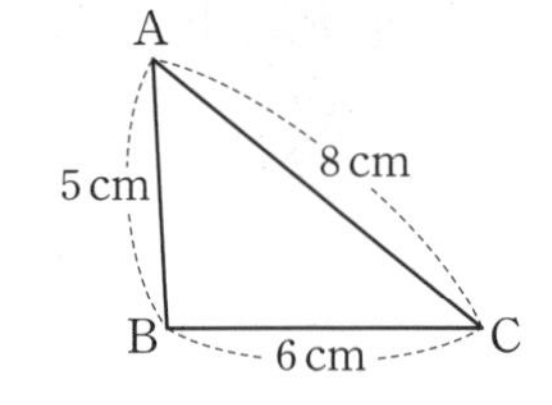

2 오른쪽 그림에서 점 M은 선분 AB의 중점이고, 점 N은 선분 AM의 중점일 때, 다음 □ 안에 알맞은 수를 쓰시오.

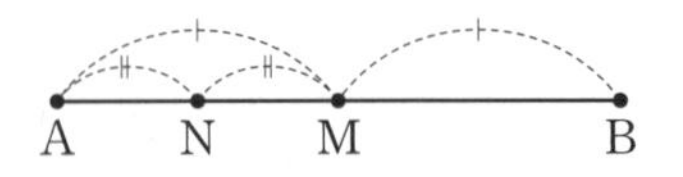

(1) $\overline{AM}=\overline{MB}=$□$\overline{AB}$

(2) $\overline{AN}=\overline{NM}=$□$\overline{AM}=$□$\overline{AB}$

(3) $\overline{AB}=$□$\overline{AM}=$□$\overline{AN}$

(4) $\overline{AN}=3\text{ cm}$이면 $\overline{MB}=$□cm, $\overline{AB}=$□cm

교과서 문제로 개념 다지기

1

다음 그림에서 점 M은 $\overline{AB}$의 중점일 때, □ 안에 알맞은 수를 쓰시오.

(1)

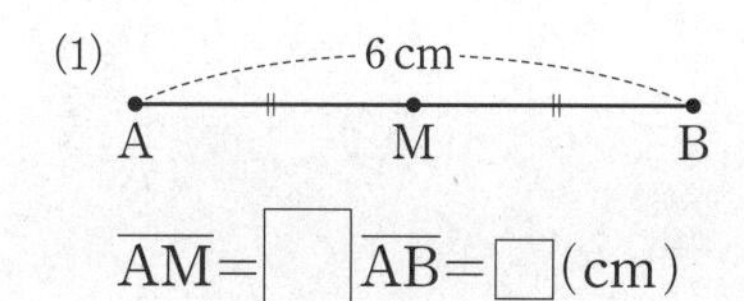

$\overline{AM}=\square\,\overline{AB}=\square$(cm)

(2)

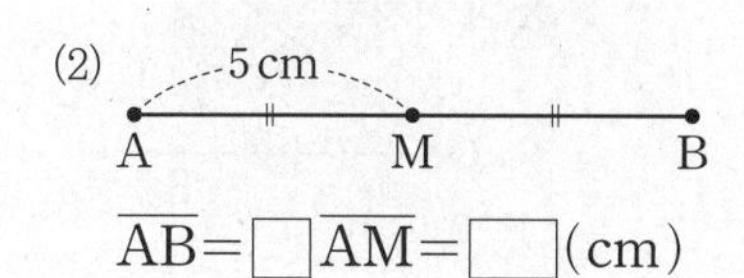

$\overline{AB}=\square\,\overline{AM}=\square$(cm)

2

아래 그림에서 점 C는 선분 AD의 중점이고 점 B는 선분 AC의 중점이다. 이 그림에 대한 다음 설명에서 (가), (나)에 알맞은 수를 각각 쓰시오.

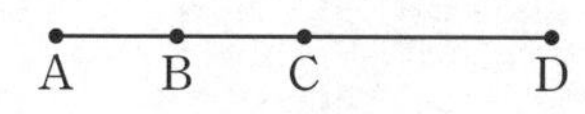

$\overline{AD}=24$ cm일 때, $\overline{AC}=$ (가) cm,
$\overline{AB}=$ (나) cm이다.

3

오른쪽 그림에서 점 M은 $\overline{AB}$의 중점이고, 점 N은 $\overline{MB}$의 중점이다. 다음 중 옳지 않은 것은?

A M N B

① $\overline{AM}=\overline{MB}$ ② $\overline{AB}=2\overline{MB}$
③ $\overline{NB}=\frac{1}{3}\overline{AB}$ ④ $\overline{MN}=\frac{1}{2}\overline{MB}$
⑤ $\overline{MN}=\overline{NB}$

4

다음 그림에서 점 M은 $\overline{AB}$의 중점이고, 점 N은 $\overline{BC}$의 중점이다. $\overline{AB}=10$ cm, $\overline{BC}=8$ cm일 때, $\overline{MN}$의 길이를 구하시오.

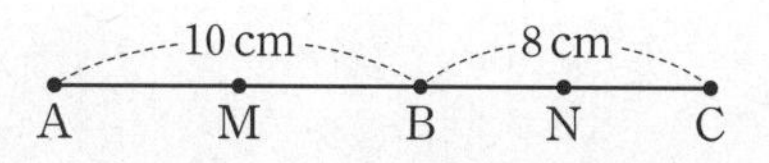

5 생각이 자라는 창의·융합

민영이는 시장에서 과일 가게를 찾으려고 한다. 과일 가게의 위치가 다음 | 조건 |을 모두 만족시킬 때, 아래 그림의 A～G 중 민영이가 찾는 과일 가게의 위치로 알맞은 것을 말하시오.

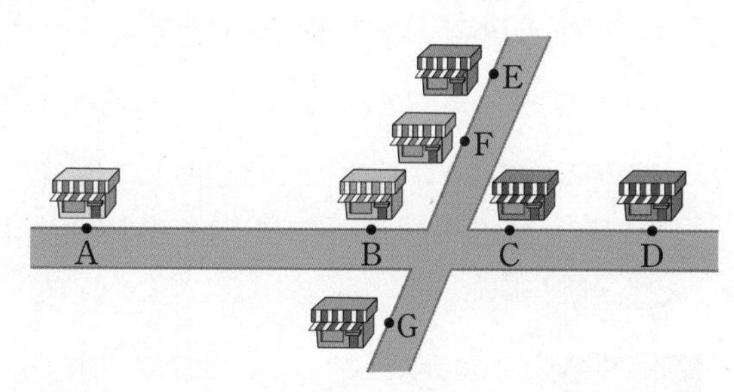

| 조건 |
(가) 과일 가게는 직선 AC 위에 있다.
(나) 가게 B는 선분 AD의 중점에 위치한다.
(다) 가게 C는 선분 BD의 중점에 위치한다.
(라) 과일 가게에서 가게 D까지의 거리는 과일 가게에서 가게 A까지의 거리의 $\frac{1}{3}$이다.

▶ 문제 속 개념 도출
• 점 B가 선분 AC의 중점이다.
➡ 점 B는 선분 ① ____ 위에 있고, $\overline{AB}=\overline{BC}$이다.

각

되짚어 보기 [초3-4] 각 / 각도

1 각

(1) **각 AOB**: 한 점 O에서 시작하는 두 반직선 OA, OB로 이루어진 도형

기호 $\angle \mathrm{AOB}$, $\angle \mathrm{BOA}$, $\angle \mathrm{O}$, $\angle a$

각의 꼭짓점을 반드시 가운데 쓴다.

각의 꼭짓점
각의 변
각의 크기
A
O
B
a

(2) **각 AOB의 크기**: $\angle \mathrm{AOB}$에서 꼭짓점 O를 중심으로 변 OB가 변 OA까지 회전한 양

참고 • $\angle \mathrm{AOB}$는 도형으로서 각 AOB를 나타내기도 하고, 그 각의 크기를 나타내기도 한다.

➡ $\angle \mathrm{AOB}$의 크기가 30°일 때, $\angle \mathrm{AOB}=30^\circ$와 같이 나타낸다.

• $\angle \mathrm{AOB}$는 보통 크기가 작은 쪽의 각을 말한다.
즉, 오른쪽 그림에서 $\angle \mathrm{AOB}=120^\circ$이다.

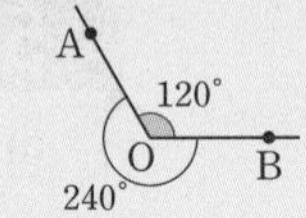

2 각의 분류

(1) **평각**: 각의 두 변이 꼭짓점을 중심으로 서로 반대쪽에 있고 한 직선을 이룰 때의 각, 즉 크기가 180°인 각

(2) **직각**: 평각의 크기의 $\frac{1}{2}$인 각, 즉 크기가 90°인 각

(3) **예각**: 크기가 0°보다 크고 90°보다 작은 각

(4) **둔각**: 크기가 90°보다 크고 180°보다 작은 각

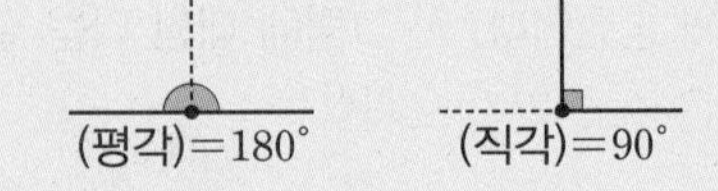

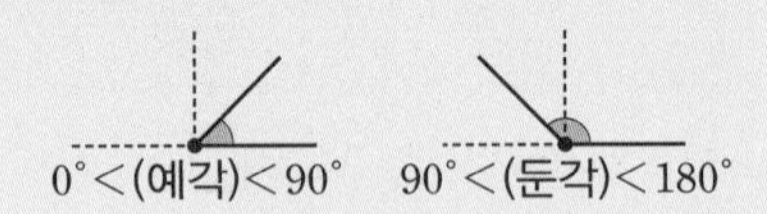

개념 확인

● 정답 및 해설 4쪽

1 오른쪽 그림에서 $\angle a$, $\angle b$, $\angle c$를 각각 점 A, B, C를 사용하여 나타내시오.

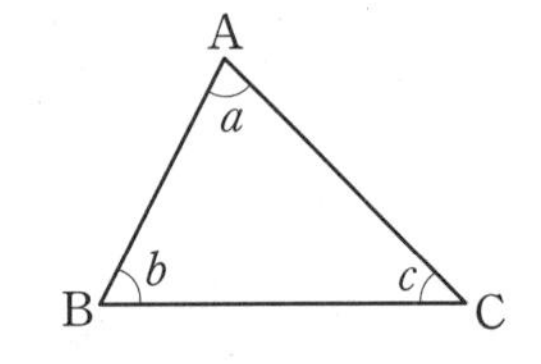

(1) $\angle a$ ⇨ ________________

(2) $\angle b$ ⇨ ________________

(3) $\angle c$ ⇨ ________________

2 다음 각이 해당하는 칸에 ○표를 하시오.

각	60°	150°	30°	90°	180°	45°	120°
예각							
직각							
둔각							
평각							

교과서 문제로 개념 다지기

1

오른쪽 그림을 보고 다음 | 보기 | 의 각에 대하여 물음에 답하시오.

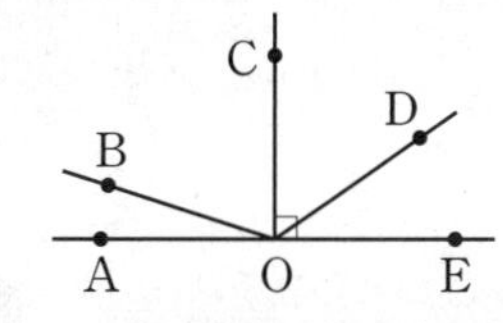

| 보기 |

ㄱ. $\angle \mathrm{AOB}$　　ㄴ. $\angle \mathrm{AOC}$　　ㄷ. $\angle \mathrm{AOD}$
ㄹ. $\angle \mathrm{AOE}$　　ㅁ. $\angle \mathrm{BOC}$　　ㅂ. $\angle \mathrm{BOE}$

(1) 예각인 것을 모두 고르시오.
(2) 둔각인 것을 모두 고르시오.
(3) 직각인 것을 모두 고르시오.

2

다음 그림에서 $\angle x$의 크기를 구하시오.

(1)

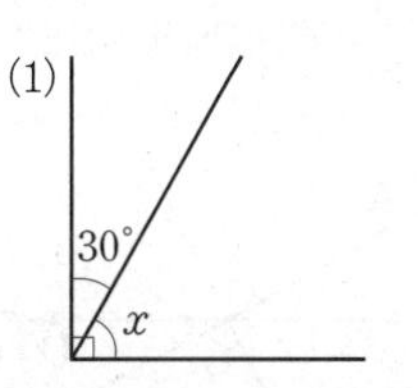

(2)

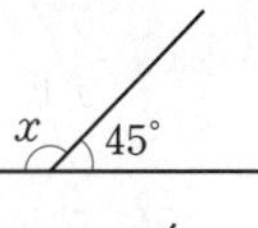

(3)

3

오른쪽 그림에서 $\angle \mathrm{BOC}$의 크기를 구하시오.

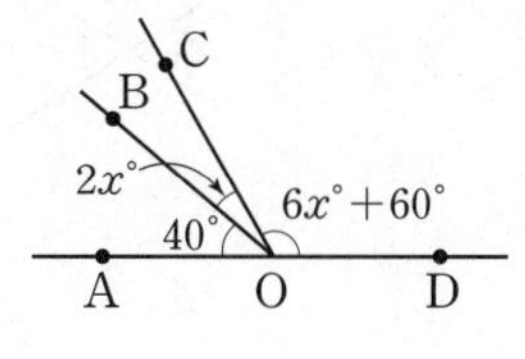

4

오른쪽 그림에서 $\angle \mathrm{AOC}=\angle \mathrm{BOD}=90°$, $\angle \mathrm{BOA}=40°$일 때, $\angle x$, $\angle y$의 크기를 각각 구하시오.

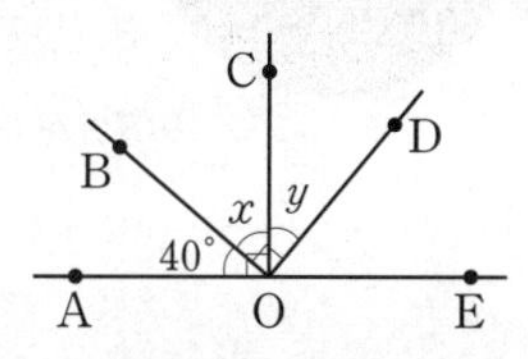

5

오른쪽 그림에서 $\angle x : \angle y : \angle z = 3:4:5$일 때, $\angle z$의 크기를 구하시오.

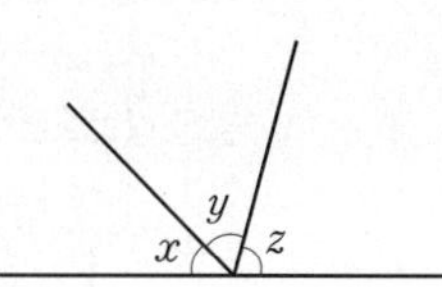

6 · 생각이 자라는 창의·융합

오른쪽 그림과 같이 지안이가 탄 대관람차의 차량이 가장 낮은 곳인 처음 위치에서 시계 반대 방향으로 30°만큼 회전하여 현재 위치에 있다. 지안이가 탄 차량이 가장 높은 곳에 있으려면 차량은 현재 위치에서 시계 반대 방향으로 얼마만큼 더 회전하여야 하는지 구하시오.

▶ 문제 속 개념 도출

• 평각의 크기는 ① ______, 직각의 크기는 ② ______이다.

개념 05 맞꼭지각

되짚어 보기 [중1] 각

(1) **교각**: 두 직선이 한 점에서 만날 때 생기는 네 개의 각
➡ $\angle a$, $\angle b$, $\angle c$, $\angle d$

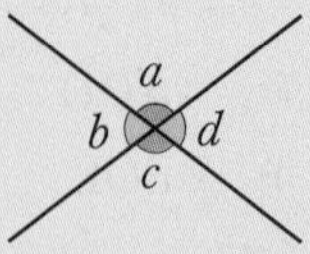

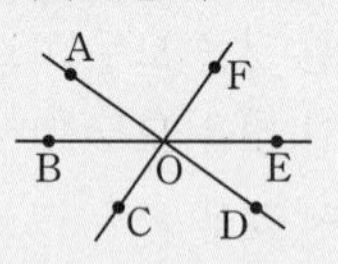

(2) **맞꼭지각**: 교각 중에서 서로 마주 보는 각
➡ $\angle a$와 $\angle c$, $\angle b$와 $\angle d$

(3) **맞꼭지각의 성질**: 맞꼭지각의 크기는 서로 같다.
➡ $\angle a=\angle c$, $\angle b=\angle d$

참고 오른쪽 그림에서 $\angle a+\angle b=180°$, $\angle b+\angle c=180°$이므로
$\angle a+\angle b=\angle b+\angle c$
$\therefore \angle a=\angle c$
같은 방법으로 하면 $\angle b=\angle d$임을 알 수 있다.

바/로/풀/기

빈칸을 채우시오.

Q1 다음 그림과 같이 세 직선이 한 점 O에서 만날 때

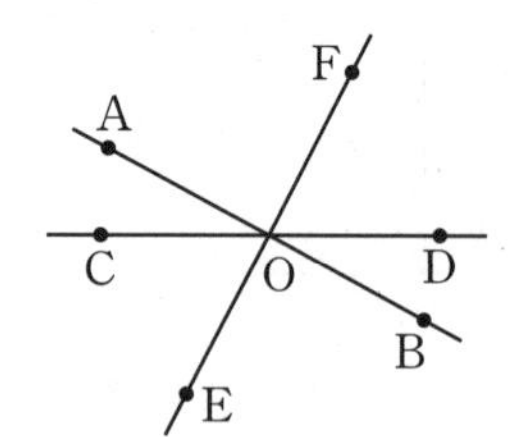

(1) ∠AOB의 맞꼭지각은 ∠DOE이다.
(2) ∠AOF의 맞꼭지각은 ☐이다.
(3) ∠FOB의 맞꼭지각은 ☐이다.

개념 확인

● 정답 및 해설 5쪽

1 오른쪽 그림에서 다음 각의 맞꼭지각을 구하시오.

(1) ∠AOC (2) ∠BOE
(3) ∠DOF (4) ∠COF
(5) ∠AOD (6) ∠AOE

2 다음 그림에서 $\angle x$, $\angle y$의 크기를 각각 구하시오.

(1)

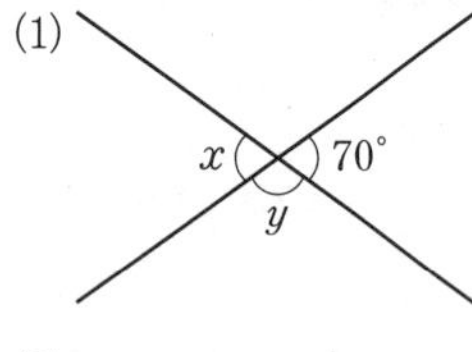

(2)

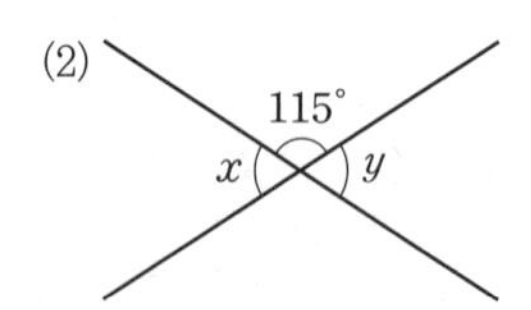

(3)

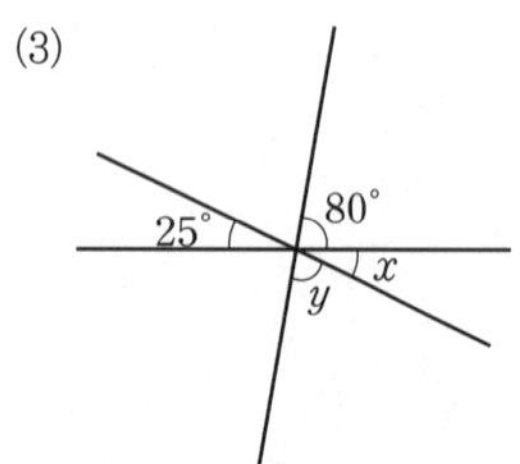

(4)

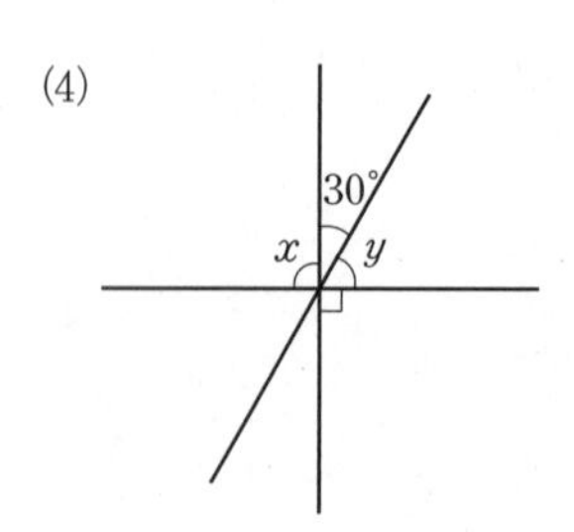

교과서 문제로 개념 다지기

1

다음 그림에서 $\angle x$, $\angle y$의 크기를 각각 구하시오.

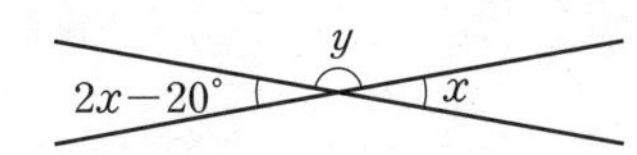

2

다음 그림에서 x의 값을 구하시오.

(1)

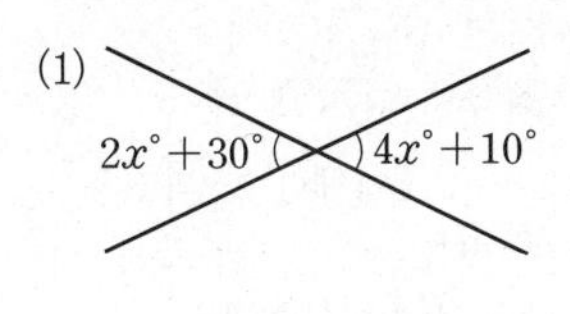

(2)

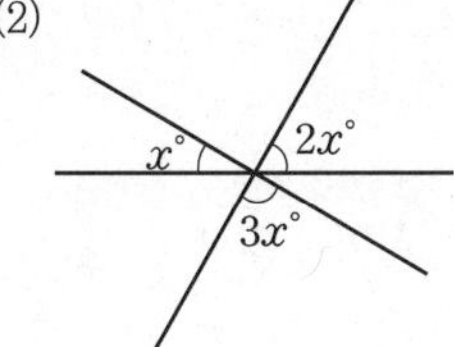

3

오른쪽 그림에서 x의 값을 구하시오.

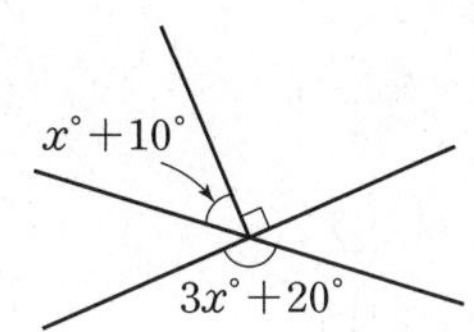

4

오른쪽 그림에서 $\angle a+\angle c=210^\circ$일 때, $\angle a$, $\angle b$의 크기를 각각 구하시오.

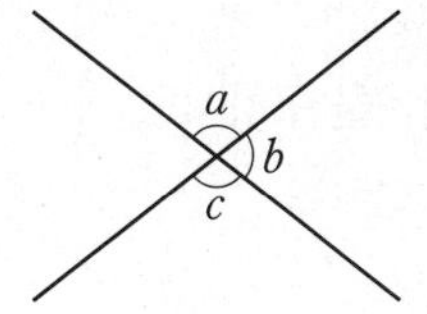

5

오른쪽 그림과 같이 네 개의 댓가지를 한 점에서 만나도록 가로, 세로, 대각선 방향으로 붙여 방패연을 만들 때 생기는 맞꼭지각은 모두 몇 쌍인지 구하시오.

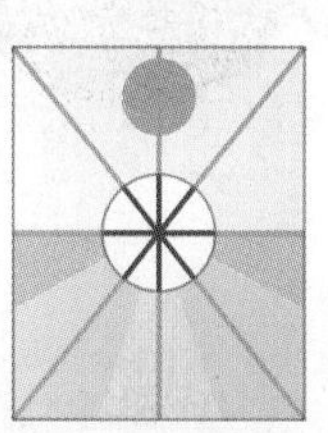

6

오른쪽 그림과 같이 두 직각삼각형이 겹쳐 있을 때, $\angle a$, $\angle b$의 크기를 각각 구하시오.

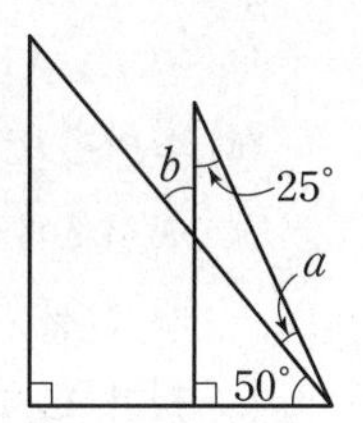

7 생각이 자라는 문제 해결

오른쪽 그림에서 $\angle x:\angle y=7:2$일 때, $\angle z$의 크기는?

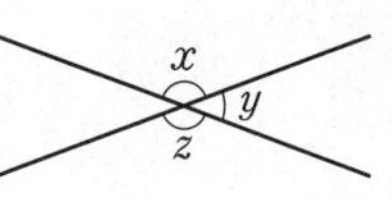

① 100° ② 110° ③ 120°
④ 130° ⑤ 140°

▶ 문제 속 개념 도출

- 맞꼭지각의 크기는 서로 ①____.
- 평각의 크기는 ②____이다.
- 전체 ●를 ▲ : ■로 나누기
  ➡ ●×$\frac{▲}{▲+■}$, ●×$\frac{■}{▲+■}$

직교와 수선

되짚어 보기 [초3-4] 직선의 수직 관계와 평행 관계

(1) **직교**: 두 직선 AB와 CD의 교각이 직각일 때, 이 두 직선은 서로 직교한다고 한다.

기호 $\overleftrightarrow{AB} \perp \overleftrightarrow{CD}$

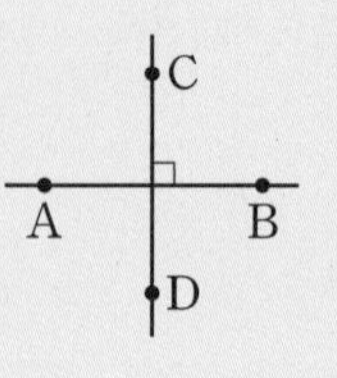

(2) **수직과 수선**: 두 직선이 직교할 때, 두 직선은 서로 수직이고, 한 직선을 다른 직선의 수선이라 한다.

(3) **수직이등분선**: 선분 AB의 중점 M을 지나고 선분 AB에 수직인 직선 l을 선분 AB의 수직이등분선이라 한다.

➡ 직선 l이 선분 AB의 수직이등분선이면

$l \perp \overline{AB}$, $\overline{AM} = \overline{MB}$

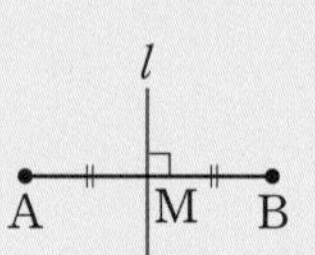

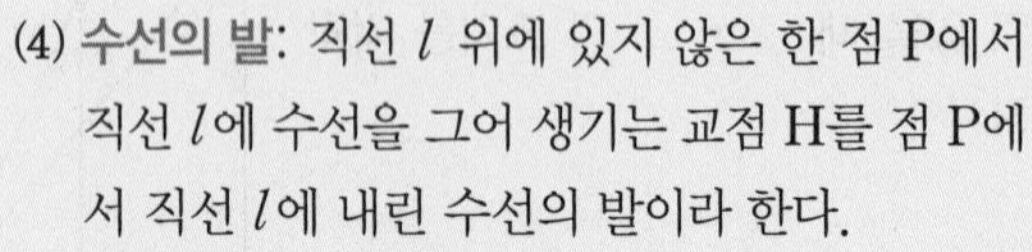

(4) **수선의 발**: 직선 l 위에 있지 않은 한 점 P에서 직선 l에 수선을 그어 생기는 교점 H를 점 P에서 직선 l에 내린 수선의 발이라 한다.

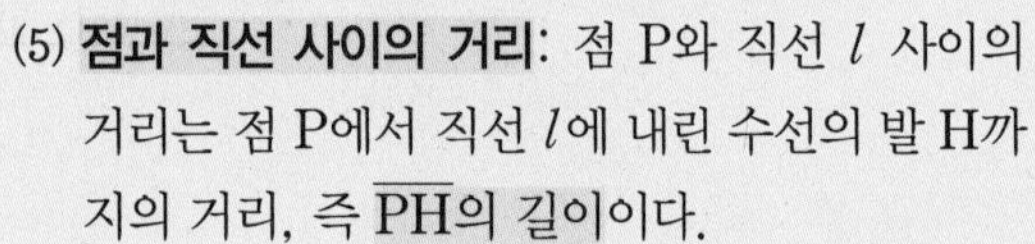

(5) **점과 직선 사이의 거리**: 점 P와 직선 l 사이의 거리는 점 P에서 직선 l에 내린 수선의 발 H까지의 거리, 즉 $\overline{PH}$의 길이이다.

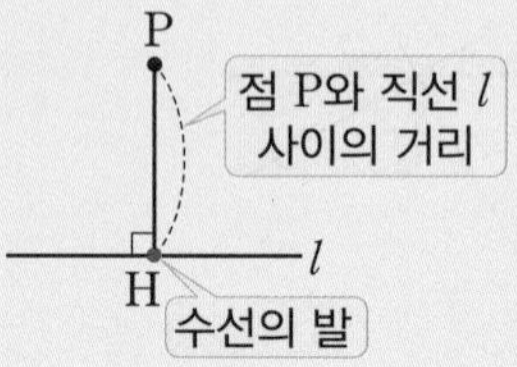

참고 점 P와 직선 l 사이의 거리는 점 P와 직선 l 위에 있는 점을 잇는 선분 중에서 길이가 가장 짧은 선분인 $\overline{PH}$의 길이이다.

P
점 P와 직선 l 사이의 거리
H
l
수선의 발

바/로/풀/기

빈칸을 채우시오.

Q1

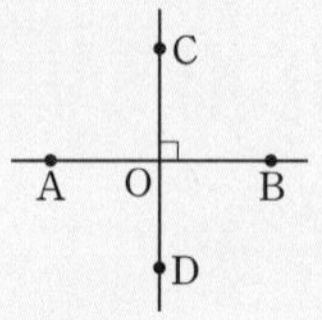

C
A O B
D

위의 그림에서

(1) $\overline{AB}$와 $\overline{CD}$의 관계를 기호로 나타내면 $\overline{AB}$ □ $\overline{CD}$이다.

(2) $\overline{AB}$의 수선은 □이다.

(3) 점 C에서 $\overleftrightarrow{AB}$에 내린 수선의 발은 점 □이다.

(4) 점 C와 $\overleftrightarrow{AB}$ 사이의 거리는 □의 길이이다.

개념 확인

● 정답 및 해설 6쪽

1 오른쪽 그림에 대하여 다음 물음에 답하시오.

(1) 직선 AB와 수직인 직선을 구하시오.

(2) 점 A에서 직선 CD에 내린 수선의 발을 구하시오.

(3) 직선 AB와 직선 CD의 관계를 기호로 나타내시오.

(4) 점 C와 직선 AB 사이의 거리를 나타내는 선분을 구하시오.

(5) 선분 CD의 수직이등분선을 구하시오.

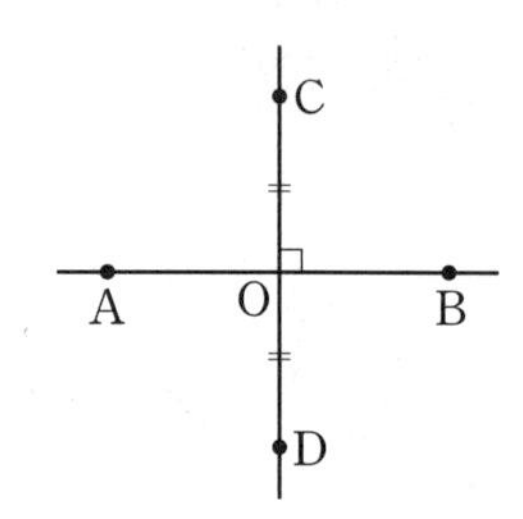

2 오른쪽 그림과 같은 사다리꼴 ABCD에서 다음을 구하시오.

(1) 점 D에서 $\overline{AB}$에 내린 수선의 발

(2) $\overline{AD}$와 수직인 선분

(3) 점 A와 $\overline{BC}$ 사이의 거리

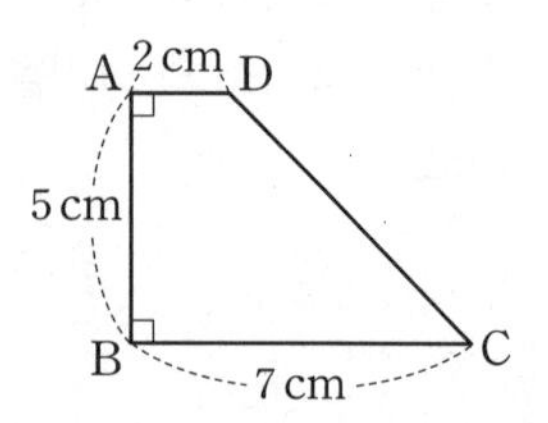

● 정답 및 해설 6쪽

교과서 문제로 **개념 다지기**

1

오른쪽 그림에 대한 설명으로 다음 | 보기 | 중 옳은 것을 모두 고르시오.

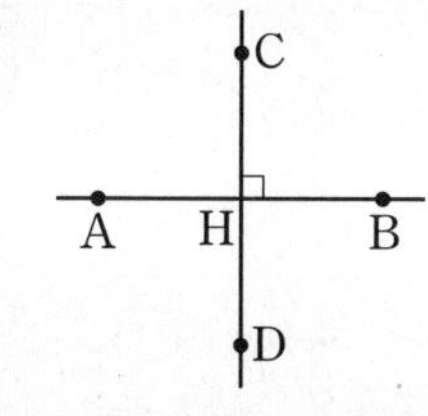

| 보기 |

ㄱ. $\overline{AB} \perp \overline{CD}$

ㄴ. $\angle BHD = 90°$

ㄷ. 점 A에서 $\overleftrightarrow{CD}$에 내린 수선의 발은 점 B이다.

ㄹ. 점 D와 $\overleftrightarrow{AB}$ 사이의 거리는 $\overline{DH}$의 길이이다.

2

영준이는 다음 그림의 공원의 P지점에서 도로까지의 거리를 재려고 한다. 어느 길이를 재어야 하는가?

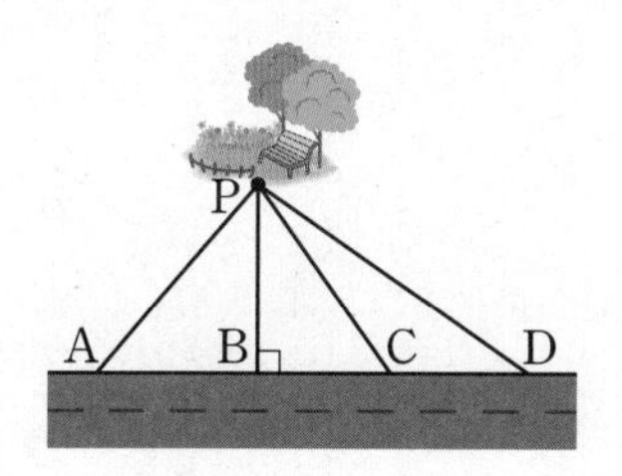

① $\overline{PA}$ ② $\overline{PB}$ ③ $\overline{PC}$

④ $\overline{PD}$ ⑤ 어느 길이를 재어도 괜찮다.

3

오른쪽 그림에서 직선 PH가 선분 AB의 수직이등분선이고 $\overline{AB} = 8\,\text{cm}$일 때, 다음을 구하시오.

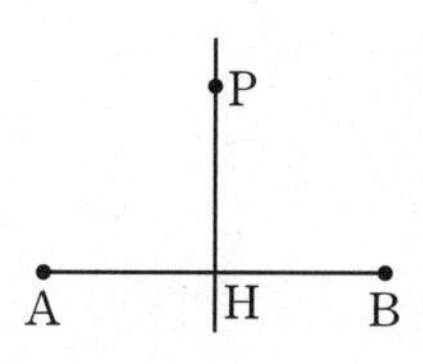

(1) $\overline{AH}$의 길이

(2) $\angle AHP$의 크기

4

오른쪽 그림과 같은 삼각형 ABC에 대하여 다음 중 옳지 <u>않은</u> 것은?

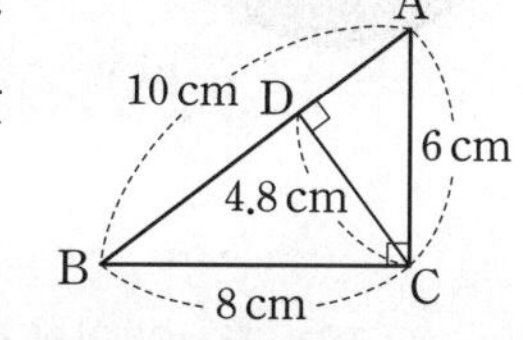

① $\overline{AC}$는 $\overline{BC}$의 수선이다.

② $\overline{CD}$와 $\overline{AB}$는 서로 직교한다.

③ 점 C에서 $\overline{AB}$에 내린 수선의 발은 점 D이다.

④ 점 A와 $\overline{BC}$ 사이의 거리는 $6\,\text{cm}$이다.

⑤ 점 C와 $\overline{AB}$ 사이의 거리는 $8\,\text{cm}$이다.

5 생각이 자라는 문제 해결

오른쪽 좌표평면 위의 네 점 A, B, C, D 중에서 x축과의 거리가 가장 가까운 점과 y축과의 거리가 가장 먼 점을 각각 찾으시오.

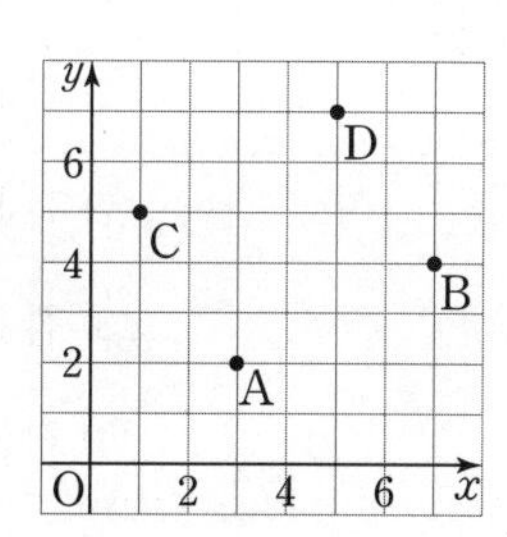

▶ 문제 속 개념 도출

- 오른쪽 그림에서 점 P와 직선 l 사이의 거리는 ①＿＿의 길이이다.

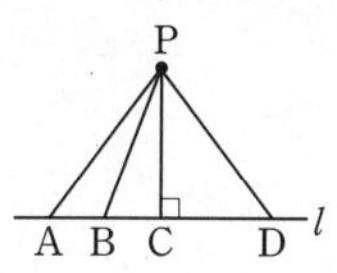

- 좌표평면 위의 점 $P(a, b)(a>0, b>0)$에 대하여
  ➡ 점 P와 x축과의 거리는 ②＿＿
  점 P와 y축과의 거리는 ③＿＿

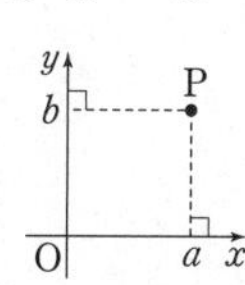

개념 07 점과 직선, 점과 평면의 위치 관계

되짚어 보기 [중1] 점, 선, 면

(1) 점과 직선의 위치 관계

① 점 A는 직선 l 위에 있다.

② 점 B는 직선 l 위에 있지 않다. → 점 B는 직선 l 밖에 있다.

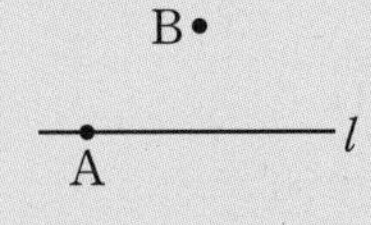

참고 • 점이 직선 위에 있다. ➡ 직선이 그 점을 지난다.
• 점이 직선 위에 있지 않다. ➡ 직선이 그 점을 지나지 않는다.

(2) 점과 평면의 위치 관계

① 점 A는 평면 P 위에 있다.

② 점 B는 평면 P 위에 있지 않다. → 점 B는 평면 P 밖에 있다.

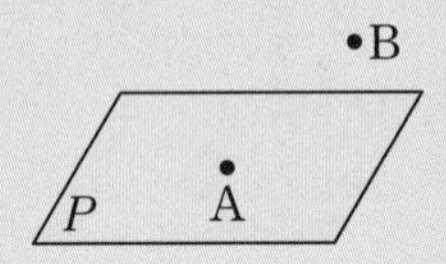

참고 일반적으로 평면은 대문자 P, Q, R, …로 나타내고, 그림으로 나타낼 때는 평행사변형 모양으로 그린다.

개념 확인

● 정답 및 해설 6쪽

1 오른쪽 그림의 네 점 A, B, C, D에 대하여 다음 설명 중 옳은 것은 ○표, 옳지 않은 것은 ×표를 ( ) 안에 쓰시오.

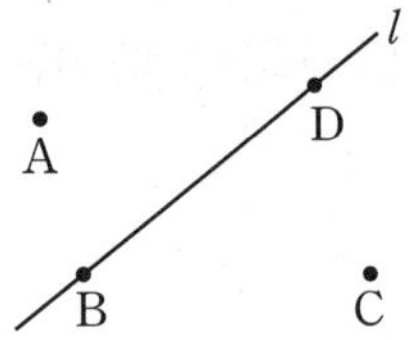

(1) 점 A는 직선 l 위에 있다. ( )

(2) 점 B는 직선 l 밖에 있다. ( )

(3) 점 C는 직선 l 위에 있지 않다. ( )

(4) 직선 l은 두 점 B, D를 지난다. ( )

2 오른쪽 그림과 같은 직육면체에서 다음을 구하시오.

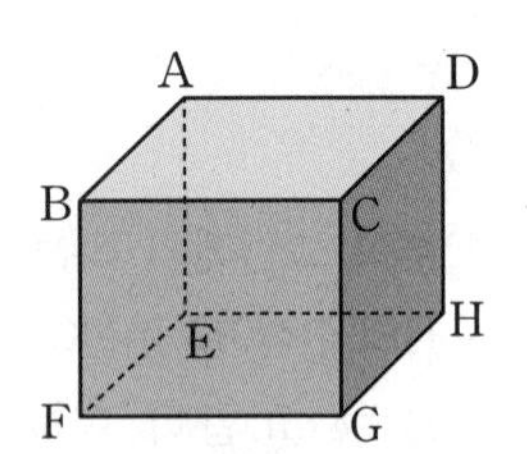

(1) 면 ABFE 위에 있는 꼭짓점

(2) 꼭짓점 C를 포함하는 면

(3) 두 꼭짓점 B, C를 동시에 포함하는 면

(4) 면 ABCD 밖에 있는 꼭짓점

교과서 문제로 개념 다지기

1 해설 꼭 확인

오른쪽 그림에서 다음을 구하시오.

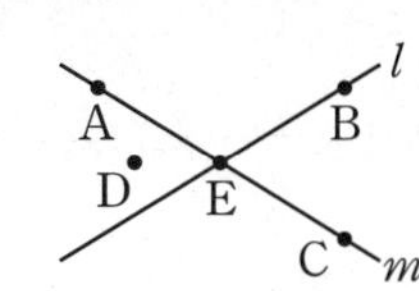

(1) 직선 l 위에 있는 점

(2) 직선 m 위에 있는 점

(3) 직선 l 위에 있지 않은 점

(4) 두 직선 l, m 중 어느 직선 위에도 있지 않은 점

2

아래 악보는 동요 '모차르트의 자장가'의 일부이다. 음표 머리를 점으로 보았을 때, 다음 중 직선 l 위에 있는 점에 해당되는 것을 모두 고르면? (정답 2개)

3

오른쪽 그림의 네 점 A, B, C, D에 대하여 잘못 설명한 학생을 찾고, 그 설명을 바르게 고치시오.

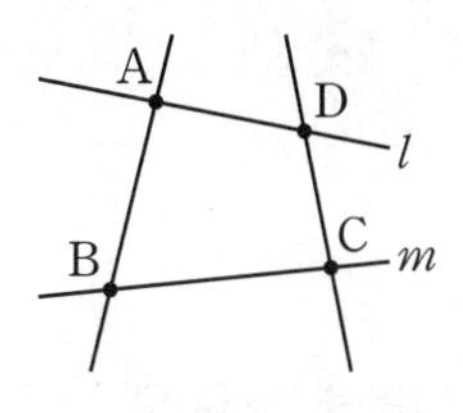

주영: 점 D는 직선 l 위에 있어.
은영: 점 A는 직선 m 위에 있어.
하영: 두 점 B, C는 직선 l 위에 있지 않아.

4

오른쪽 그림과 같은 삼각기둥에 대한 설명으로 옳지 않은 것은?

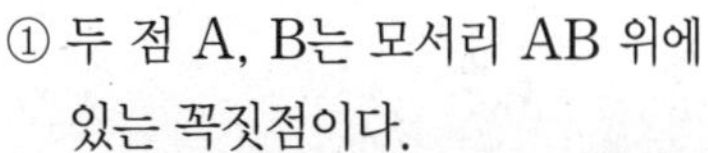
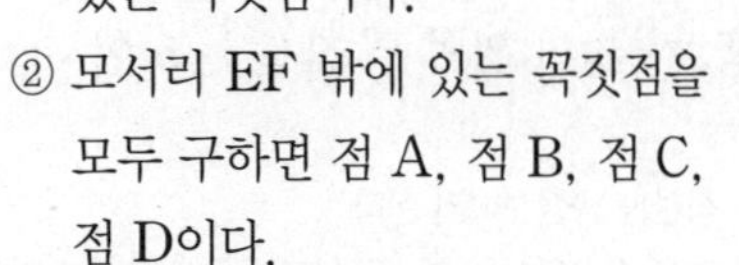
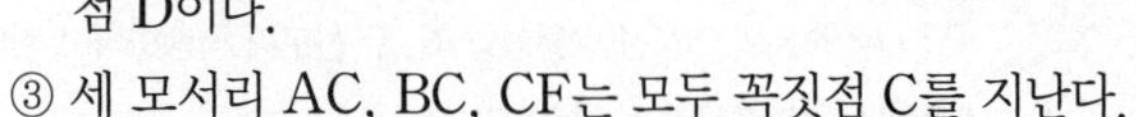

① 두 점 A, B는 모서리 AB 위에 있는 꼭짓점이다.
② 모서리 EF 밖에 있는 꼭짓점을 모두 구하면 점 A, 점 B, 점 C, 점 D이다.
③ 세 모서리 AC, BC, CF는 모두 꼭짓점 C를 지난다.
④ 점 A는 면 BEFC 밖에 있는 꼭짓점이다.
⑤ 두 꼭짓점 A, D를 동시에 포함하는 면은 면 ABC, 면 DEF이다.

5 생각이 자라는 창의·융합

오른쪽 그림은 서울 지하철 노선도의 일부이다. 이 노선도에서 직선 l과 세 점 A, B, C의 위치 관계를 각각 말하시오.

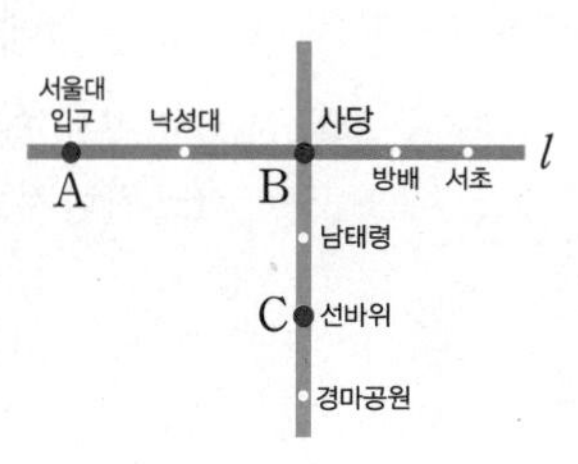

▶ 문제 속 개념 도출
- 점이 직선 ①___에 있다. ➡ 직선이 점을 지난다.
- 점이 직선 위에 있지 않다. ➡ 직선이 ②___을 지나지 않는다.

평면에서 두 직선의 위치 관계

되짚어 보기 [초3-4] 직선의 수직 관계와 평행 관계 [중1] 점, 선, 면 / 점과 직선, 점과 평면의 위치 관계

(1) **두 직선의 평행**: 한 평면 위의 두 직선 l, m이 서로 만나지 않을 때, 두 직선 l, m은 평행하다고 한다.

기호 $l \parallel m$

참고 • 평행한 두 직선을 평행선이라 한다.
• 두 선분의 연장선이 평행할 때, 두 선분이 평행하다고 한다.

(2) **평면에서 두 직선의 위치 관계**

한 평면 위에 있는 두 직선 l, m의 위치 관계는 다음 세 가지 경우가 있다.

① 한 점에서 만난다. ② 일치한다. ③ 평행하다.

만난다. 만나지 않는다.

개념 확인 ● 정답 및 해설 7쪽

1 다음 중 한 평면 위에 있는 두 직선 l, m의 위치 관계가 될 수 있는 것은 ○표, 될 수 없는 것은 ×표를 ( ) 안에 쓰시오.

(1) 일치한다. ( )
(2) 평행하다. ( )
(3) 한 점에서 만난다. ( )
(4) 서로 직교한다. ( )
(5) 만나지도 않고 평행하지도 않다. ( )

2 오른쪽 그림의 평행사변형 ABCD에 대하여 다음을 구하시오.

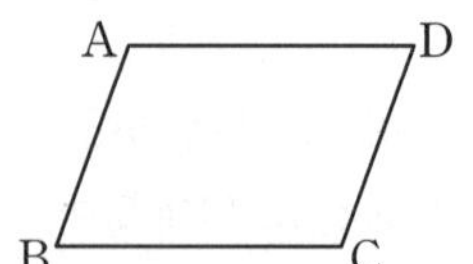

(1) $\overline{AB}$와 만나는 변 ⇨ ____________
(2) $\overline{AD}$와 만나는 변 ⇨ ____________
(3) $\overline{AB}$와 평행한 변 ⇨ ____________
(4) $\overline{AD}$와 평행한 변 ⇨ ____________

교과서 문제로 개념 다지기

1

오른쪽 그림의 사다리꼴에 대하여 다음 물음에 답하시오.

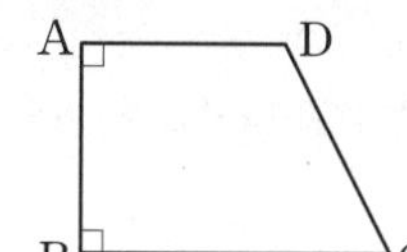

(1) 변 BC와 만나는 변을 구하시오.

(2) 변 AB와 수직으로 만나는 변을 구하시오.

(3) 평행한 두 변을 찾아 기호를 사용하여 나타내시오.

2

소희는 수업 시간에 평면에서 두 직선의 위치 관계를 다음과 같이 ①~③의 3가지 경우로 분류하는 것을 배웠다.

> ① 두 직선은 한 점에서 만난다.
> ② 두 직선은 평행하다.
> ③ 두 직선은 일치한다.

이 3가지의 위치 관계를 다음과 같은 (i), (ii)의 2가지 경우로 다시 분류하려고 할 때, ①~③ 중 (i), (ii)에 해당하는 것을 각각 고르시오.

> (i) 두 직선은 만난다.
> (ii) 두 직선은 만나지 않는다.

3

다음 중 한 평면 위에 있는 서로 다른 세 직선 l, m, n에 대한 설명으로 옳지 않은 것을 모두 고르면? (정답 2개)

① $l \perp m$, $l \perp n$이면 $m \perp n$이다.
② $l \perp m$, $m \perp n$이면 $l /\!/ n$이다.
③ $l \perp m$, $m /\!/ n$이면 $l /\!/ n$이다.
④ $l /\!/ m$, $m \perp n$이면 $l \perp n$이다.
⑤ $l /\!/ m$, $m /\!/ n$이면 $l /\!/ n$이다.

4

평면도형이나 입체도형에서 두 직선의 위치 관계를 구할 때는 변 또는 모서리를 직선으로 연장하여 생각해 봐.

오른쪽 그림의 정팔각형에서 각 변을 연장한 직선에 대하여 다음을 구하시오.

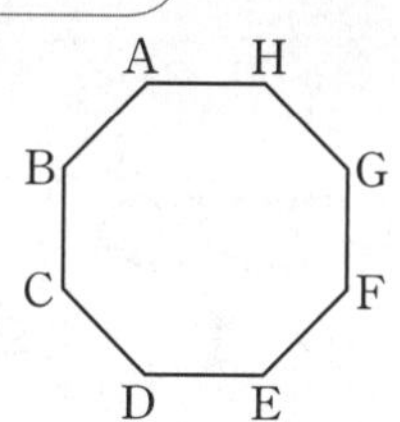

(1) $\overleftrightarrow{AH}$와 만나는 직선

(2) $\overleftrightarrow{AH}$와 만나지 않는 직선

(3) 교점이 C인 두 직선

5 · 생각이 자라는 창의·융합

오른쪽 그림과 같은 윷놀이 판에서 다음 중 직선 BC와의 위치 관계가 나머지 넷과 다른 하나는? (단, 점 O는 $\overline{AC}$와 $\overline{BD}$의 교점이다.)

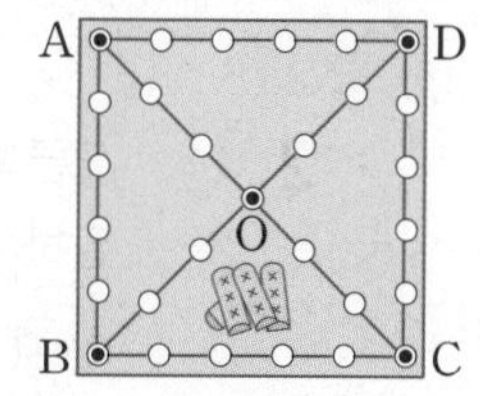

① $\overleftrightarrow{AB}$ ② $\overleftrightarrow{BD}$
③ $\overleftrightarrow{AD}$ ④ $\overleftrightarrow{OC}$
⑤ $\overleftrightarrow{OD}$

▶ 문제 속 개념 도출

• 평면에서 두 직선의 위치 관계
- 한 ① ___ 에서 만난다.
- 일치한다.
- ② ___ 하다. (만나지 않는다.)

공간에서 두 직선의 위치 관계

되짚어 보기 [중1] 점, 선, 면 / 점과 직선, 점과 평면의 위치 관계 / 평면에서 두 직선의 위치 관계

(1) 꼬인 위치: 공간에서 두 직선이 서로 만나지도 않고 평행하지도 않을 때, 두 직선은 꼬인 위치에 있다고 한다.

(2) **공간에서 두 직선의 위치 관계**

공간에서 두 직선 l, m의 위치 관계는 다음 네 가지 경우가 있다.

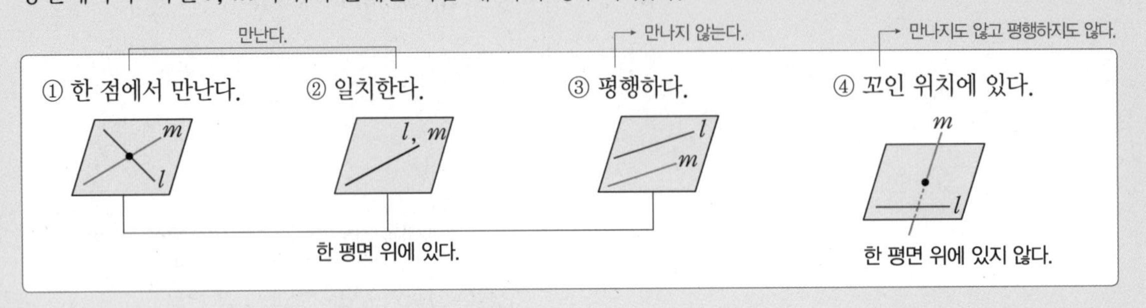

개념 확인

● 정답 및 해설 8쪽

1 오른쪽 그림과 같은 직육면체에서 다음을 구하시오.

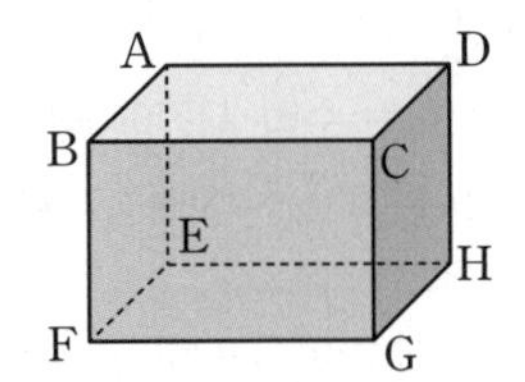

(1) 모서리 AE와 한 점에서 만나는 모서리

(2) 모서리 AE와 평행한 모서리

(3) 모서리 AE와 꼬인 위치에 있는 모서리

2 오른쪽 그림과 같이 밑면이 정사각형인 사각뿔에서 다음 두 모서리의 위치 관계를 말하시오.

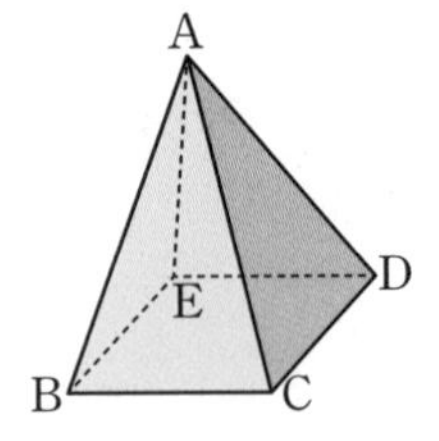

(1) 모서리 AB와 모서리 AC

(2) 모서리 AD와 모서리 BE

(3) 모서리 BC와 모서리 ED

● 정답 및 해설 8쪽

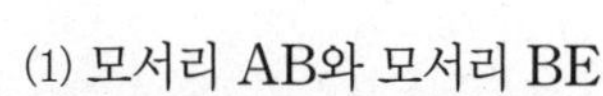

교과서 문제로 개념 다지기

1

오른쪽 그림의 삼각기둥에 대하여 다음 두 모서리의 위치 관계를 말하시오.

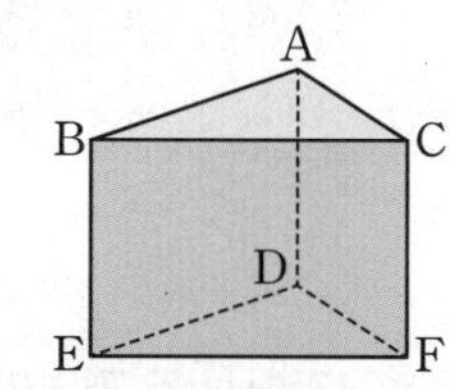

(1) 모서리 AB와 모서리 BE
(2) 모서리 BC와 모서리 EF
(3) 모서리 AB와 모서리 EF
(4) 모서리 AC와 모서리 DF
(5) 모서리 BE와 모서리 DF

2

오른쪽 그림과 같은 삼각뿔에서 모서리 BC와 꼬인 위치에 있는 모서리는?

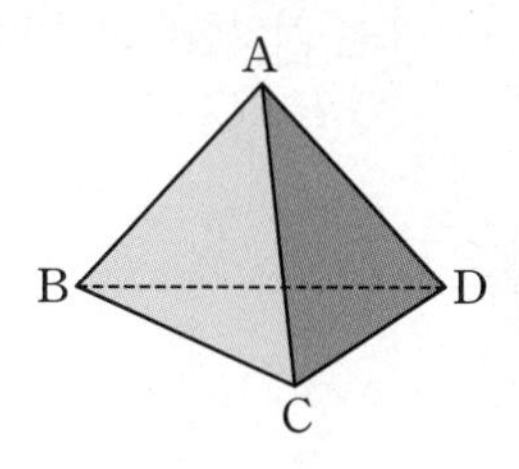

① $\overline{AB}$　② $\overline{AC}$
③ $\overline{AD}$　④ $\overline{BD}$
⑤ $\overline{CD}$

3 해설 꼭 확인

다음 중 오른쪽 그림과 같이 밑면이 정오각형인 오각기둥에서 모서리 BC와의 위치 관계가 나머지 넷과 다른 하나는?

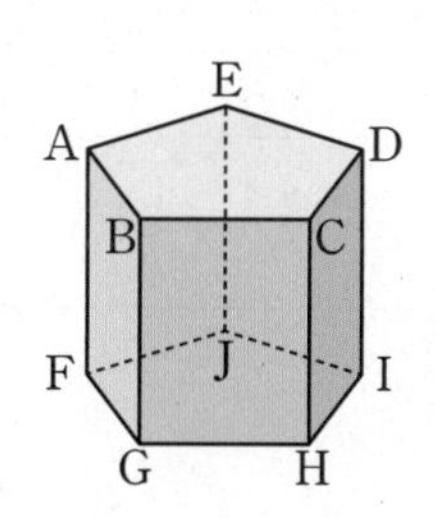

① $\overline{AB}$　② $\overline{BG}$
③ $\overline{CD}$　④ $\overline{CH}$
⑤ $\overline{FG}$

4

오른쪽 그림의 정육면체에 대한 설명으로 다음 중 옳지 않은 것은?

① 모서리 AE와 모서리 DH는 만나지 않는다.
② 모서리 CD와 모서리 AD는 수직으로 만난다.
③ 모서리 AB와 평행한 모서리는 2개이다.
④ 모서리 AD와 꼬인 위치에 있는 모서리는 4개이다.
⑤ 모서리 DH와 한 점에서 만나는 모서리는 4개이다.

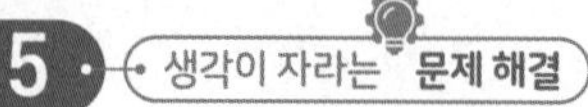

5 생각이 자라는 문제 해결

오른쪽 그림은 직육면체에서 삼각기둥을 잘라 만든 입체도형이다. 각 모서리를 연장한 직선에 대하여 다음을 구하시오.

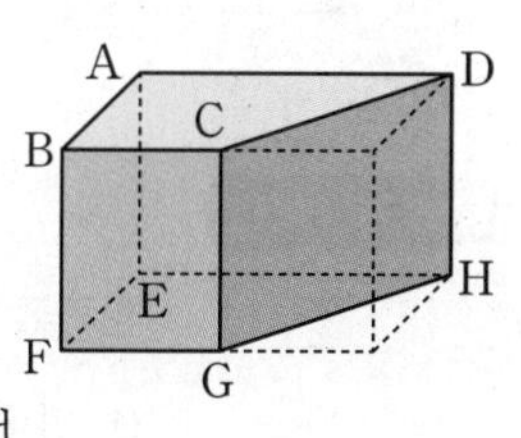

(1) $\overleftrightarrow{AB}$와 한 점에서 만나는 직선
(2) $\overleftrightarrow{CD}$와 꼬인 위치에 있는 직선
(3) $\overleftrightarrow{BC}$와 평행한 직선
(4) $\overleftrightarrow{BF}$와 평행한 직선

▶ 문제 속 개념 도출

- 공간에서 두 직선의 위치 관계
  - 한 ① ___ 에서 만난다.
  - 일치한다.
  - 평행하다. (만나지 않는다.)
  - ② ______ 에 있다. (만나지도 않고 평행하지도 않다.)

공간에서 직선과 평면, 두 평면의 위치 관계

되짚어 보기 [초3-4] 직선의 수직 관계와 평행 관계 [중1] 점과 직선, 점과 평면의 위치 관계 / 평면과 공간에서 두 직선의 위치 관계

(1) 공간에서 직선과 평면의 위치 관계

① 포함된다. ② 한 점에서 만난다. ③ 평행하다. └→ 만나지 않는다.

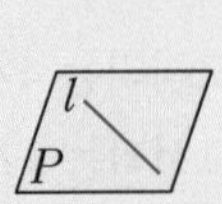

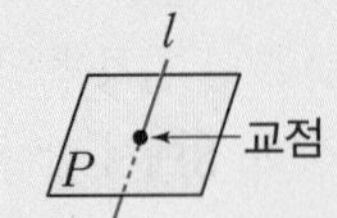

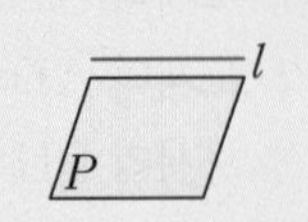

(2) 직선과 평면의 수직

직선 l이 평면 P와 한 점 H에서 만나고 점 H를 지나는 평면 P 위의 모든 직선과 수직일 때, 직선 l과 평면 P는 서로 수직이다 또는 직교한다고 한다.

기호 $l \perp P$

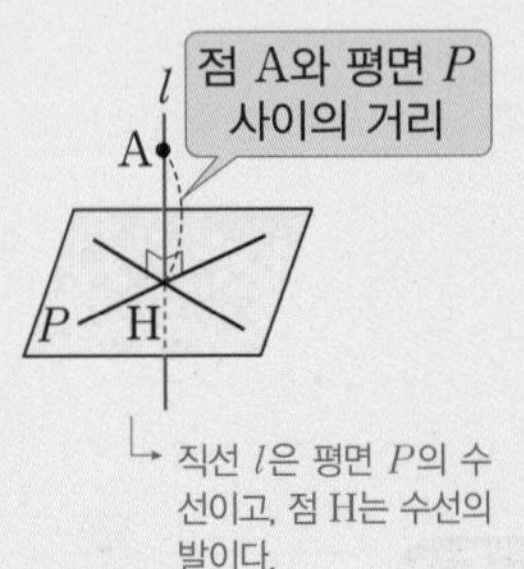

(3) 공간에서 두 평면의 위치 관계

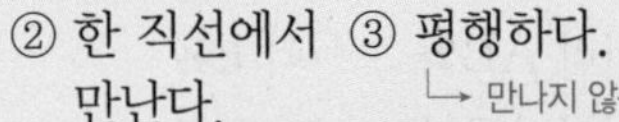
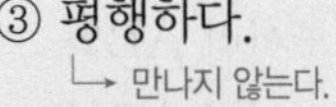

① 일치한다. ② 한 직선에서 만난다. ③ 평행하다. └→ 만나지 않는다.

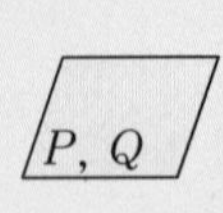

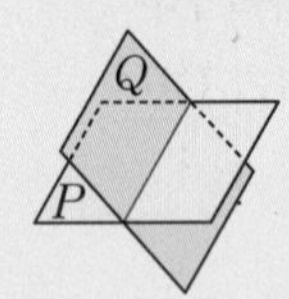

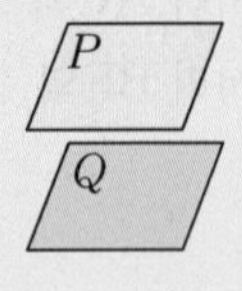

(4) 두 평면의 수직

평면 P가 평면 Q에 수직인 직선 l을 포함할 때, 평면 P와 평면 Q는 서로 수직이다 또는 직교한다고 한다.

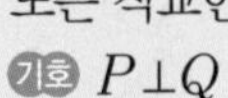

기호 $P \perp Q$

개념 확인

● 정답 및 해설 9쪽

1 오른쪽 그림과 같은 직육면체에서 다음을 구하시오.

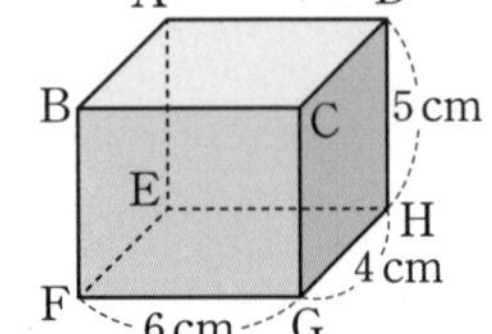
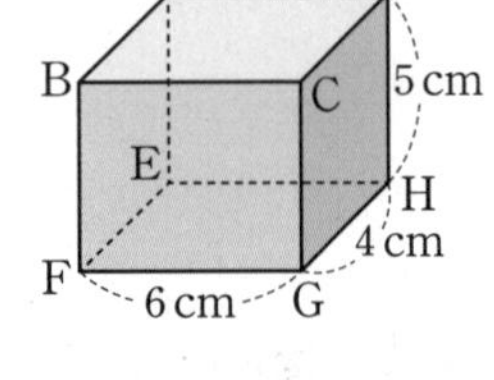

(1) 면 BFGC와 만나는 모서리 ⇨ ____________

(2) 면 BFGC와 수직인 모서리 ⇨ ____________

(3) 면 BFGC와 평행한 모서리 ⇨ ____________

(4) 면 BFGC에 포함되는 모서리 ⇨ ____________

(5) $\overline{\mathrm{BC}}$와 수직인 면 ⇨ ____________

(6) $\overline{\mathrm{AD}}$와 평행한 면 ⇨ ____________

(7) $\overline{\mathrm{EH}}$를 포함하는 면 ⇨ ____________

(8) 점 C와 면 EFGH 사이의 거리 ⇨ ____________

2 오른쪽 그림과 같은 직육면체에서 다음을 구하시오.

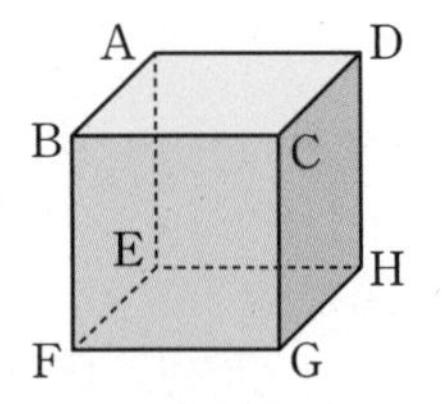

(1) 면 AEHD와 만나는 면 ⇨ ____________

(2) 면 AEHD와 수직인 면 ⇨ ____________

(3) 면 AEHD와 평행한 면 ⇨ ____________

● 정답 및 해설 9쪽

1

오른쪽 그림과 같은 삼각기둥에서 다음을 구하시오.

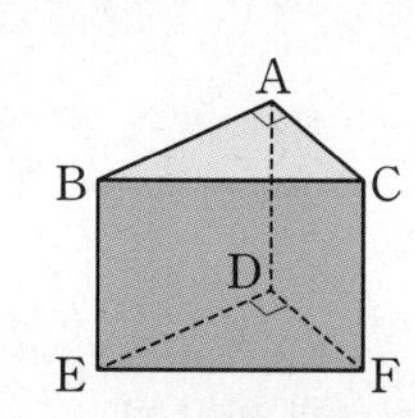

(1) 모서리 AC와 평행한 면

(2) 모서리 AB를 교선으로 하는 두 면

(3) 면 ADFC와 수직인 모서리

2

다음 중 공간에서 직선과 평면의 위치 관계가 아닌 것은?

① 한 점에서 만난다. ② 평행하다.

③ 꼬인 위치에 있다. ④ 수직이다.

⑤ 직선이 평면에 포함된다.

3

다음은 공간에서의 위치 관계를 두 학생이 설명한 것이다. 잘못 설명한 학생을 찾고, 바르게 고치시오.

> 진희: 한 평면에 평행한 서로 다른 두 직선은 항상 평행해.
> 유미: 한 평면에 수직인 서로 다른 두 평면은 평행하거나 한 직선에서 만날 수 있어.

4

공간에서 한 평면 P에 수직인 서로 다른 두 직선 l, m에 대하여 두 직선 l, m의 위치 관계를 말하시오.

5

오른쪽 그림과 같은 삼각기둥에서 모서리 DF와 평행한 면의 개수를 a개, 모서리 CF와 수직인 면의 개수를 b개, 모서리 DE를 포함하는 면의 개수를 c개라 할 때, $a+b+c$의 값을 구하시오.

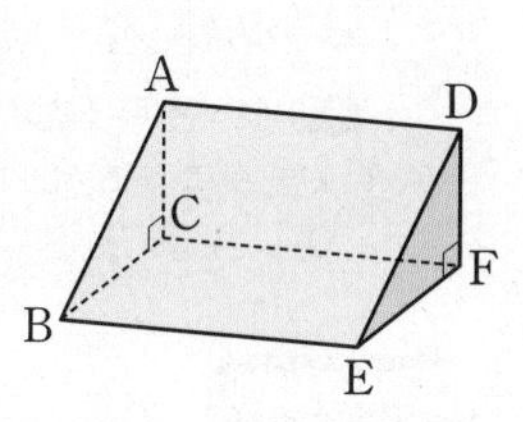

6 생각이 자라는 창의·융합

오른쪽 그림은 정육면체 모양의 주사위이다. 이 주사위에서 마주 보는 면에 있는 눈의 수의 합이 항상 7일 때, 직선 AB와 만나지 않는 면에 있는 눈의 수의 합을 구하시오.

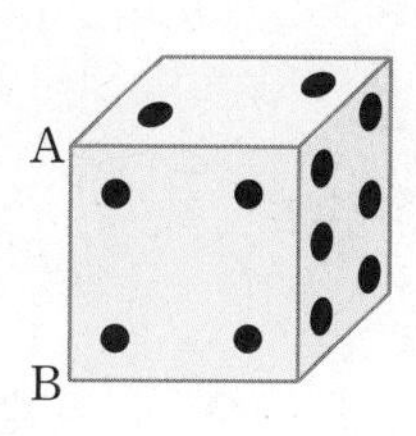

▶ 문제 속 개념 도출

• 공간에서 직선과 평면의 위치 관계
- 포함된다.
- 한 ① ____ 에서 만난다.
- ② ____ 하다. (만나지 않는다.)

11 동위각과 엇각

되짚어 보기 [초3-4] 각 [중1] 각

한 평면 위에 있는 서로 다른 두 직선 l, m이 다른 한 직선 n과 만날 때 생기는 8개의 각 중에서

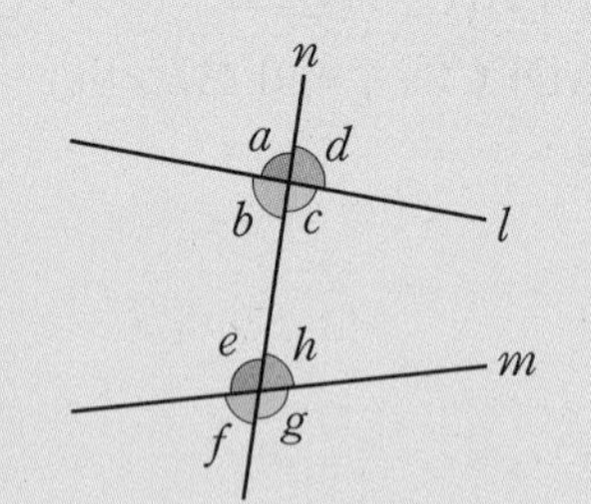

(1) 동위각: 서로 같은 위치에 있는 두 각

➡ $\angle a$와 $\angle e$, $\angle b$와 $\angle f$, $\angle c$와 $\angle g$, $\angle d$와 $\angle h$

(2) 엇각: 서로 엇갈린 위치에 있는 두 각

➡ $\angle b$와 $\angle h$, $\angle c$와 $\angle e$

주의 엇각은 두 직선 l, m 사이에 있는 각이므로 $\angle a$와 $\angle g$, $\angle d$와 $\angle f$는 엇각이 아니다.

참고 서로 다른 두 직선과 다른 한 직선이 만나면 4쌍의 동위각과 2쌍의 엇각이 생긴다.

개념 확인

● 정답 및 해설 10쪽

1 오른쪽 그림과 같이 세 직선이 만날 때, 다음을 구하시오.

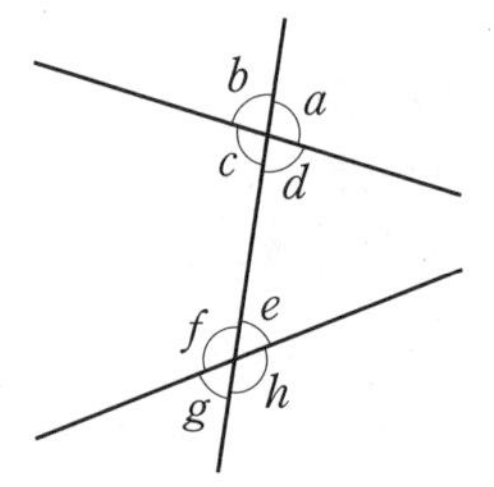

(1) $\angle a$의 동위각

(2) $\angle d$의 동위각

(3) $\angle g$의 동위각

(4) $\angle f$의 동위각

(5) $\angle c$의 엇각

(6) $\angle f$의 엇각

2 오른쪽 그림과 같이 세 직선이 만날 때, 다음 □ 안에 알맞은 것을 쓰시오.

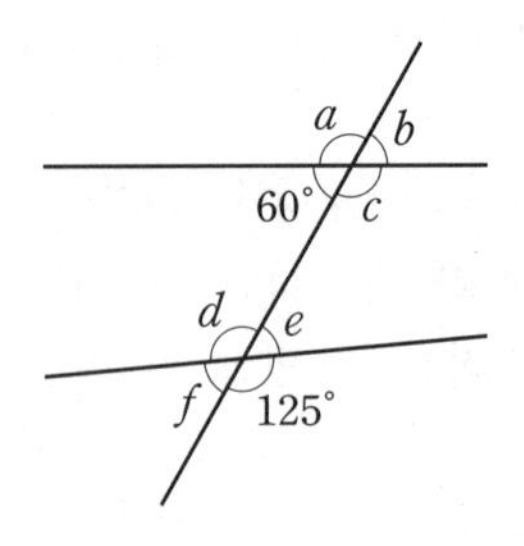

(1) $\angle a$의 동위각: $\angle d=$□°

(2) $\angle b$의 동위각: □=□°

(3) $\angle d$의 엇각: □=□°

(4) $\angle e$의 엇각: □°

교과서 문제로 개념 다지기

1

오른쪽 그림에서 다음 각을 찾고, 그 각의 크기를 구하시오.

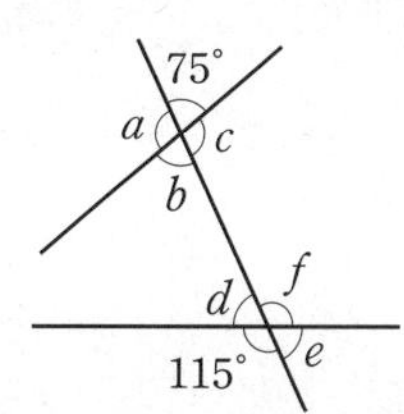

(1) $\angle a$의 동위각

(2) $\angle b$의 엇각

2

오른쪽 그림에서 엇각끼리 짝 지은 것을 모두 고르면? (정답 2개)

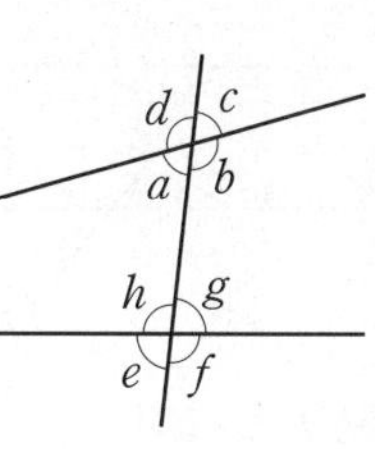

① $\angle a$와 $\angle g$　② $\angle c$와 $\angle g$

③ $\angle b$와 $\angle g$　④ $\angle h$와 $\angle f$

⑤ $\angle b$와 $\angle h$

3

오른쪽 그림에서 $\angle d=70°$, $\angle g=95°$일 때, 다음 중 옳지 않은 것은?

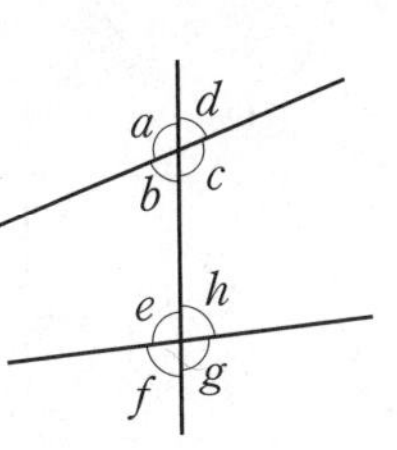

① $\angle a$의 동위각은 $\angle e$이다.

② $\angle b$의 엇각은 $\angle h$이다.

③ $\angle a$의 맞꼭지각은 $\angle c$이다.

④ $\angle c=110°$이다.

⑤ $\angle h=70°$이다.

4 해설 꼭 확인

오른쪽 그림과 같이 세 직선이 만날 때, 다음 중 옳은 것을 모두 고르면? (정답 2개)

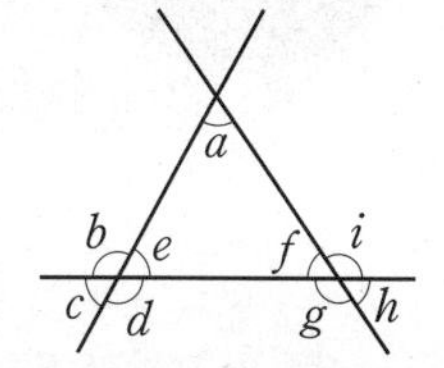

① $\angle a$의 동위각은 $\angle d$, $\angle h$이다.

② $\angle a$의 엇각은 $\angle b$, $\angle i$이다.

③ $\angle d$의 동위각은 $\angle a$, $\angle i$이다.

④ $\angle b$의 크기와 $\angle d$의 크기는 같다.

⑤ $\angle e$의 크기와 $\angle f$의 크기는 같다.

5 생각이 자라는 창의·융합

다음은 준호네 동네를 간단히 나타낸 지도이다. 아래 대화를 보고, 지도의 A~G 중 준호의 집의 위치로 가장 적절한 것을 고르시오.

현성: 영화관은 은행의 위치에 해당하는 각의 동위각에 해당하는 위치에 있어.

준혁: 준호네 집은 영화관의 위치에 해당하는 각의 엇각에 해당하는 위치에 있어.

▶ 문제 속 개념 도출

• 서로 다른 두 직선이 다른 한 직선과 만날 때

- 서로 같은 위치에 있는 각 ➡ ① ______
- 서로 엇갈린 위치에 있는 각 ➡ ② ______

평행선의 성질

되짚어 보기 [초3-4] 각 / 직선의 수직 관계와 평행 관계 [중1] 각 / 평면에서 두 직선의 위치 관계

1 평행선과 동위각

서로 다른 두 직선이 한 직선과 만날 때

(1) 두 직선이 평행하면 동위각의 크기는 같다.

➡ $l /\!/ m$이면 $\angle a = \angle b$

(2) 동위각의 크기가 같으면 두 직선은 평행하다.

➡ $\angle a = \angle b$이면 $l /\!/ m$

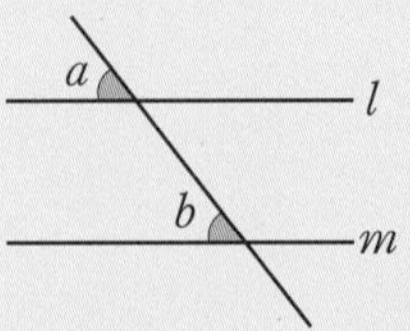
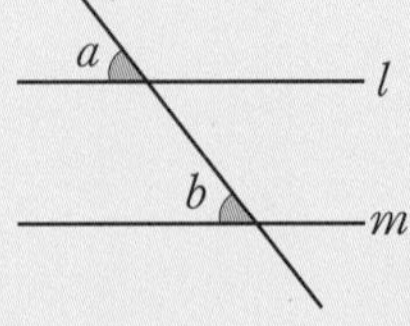

2 평행선과 엇각

서로 다른 두 직선이 한 직선과 만날 때

(1) 두 직선이 평행하면 엇각의 크기는 같다.

➡ $l /\!/ m$이면 $\angle c = \angle d$

(2) 엇각의 크기가 같으면 두 직선은 평행하다.

➡ $\angle c = \angle d$이면 $l /\!/ m$

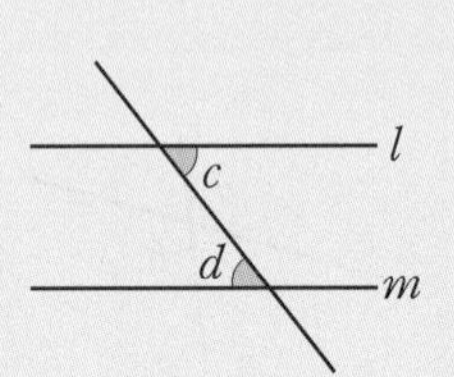

주의 맞꼭지각의 크기는 항상 같지만 동위각과 엇각의 크기는 두 직선이 평행할 때만 같다.

바/로/풀/기

빈칸을 채우시오.

Q1

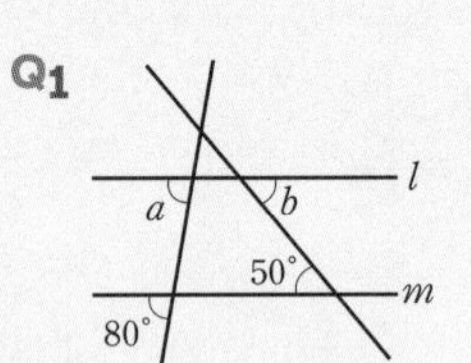

위의 그림에서 $l /\!/ m$일 때,
동위각의 크기가 서로 같으므로
$\angle a =$ □°이고
엇각의 크기가 서로 같으므로
$\angle b =$ □°이다.

개념 확인

● 정답 및 해설 11쪽

1 다음 그림에서 $l /\!/ m$일 때, $\angle x$, $\angle y$의 크기를 각각 구하시오.

(1) x, y, $70°$, l, m

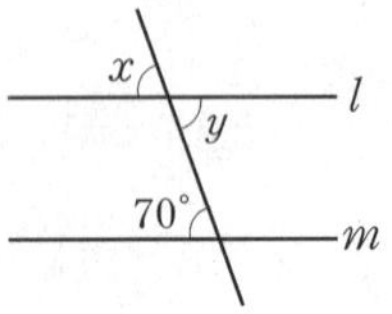

(2) x, y, $125°$, l, m

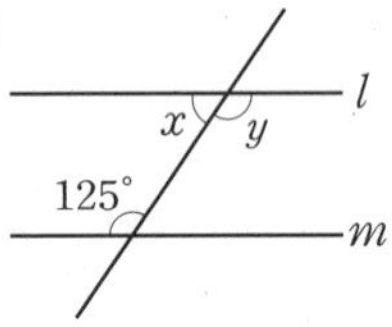

(3)

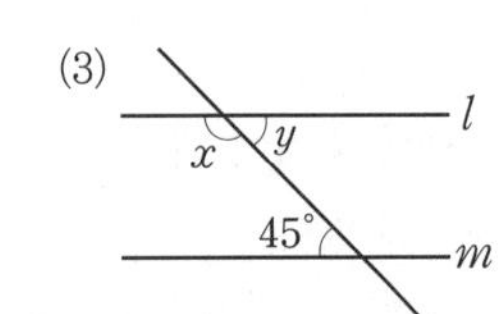

(4)

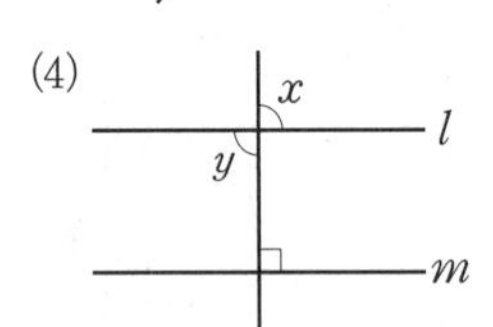

2 다음 그림에서 두 직선 l, m이 평행하면 ○표, 평행하지 않으면 ×표를 ( ) 안에 쓰시오.

(1)

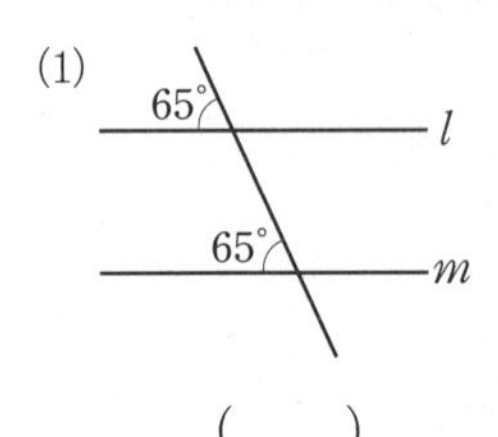

( )

(2)

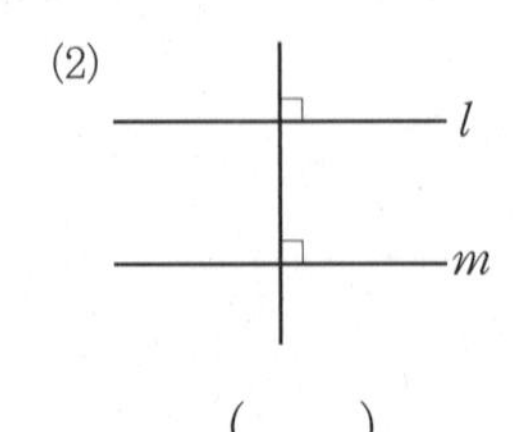

( )

(3)

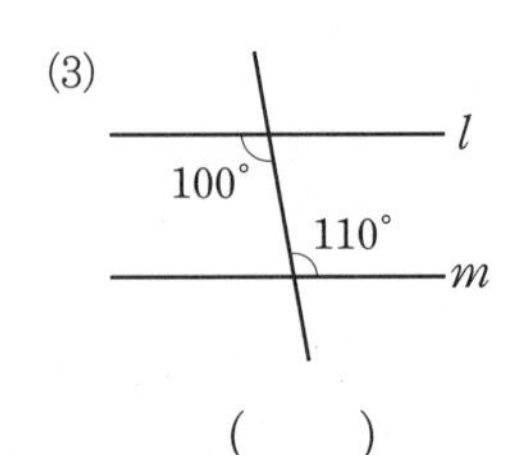

( )

교과서 문제로 개념 다지기

1
오른쪽 그림에서 $l \mathbin{/\!/} m$일 때, $\angle a$, $\angle b$, $\angle c$, $\angle d$의 크기를 각각 구하시오.

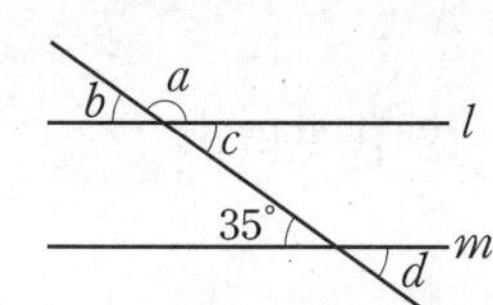

2
오른쪽 그림에서 $l \mathbin{/\!/} m$, $p \mathbin{/\!/} q$일 때, $\angle x$, $\angle y$의 크기를 각각 구하시오.

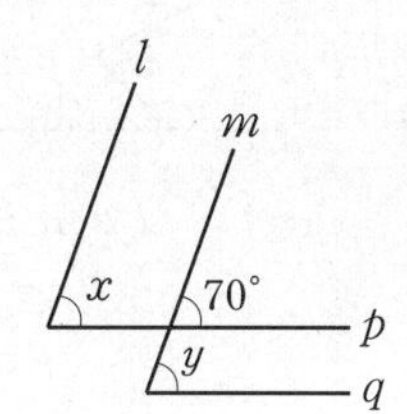

3
다음 그림에서 $l \mathbin{/\!/} m$일 때, x의 값을 구하시오.

(1)

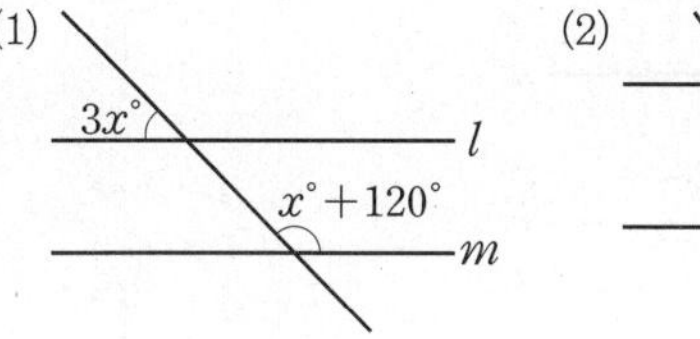

(2)

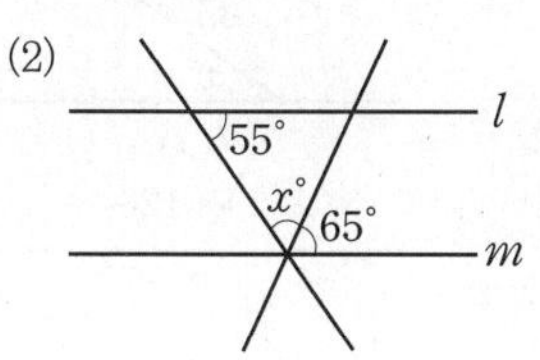

4
오른쪽 그림에서 $l \mathbin{/\!/} m$일 때, x의 값을 구하시오.

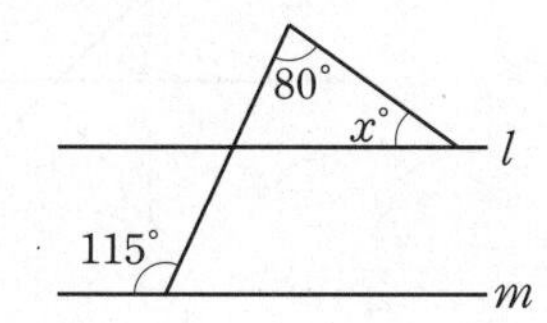

5
다음 중 두 직선 l, m이 평행한 것은?

①

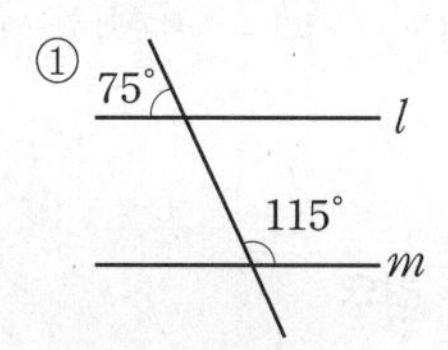

②

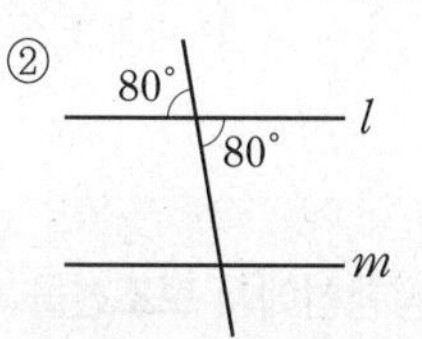

③

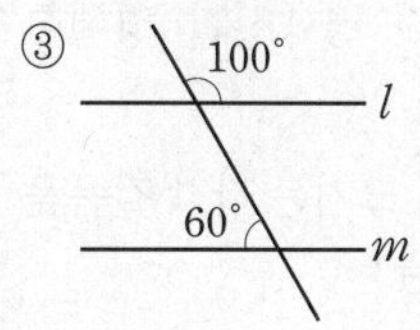

④

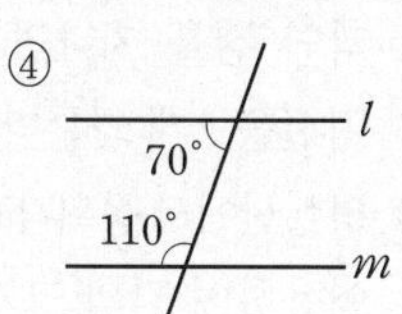

⑤

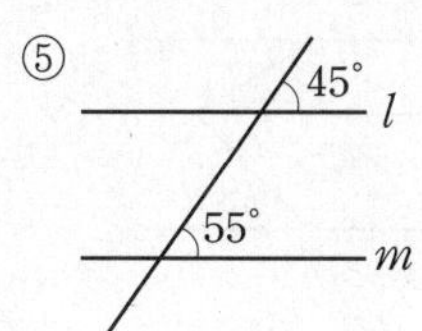

6 생각이 자라는 창의·융합
무지개는 햇빛이 공기 중의 물방울에서 반사되는 각도에 따라 다른 색으로 보이는 현상이다. 이때 공기 중의 물방울이 햇빛을 $42°$로 반사하면 빨간색, $40°$로 반사하면 보라색으로 보인다고 한다. 다음 그림에서 햇빛이 평행하게 들어올 때, $\angle x$의 크기를 구하시오.

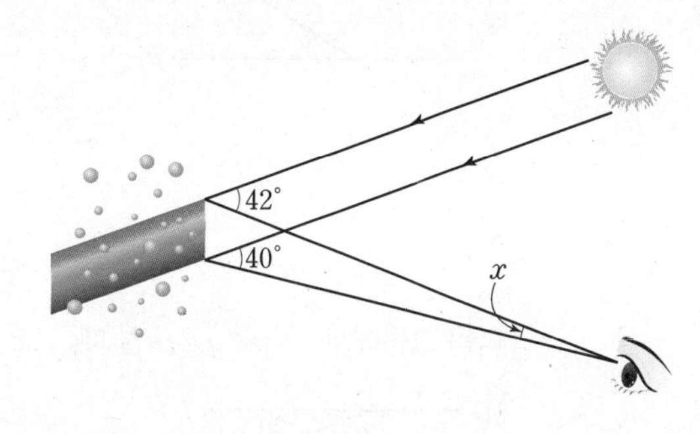

▶ 문제 속 개념 도출

- 평행한 두 직선이 다른 한 직선과 만날 때 동위각의 크기는 서로 ① _____.
- 삼각형의 세 각의 크기의 합은 ② _____ 이다.

평행선의 활용

되짚어 보기 [초3-4] 각 / 직선의 수직 관계와 평행 관계 [중1] 평행선의 성질

(1) 평행선에서 보조선을 1개 긋는 경우

❶ 꺾인 점을 지나면서 주어진 평행선과 평행한 직선을 1개 긋는다.

❷ 평행선에서 동위각과 엇각의 크기는 각각 같음을 이용하여 각의 크기를 구한다.

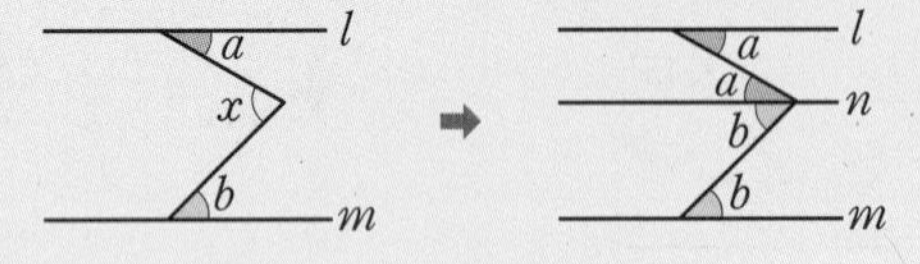

$l /\!/ m$이면 $\angle x = \angle a + \angle b$

(2) 평행선에서 보조선을 2개 긋는 경우

❶ 꺾인 점을 지나면서 주어진 평행선과 평행한 직선을 2개 긋는다.

❷ 평행선에서 동위각과 엇각의 크기는 각각 같음을 이용하여 각의 크기를 구한다.

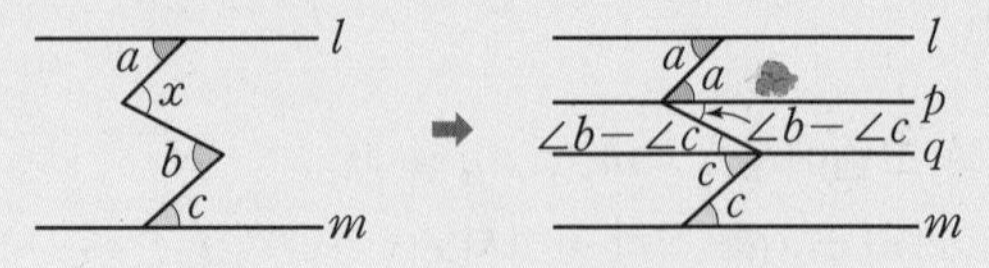

$l /\!/ m$이면 $\angle x = \angle a + \angle b - \angle c$

개념 확인

● 정답 및 해설 12쪽

1 다음 그림에서 $l /\!/ n /\!/ m$일 때, $\angle x$, $\angle y$의 크기를 각각 구하시오.

(1)
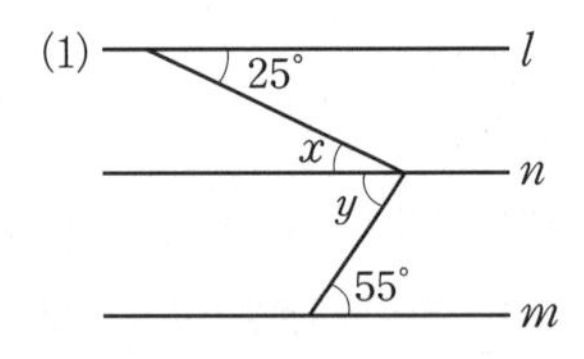

(2)
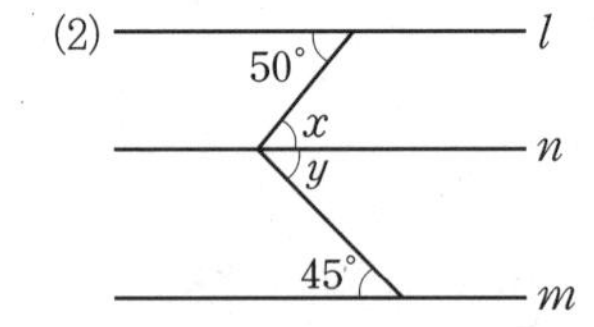

(3)
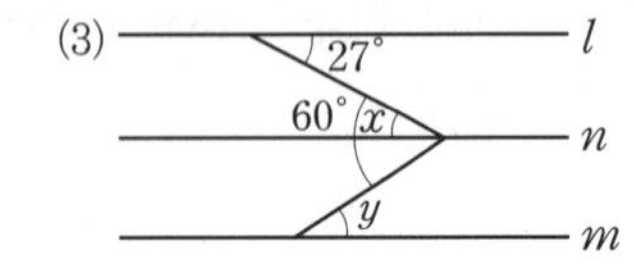

(4)
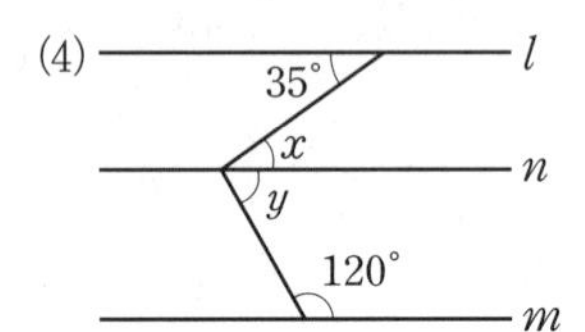

2 다음 그림에서 $l /\!/ p /\!/ q /\!/ m$일 때, $\angle x$, $\angle y$의 크기를 각각 구하시오.

(1)
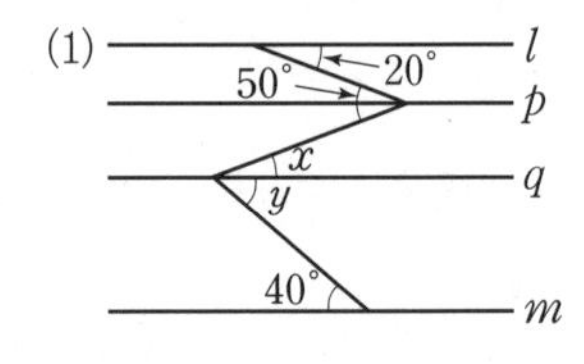

(2)
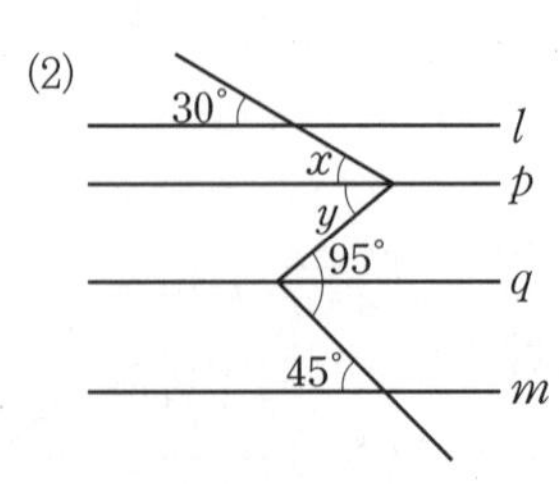

교과서 문제로 개념 다지기

1
다음 그림에서 $l /\!/ m$일 때, $\angle x$의 크기를 구하시오.

(1)

(2)

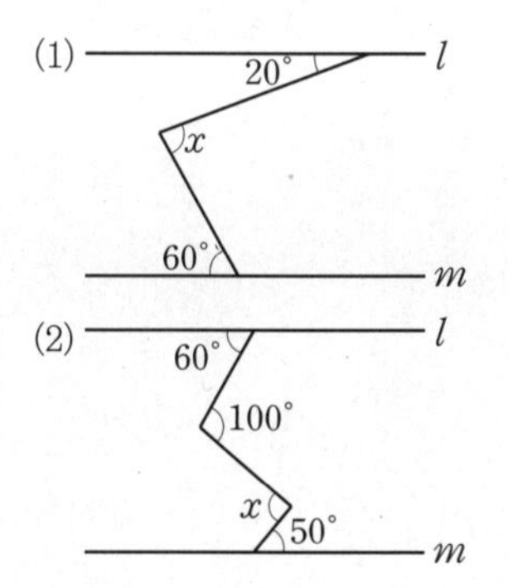

2
다음 그림에서 $l /\!/ m$일 때, $\angle x$의 크기를 구하시오.

(1)

(2)

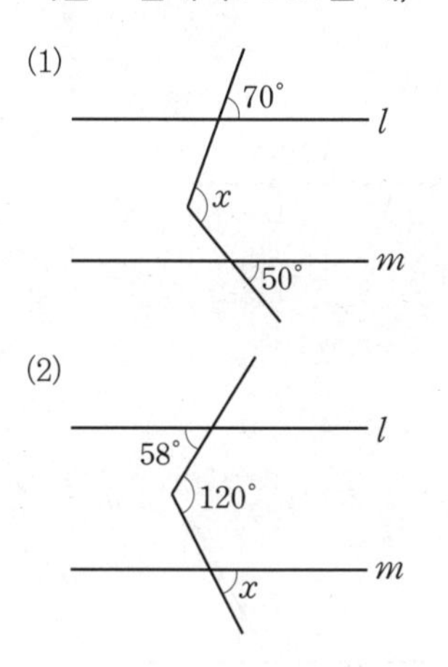

3
오른쪽 그림에서 $l /\!/ m$일 때, $\angle x$의 크기를 구하시오.

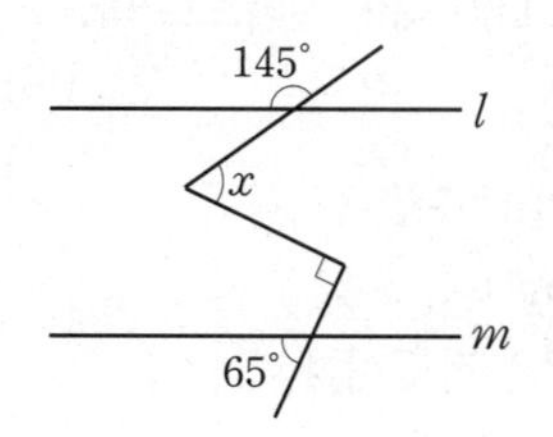

4
오른쪽 그림에서 $l /\!/ m$일 때, $\angle x$의 크기를 구하시오.

5
오른쪽 그림과 같이 평행한 두 직선 l, m과 정사각형 ABCD가 각각 점 A, C에서 만날 때, x의 값을 구하시오.

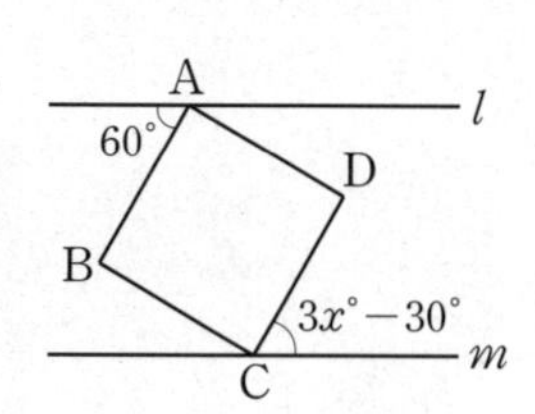

6
오른쪽 그림에서 $l /\!/ m$일 때, x의 값을 구하시오.

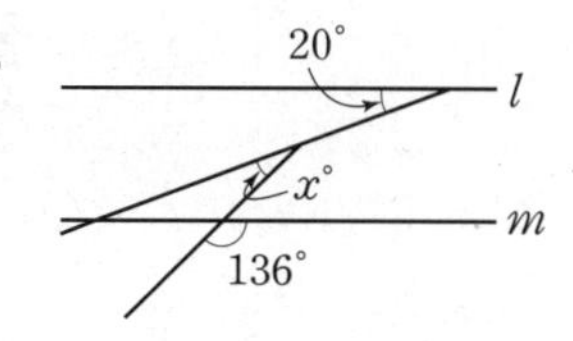

7 생각이 자라는 문제 해결
오른쪽 그림에서 $l /\!/ m$일 때, $\angle x$의 크기는?

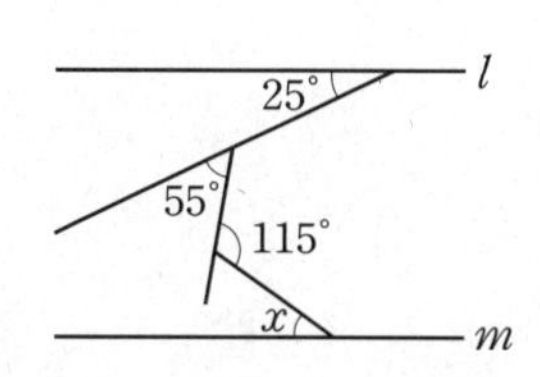

① 30° ② 35° ③ 40° ④ 45° ⑤ 50°

▶ 문제 속 개념 도출

• 평행한 두 직선이 다른 한 직선과 만날 때 동위각과 엇각의 크기는 각각 ①_____.

점수 /100점

개념 01, 02

1

다음 중 옳지 않은 것은? [10점]

① 원은 평면도형이고, 원기둥은 입체도형이다.
② 선이 움직인 자리는 면이 된다.
③ 한 직선 위에는 무수히 많은 점이 있다.
④ 점 A에서 점 B에 이르는 가장 짧은 거리는 $\overleftrightarrow{AB}$이다.
⑤ 사각기둥에서 교점의 개수는 꼭짓점의 개수와 같다.

개념 02

2

오른쪽 그림과 같이 직선 l 위에 네 점 A, B, C, D가 있을 때, 다음 중 옳지 않은 것은? [10점]

① $\overline{AC}=\overline{CA}$ ② $\overleftrightarrow{CD}=\overleftrightarrow{DC}$ ③ $\overrightarrow{BC}=\overrightarrow{BD}$
④ $\overleftrightarrow{BD}=\overleftrightarrow{AB}$ ⑤ $\overrightarrow{AB}=\overrightarrow{BC}$

개념 03

3

오른쪽 그림에서 점 M은 $\overline{AB}$의 중점이고, 점 N은 $\overline{BC}$의 중점이다. $\overline{MN}=12\,\text{cm}$일 때, $\overline{AC}$의 길이를 구하시오. [10점]

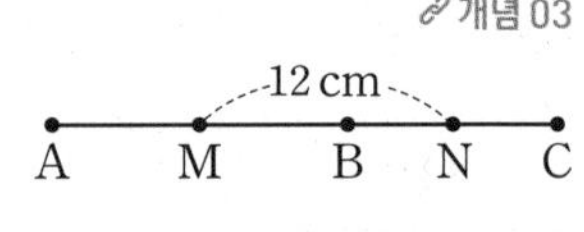

개념 04, 05

4

오른쪽 그림에서 x의 값을 구하시오. [10점]

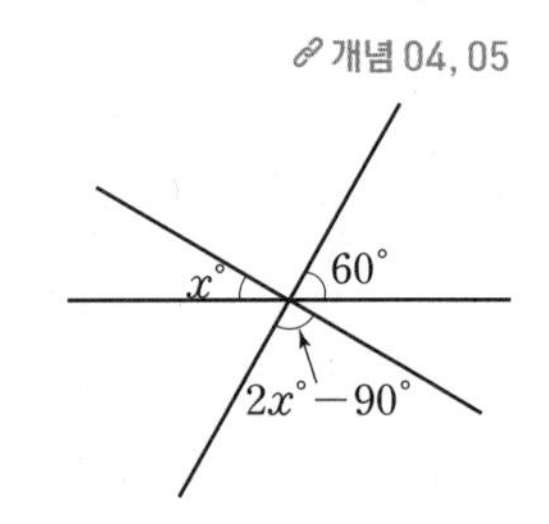

개념 06

5

오른쪽 그림과 같은 사다리꼴 ABCD에 대한 설명으로 다음 중 옳지 않은 것은? [10점]

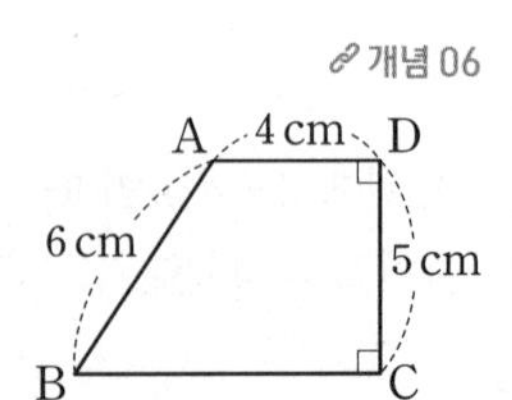

① 점 A와 점 B 사이의 거리는 6 cm이다.
② 점 D와 $\overline{BC}$ 사이의 거리는 5 cm이다.
③ 점 B에서 $\overline{CD}$에 내린 수선의 발은 점 C이다.
④ 점 A와 $\overline{BC}$ 사이의 거리는 6 cm이다.
⑤ $\overline{AD}$와 $\overline{CD}$는 수직이다.

개념 09, 10

6 오른쪽 그림은 직육면체를 세 꼭짓점 A, C, F를 지나는 평면으로 자르고 남은 입체도형이다. 모서리 AF와 꼬인 위치에 있는 모서리의 개수를 a개, 면 CFG와 평행한 모서리의 개수를 b개라 할 때, $a+b$의 값을 구하시오. [10점]

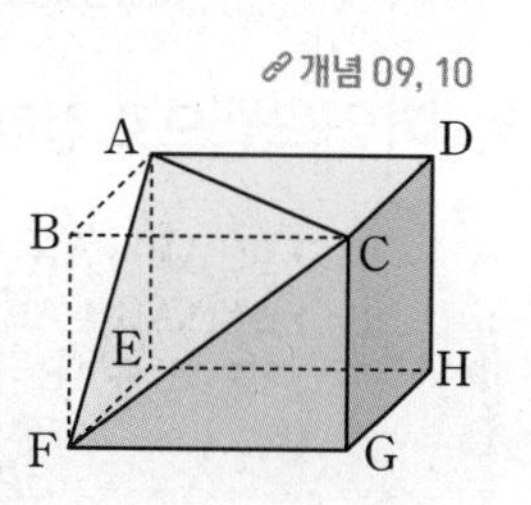

개념 09, 10

7 오른쪽 직육면체에 대한 다음 |보기|의 설명 중 옳은 것을 모두 고르시오. [15점]

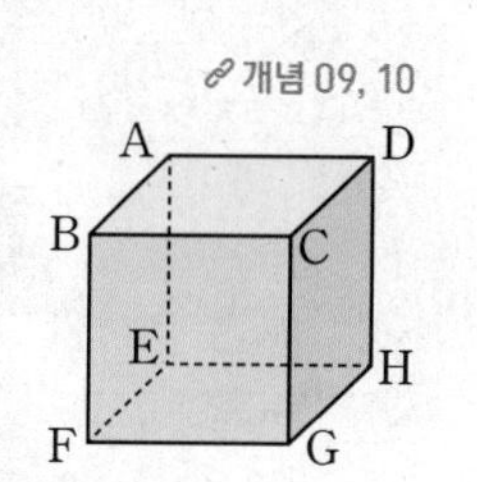

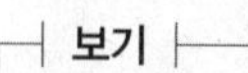

ㄱ. $\overline{AB}$와 평행한 면은 2개이다.
ㄴ. $\overline{CD}$와 수직인 면은 4개이다.
ㄷ. $\overline{EH}$와 평행한 모서리는 2개이다.
ㄹ. $\overline{AD}$와 수직으로 만나는 모서리는 4개이다.
ㅁ. $\overline{DH}$와 꼬인 위치에 있는 모서리는 4개이다.

개념 12

8 다음 그림에서 $l /\!/ m$일 때, $\angle x$, $\angle y$의 크기를 각각 구하시오. [10점]

(1)

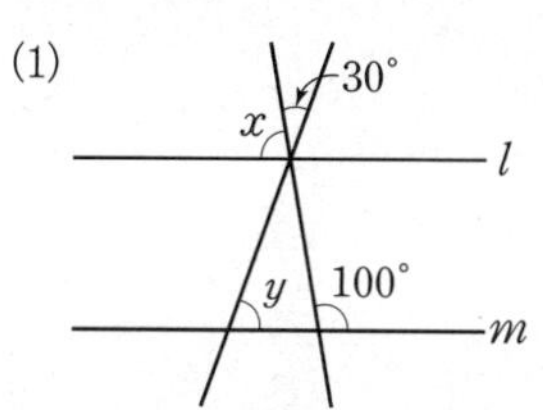

(2)

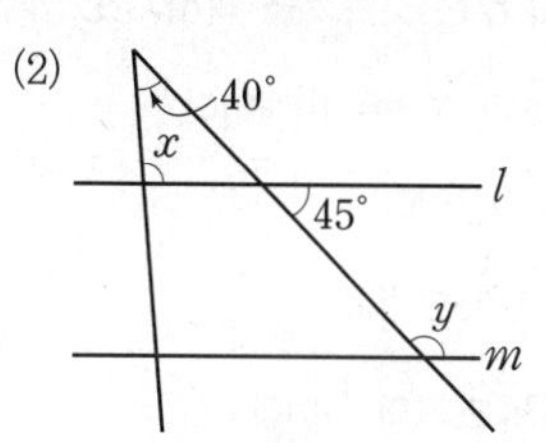

개념 13

9 오른쪽 그림에서 $l /\!/ m$일 때, $\angle x$의 크기를 구하시오. [15점]

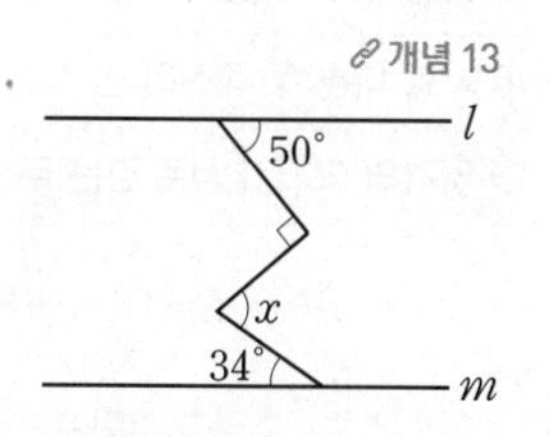

배운 내용 돌아보기

마인드맵으로 정리하기

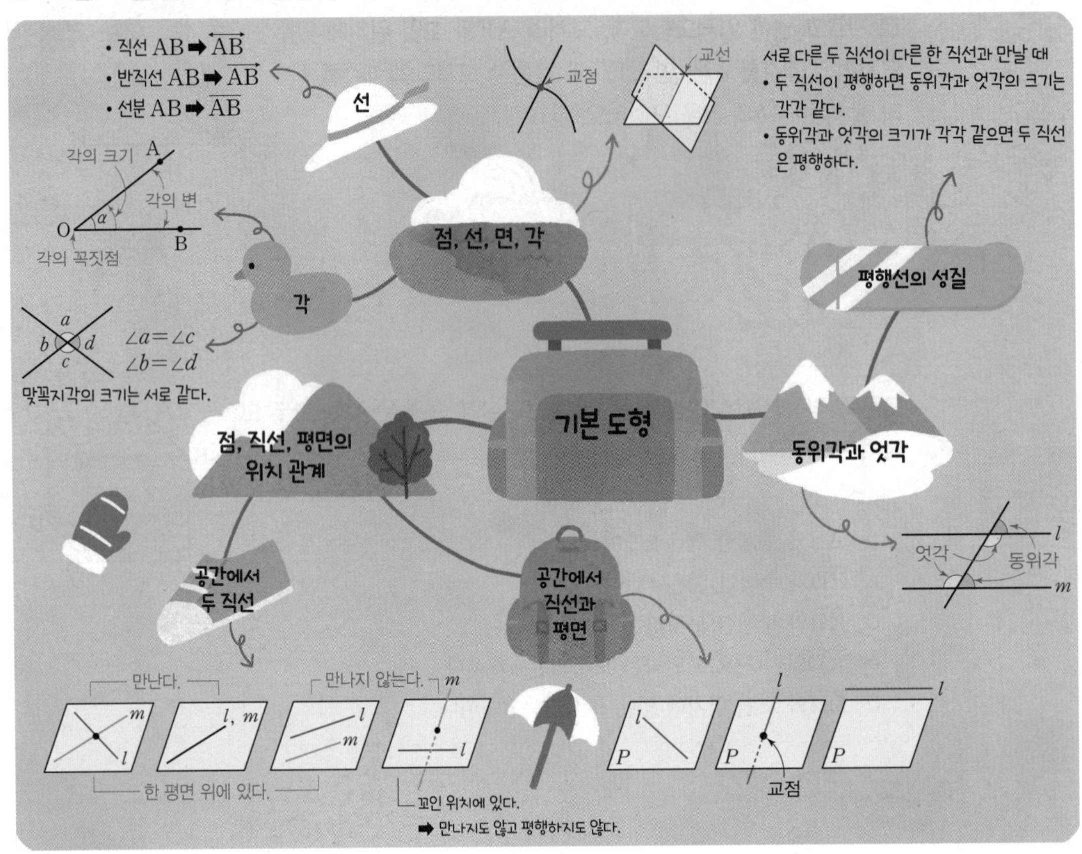

OX 문제로 확인하기

옳은 것은 ○, 옳지 않은 것은 X를 택하시오. ● 정답 및 해설 13쪽

❶ 직육면체의 교점은 8개, 교선은 10개이다. O | X

❷ $\overleftrightarrow{AB}$와 $\overleftrightarrow{BA}$는 같은 직선이다. O | X

❸ $\overrightarrow{AB}$와 $\overrightarrow{BA}$는 같은 반직선이다. O | X

❹ 직각의 크기는 평각의 크기의 $\frac{1}{3}$이다. O | X

❺ 맞꼭지각의 크기는 서로 같다. O | X

❻ 점 M이 $\overline{AB}$의 중점이면 $\overline{AM}=\overline{MB}$이다. O | X

❼ 평면에서 만나지 않는 두 직선은 평행하다. O | X

❽ 공간에서 평행한 두 평면에 각각 포함된 두 직선은 평행하다. O | X

❾ 서로 다른 두 직선이 한 직선과 만날 때 동위각의 크기는 항상 같다. O | X

❿ 엇각의 크기가 서로 같은 두 직선은 평행하다. O | X

2 작도와 합동

배운 내용

- **초등학교 3~4학년군**
  원의 구성 요소
- **초등학교 5~6학년군**
  합동과 대칭

→ **이 단원의 내용**

- ◆ 삼각형의 작도
- ◆ 삼각형의 합동 조건

→ **배울 내용**

- **중학교 2학년**
  삼각형과 사각형의 성질
  도형의 닮음
  피타고라스 정리
- **중학교 3학년**
  삼각비

학습 내용	학습 날짜	학습 확인	복습 날짜
개념 14 작도 (1) – 길이가 같은 선분의 작도	/	☺ 😐 ☹	/
개념 15 작도 (2) – 크기가 같은 각의 작도	/	☺ 😐 ☹	/
개념 16 삼각형의 세 변의 길이 사이의 관계	/	☺ 😐 ☹	/
개념 17 삼각형의 작도	/	☺ 😐 ☹	/
개념 18 삼각형이 하나로 정해지는 조건	/	☺ 😐 ☹	/
개념 19 도형의 합동	/	☺ 😐 ☹	/
개념 20 삼각형의 합동 조건	/	☺ 😐 ☹	/
개념 21 삼각형의 합동의 활용 (1)	/	☺ 😐 ☹	/
개념 22 삼각형의 합동의 활용 (2) – 정삼각형, 정사각형	/	☺ 😐 ☹	/
학교 시험 문제로 단원 마무리	/	☺ 😐 ☹	/

개념 14 작도(1) - 길이가 같은 선분의 작도

되짚어 보기 [초3~4] 원의 구성 요소

(1) 작도: 눈금 없는 자와 컴퍼스만을 사용하여 도형을 그리는 것
① 눈금 없는 자: 두 점을 지나는 선분이나 선분의 연장선을 그릴 때 사용
② 컴퍼스: 주어진 선분의 길이를 재어 다른 직선 위로 옮기거나 원을 그릴 때 사용

(2) 길이가 같은 선분의 작도
선분 AB와 길이가 같은 선분 CD의 작도 순서는 다음과 같다.

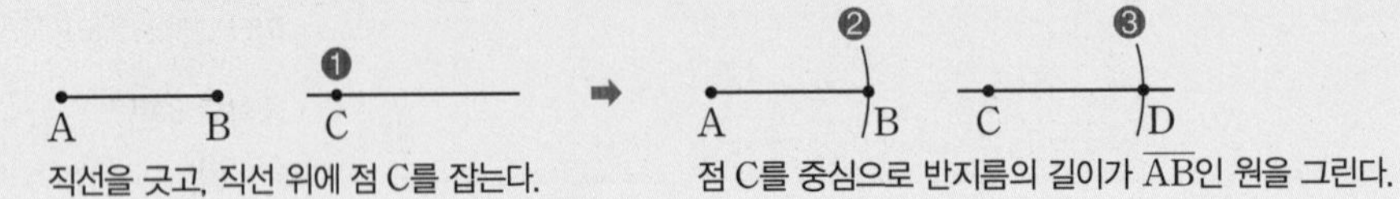

직선을 긋고, 직선 위에 점 C를 잡는다. ➡ 점 C를 중심으로 반지름의 길이가 $\overline{AB}$인 원을 그린다.

개념 확인

정답 및 해설 14쪽

1 다음 | 보기 | 에서 작도할 때 사용하는 도구를 모두 고르시오.

보기
ㄱ. 컴퍼스　ㄴ. 각도기　ㄷ. 삼각자　ㄹ. 눈금 있는 자　ㅁ. 눈금 없는 자

2 작도에 대한 다음 설명 중 옳은 것은 ○표, 옳지 않은 것은 ×표를 (　) 안에 쓰시오.

(1) 선분을 연장할 때는 눈금 없는 자를 사용한다. (　　)
(2) 두 점을 연결하는 선분을 그릴 때는 컴퍼스를 사용한다. (　　)
(3) 두 선분의 길이를 비교할 때는 눈금 없는 자를 사용한다. (　　)
(4) 선분의 길이를 재어서 다른 직선 위로 옮길 때는 컴퍼스를 사용한다. (　　)

3 다음은 선분 AB와 길이가 같은 선분 PQ를 작도하는 과정이다. □ 안에 알맞은 것을 쓰시오.

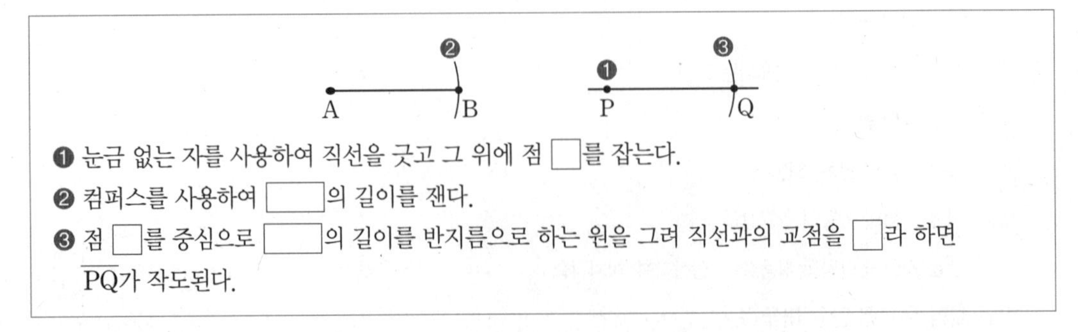

❶ 눈금 없는 자를 사용하여 직선을 긋고 그 위에 점 □를 잡는다.
❷ 컴퍼스를 사용하여 □의 길이를 잰다.
❸ 점 □를 중심으로 □의 길이를 반지름으로 하는 원을 그려 직선과의 교점을 □라 하면 $\overline{PQ}$가 작도된다.

● 정답 및 해설 14쪽

교과서 문제로 개념 다지기

1

다음 그림은 선분 AB와 길이가 같은 선분 PQ를 작도하는 과정이다. □ 안에 알맞은 것을 쓰시오.

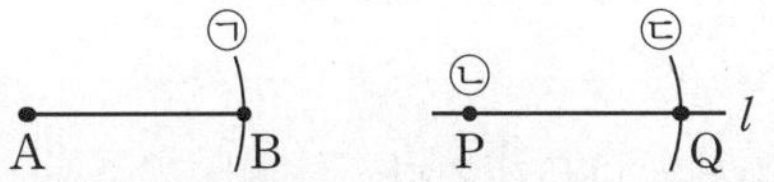

(1) 직선 l을 그릴 때 필요한 작도 도구는 □이다.
(2) $\overline{AB}$의 길이를 잴 때 필요한 작도 도구는 □이다.
(3) 작도 순서는 □ → □ → □이다.

2

다음 중 작도에 대한 설명으로 옳지 않은 것은?

① 눈금 없는 자와 컴퍼스만을 사용하여 도형을 그리는 것을 작도라 한다.
② 선분을 연장할 때는 눈금 없는 자를 사용한다.
③ 주어진 선분의 길이를 다른 직선 위로 옮길 때는 컴퍼스를 사용한다.
④ 컴퍼스를 사용하여 원을 그리거나 주어진 각의 크기를 측정할 수 있다.
⑤ 두 점을 잇는 선분을 그릴 때는 눈금 없는 자를 사용한다.

3

다음은 선분 XY와 길이가 같은 선분 PQ를 작도하는 과정이다. 작도 순서를 바르게 나열하시오.

㉠ 컴퍼스를 사용하여 선분 XY의 길이를 잰다.
㉡ 점 P를 중심으로 선분 XY의 길이를 반지름으로 하는 원을 그려 직선과의 교점을 Q라 한다.
㉢ 눈금 없는 자를 사용하여 직선을 긋고 그 위에 점 P를 잡는다.

4

다음은 선분 AB를 점 B쪽으로 연장하여 $\overline{AC}=2\overline{AB}$가 되는 선분 AC를 작도하는 과정이다. 작도 순서를 바르게 나열하시오.

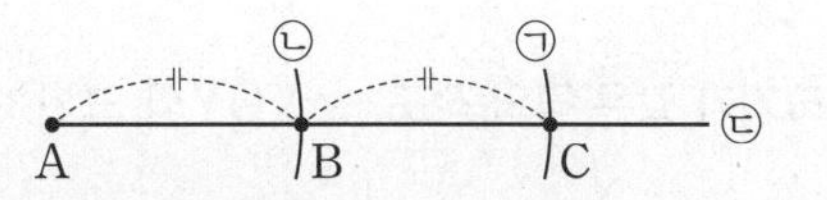

㉠ 점 B를 중심으로 $\overline{AB}$의 길이를 반지름으로 하는 원을 그려 $\overline{AB}$의 연장선과의 교점을 C라 하면 $\overline{AC}=2\overline{AB}$이다.
㉡ 컴퍼스를 사용하여 $\overline{AB}$의 길이를 잰다.
㉢ 눈금 없는 자를 사용하여 $\overline{AB}$를 점 B쪽으로 연장한다.

5 생각이 자라는 문제 해결

오른쪽 그림과 같이 컴퍼스를 이용하여 평면 위의 한 점 A를 중심으로 하는 원을 그린 후, 그 원 위의 한 점 B를 중심으로 하고 반지름의 길이가 $\overline{AB}$인 원을 그렸더니 두 원이 두 점에서 만났다. 그중 한 점을 C라 할 때, 삼각형 ABC는 어떤 삼각형인지 말하시오.

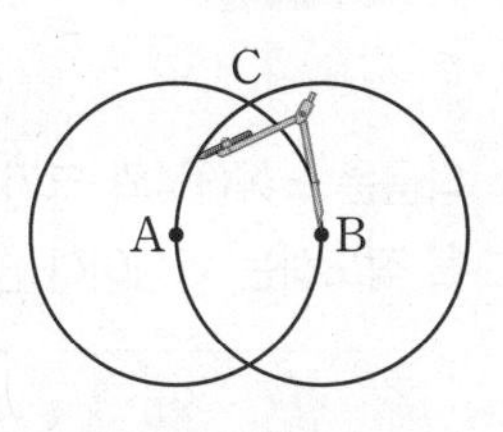

▶ 문제 속 개념 도출
- 작도에서 ① ______는 원을 그리거나 주어진 선분의 길이를 옮기는 데 사용한다.
- 한 원에서 반지름의 길이는 모두 같다.
- 세 변의 길이가 모두 같은 삼각형은 ② ______이다.

개념 15 작도(2) - 크기가 같은 각의 작도

되짚어 보기 [초3~4] 원의 구성 요소 [중1] 길이가 같은 선분의 작도

(1) **크기가 같은 각의 작도:** ∠XOY와 크기가 같은 ∠DPC의 작도 순서는 다음과 같다.

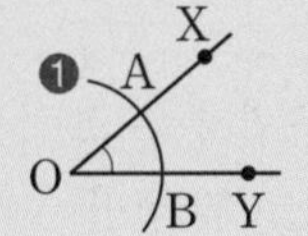

점 O를 중심으로 원을 그려 $\overrightarrow{OX}$, $\overrightarrow{OY}$와의 교점을 각각 A, B라 한다.

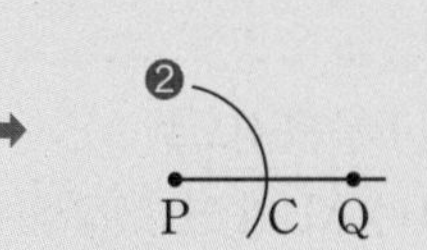

점 P를 중심으로 반지름의 길이가 $\overline{OA}$인 원을 그려 $\overrightarrow{PQ}$와의 교점을 C라 한다.

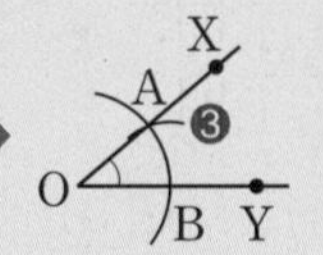

점 C를 중심으로 반지름의 길이가 $\overline{AB}$인 원을 그려 ❷의 원과의 교점을 D라 한다.

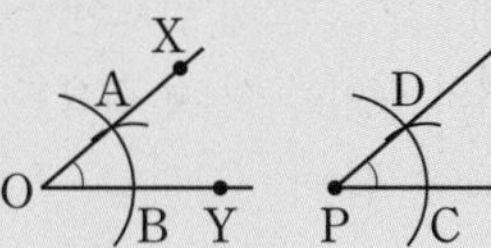

두 점 P, D를 지나는 반직선을 그린다.

(2) **평행선의 작도:** 직선 l 밖의 한 점 P를 지나면서 직선 l과 평행한 직선 m의 작도 순서는 다음과 같다.

방법1 동위각 이용

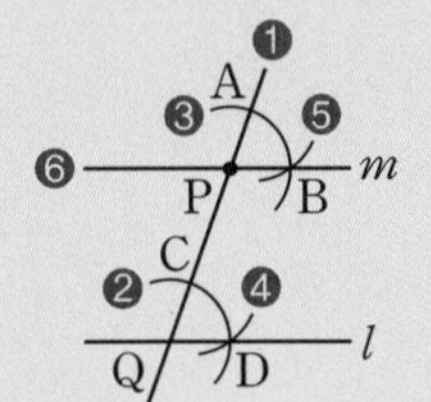

➡ ∠CQD=∠APB이므로 $l /\!/ m$

방법2 엇각 이용

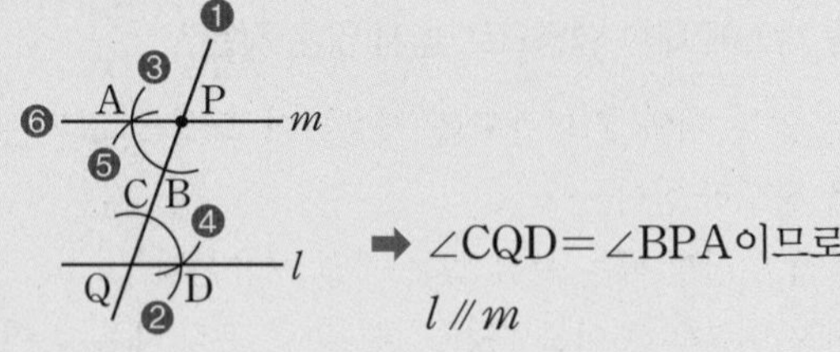

➡ ∠CQD=∠BPA이므로 $l /\!/ m$

개념 확인

● 정답 및 해설 14쪽

1

다음은 ∠XOY와 크기가 같고 $\overrightarrow{PQ}$를 한 변으로 하는 각을 작도하는 과정이다. □ 안에 알맞은 것을 쓰시오.

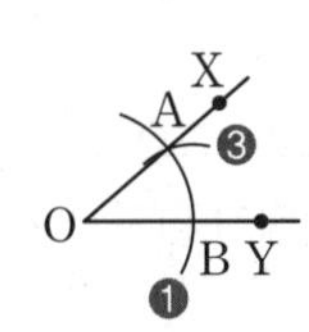

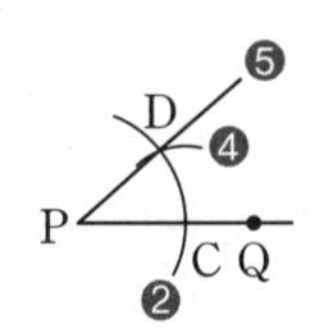

❶ 점 O를 중심으로 원을 그려 OX, OY와의 교점을 각각 □, □라 한다.
❷ 점 P를 중심으로 $\overline{OA}$의 길이를 반지름으로 하는 원을 그려 $\overrightarrow{PQ}$와의 교점을 □라 한다.
❸ 컴퍼스를 사용하여 $\overline{AB}$의 길이를 잰다.
❹ 점 C를 중심으로 □의 길이를 반지름으로 하는 원을 그려 ❷의 원과의 교점을 D라 한다.
❺ $\overrightarrow{PD}$를 그으면 ∠DPC가 작도된다.

2

다음은 크기가 같은 각의 작도를 이용하여 직선 l 밖의 한 점 P를 지나고 직선 l과 평행한 직선을 작도하는 과정이다. □ 안에 알맞은 것을 쓰시오.

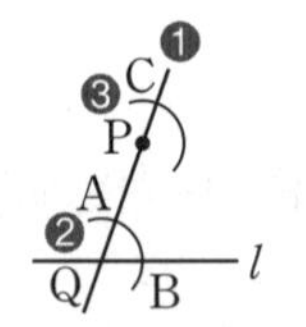

➡

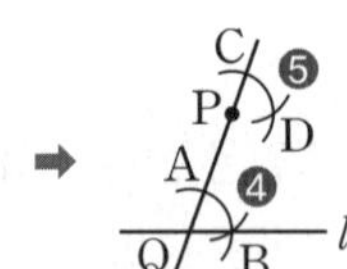

➡

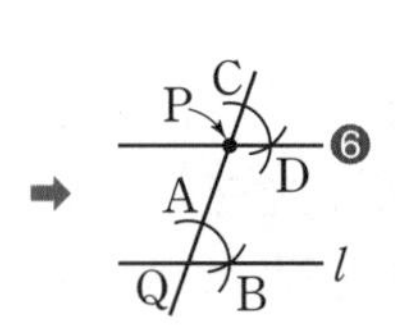

❶ 점 P를 지나는 직선을 그어 직선 l과의 교점을 □라 한다.
❷ 점 Q를 중심으로 원을 그려 $\overleftrightarrow{PQ}$, 직선 l과의 교점을 각각 A, B라 한다.
❸ 점 P를 중심으로 $\overline{QA}$의 길이를 반지름으로 하는 원을 그려 $\overleftrightarrow{PQ}$와의 교점을 □라 한다.
❹ 컴퍼스를 사용하여 □의 길이를 잰다.
❺ 점 C를 중심으로 □의 길이를 반지름으로 하는 원을 그려 ❸의 원과의 교점을 □라 한다.
❻ $\overleftrightarrow{PD}$를 그으면 직선 l과 평행한 직선 PD가 작도된다.

교과서 문제로 개념 다지기

1
다음 그림은 ∠AOB와 크기가 같은 각을 $\overrightarrow{PQ}$를 한 변으로 하여 작도하는 과정이다. □ 안에 알맞은 것을 쓰시오.

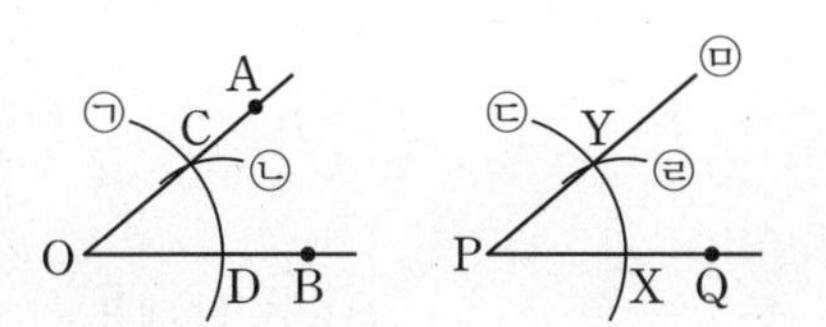

(1) 작도 순서는 □ → □ → □ → □ → □이다.
(2) $\overline{OC}$= □ = $\overline{PX}$= □
(3) $\overline{CD}$= □
(4) ∠AOD= □

2
오른쪽 그림은 직선 l 밖의 한 점 P를 지나고 직선 l과 평행한 직선을 작도하는 과정이다. □ 안에 알맞은 것을 쓰시오.

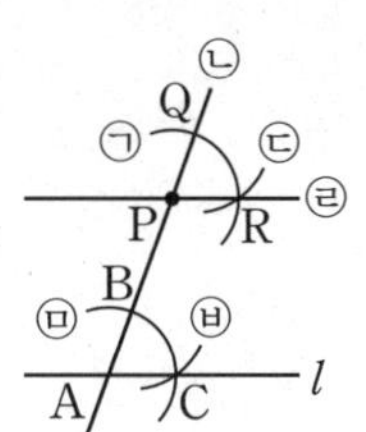

(1) 작도 순서는
□ → □ → □ → □ → □ → □이다.
(2) $\overline{AB}$= □ = $\overline{PQ}$= □
(3) $\overline{BC}$= □
(4) ∠BAC= □

3
아래 그림은 ∠XOY와 크기가 같은 각을 $\overrightarrow{PQ}$를 한 변으로 하여 작도한 것이다. 다음 | 보기 | 중 옳은 것을 모두 고르시오.

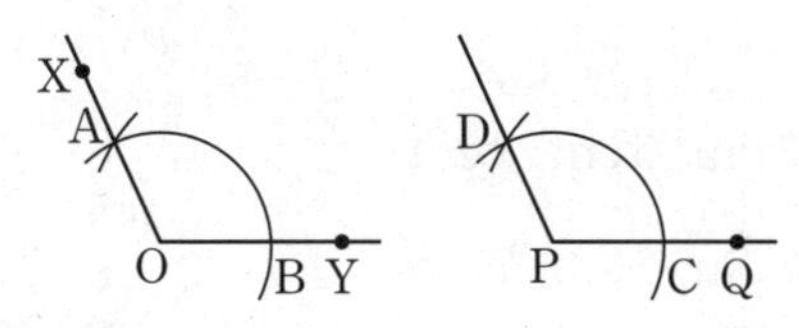

| 보기 |

ㄱ. $\overline{OA}=\overline{PC}$　　ㄴ. $\overline{AB}=\overline{CQ}$
ㄷ. $\overline{OX}=\overline{OY}$　　ㄹ. ∠XOY=∠DPC

4
오른쪽 그림은 직선 l 밖의 한 점 P를 지나면서 직선 l에 평행한 직선을 작도하는 과정이다. 다음 물음에 답하시오.

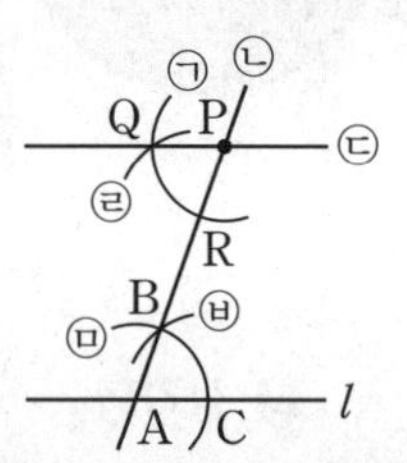

(1) 작도 순서를 바르게 나열하시오.
(2) ∠QPR와 크기가 같은 각을 구하시오.

5
오른쪽 그림은 직선 l 밖의 한 점 P를 지나고 직선 l과 평행한 직선 m을 작도한 것이다. 다음 | 보기 | 중 옳은 것을 모두 고르시오.

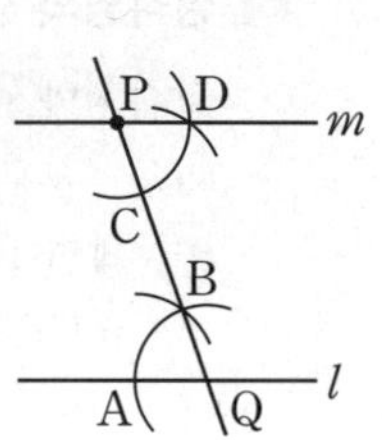

| 보기 |

ㄱ. $\overline{QB}=\overline{CD}$　　ㄴ. $\overline{AB}=\overline{CD}$
ㄷ. ∠CPD=∠PCD　　ㄹ. ∠BQA=∠CPD

6 생각이 자라는 문제 해결
오른쪽 그림은 삼각형 ABC에서 꼭짓점 A를 지나고 변 BC에 평행한 직선 l을 작도한 것이다. 이 작도에 이용된 평행선의 성질을 말하시오.

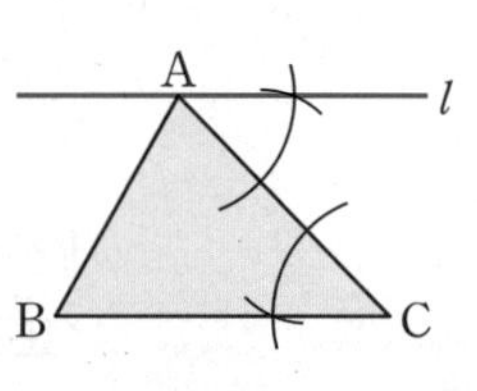

▶ 문제 속 개념 도출
• 서로 다른 두 직선이 다른 한 직선과 만날 때 동위각 또는 엇각의 크기가 같으면 두 직선은 ① ____ 하다.

개념 16 삼각형의 세 변의 길이 사이의 관계

되짚어 보기 [중1] 직선, 반직선, 선분 / 각

1 삼각형

(1) **삼각형 ABC**: 세 선분 AB, BC, CA로 이루어진 도형

기호 $\triangle ABC$

(2) **대변**: 한 각과 마주 보는 변

예 $\angle A$의 대변: $\overline{BC}$, $\angle B$의 대변: $\overline{AC}$, $\angle C$의 대변: $\overline{AB}$

(3) **대각**: 한 변과 마주 보는 각

예 $\overline{BC}$의 대각: $\angle A$, $\overline{AC}$의 대각: $\angle B$, $\overline{AB}$의 대각: $\angle C$

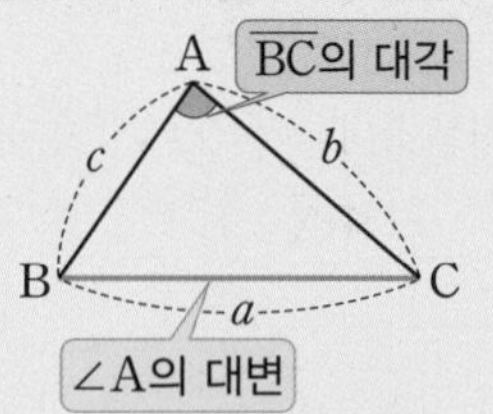

일반적으로 $\triangle ABC$에서 $\angle A$, $\angle B$, $\angle C$의 대변의 길이를 각각 a, b, c로 나타낸다.

2 삼각형의 세 변의 길이 사이의 관계

삼각형에서 한 변의 길이는 나머지 두 변의 길이의 합보다 작다.

➡ $a<b+c$, $b<a+c$, $c<a+b$

참고 세 변의 길이가 주어졌을 때, 삼각형이 될 수 있는 조건

➡ (가장 긴 변의 길이)<(나머지 두 변의 길이의 합)

개념 확인

● 정답 및 해설 14쪽

1 오른쪽 그림의 $\triangle ABC$에서 다음을 구하시오.

(1) $\angle A$의 대변　　(2) $\angle C$의 대변

(3) 변 AB의 대각　　(4) 변 AC의 대각

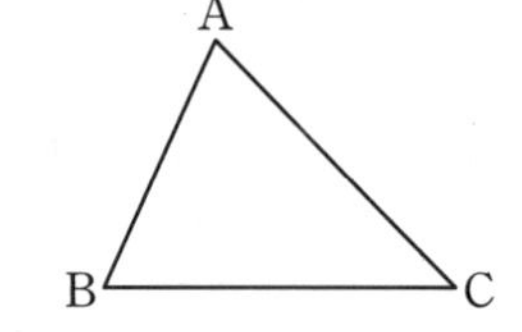

2 세 선분의 길이가 다음과 같을 때, 주어진 세 선분을 이용하여 삼각형을 만들 수 있으면 ○표, 만들 수 없으면 ×표를 (　) 안에 쓰시오.

(1) 3 cm, 4 cm, 7 cm　(　)　　(2) 2 cm, 5 cm, 8 cm　(　)

(3) 8 cm, 9 cm, 10 cm　(　)　　(4) 7 cm, 7 cm, 7 cm　(　)

교과서 문제로 개념 다지기

1

다음 중 삼각형의 세 변의 길이가 될 수 없는 것을 모두 고르면? (정답 2개)

① 2 cm, 3 cm, 5 cm ② 4 cm, 5 cm, 6 cm
③ 5 cm, 8 cm, 10 cm ④ 9 cm, 9 cm, 9 cm
⑤ 9 cm, 10 cm, 20 cm

2

오른쪽 그림과 같은 $\triangle ABC$에 대한 설명으로 다음 중 옳지 않은 것은?

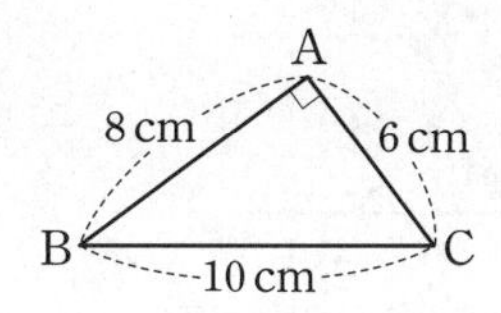

① $\overline{BC}$의 대각의 크기는 $90°$이다.
② $\angle B$의 대변의 길이는 6 cm이다.
③ 삼각형 ABC를 기호로 $\triangle ABC$와 같이 나타낸다.
④ $\overline{BC} > \overline{AB} + \overline{CA}$이다.
⑤ $\angle A + \angle B + \angle C = 180°$이다.

3

삼각형의 세 변의 길이가 2 cm, 6 cm, x cm일 때, 다음 중 x의 값으로 알맞은 것은?

① 2 ② 4 ③ 6
④ 8 ⑤ 10

4

다음은 삼각형의 세 변의 길이가 7, 8, x일 때, x의 값의 범위를 구하는 과정이다. □ 안에 알맞은 것을 쓰시오.

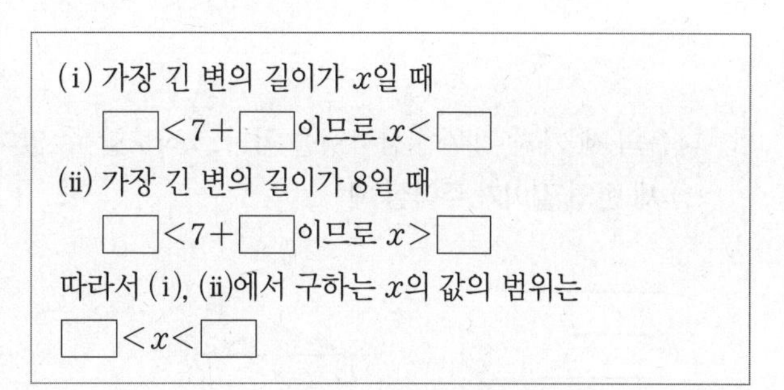
(i) 가장 긴 변의 길이가 x일 때
□$<7+$□이므로 $x<$□
(ii) 가장 긴 변의 길이가 8일 때
□$<7+$□이므로 $x>$□
따라서 (i), (ii)에서 구하는 x의 값의 범위는
□$<x<$□

5 해설 꼭 확인

4번의 과정을 이용하여 삼각형의 세 변의 길이가 3 cm, x cm, 6 cm일 때, x의 값의 범위를 구하시오.

다음과 같이 길이가 4 cm, 5 cm, 9 cm, 11 cm인 막대가 각각 하나씩 있다. 이 중 3개의 막대로 만들 수 있는 서로 다른 삼각형의 개수를 구하시오.

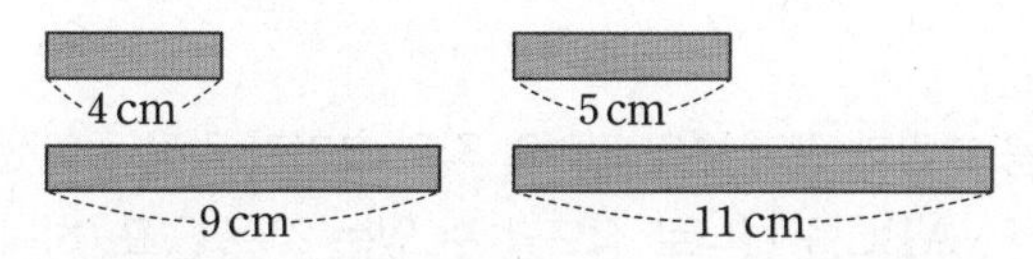

▶ 문제 속 개념 도출

• 삼각형에서 한 변의 길이는 나머지 두 변의 길이의 ①___ 보다 작다.

개념 17 삼각형의 작도

되짚어 보기 [중1] 길이가 같은 선분의 작도 / 크기가 같은 각의 작도

다음의 세 가지 경우에 삼각형을 하나로 작도할 수 있다.

(1) 세 변의 길이가 주어질 때

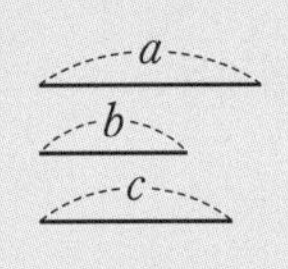

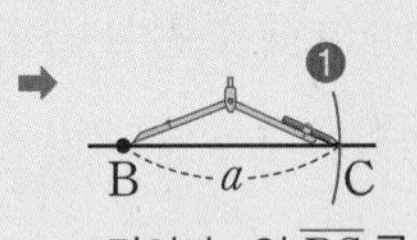

길이가 a인 $\overline{BC}$ 를 그린다.

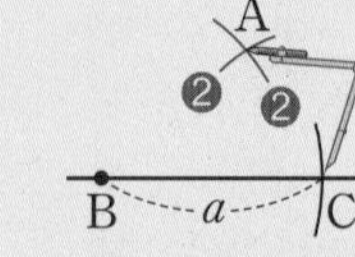

점 B, C를 중심으로 반지름의 길이가 각각 c, b인 원을 그려 그 교점을 A라 한다.

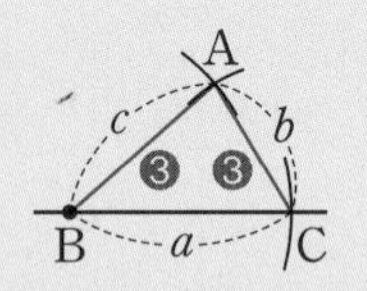

점 A와 B, 점 A와 C를 잇는다.

(2) 두 변의 길이와 그 끼인각의 크기가 주어질 때

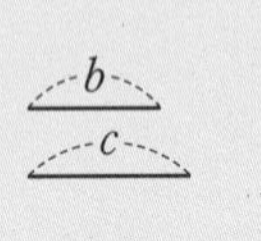

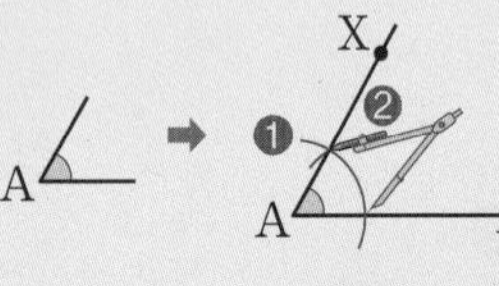

∠A와 크기가 같은 ∠XAY를 그린다.

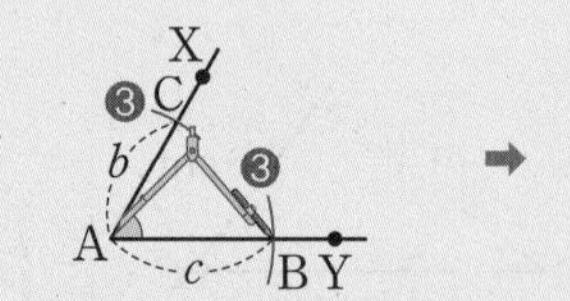

$\overrightarrow{AX}$ 위에 길이가 b인 $\overline{AC}$를, $\overrightarrow{AY}$ 위에 길이가 c인 $\overline{AB}$를 그린다.

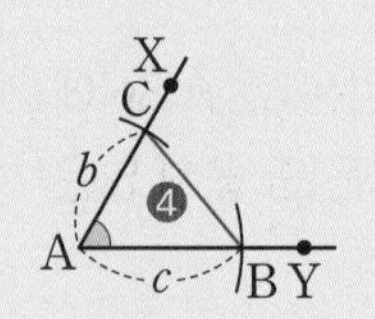

두 점 B, C를 잇는다.

(3) 한 변의 길이와 그 양 끝 각의 크기가 주어질 때

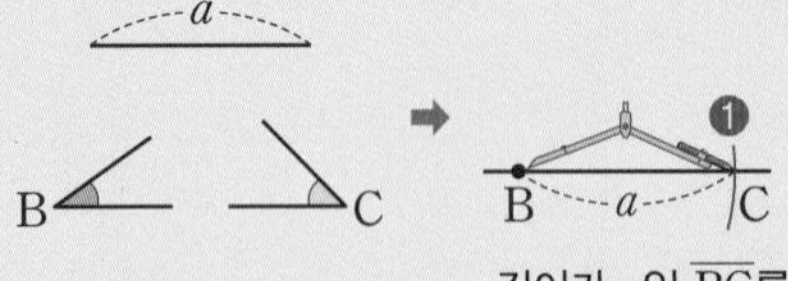

길이가 a인 $\overline{BC}$를 그린다.

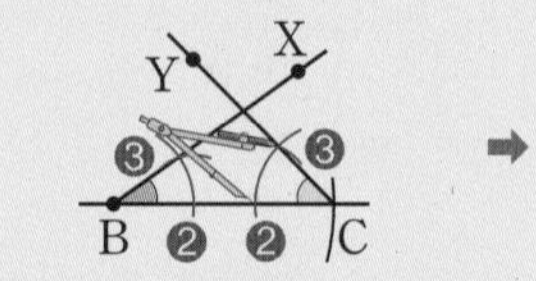

∠B, ∠C와 크기가 각각 같은 ∠XBC, ∠YCB를 그린다.

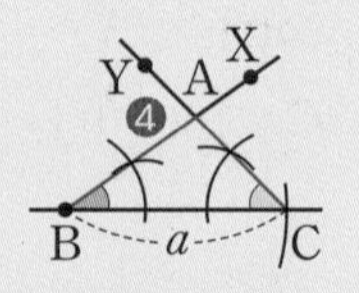

$\overrightarrow{BX}$, $\overrightarrow{CY}$의 교점을 A라 한다.

참고 $\overline{AB}$의 길이와 ∠B, ∠C의 크기가 주어지면 $\angle A=180^{\circ}-(\angle B+\angle C)$이므로 한 변의 길이와 그 양 끝 각의 크기가 주어진 경우가 되어 삼각형을 하나로 작도할 수 있다.

개념 확인

● 정답 및 해설 15쪽

1

다음 그림과 같이 변의 길이와 각의 크기가 각각 주어졌을 때, △ABC를 하나로 작도할 수 있는 것은 ○표, 하나로 작도할 수 없는 것은 ×표를 ( ) 안에 쓰시오.

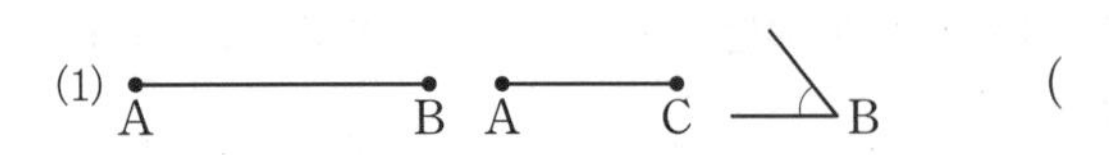

(1) ( )

(2) ( )

(3) ( )

2

다음은 한 변의 길이가 a이고 그 양 끝 각의 크기가 ∠B, ∠C인 삼각형을 작도하는 과정이다. □ 안에 알맞은 것을 쓰시오.

❶ 길이가 □인 $\overline{BC}$를 작도한다.

❷ ∠B와 크기가 같은 □, ∠C와 크기가 같은 □를 작도한다.

❸ $\overrightarrow{BX}$와 $\overrightarrow{CY}$의 교점을 A라 하면 △ABC가 작도된다.

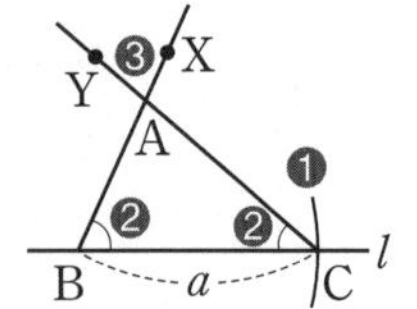

● 정답 및 해설 15쪽

교과서 문제로 개념 다지기

1

다음 그림은 주어진 조건을 이용하여 $\triangle ABC$를 작도한 것이다. □ 안에 알맞은 것을 쓰시오.

(1)

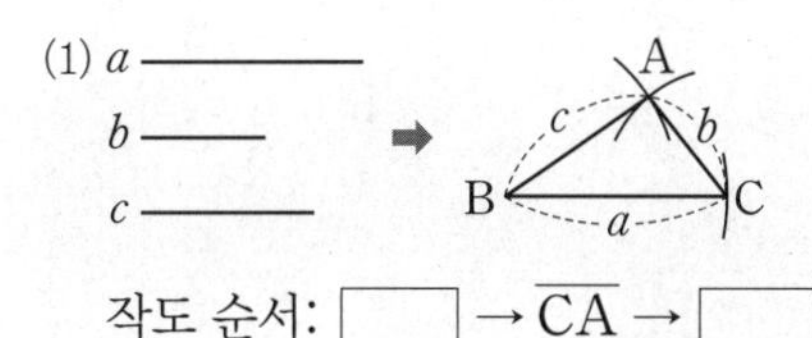

작도 순서: □ → $\overline{CA}$ → □

(2)

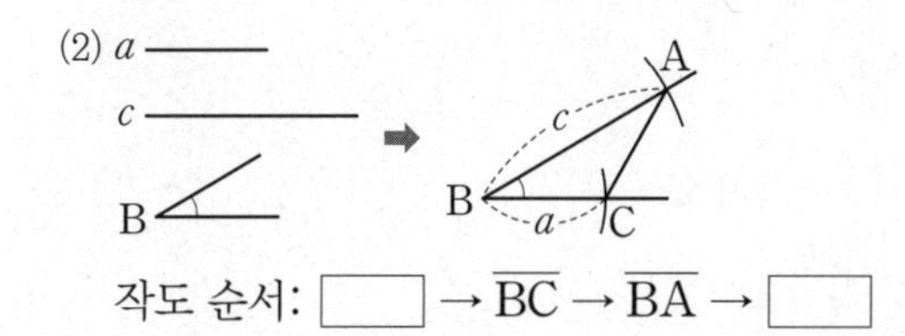

작도 순서: □ → $\overline{BC}$ → $\overline{BA}$ → □

(3)

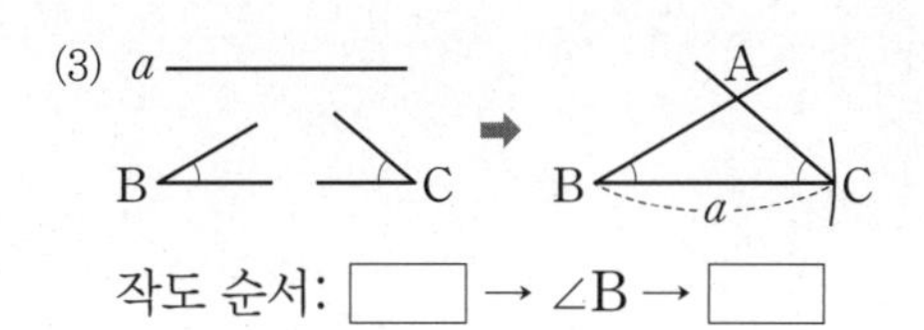

작도 순서: □ → $\angle B$ → □

2

다음 그림과 같이 두 변의 길이와 그 끼인각의 크기가 주어졌을 때, $\triangle ABC$를 작도하는 과정에서 가장 마지막에 하는 것은?

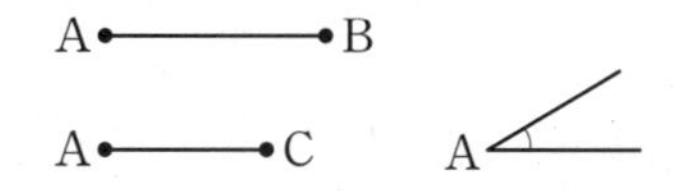

① $\angle A$를 작도한다.
② $\angle B$를 작도한다.
③ $\overline{AB}$를 작도한다.
④ $\overline{AC}$를 작도한다.
⑤ $\overline{BC}$를 작도한다.

3

오른쪽 그림과 같이 $\overline{AB}$의 길이와 $\angle A$, $\angle B$의 크기가 주어졌을 때, 다음 | 보기 | 중 $\triangle ABC$의 작도 순서로 옳은 것을 모두 고르시오.

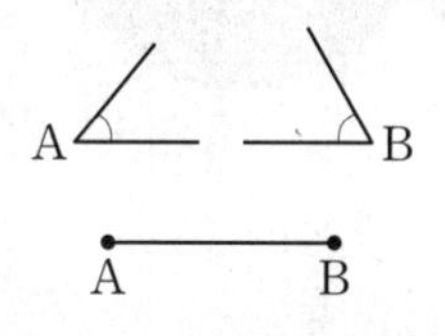

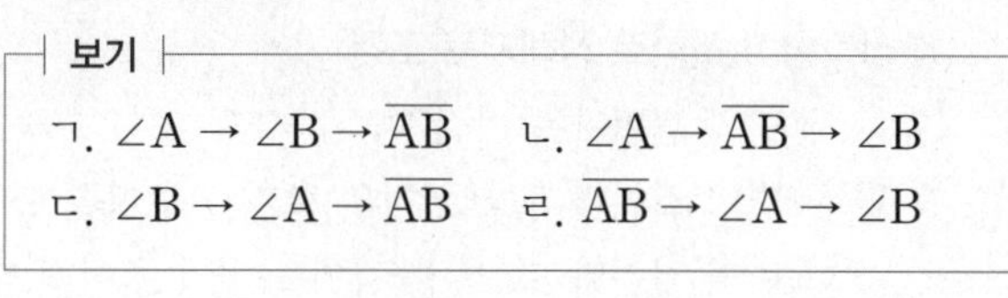

| 보기 |

ㄱ. $\angle A \to \angle B \to \overline{AB}$
ㄴ. $\angle A \to \overline{AB} \to \angle B$
ㄷ. $\angle B \to \angle A \to \overline{AB}$
ㄹ. $\overline{AB} \to \angle A \to \angle B$

4 생각이 자라는 문제 해결

아래 그림과 같이 두 선분과 두 각이 있다. 다음 | 보기 | 중 길이가 l인 선분을 한 변으로 하고 $\angle A$, $\angle B$를 그 양 끝 각으로 하는 삼각형, 길이가 l, m인 선분을 두 변으로 하고 $\angle A$를 그 끼인각으로 하는 삼각형을 차례로 나열하시오.

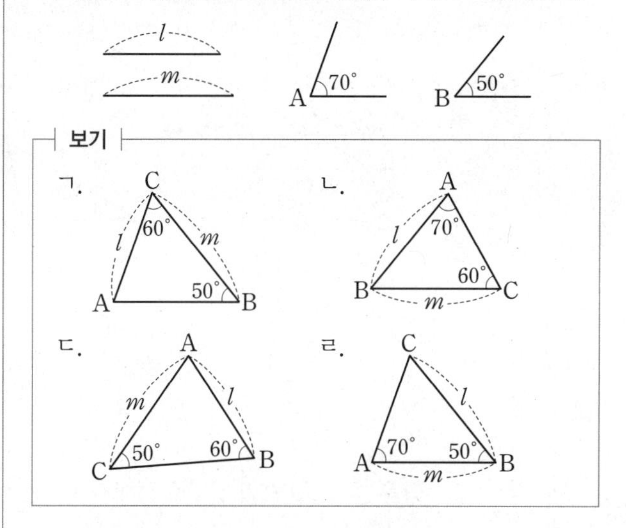

▶ 문제 속 개념 도출

• 다음의 세 가지 경우에 삼각형을 하나로 작도할 수 있다.
- 세 변의 길이가 주어진 경우
- 두 변의 길이와 그 ① ______의 크기가 주어진 경우
- 한 변의 길이와 그 양 끝 각의 크기가 주어진 경우

개념 18 삼각형이 하나로 정해지는 조건

되짚어 보기 [중1] 삼각형의 작도

(1) 삼각형이 하나로 정해지는 조건

① 세 변의 길이가 주어질 때

② 두 변의 길이와 그 끼인각의 크기가 주어질 때

③ 한 변의 길이와 그 양 끝 각의 크기가 주어질 때

(2) 삼각형이 하나로 정해지지 않는 경우

① (가장 긴 변의 길이)≥(나머지 두 변의 길이의 합) ➡ 삼각형이 그려지지 않는다.

② 두 변의 길이와 그 끼인각이 아닌 다른 한 각의 크기가 주어질 때

➡ 삼각형이 그려지지 않거나 1개 또는 2개 그려진다.

③ 세 각의 크기가 주어질 때 ➡ 무수히 많은 삼각형이 그려진다.

예 $\angle A=35°$, $\angle B=60°$, $\angle C=85°$인 $\triangle ABC$는 무수히 많다.

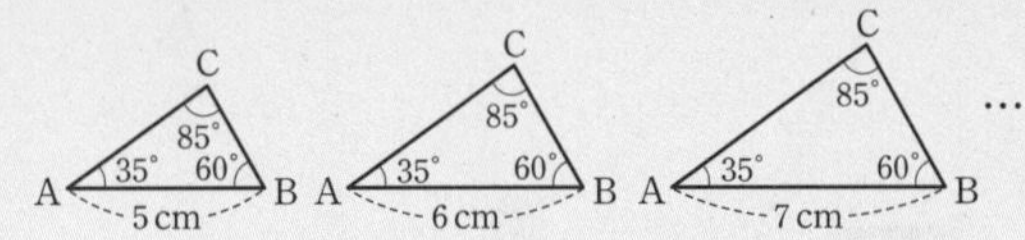

개념 확인

● 정답 및 해설 16쪽

1 다음과 같은 조건이 주어졌을 때, 그려지는 $\triangle ABC$의 개수를 구하시오.

(1) $\angle A=30°$, $\overline{AB}=9\,\text{cm}$, $\overline{BC}=6\,\text{cm}$

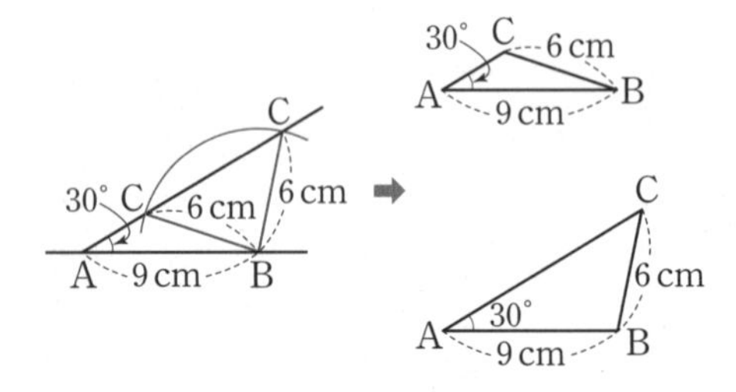

(2) $\angle A=40°$, $\angle B=50°$, $\angle C=90°$

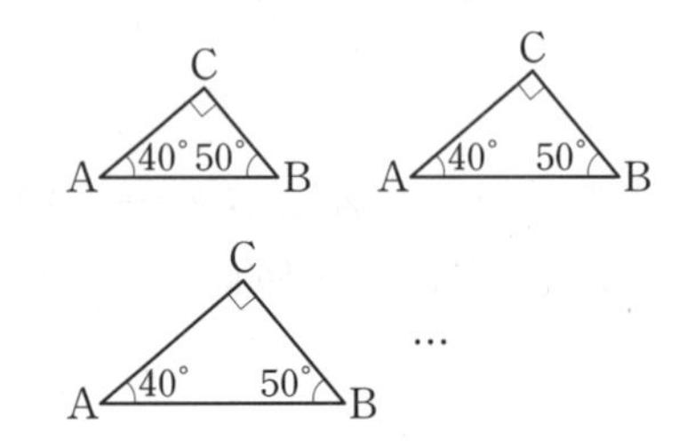

2 다음 중 $\triangle ABC$가 하나로 정해지는 것은 ○표, 하나로 정해지지 않는 것은 ×표를 (　) 안에 쓰시오.

(1) $\angle A=30°$, $\angle B=65°$, $\angle C=85°$ (　　)

(2) $\overline{AB}=5\,\text{cm}$, $\overline{BC}=3\,\text{cm}$, $\overline{CA}=7\,\text{cm}$ (　　)

(3) $\overline{BC}=8\,\text{cm}$, $\overline{CA}=6\,\text{cm}$, $\angle B=30°$ (　　)

(4) $\overline{BC}=3\,\text{cm}$, $\overline{CA}=9\,\text{cm}$, $\angle C=110°$ (　　)

(5) $\overline{BC}=4\,\text{cm}$, $\angle B=60°$, $\angle C=80°$ (　　)

교과서 문제로 개념 다지기

1

△ABC에서 $\overline{BC}$의 길이와 ∠B의 크기가 주어졌을 때, △ABC가 하나로 정해지기 위하여 필요한 나머지 한 조건이 아닌 것을 다음 | 보기 |에서 모두 고르시오.

보기	
ㄱ. ∠C	ㄴ. $\overline{AB}$
ㄷ. ∠A	ㄹ. $\overline{AC}$

2 해설 꼭 확인

다음 중 △ABC가 하나로 정해지는 것은?

① $\overline{AB}=5\,cm$, $\overline{BC}=6\,cm$, $\overline{CA}=12\,cm$
② $\overline{AB}=4\,cm$, $\overline{BC}=3\,cm$, $\angle A=50°$
③ $\overline{BC}=8\,cm$, $\overline{CA}=7\,cm$, $\angle B=60°$
④ $\overline{CA}=6\,cm$, $\angle A=40°$, $\angle C=65°$
⑤ $\angle A=50°$, $\angle B=45°$, $\angle C=85°$

3

△ABC에서 $\overline{AB}=5\,cm$일 때, 다음 중 △ABC가 하나로 정해지기 위해 필요한 두 조건인 것은?

① $\angle A=70°$, $\angle B=110°$
② $\overline{BC}=9\,cm$, $\overline{CA}=4\,cm$
③ $\overline{CA}=4\,cm$, $\angle B=45°$
④ $\angle B=40°$, $\angle C=40°$
⑤ $\overline{BC}=6\,cm$, $\angle C=70°$

4

△ABC에서 $\overline{AB}=9\,cm$, $\overline{BC}=4\,cm$일 때, △ABC가 하나로 정해지기 위해 필요한 나머지 한 조건으로 가능한 것을 다음 | 보기 |에서 모두 고르시오.

보기	
ㄱ. $\angle A=50°$	ㄴ. $\angle B=70°$
ㄷ. $\overline{CA}=13\,cm$	ㄹ. $\overline{CA}=8\,cm$

5 생각이 자라는 문제 해결

다음은 연우가 삼각형을 하나 그린 후 자신이 그린 삼각형에 대하여 설명한 것이다.

> 내가 그린 삼각형은 한 변의 길이가 12 cm이고 두 각의 크기가 40°, 80°인 삼각형이야.

연우가 설명한 삼각형에 대하여 다음 물음에 답하시오.

(1) 그려지는 삼각형의 개수를 구하시오.

(2) 연우가 주어진 한 변의 길이와 두 각의 크기만을 이용하여 삼각형이 하나만 그려지도록 하려면 어떻게 설명해야 하는지 말하시오.

▶ 문제 속 개념 도출

• 삼각형의 ① ________와 그 양 끝 각의 크기가 주어질 때 삼각형이 하나로 정해진다.

개념 19 도형의 합동

되짚어 보기 [초5~6] 합동과 대칭

1 합동

한 도형 P를 모양과 크기를 바꾸지 않고 다른 도형 Q에 완전히 포갤 수 있을 때, 이 두 도형을 서로 **합동**이라 한다.

기호 P≡Q

(1) 서로 포개어지는 꼭짓점과 꼭짓점, 변과 변, 각과 각은 서로 **대응**한다고 한다.

(2) 서로 대응하는 꼭짓점을 대응점, 대응하는 변을 대응변, 대응하는 각을 대응각이라 한다.

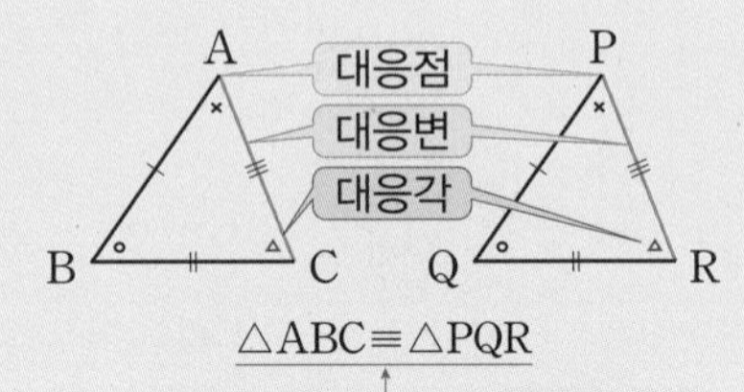

△ABC≡△PQR

합동을 기호를 써서 나타낼 때는 두 도형의 대응점의 순서를 맞추어 쓴다.

참고 =와 ≡의 차이점은 다음과 같다.
- △ABC=△PQR ➡ △ABC와 △PQR의 넓이가 서로 같다.
- △ABC≡△PQR ➡ △ABC와 △PQR는 서로 합동이다.

2 합동인 도형의 성질

두 도형이 서로 합동이면

(1) 대응변의 길이가 같다.

(2) 대응각의 크기가 같다.

개념 확인 ● 정답 및 해설 17쪽

1 다음은 오른쪽 그림에서 △ABC≡△PQR일 때, 대응변과 대응각을 각각 나타낸 표이다. 표를 완성하시오.

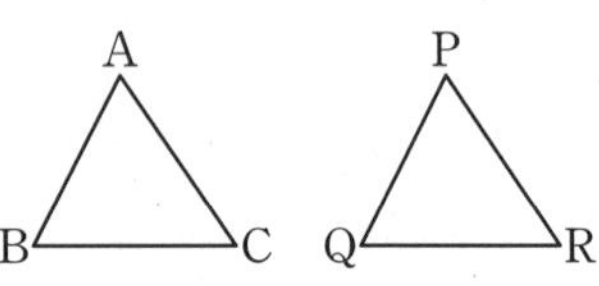

대응변	대응각
(1) $\overline{AB}$의 대응변:	(4) ∠A의 대응각:
(2) $\overline{BC}$의 대응변:	(5) ∠B의 대응각:
(3) $\overline{CA}$의 대응변:	(6) ∠C의 대응각:

2 다음 물음에 답하시오.

(1) 다음 그림에서 △ABC≡△PQR일 때, x, y, a, b의 값을 각각 구하시오.

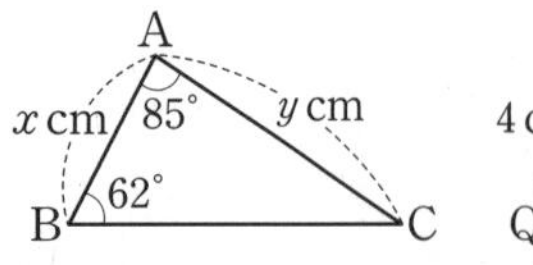

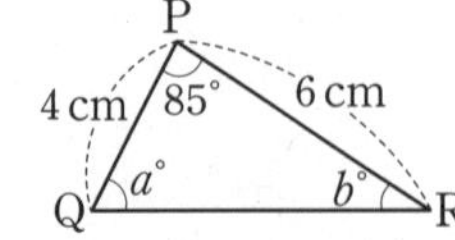

(2) 다음 그림에서 사각형 ABCD와 사각형 EFGH가 합동일 때, x, a, b, c의 값을 각각 구하시오.

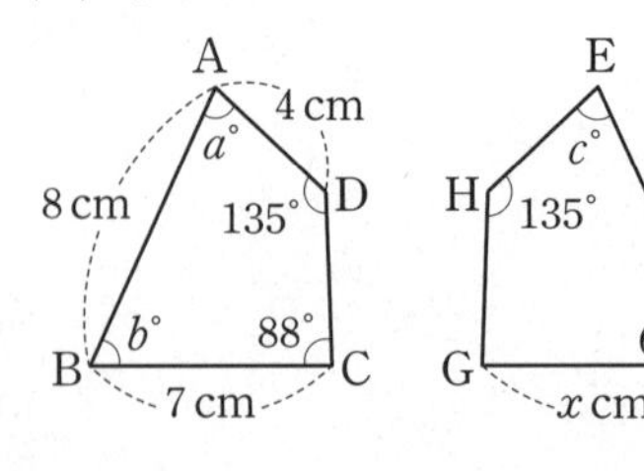

● 정답 및 해설 17쪽

1

$\triangle ABC \equiv \triangle DEF$일 때, 다음 | 보기 | 중 옳은 것을 모두 고르시오.

| 보기 |

ㄱ. $\overline{AB}=\overline{EF}$ ㄴ. $\angle B=\angle E$

ㄷ. 점 C의 대응점은 점 D이다.

ㄹ. $\triangle ABC$와 $\triangle DEF$는 완전히 포개어진다.

2 해설 꼭 확인

아래 그림에서 사각형 ABCD와 사각형 EFGH가 합동일 때, 다음을 구하시오.

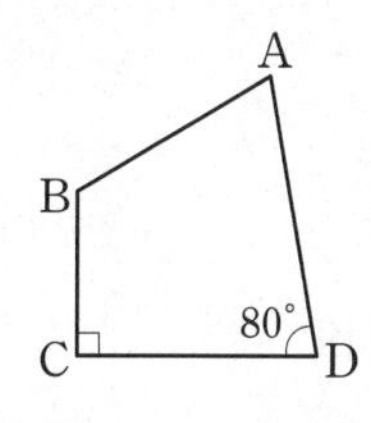

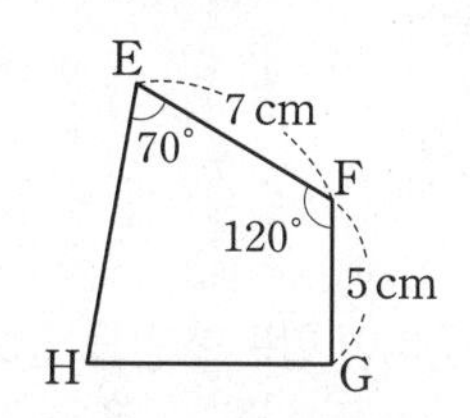

(1) $\angle H$의 크기

(2) $\overline{AB}$의 길이

3

다음 그림에서 $\triangle ABC \equiv \triangle FED$일 때, $x+y$의 값을 구하시오.

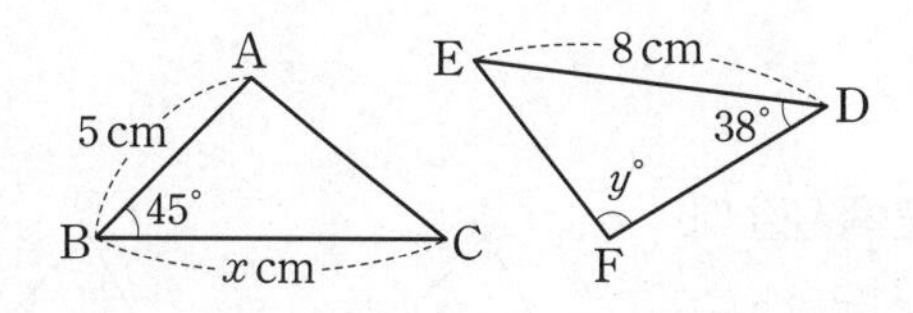

4

아래 그림에서 사각형 ABCD와 사각형 EFGH가 합동일 때, 다음 중 옳지 않은 것은?

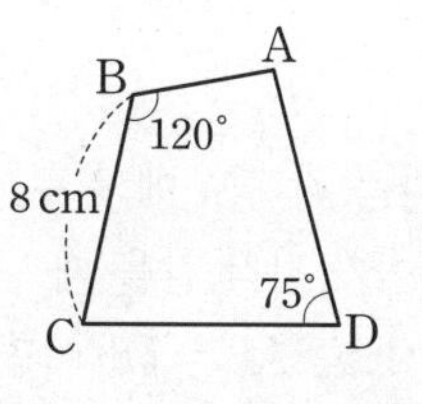

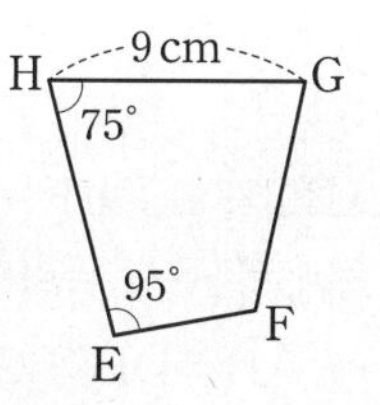

① $\overline{FG}=8\,\text{cm}$ ② $\overline{AD}=9\,\text{cm}$ ③ $\angle F=120°$

④ $\angle C=70°$ ⑤ $\angle A=95°$

5 생각이 자라는 문제 해결

다음 | 보기 | 중 두 도형이 항상 합동이라고 할 수 없는 것을 모두 고르시오.

| 보기 |

ㄱ. 반지름의 길이가 같은 두 원

ㄴ. 한 변의 길이가 같은 두 정삼각형

ㄷ. 둘레의 길이가 같은 두 직사각형

ㄹ. 네 변의 길이가 같은 두 사각형

ㅁ. 넓이가 같은 두 직사각형

ㅂ. 둘레의 길이가 같은 두 정오각형

ㅅ. 넓이가 같은 두 정사각형

▶ 문제 속 개념 도출

• 두 도형의 모양과 크기가 같으면 서로 ① ______ 이다.

삼각형의 합동 조건

되짚어 보기 [중1] 삼각형의 작도 / 도형의 합동

△ABC와 △DEF는 다음 각 경우에 서로 합동이다.

(1) 대응하는 세 변의 길이가 각각 같을 때

➡ $\overline{AB}=\overline{DE}$, $\overline{BC}=\overline{EF}$, $\overline{AC}=\overline{DF}$이면

△ABC≡△DEF (SSS 합동)

(2) 대응하는 두 변의 길이가 각각 같고, 그 끼인각의 크기가 같을 때

➡ $\overline{AB}=\overline{DE}$, $\overline{BC}=\overline{EF}$, ∠B=∠E이면

△ABC≡△DEF (SAS 합동)

(3) 대응하는 한 변의 길이가 같고, 그 양 끝 각의 크기가 각각 같을 때

➡ $\overline{BC}=\overline{EF}$, ∠B=∠E, ∠C=∠F이면

△ABC≡△DEF (ASA 합동)

참고 SSS 합동, SAS 합동, ASA 합동에서 S는 변(side), A는 각(angle)을 뜻한다.

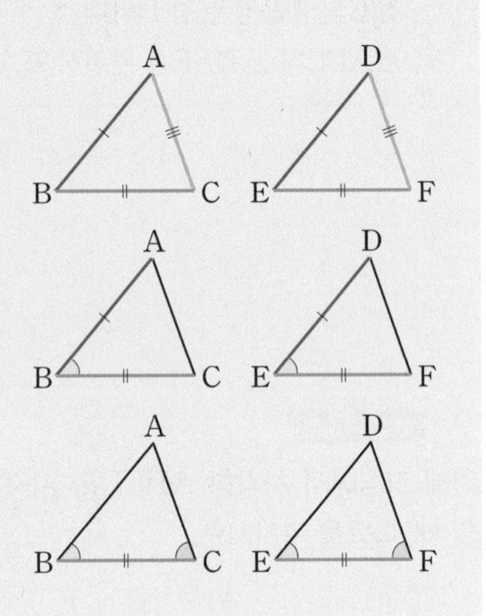

개념 확인 ● 정답 및 해설 18쪽

1 다음 그림의 두 삼각형이 합동인지 아닌지 말하고, 합동이면 합동 조건을 말하시오.

(1)

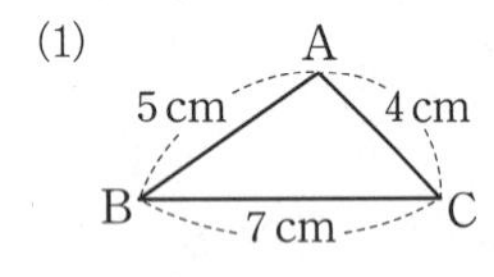

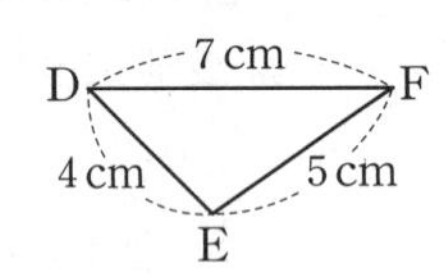

(2)

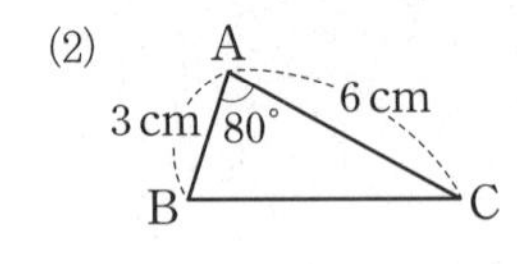

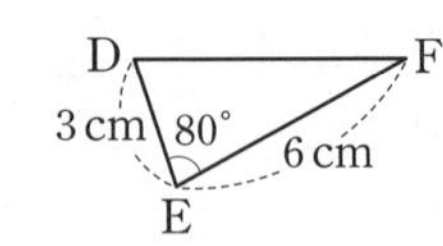

(3)

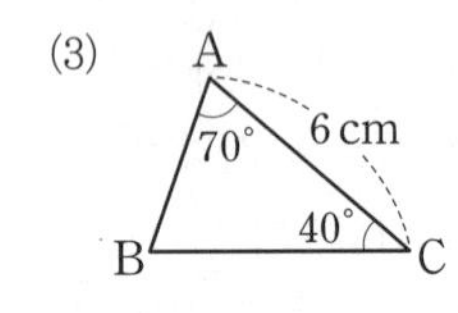

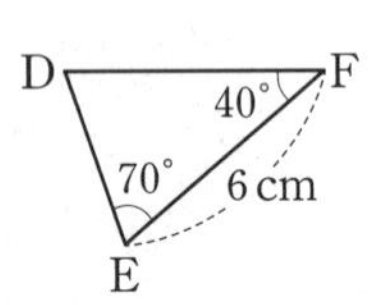

2 오른쪽 그림의 △ABC와 △DEF가 주어진 조건을 만족시킬 때, 합동이면 ○표, 합동이 아니면 ×표를 ( ) 안에 쓰시오.

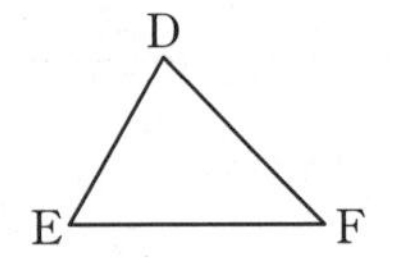

(1) $\overline{AB}=\overline{DE}$, $\overline{BC}=\overline{EF}$, $\overline{CA}=\overline{FD}$ ( )

(2) $\overline{AB}=\overline{DE}$, $\overline{AC}=\overline{DF}$, ∠A=∠D ( )

(3) ∠A=∠D, ∠B=∠E, ∠C=∠F ( )

(4) $\overline{BC}=\overline{EF}$, ∠B=∠E, ∠A=∠D ( )

1

다음 | 보기 | 중 $\triangle ABC \equiv \triangle PQR$라 할 수 <u>없는</u> 것을 모두 고르시오.

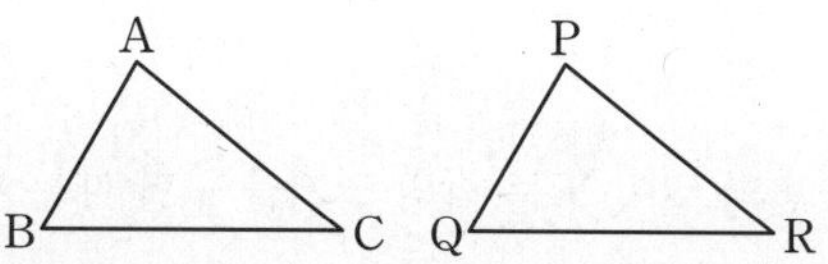

보기

ㄱ. $\overline{AB}=\overline{PQ}$, $\overline{AC}=\overline{PR}$, $\angle B=\angle Q$

ㄴ. $\overline{BC}=\overline{QR}$, $\overline{AC}=\overline{PR}$, $\angle C=\angle R$

ㄷ. $\overline{AB}=\overline{PQ}$, $\angle A=\angle P$, $\angle B=\angle Q$

ㄹ. $\angle A=\angle P$, $\angle B=\angle Q$, $\angle C=\angle R$

2

오른쪽 그림에서 $\overline{AB}=\overline{DE}$, $\angle B=\angle E$일 때, 다음 | 보기 | 에서 $\triangle ABC \equiv \triangle DEF$이기 위해 더 필요한 하나의 조건을 모두 고르시오.

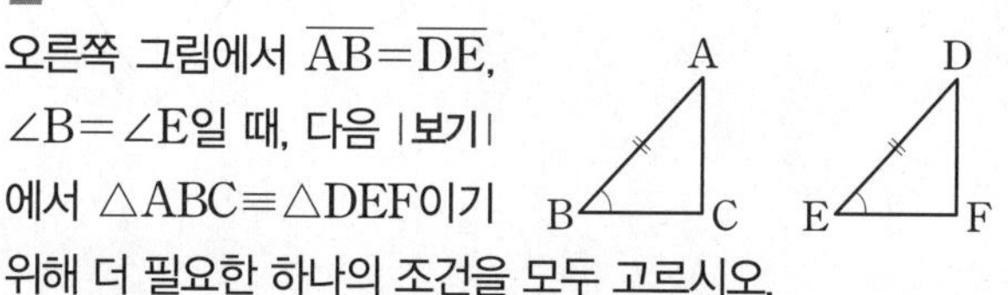

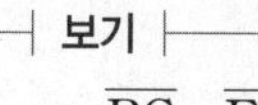

보기

ㄱ. $\overline{BC}=\overline{EF}$　　ㄴ. $\overline{AC}=\overline{DF}$

ㄷ. $\angle A=\angle D$　　ㄹ. $\angle C=\angle F$

3

오른쪽 그림에서 $\overline{AB}=\overline{DF}$, $\overline{BC}=\overline{FE}$일 때, 다음 중 $\triangle ABC \equiv \triangle DFE$이기 위해 더 필요한 하나의 조건을 모두 고르면? (정답 2개)

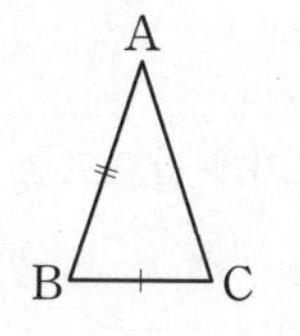

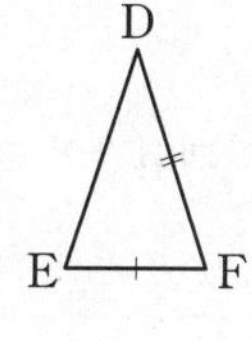

① $\overline{AB}=\overline{DE}$　② $\overline{AC}=\overline{DE}$　③ $\angle A=\angle D$

④ $\angle B=\angle F$　⑤ $\angle C=\angle E$

4 해설 꼭 확인

다음 중 | 보기 | 의 삼각형과 합동인 것은?

보기

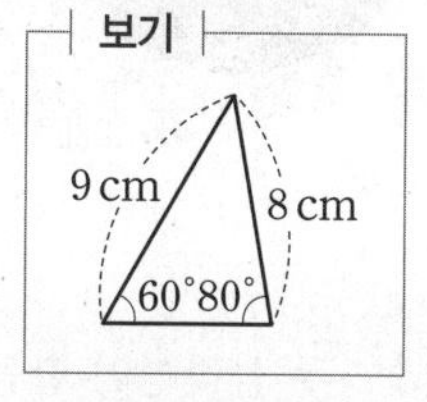

①
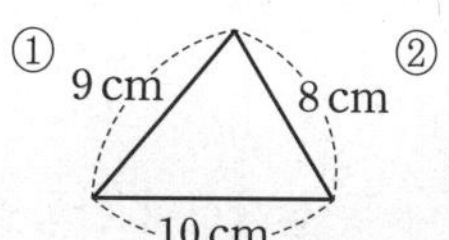

②
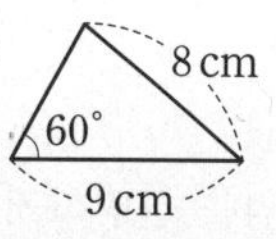

③ 80°, 60°, 8 cm

④
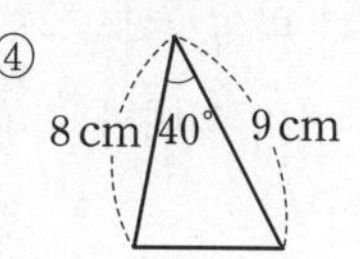

⑤
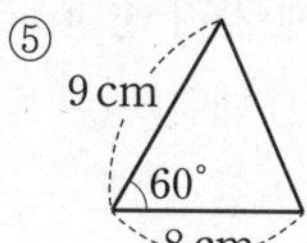

5 생각이 자라는 **창의·융합**

다음 | 보기 | 의 삼각형 모양의 색종이 중 오른쪽 그림과 같은 삼각형 모양의 색종이를 모양과 크기를 바꾸지 않고 완전히 포갤 수 있는 것은 모두 몇 개인지 구하시오.

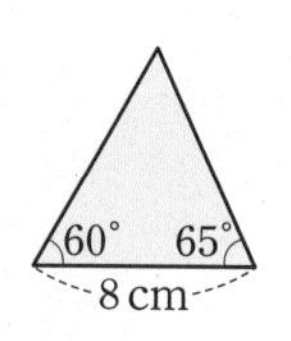

보기

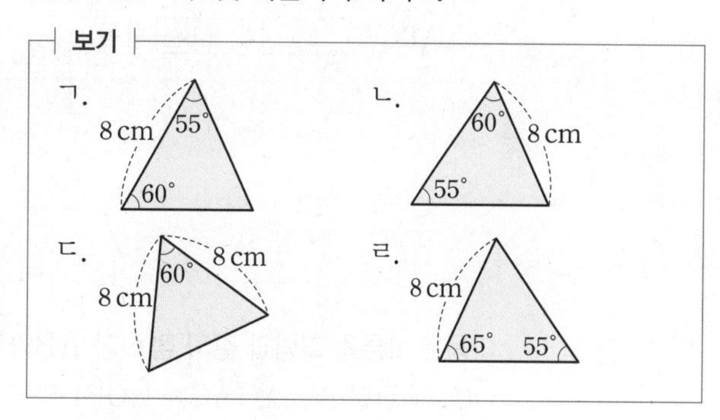

▶ 문제 속 개념 도출

- 모양과 크기를 바꾸지 않고 완전히 포개어지는 두 도형은 합동이다.
- 두 삼각형에서 대응하는 한 변의 길이가 같고, 그 양 끝 각의 크기가 각각 같으면 두 삼각형은 서로 ①_____이다.
- 삼각형의 세 각의 크기의 합은 ②_____이다.
  ➡ 삼각형의 두 각의 크기가 주어지면 나머지 한 각의 크기를 구할 수 있다.

개념 21 삼각형의 합동의 활용(1)

되짚어 보기 [중1] 삼각형의 합동 조건

두 삼각형이 합동임을 설명하거나 두 삼각형이 합동임을 이용하여 변의 길이 또는 각의 크기를 구할 때는 다음 세 가지 중 하나를 만족시키는 두 삼각형을 먼저 찾는다.

(1) 대응하는 세 변의 길이가 각각 같을 때
➡ SSS 합동

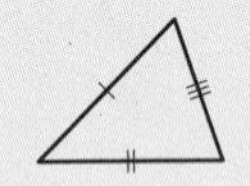
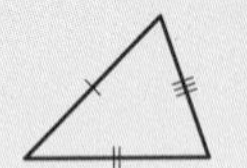

(2) 대응하는 두 변의 길이가 각각 같고, 그 끼인각의 크기가 같을 때
➡ SAS 합동

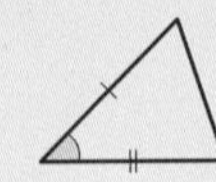
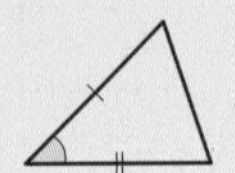

(3) 대응하는 한 변의 길이가 같고, 그 양 끝 각의 크기가 각각 같을 때
➡ ASA 합동

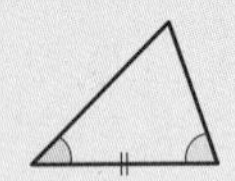
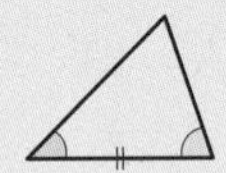

개념 확인

● 정답 및 해설 19쪽

1 다음은 오른쪽 그림의 사각형 ABCD에서 $\overline{AB}=\overline{AD}$, $\overline{BC}=\overline{DC}$일 때, $\triangle ABC\equiv\triangle ADC$임을 설명하는 과정이다. (가)~(다)에 알맞은 것을 각각 구하시오.

> $\triangle ABC$와 $\triangle ADC$에서
> $\overline{AB}=\overline{AD}$, $\overline{BC}=\overline{DC}$, [(가)]는 공통
> 따라서 대응하는 세 변의 길이가 각각 같으므로
> $\triangle ABC\equiv$[(나)]([(다)] 합동)

2 다음은 오른쪽 그림과 같이 점 O가 $\overline{AB}$와 $\overline{CD}$의 교점이고 $\overline{OA}=\overline{OB}$, $\overline{OC}=\overline{OD}$일 때, $\triangle OAC\equiv\triangle OBD$임을 설명하는 과정이다. (가), (나)에 알맞은 것을 각각 구하시오.

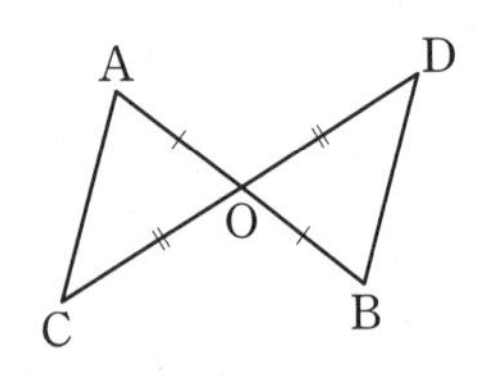

> $\triangle OAC$와 $\triangle OBD$에서
> $\overline{OA}=\overline{OB}$, $\overline{OC}=\overline{OD}$,
> $\angle AOC=$[(가)](맞꼭지각)
> 따라서 대응하는 두 변의 길이가 각각 같고, 그 끼인각의 크기가 같으므로
> $\triangle OAC\equiv\triangle OBD$([(나)] 합동)

● 정답 및 해설 19쪽

1

오른쪽 그림의 사각형 ABCD가 마름모일 때, 다음 물음에 답하시오.

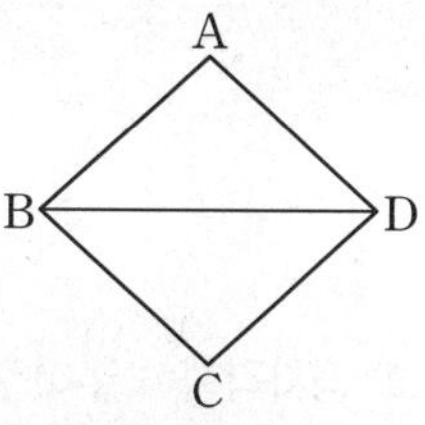

(1) $\triangle ABD$와 $\triangle CBD$가 합동인지 판단하시오.

(2) (1)에서 합동인 경우 합동 조건을 말하고 합동이 아닌 경우 그 이유를 말하시오.

2

모양과 크기가 비슷한 두 삼각형을 찾고, 합동임을 보이기 위한 조건을 더 찾아봐.

오른쪽 그림의 직사각형 ABCD에서 점 M이 $\overline{BC}$의 중점일 때, $\triangle ABM$과 합동인 삼각형을 찾아 기호 ≡를 사용하여 나타내고, 합동 조건을 말하시오.

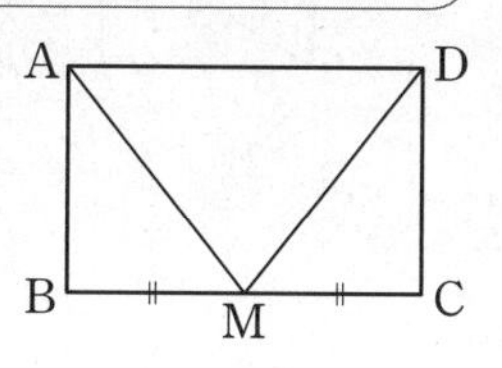

3

다음은 오른쪽 그림과 같이 점 O가 $\overline{AD}$와 $\overline{BC}$의 교점이고 $\overline{AB} /\!/ \overline{CD}$, $\overline{OA}=\overline{OD}$일 때, $\triangle ABO \equiv \triangle DCO$임을 설명하는 과정이다. □ 안에 알맞은 것을 쓰시오.

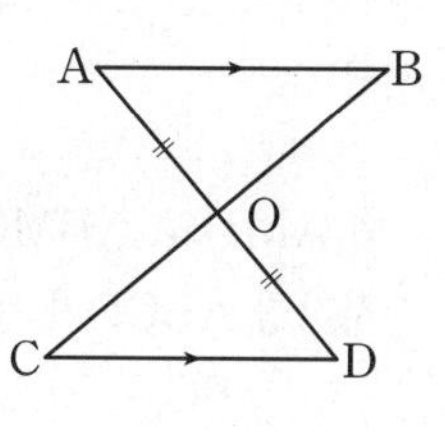

> $\triangle ABO$와 $\triangle DCO$에서
> $\overline{OA}=\overline{OD}$ … ㉠
> $\angle AOB=$ □ (맞꼭지각) … ㉡
> $\overline{AB} /\!/ \overline{CD}$이므로
> $\angle BAO=$ □ (엇각) … ㉢
> 따라서 ㉠, ㉡, ㉢에서 대응하는 □ 변의 길이가 같고,
> 그 □의 크기가 각각 같으므로
> $\triangle ABO \equiv \triangle DCO$ (□ 합동)

4

오른쪽 그림에서 $\overline{OA}=\overline{OC}$, $\overline{AB}=\overline{CD}$이고 $\angle O=50°$, $\angle D=35°$일 때, 다음 물음에 답하시오.

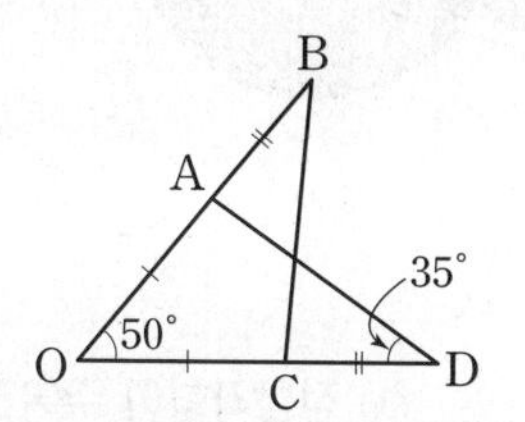

(1) $\triangle AOD$와 합동인 삼각형을 찾고, 합동 조건을 말하시오.

(2) $\angle OCB$의 크기를 구하시오.

5

다음 그림은 바다에 떠 있는 배의 위치를 A라 할 때, 두 지점 A, B 사이의 거리를 알아보기 위해 측정한 값을 나타낸 것이다. 두 지점 A, B 사이의 거리를 구하시오.

(단, 점 E는 $\overline{AB}$와 $\overline{CD}$의 교점이다.)

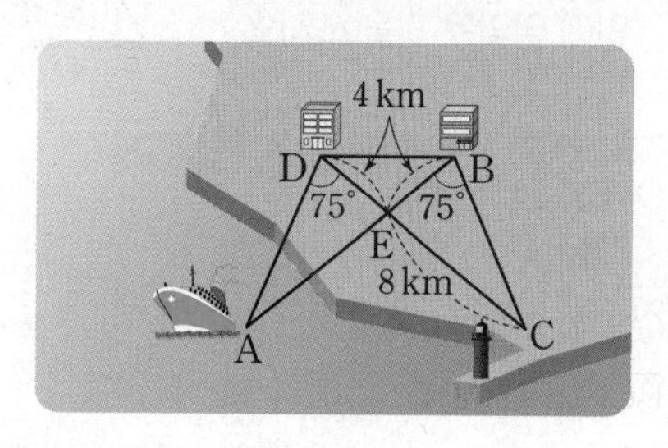

▶ 문제 속 개념 도출

• 두 삼각형에서 대응하는 한 변의 길이가 같고, 그 양 끝 각의 크기가 각각 같으면 두 삼각형은 서로 ① ____이다.

• 맞꼭지각의 크기는 서로 ② ____.

개념 22 삼각형의 합동의 활용 (2) - 정삼각형, 정사각형

되짚어 보기 [중1] 삼각형의 합동 조건

(1) **정삼각형이 주어진 경우**

다음과 같은 정삼각형의 성질을 이용하여 합동인 두 삼각형을 찾는다.

① 정삼각형의 세 변의 길이는 모두 같다.

② 정삼각형의 세 각의 크기는 모두 60°이다.

예 △ABC와 △ECD가 정삼각형일 때

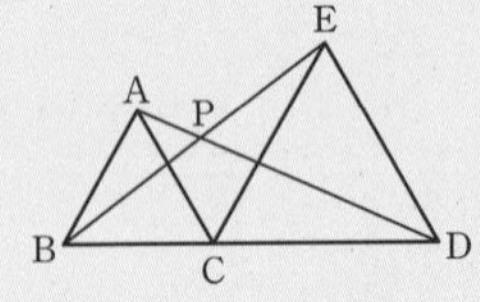

➡ △ACD≡△BCE (SAS합동)

(2) **정사각형이 주어진 경우**

다음과 같은 정사각형의 성질을 이용하여 합동인 두 삼각형을 찾는다.

① 정사각형의 네 변의 길이는 모두 같다.

② 정사각형의 네 각의 크기는 모두 90°이다.

예 사각형 ABCG와 사각형 FCDE가 정사각형일 때

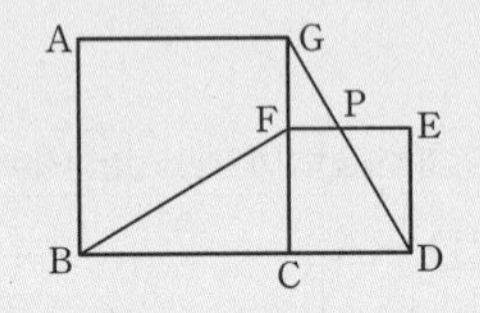

➡ △BCF≡△GCD (SAS 합동)

개념 확인

● 정답 및 해설 20쪽

1

다음은 오른쪽 그림의 △ABC가 정삼각형이고 $\overline{BD}=\overline{CE}$일 때, △ABD≡△BCE임을 설명하는 과정이다. □ 안에 알맞은 것을 쓰시오.

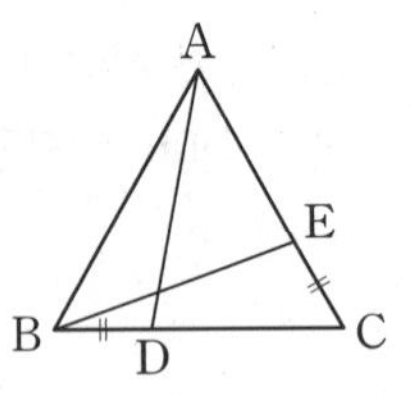

△ABD와 △BCE에서
$\overline{BD}$=□이고,
△ABC는 정삼각형이므로
$\overline{AB}=\overline{BC}$, ∠ABD=□=60°
따라서 대응하는 두 변의 길이가 각각 같고, 그 끼인각의 크기가 같으므로
△ABD≡△BCE (□ 합동)

2

다음은 오른쪽 그림의 사각형 ABCD가 정사각형이고 점 M이 $\overline{AB}$의 중점일 때, △AMD≡△BMC임을 설명하는 과정이다. □ 안에 알맞은 것을 쓰시오.

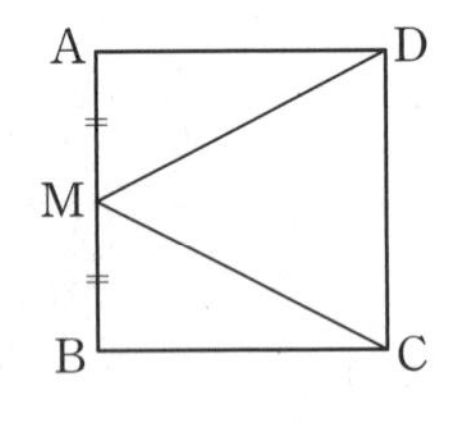

△AMD와 △BMC에서
사각형 ABCD가 정사각형이므로
□=$\overline{BC}$, ∠MAD=□=90°
점 M이 $\overline{AB}$의 중점이므로 $\overline{AM}=\overline{BM}$
따라서 대응하는 두 변의 길이가 각각 같고, 그 끼인각의 크기가 같으므로
△AMD≡△BMC (□ 합동)

교과서 문제로 개념 다지기

1

오른쪽 그림에서 사각형 ABCD는 정사각형이고, $\overline{AE}=\overline{DF}$이다. 다음 물음에 답하시오.

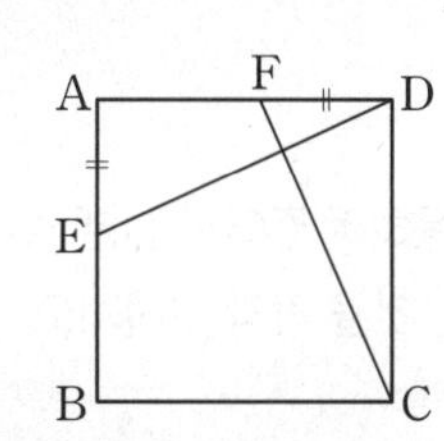

(1) △AED와 합동인 삼각형을 찾아 기호 ≡를 사용하여 나타내시오.

(2) (1)에서 이용한 합동 조건을 말하시오.

2

오른쪽 그림에서 △ABC가 정삼각형이고 $\overline{AD}=\overline{BE}=\overline{CF}$일 때, 다음 물음에 답하시오.

(1) △AED와 합동인 삼각형을 모두 찾고, 각각의 합동 조건을 말하시오.

(2) △DEF는 어떤 삼각형인지 말하시오.

(3) ∠DEF의 크기를 구하시오.

3

> 두 사각형 ABCD, ECFG가 정사각형임을 이용하여 △BCE와 합동인 삼각형을 찾아봐.

다음 그림에서 사각형 ABCD와 사각형 ECFG가 모두 정사각형일 때, $\overline{BE}$의 길이를 구하시오.

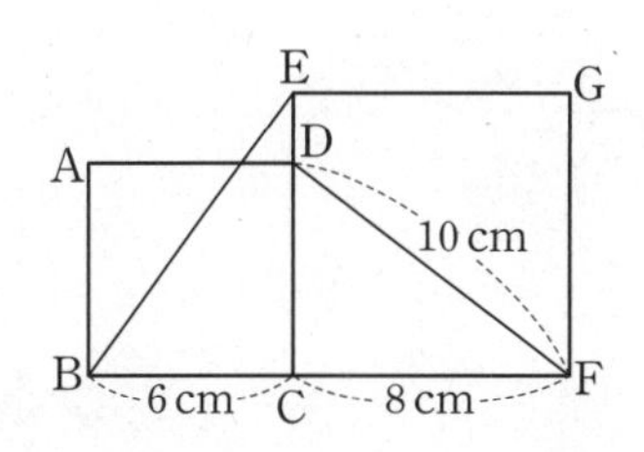

4

오른쪽 그림과 같이 $\overline{AB}$ 위의 한 점 C를 잡아 $\overline{AC}$, $\overline{CB}$를 각각 한 변으로 하는 두 정삼각형 ACD, CBE를 만들었을 때, 다음 중 옳지 않은 것은?

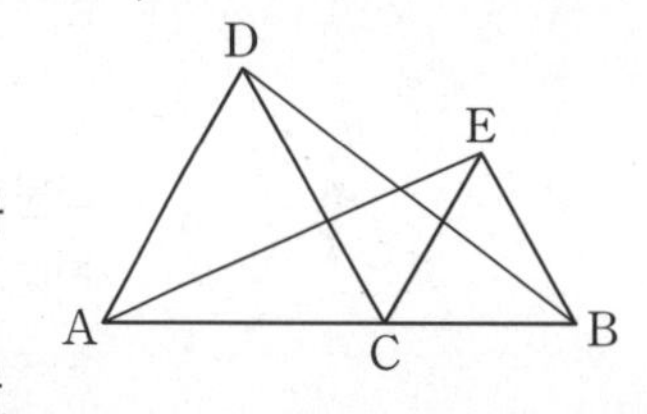

① $\overline{AE}=\overline{DB}$　② ∠ACE=∠DCB

③ ∠EAC=∠BDC　④ ∠DBC=∠DCE

⑤ △ACE≡△DCB

5 · 생각이 자라는 문제 해결

오른쪽 그림과 같이 한 변의 길이가 16 cm인 정사각형 모양의 색종이가 두 장 있다. 한 색종이의 두 대각선 AC와 BD의 교점 E에 다른 색종이의 꼭짓점이 일치하도록 올려놓았을 때, 사각형 EMCN의 넓이를 구하려고 한다. 다음 물음에 답하시오.

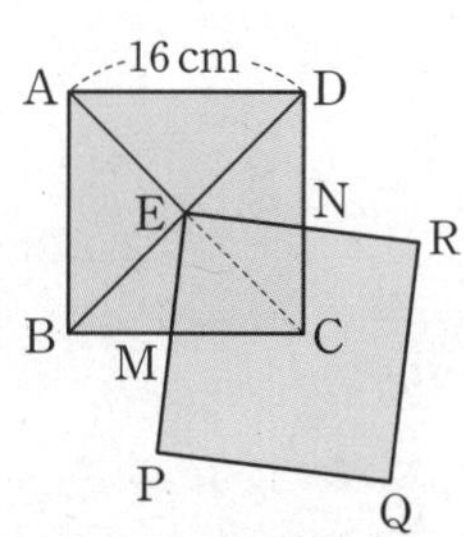

(1) △EBM과 △ECN이 서로 합동인지 판단하고, 합동이면 합동 조건을 말하시오.

(2) 사각형 EMCN의 넓이를 구하시오.

▶ 문제 속 개념 도출

- 두 삼각형에서 대응하는 한 변의 길이가 같고 그 ①______의 크기가 각각 같으면 두 삼각형은 서로 합동이다.
- 정사각형의 넓이는 한 변의 길이의 ②____이다.

학교 시험 문제로 **단원 마무리**

점수 /100점

개념 14

1

다음은 길이가 같은 선분의 작도를 이용하여 주어진 선분 AB를 한 변으로 하는 정삼각형을 작도하는 과정이다. (가)~(다)에 알맞은 것을 각각 구하시오. [10점]

❶ 점 A, B를 중심으로 [(가)]의 길이를 반지름으로 하는 원을 각각 그려 두 원의 교점을 C라 한다.
❷ $\overline{AC}$, $\overline{BC}$를 그으면 $\overline{AB}=\overline{BC}=$ [(나)]이므로 삼각형 ABC는 [(다)]이(가) 된다.

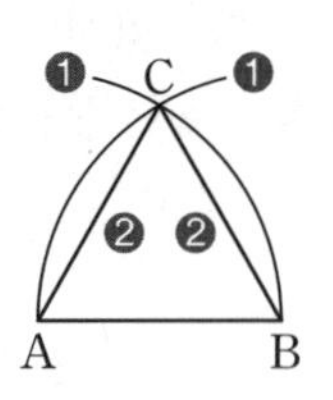

개념 15

2

오른쪽 그림은 ∠XOY와 크기가 같고 $\overrightarrow{PQ}$를 한 변으로 하는 각을 작도한 것이다. 다음 중 옳지 않은 것은? [10점]

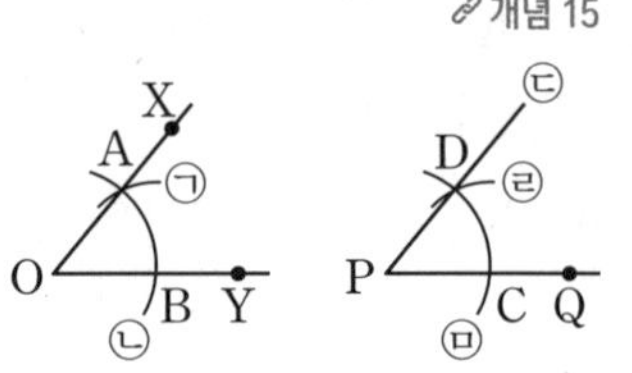

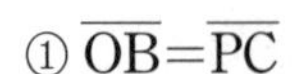
① $\overline{OB}=\overline{PC}$
② $\overline{AB}=\overline{CD}$
③ $\overline{OY}=\overline{PQ}$
④ ∠AOB=∠CPD

⑤ 작도 순서는 ㉡ → ㉤ → ㉠ → ㉣ → ㉢이다.

개념 16

3

다음 | 보기 |와 같이 세 변의 길이가 주어질 때, 삼각형을 작도할 수 있는 것을 모두 고르시오. [10점]

| 보기 |

ㄱ. 4 cm, 5 cm, 6 cm
ㄴ. 3 cm, 3 cm, 6 cm
ㄷ. 2 cm, 8 cm, 8 cm
ㄹ. 2 cm, 4 cm, 7 cm

개념 17, 18

4

∠B의 크기가 주어진 △ABC에서 다음 | 보기 |의 조건이 더 주어질 때, 삼각형을 하나로 작도할 수 있는 것을 모두 고르시오. [10점]

| 보기 |

ㄱ. ∠A와 ∠C의 크기
ㄴ. 변 AB와 변 BC의 길이
ㄷ. ∠A의 크기와 변 AB의 길이
ㄹ. 변 AB와 변 AC의 길이

● 정답 및 해설 20쪽

개념 19

5 오른쪽 그림에서 사각형 ABCD와 사각형 EFGH가 합동일 때, 다음 중 옳지 않은 것은? [10점]

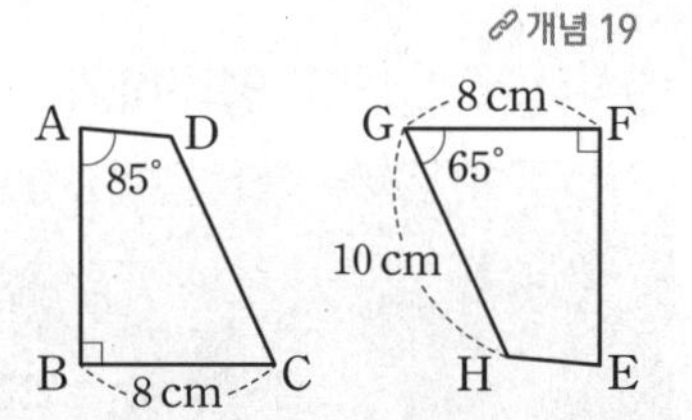

① $\angle E=85^\circ$ ② $\angle H=120^\circ$

③ $\overline{AB}=10\,\text{cm}$ ④ 두 사각형의 넓이는 같다.

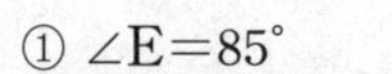

⑤ $\angle B$의 대응각은 $\angle F$이고, $\overline{DC}$의 대응변은 $\overline{HG}$이다.

개념 20

6 다음 중 두 삼각형이 서로 합동이 아닌 것은? [15점]

①
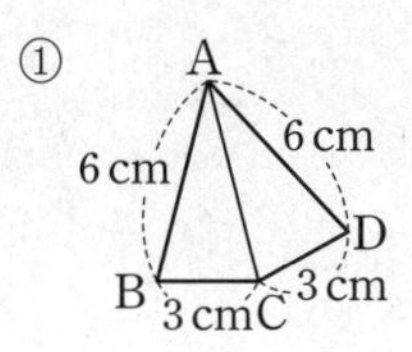

②
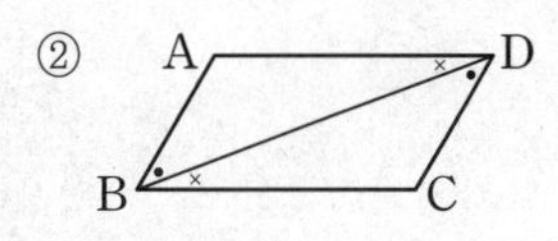

③
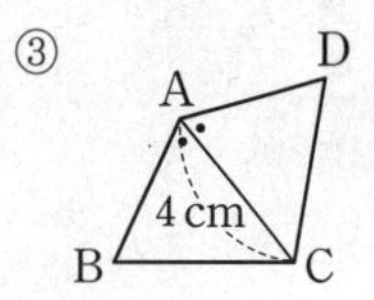

④
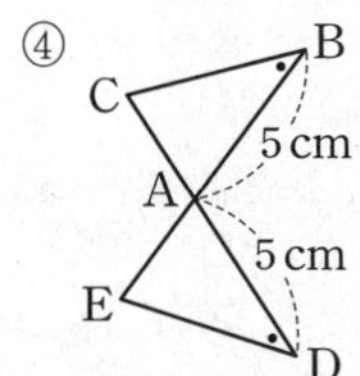

(단, 점 A는 $\overline{BE}$, $\overline{CD}$의 교점)

⑤
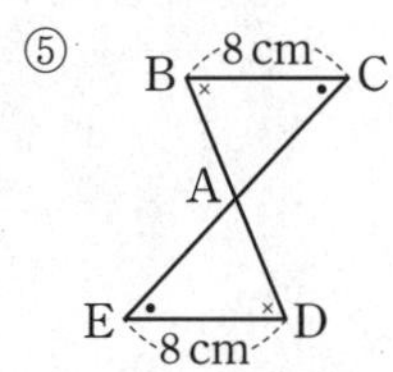

(단, 점 A는 $\overline{BD}$, $\overline{CE}$의 교점)

개념 21

7 오른쪽 그림은 호수 가장자리의 두 지점 A, B 사이의 거리를 알아보기 위해 측정한 값을 나타낸 것이다. 두 지점 A, B 사이의 거리를 구하시오. (단, 점 O는 $\overline{AC}$와 $\overline{BD}$의 교점이다.) [15점]

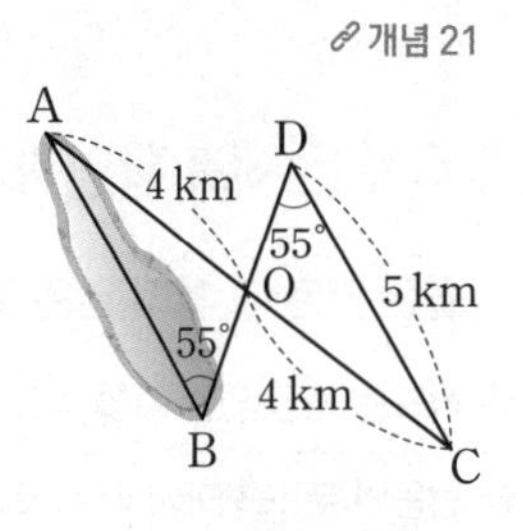

개념 22

8 오른쪽 그림에서 $\triangle ABC$는 정삼각형이고 $\overline{AD}=\overline{BE}=\overline{CF}$일 때, 다음 중 옳지 않은 것은? [20점]

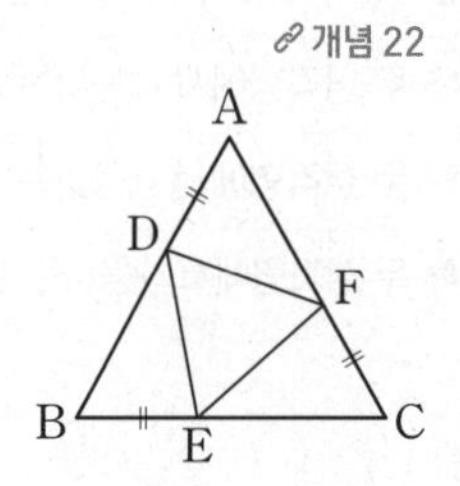

① $\overline{BD}=\overline{CE}$ ② $\overline{DF}=\overline{FE}$

③ $\angle FDE=60^\circ$ ④ $\angle AFE=\angle DEC$

⑤ $\angle ADE=\angle FDB$

배운 내용 돌아보기

마인드맵으로 정리하기

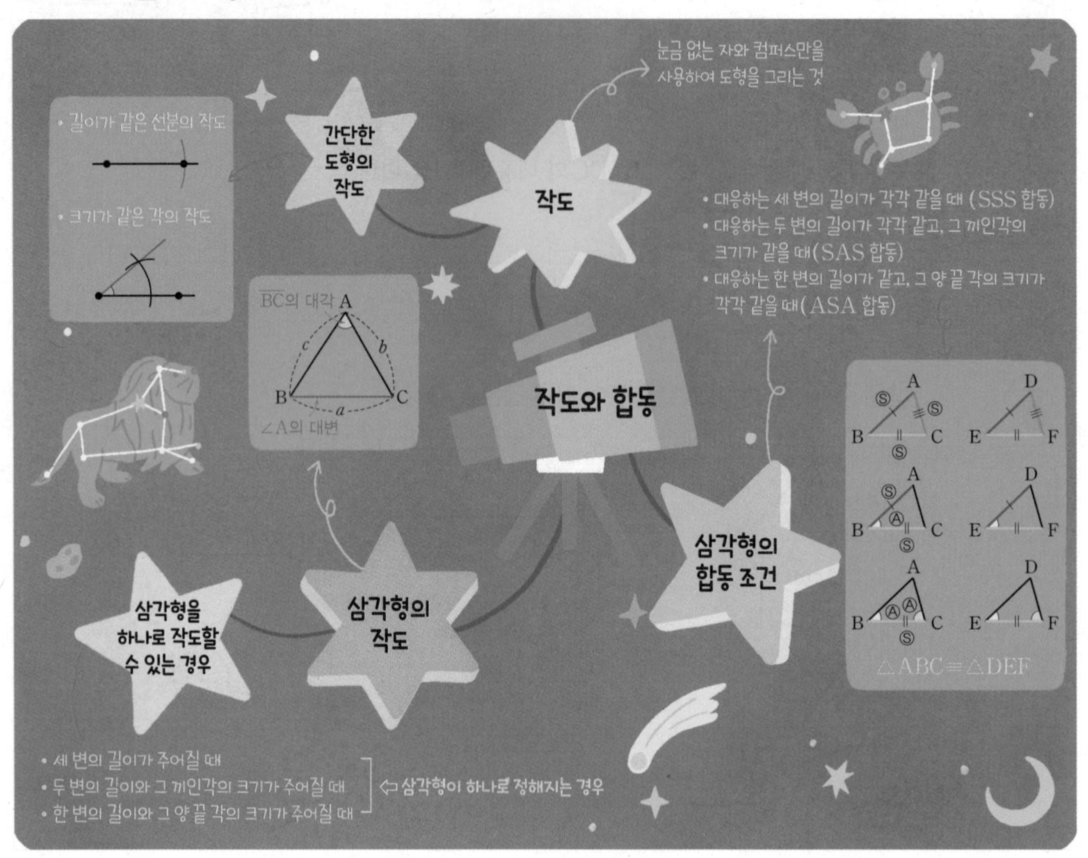

OX 문제로 확인하기

옳은 것은 ○, 옳지 않은 것은 X를 택하시오.

● 정답 및 해설 21쪽

❶ 작도는 눈금 없는 자와 각도기만을 사용하여 도형을 그리는 것이다. O | X

❷ 합동인 두 도형에서 서로 포개어지는 꼭짓점과 꼭짓점, 변과 변, 각과 각은 서로 대응한다. O | X

❸ $\triangle ABC$와 $\triangle DEF$가 서로 합동일 때, 이것을 기호로 $\triangle ABC = \triangle DEF$와 같이 나타낸다. O | X

❹ 삼각형의 한 변의 길이는 다른 두 변의 길이의 합보다 작다. O | X

❺ 세 각의 크기가 주어지면 삼각형은 하나로 정해진다. O | X

❻ 두 삼각형에서 대응하는 세 변의 길이가 각각 같으면 이 두 삼각형은 서로 합동이다. O | X

❼ 두 삼각형에서 대응하는 두 변의 길이가 각각 같고 한 각의 크기가 같으면 이 두 삼각형은 서로 합동이다. O | X

❽ 두 삼각형에서 대응하는 한 변의 길이가 같고 대응하는 두 각의 크기가 각각 같으면 이 두 삼각형은 서로 합동이다. O | X

3 평면도형

배운 내용	이 단원의 내용	배울 내용
초등학교 3~4학년군 도형의 기초 원의 구성 요소 다각형 각도 **초등학교 5~6학년군** 평면도형의 둘레와 넓이 원주율과 원의 넓이	◆ 다각형 ◆ 원과 부채꼴	**중학교 2학년** 피타고라스 정리 **중학교 3학년** 삼각비 원의 성질 **고등학교 수학** 원의 방정식

학습 내용	학습 날짜	학습 확인	복습 날짜
개념 23 다각형	/	☺ 😐 ☹	/
개념 24 다각형의 대각선의 개수	/	☺ 😐 ☹	/
개념 25 삼각형의 내각과 외각	/	☺ 😐 ☹	/
개념 26 다각형의 내각과 외각의 크기의 합	/	☺ 😐 ☹	/
개념 27 정다각형의 한 내각과 한 외각의 크기	/	☺ 😐 ☹	/
개념 28 원과 부채꼴	/	☺ 😐 ☹	/
개념 29 부채꼴의 성질(1) – 호의 길이, 넓이	/	☺ 😐 ☹	/
개념 30 부채꼴의 성질(2) – 현의 길이	/	☺ 😐 ☹	/
개념 31 원의 둘레의 길이와 넓이	/	☺ 😐 ☹	/
개념 32 부채꼴의 호의 길이와 넓이	/	☺ 😐 ☹	/
개념 33 색칠한 부분의 넓이	/	☺ 😐 ☹	/
학교 시험 문제로 단원 마무리	/	☺ 😐 ☹	/

개념 23 다각형

되짚어 보기 [초3~4] 다각형 / 정다각형

1 다각형

세 개 이상의 선분으로 둘러싸인 평면도형을 다각형이라 하고, 선분의 개수가 3개, 4개, …, n개인 다각형을 각각 삼각형, 사각형, …, n각형이라 한다.

(1) 내각: 다각형의 이웃하는 두 변으로 이루어진 각 중에서 안쪽에 있는 각

(2) 외각: 다각형의 각 꼭짓점에 이웃하는 두 변 중에서 한 변과 다른 한 변의 연장선이 이루는 각

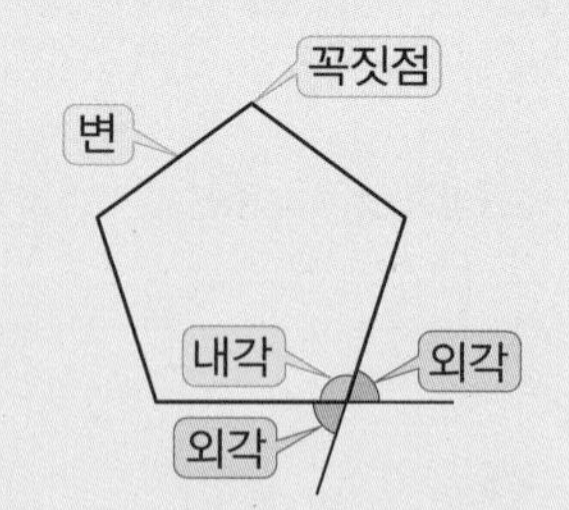

참고 • 다각형에서 한 내각에 대한 외각은 두 개이지만 서로 맞꼭지각으로 그 크기가 같아 두 개 중에서 하나만 생각한다.
• 다각형의 한 꼭짓점에서 (내각의 크기)+(외각의 크기)=180°이다.

2 정다각형

모든 변의 길이가 같고, 모든 내각의 크기가 같은 다각형을 정다각형이라 하고, 변의 개수가 3개, 4개, …, n개인 정다각형을 각각 정삼각형, 정사각형, …, 정n각형이라 한다.

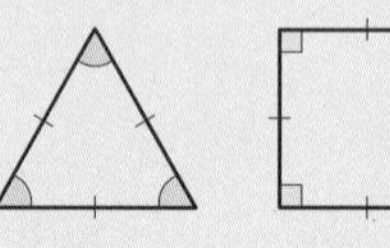
정삼각형

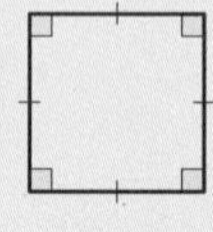
정사각형

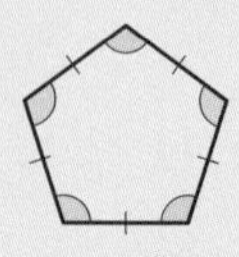
정오각형

개념 확인

● 정답 및 해설 22쪽

1 다음 | 보기 | 중 다각형이 아닌 것을 모두 고르시오.

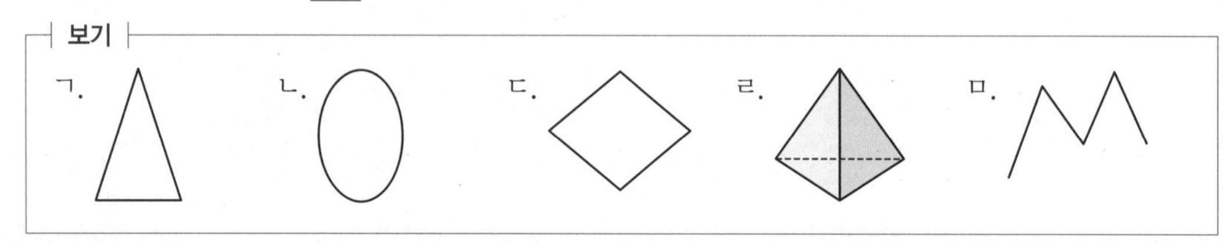

2 다음 다각형에서 ∠A의 외각의 크기를 구하시오.

(1)

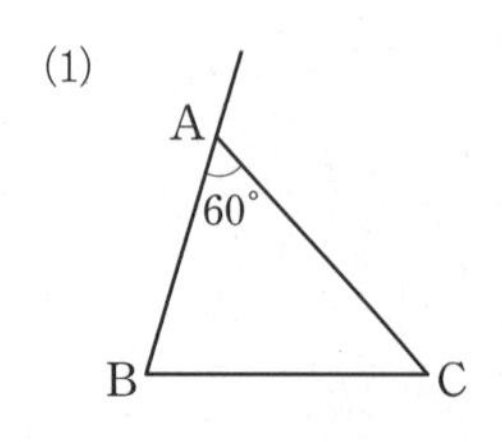

⇨ 60°+(∠A의 외각의 크기)=☐
∴ (∠A의 외각의 크기)=☐

(2)

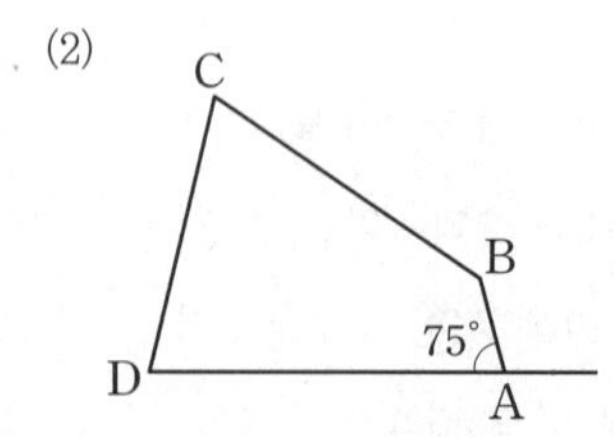

⇨ 75°+(∠A의 외각의 크기)=☐
∴ (∠A의 외각의 크기)=☐

1

다음 중 다각형인 것을 모두 고르면? (정답 2개)

① 원 ② 사각형 ③ 구
④ 정사면체 ⑤ 마름모

2

오른쪽 그림의 △ABC에서 ∠B의 외각의 크기가 135°이고 ∠C의 내각의 크기가 70°일 때, 다음을 구하시오.

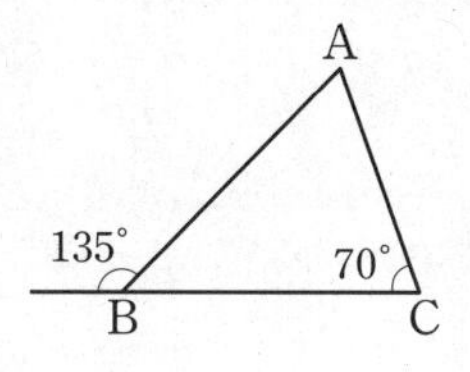

(1) ∠B의 내각의 크기
(2) ∠C의 외각의 크기

3

오른쪽 그림의 사각형 ABCD에서 ∠A의 외각의 크기와 ∠C의 외각의 크기의 합을 구하시오.

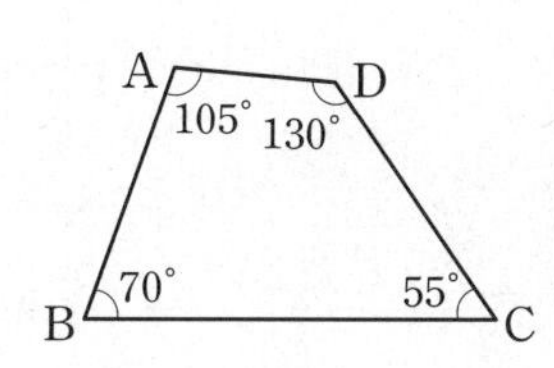

4

다음 그림의 △ABC에서 x의 값을 구하시오.

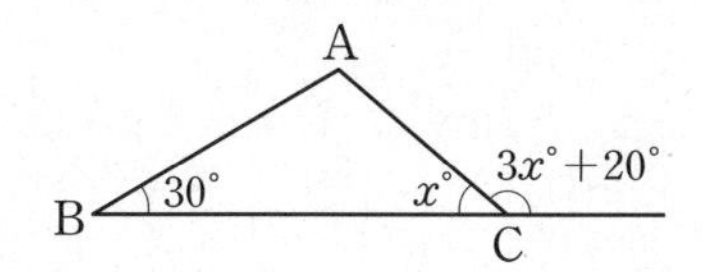

5

다음 | 조건 |을 모두 만족시키는 다각형을 구하시오.

| 조건 |
(가) 9개의 선분으로 둘러싸여 있다.
(나) 모든 변의 길이가 같고, 모든 내각의 크기가 같다.

6 해설 꼭 확인

다음 중 정다각형에 대한 설명으로 옳지 않은 것을 모두 고르면? (정답 2개)

① 세 내각의 크기가 모두 같은 삼각형은 정삼각형이다.
② 정다각형은 모든 변의 길이가 같다.
③ 네 내각의 크기가 모두 같은 사각형은 정사각형이다.
④ 마름모는 정다각형이다.
⑤ 모든 외각의 크기가 같은 오각형은 정오각형이다.

7 생각이 자라는 문제 해결

오른쪽 그림의 정삼각형 ABC에 대하여 ∠C의 외각의 크기를 구하시오.

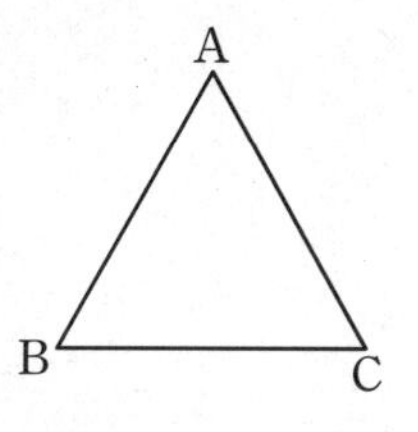

▶ 문제 속 개념 도출
• 다각형의 한 꼭짓점에서 내각과 외각의 크기의 합은 ①____ 이다.
• 모든 변의 길이가 같고, 모든 내각의 크기가 같은 다각형을 ②____ 이라 한다.

개념 24 다각형의 대각선의 개수

되짚어 보기 [초3~4] 다각형

(1) **대각선**: 다각형에서 서로 이웃하지 않는 두 꼭짓점을 이은 선분

(2) **대각선의 개수**

① n각형의 한 꼭짓점에서 그을 수 있는 대각선의 개수는 $(n-3)$개

(꼭짓점 자신과 그 꼭짓점에서 이웃하는 두 꼭짓점을 제외하므로 3을 뺀다.)

② n각형의 대각선의 개수는 $\frac{n(n-3)}{2}$개

(꼭짓점의 개수 / 한 꼭짓점에서 그을 수 있는 대각선의 개수)

(한 대각선을 2번씩 중복하여 세었으므로 2로 나눈다.)

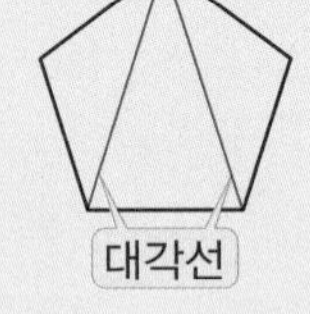

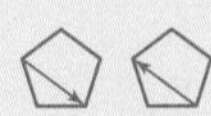

예 오각형의 한 꼭짓점에서 그을 수 있는 대각선의 개수는 $5-3=2$(개)이고,

오각형의 대각선의 개수는 $\frac{5\times(5-3)}{2}=5$(개)이다.

참고 n각형의 한 꼭짓점에서 대각선을 모두 그었을 때, 만들어지는 삼각형의 개수 ➡ $(n-2)$개

개념 확인

● 정답 및 해설 22쪽

1 다음 다각형의 주어진 꼭짓점에서 대각선을 모두 긋고, 표를 완성하시오.

다각형	삼각형	사각형	오각형	육각형	칠각형	…	n각형
꼭짓점의 개수						…	
한 꼭짓점에서 그을 수 있는 대각선의 개수						…	
대각선의 개수						…	

2 다음은 대각선의 개수가 35개인 다각형을 구하는 과정이다. □ 안에 알맞은 것을 쓰시오.

대각선의 개수가 35개인 다각형을 n각형이라 하면

$\frac{n(n-3)}{2}=$ □

$n(n-3)=$ □ $=10\times$ □ 이므로 $n=$ □

따라서 구하는 다각형은 □ 이다.

● 정답 및 해설 23쪽

교과서 문제로 개념 다지기

1

다음은 칠각형의 대각선의 개수를 구하는 과정이다. 이때 (가)~(라)에 들어갈 수 있는 수가 아닌 것은?

> 칠각형의 한 꼭짓점에서 그을 수 있는 대각선은 꼭짓점 자신과 그와 이웃하는 두 꼭짓점을 제외해야 하므로
> (7− (가))개이고,
> 모든 꼭짓점에서 그을 수 있는 대각선의 개수는
> (나) ×(7− (가))개이다.
> 이때 각 대각선은 양 끝 꼭짓점에서 두 번씩 중복하여 세어지므로 대각선의 개수는 (나) ×(7− (가))을 (다) 로 나누어야 한다.
> 따라서 칠각형의 대각선의 개수는 (라) 개이다.

① 2　② 3　③ 7
④ 9　⑤ 14

2

다음 다각형의 대각선의 개수를 구하시오.

(1) 팔각형　(2) 구각형
(3) 십일각형　(4) 십삼각형

3

십사각형의 한 꼭짓점에서 그을 수 있는 대각선의 개수를 a개, 이때 생기는 삼각형의 개수를 b개라 할 때, $a+b$의 값을 구하시오.

4 (1) 구하는 다각형을 n각형이라 하고, 조건을 만족시키는 n의 값을 구해 봐.

한 꼭짓점에서 그을 수 있는 대각선의 개수가 13개인 다각형에 대하여 다음 물음에 답하시오.

(1) 이 다각형의 이름을 말하시오.
(2) 이 다각형의 대각선의 개수를 구하시오.

5

다음 중 대각선의 개수가 54개인 다각형은?

① 육각형　② 십각형　③ 십일각형
④ 십이각형　⑤ 십사각형

6 생각이 자라는 창의·융합

오른쪽 그림과 같이 한 대각선의 길이가 5 cm인 정오각형의 모든 대각선의 길이의 합을 구하시오.

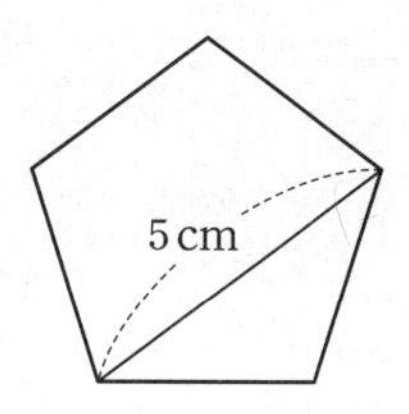

▶ 문제 속 개념 도출

• 다각형에서 서로 이웃하지 않는 두 꼭짓점을 이은 선분을 ①＿＿＿이라 한다.

• n각형의 대각선의 개수 ➡ ②＿＿＿개

개념 25 삼각형의 내각과 외각

되짚어 보기 [초3~4] 삼각형과 사각형의 내각의 크기의 합

1 삼각형의 세 내각의 크기의 합

삼각형의 세 내각의 크기의 합은 180°이다.

➡ $\triangle ABC$에서 $\angle A+\angle B+\angle C=180^\circ$

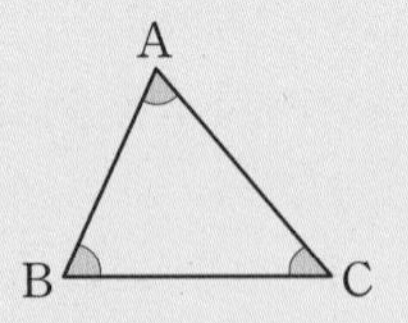

2 삼각형의 내각과 외각의 크기 사이의 관계

삼각형의 한 외각의 크기는 그와 이웃하지 않는 두 내각의 크기의 합과 같다.

➡ $\triangle ABC$에서 $\angle ACD=\angle A+\angle B$

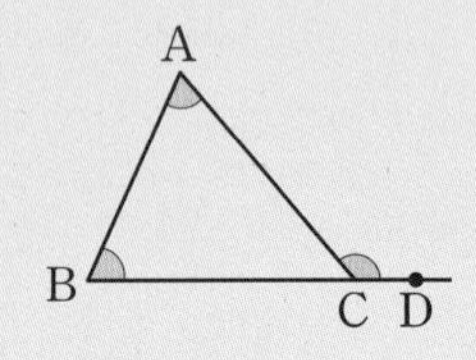

개념 확인 ● 정답 및 해설 23쪽

1 다음 그림에서 $\angle x$의 크기를 구하시오.

(1)

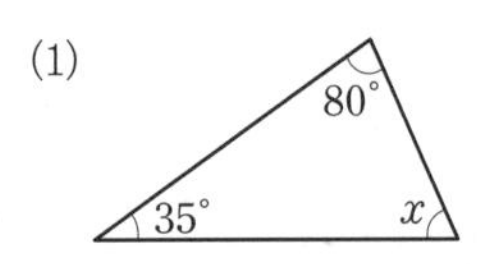

⇨ $80^\circ+35^\circ+\angle x=$ ☐

∴ $\angle x=$ ☐

(2)

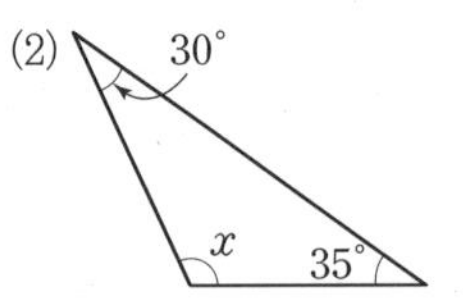

⇨ $30^\circ+\angle x+35^\circ=$ ☐

∴ $\angle x=$ ☐

(3)

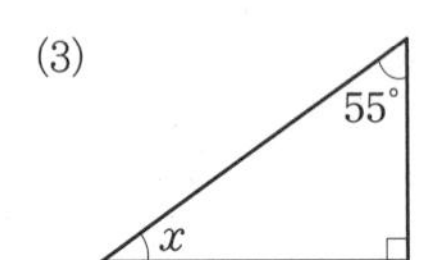

(4)

2 다음 그림에서 $\angle x$의 크기를 구하시오.

(1)

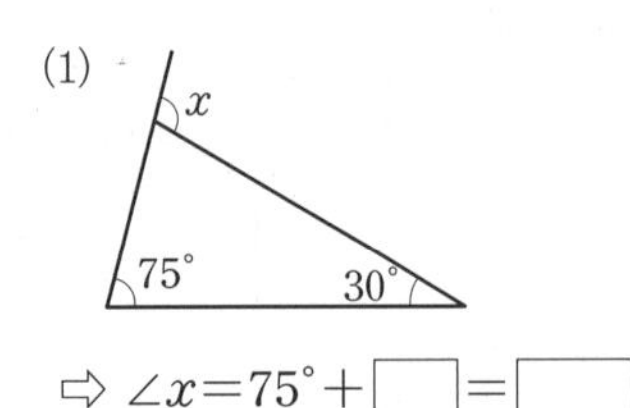

⇨ $\angle x=75^\circ+$ ☐ $=$ ☐

(2)

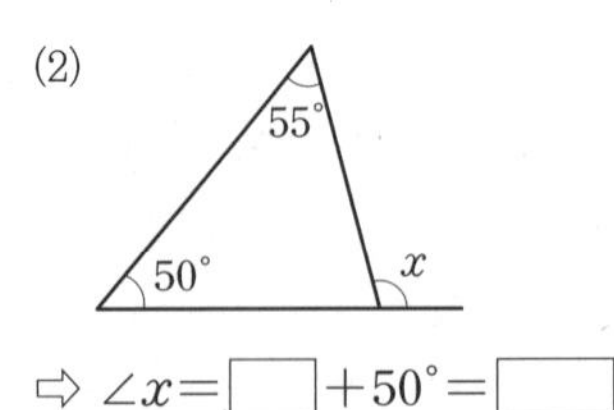

⇨ $\angle x=$ ☐ $+50^\circ=$ ☐

(3)

(4)

교과서 문제로 개념 다지기

1
다음 그림에서 $\angle x$의 크기를 구하시오.

(1)

(2)

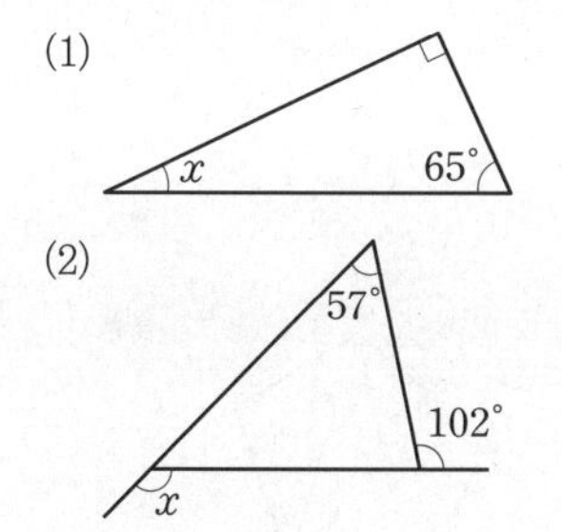

2
오른쪽 그림과 같은 삼각형에서 x의 값을 구하시오.

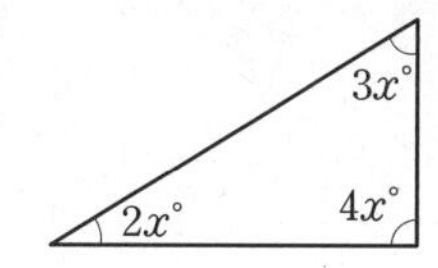

3
오른쪽 그림과 같이 $\overline{AE}$와 $\overline{BD}$의 교점을 C라 할 때, $\angle x$의 크기를 구하시오.

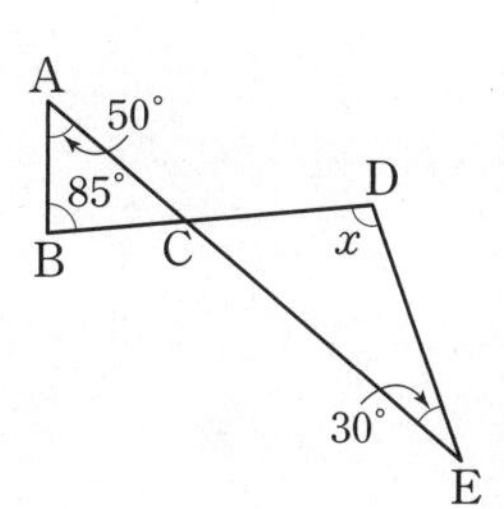

4
오른쪽 그림에서 $\angle x$, $\angle y$의 크기를 각각 구하시오.

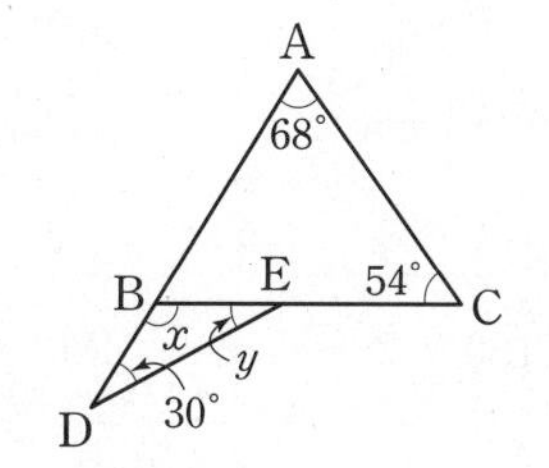

5
오른쪽 그림의 $\triangle ABC$에서 $\angle BAD = \angle DAC$일 때, 다음을 구하시오.

(1) $\angle BAD$의 크기

(2) $\angle x$의 크기

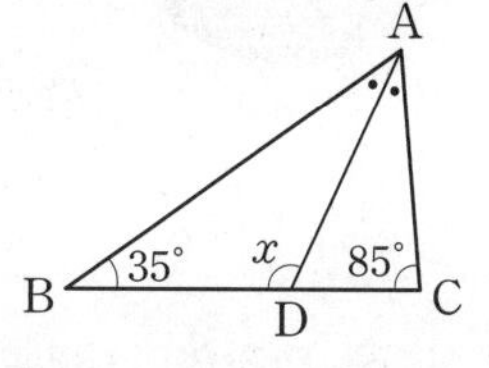

6
오른쪽 그림에서 $\overline{BD} = \overline{DC} = \overline{CA}$이고 $\angle B = 40°$일 때, $\angle x$의 크기를 구하시오.

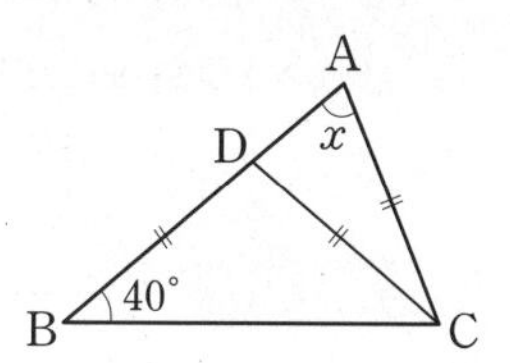

7 생각이 자라는 문제 해결

오른쪽 그림에서 다음을 구하시오.

(1) $\angle BFG$의 크기

(2) $\angle BGF$의 크기

(3) $\angle x$의 크기

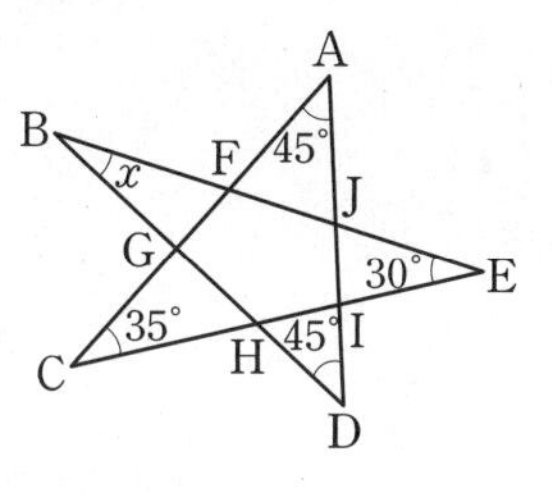

▶ 문제 속 개념 도출

- 삼각형의 세 내각의 크기의 합은 ① ____ 이다.
- 삼각형의 한 ② ____ 의 크기는 그와 이웃하지 않는 두 내각의 크기의 합과 같다.

다각형의 내각과 외각의 크기의 합

되짚어 보기 [초3~4] 삼각형과 사각형의 내각의 크기의 합 [중1] 삼각형의 내각와 외각

1 다각형의 내각의 크기의 합

(1) n각형의 한 꼭짓점에서 대각선을 모두 그어 만들 수 있는 삼각형의 개수
➡ $(n-2)$개

(2) n각형의 내각의 크기의 합
➡ $180° \times (n-2)$
(180°: 삼각형의 세 내각의 크기의 합, $n-2$: 나누어지는 삼각형의 개수)

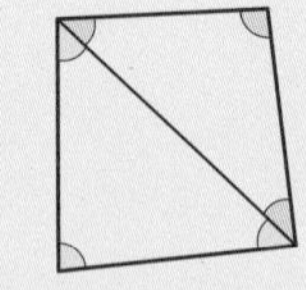
➡ (사각형의 내각의 크기의 합) $=180° \times (4-2)=360°$

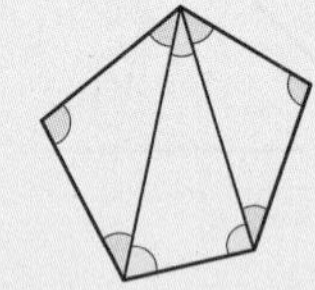
➡ (오각형의 내각의 크기의 합) $=180° \times (5-2)=540°$

2 다각형의 외각의 크기의 합

다각형의 외각의 크기의 합은 항상 360°이다.

개념 확인

● 정답 및 해설 24쪽

1 다음은 다각형에서 내각의 크기의 합을 구하는 과정이다. 표를 완성하시오.

다각형	한 꼭짓점에서 대각선을 모두 그었을 때 나누어지는 삼각형의 개수	내각의 크기의 합
칠각형	$7-2=5$(개)	$180° \times 5=900°$
팔각형		
구각형		
⋮	⋮	⋮
n각형		

2 다음은 다각형에서 외각의 크기의 합을 구하는 과정이다. □ 안에 알맞은 것을 쓰시오.

다각형	삼각형	사각형	오각형	육각형
내각과 외각의 크기의 합	$180° \times 3$	$180° \times 4$	$180° \times$ □	$180° \times$ □
내각의 크기의 합	$180° \times 1$	$180° \times 2$	$180° \times$ □	$180° \times$ □
외각의 크기의 합	$180° \times 3-180° \times 1$ $=360°$	$180° \times 4-180° \times 2$ $=360°$	$180° \times$ □ $-180° \times$ □ $=$ □	$180° \times$ □ $-180° \times$ □ $=$ □

⇨ 다각형의 외각의 크기의 합은 항상 □이다.

1
다음 다각형의 내각의 크기의 합과 외각의 크기의 합을 차례로 구하시오.

(1) 십각형
(2) 십삼각형
(3) 십육각형

2
다음 그림에서 $\angle x$의 크기를 구하시오.

(1)
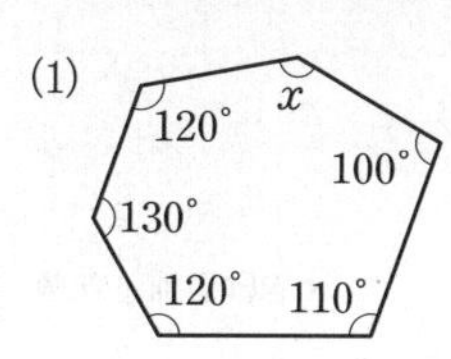

(2)
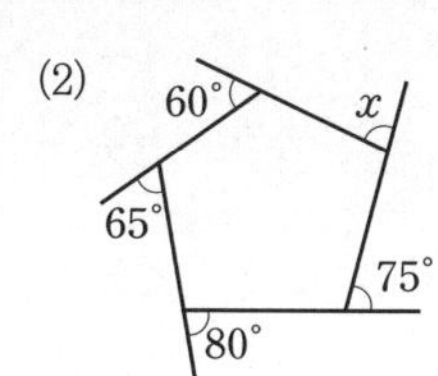

3 구하는 다각형을 n각형이라 하고, 조건을 만족시키는 n의 값을 구해 봐.
내각의 크기의 합이 다음과 같은 다각형을 구하시오.

(1) 1800°
(2) 2340°

4
오른쪽 그림에서 x의 값을 구하시오.

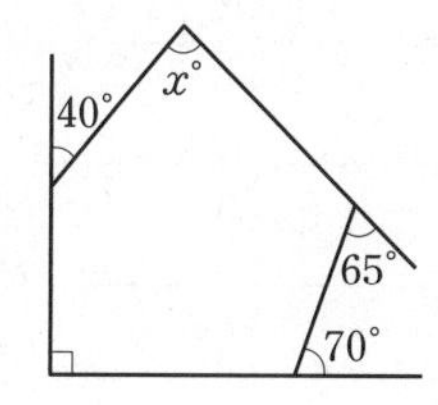

5
오른쪽 그림의 사각형 ABCD에서 점 P는 $\angle B$의 이등분선과 $\angle C$의 이등분선의 교점이다. $\angle A=100°$, $\angle D=110°$일 때, 다음 물음에 답하시오.

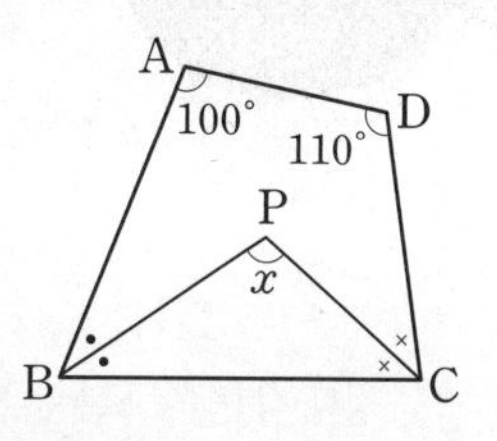

(1) $\angle ABC+\angle DCB$의 값을 구하시오.
(2) $\angle PBC+\angle PCB$의 값을 구하시오.
(3) $\angle x$의 크기를 구하시오.

6
한 꼭짓점에서 그을 수 있는 대각선의 개수가 8개인 다각형의 내각의 크기의 합을 구하시오.

7 생각이 자라는 창의·융합
오른쪽 그림과 같이 로봇청소기가 점 A에서 출발하여 육각형 모양의 벽을 따라 한 바퀴 돌아 점 A로 되돌아왔다. 이때 로봇청소기가 회전한 각의 크기의 합을 구하시오.

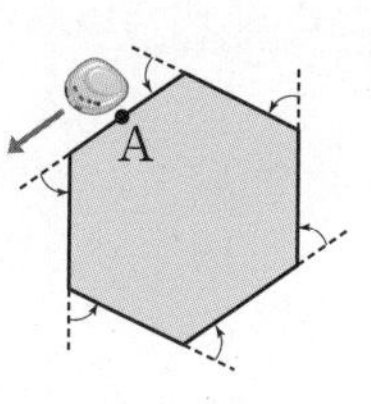

▶ 문제 속 개념 도출
• 다각형의 ① ____은 각 꼭짓점에 이웃하는 두 변 중에서 한 변과 다른 한 변의 연장선이 이루는 각이다.
• 다각형의 외각의 크기의 합은 항상 ② ____이다.

정다각형의 한 내각과 한 외각의 크기

되짚어 보기 [중1] 정다각형 / 다각형의 내각과 외각의 크기의 합

정다각형의 모든 내각과 모든 외각의 크기는 각각 같으므로 내각의 크기의 합과 외각의 크기의 합을 각각 꼭짓점의 개수로 나누면 한 내각 또는 한 외각의 크기를 구할 수 있다.

(1) 정다각형의 한 내각의 크기

정n각형의 한 내각의 크기는 $\dfrac{180° \times (n-2)}{n}$이다.

예 정오각형의 한 내각의 크기는 $\dfrac{180° \times (5-2)}{5} = 108°$

(2) 정다각형의 한 외각의 크기

정n각형의 한 외각의 크기는 $\dfrac{360°}{n}$이다.

예 정오각형의 한 외각의 크기는 $\dfrac{360°}{5} = 72°$

개념 확인

● 정답 및 해설 25쪽

1 다음 □ 안에 알맞은 것을 쓰고, 표를 완성하시오.

정다각형	한 내각의 크기
(1) 정육각형	$\dfrac{180° \times (6-2)}{\square} = \square$
(2) 정구각형	
(3) 정십각형	
(4) 정십팔각형	
(5) 정이십각형	

2 다음 □ 안에 알맞은 것을 쓰고, 표를 완성하시오.

정다각형	한 외각의 크기
(1) 정육각형	$\dfrac{360°}{\square} = \square$
(2) 정구각형	
(3) 정십각형	
(4) 정십팔각형	
(5) 정이십각형	

• 정답 및 해설 26쪽

1

다음 정다각형의 한 내각의 크기와 한 외각의 크기를 차례로 구하시오.

(1) 정팔각형

(2) 정십이각형

2

정십오각형의 한 내각의 크기를 $\angle a$, 한 외각의 크기를 $\angle b$라 할 때, $\angle a - \angle b$의 값을 구하시오.

3 구하는 정다각형을 정n각형이라 하고, 조건을 만족시키는 n의 값을 구해 봐.

한 내각의 크기가 $144°$인 정다각형은?

① 정육각형 ② 정팔각형 ③ 정십각형
④ 정십이각형 ⑤ 정이십각형

4

다음 그림은 어느 건물과 그 건물을 둘러싼 다각형 모양의 담장의 일부분이다. 각 담장의 연장선이 이웃한 담장과 이루는 각의 크기가 모두 $72°$이고, 다각형의 각 변에 해당하는 담장의 길이가 모두 같을 때, 담장이 이루는 모양은 어떤 다각형인지 구하시오.

5

대각선의 개수가 27개인 정다각형에 대하여 다음 물음에 답하시오.

(1) 이 정다각형의 이름을 말하시오.

(2) 이 정다각형의 한 내각의 크기를 구하시오.

6 

한 내각의 크기와 한 외각의 크기의 비가 $5:1$인 정다각형은?

① 정오각형 ② 정팔각형 ③ 정구각형
④ 정십일각형 ⑤ 정십이각형

7 생각이 자라는 창의·융합

오른쪽 그림은 정n각형 모양의 그릇의 일부이다. $\angle BAC = 10°$일 때, n의 값을 구하시오.

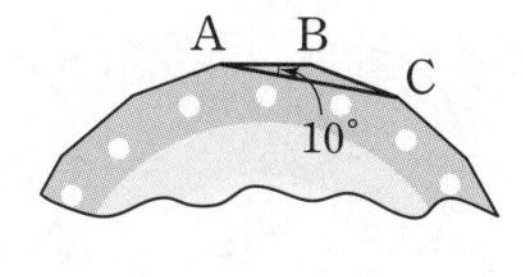

▶ 문제 속 개념 도출

- 정다각형의 한 내각의 크기는 내각의 크기의 합을 꼭짓점의 개수로 나누어 구한다.

  ➡ (정n각형의 한 내각의 크기)=① ________
- 정다각형은 모든 변의 길이가 같고, 모든 내각의 크기가 같다.
- 삼각형의 세 내각의 크기의 합은 ② ____이다.

개념 28 원과 부채꼴

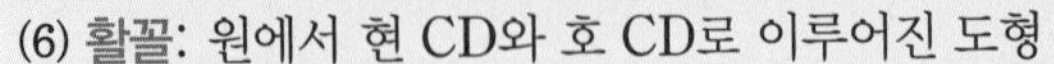

(1) **원**: 평면 위의 한 점 O로부터 일정한 거리에 있는 모든 점으로 이루어진 도형

(2) **호**: 원 위의 두 점 A, B를 양 끝 점으로 하는 원의 일부분을 호 AB라 한다.
기호 $\overset{\frown}{AB}$

(3) **현**: 원 위의 두 점 C, D를 이은 선분을 현 CD라 한다.

(4) **할선**: 원 위의 두 점을 지나는 직선

(5) 원 O에서 두 반지름 OA, OB와 호 AB로 이루어진 도형을 **부채꼴** AOB라 한다.
이때 ∠AOB를 부채꼴 AOB의 **중심각** 또는 호 AB에 대한 중심각이라 하고,
호 AB를 ∠AOB에 대한 호라 한다.

(6) **활꼴**: 원에서 현 CD와 호 CD로 이루어진 도형

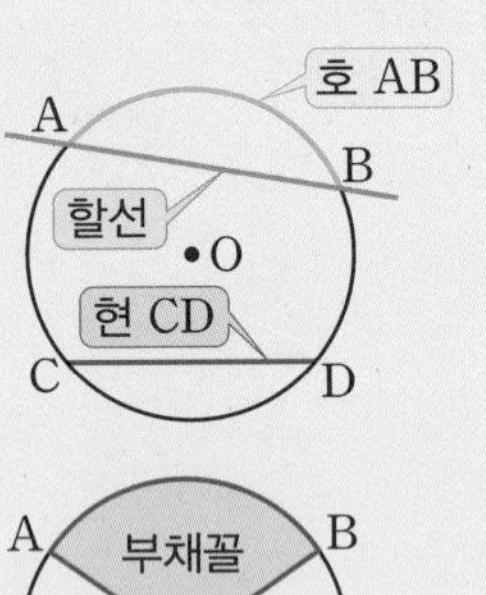

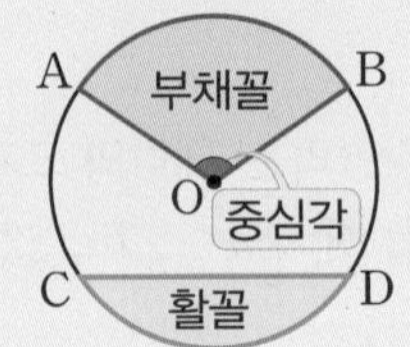

참고 • 현은 원의 중심을 지날 때 가장 길고, 원의 중심을 지나는 현은 그 원의 지름이다.
• 반원은 활꼴인 동시에 부채꼴이다.

개념 확인

정답 및 해설 26쪽

1

다음을 원 위에 나타내시오.

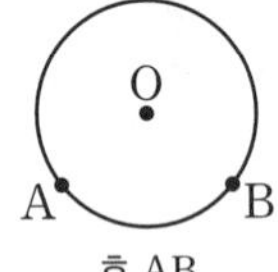

호 AB

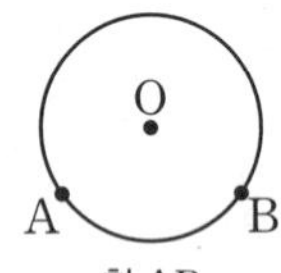

현 AB

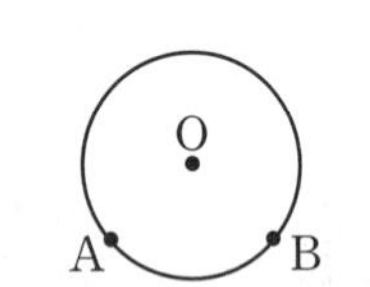

호 AB에 대한 중심각 또는 부채꼴 AOB의 중심각

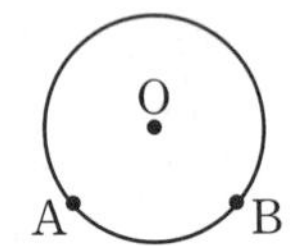

부채꼴 AOB

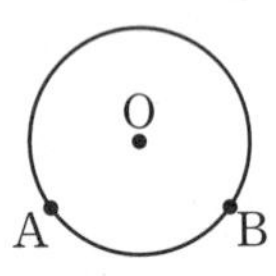

호 AB와 현 AB로 이루어진 활꼴

2

오른쪽 그림의 원 O에 대하여 다음을 기호로 나타내시오.

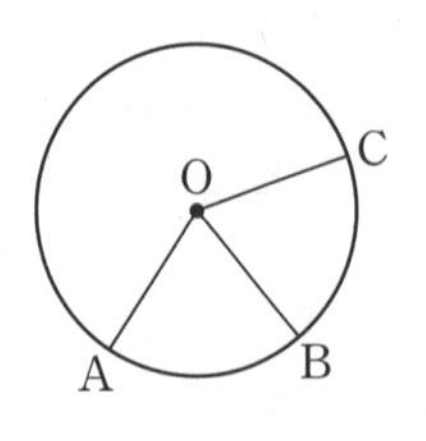

(1) $\overset{\frown}{AB}$에 대한 중심각

(2) $\overset{\frown}{AC}$에 대한 중심각

(3) ∠BOC에 대한 호

(4) 부채꼴 BOC에 대한 중심각

3

원과 부채꼴에 대한 다음 설명 중 옳은 것은 ○표를, 옳지 않은 것은 ×표를 (   ) 안에 쓰시오.

(1) 원 위의 두 점을 연결한 원의 일부분을 현이라 한다. (   )

(2) 원의 중심을 지나는 현은 지름이다. (   )

(3) 원 위의 두 점을 이은 선분은 할선이다. (   )

(4) 호와 현으로 이루어진 도형은 부채꼴이다. (   )

(5) 중심각의 크기가 180°인 부채꼴은 반원이다. (   )

(6) 한 원에서 부채꼴과 활꼴이 같아질 때, 이 부채꼴의 중심각의 크기는 90°이다. (   )

(7) 두 반지름과 호로 이루어진 도형은 활꼴이다. (   )

● 정답 및 해설 27쪽

교과서 문제로 개념 다지기

1

오른쪽 그림의 원 O에 대하여 다음을 기호로 나타내시오.

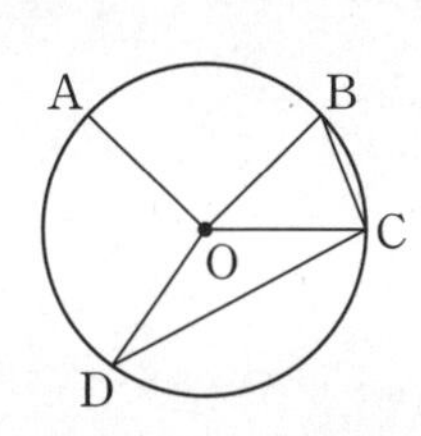

(1) $\widehat{AC}$에 대한 중심각

(2) ∠BOC에 대한 호

(3) ∠COD에 대한 현

(4) 부채꼴 AOD의 중심각

2

다음 | 보기 | 중 오른쪽 그림의 원 O에 대한 설명으로 옳은 것을 모두 고르시오.

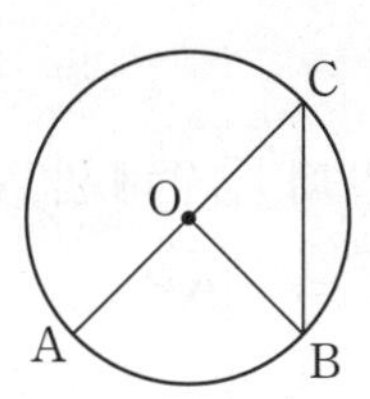

보기

ㄱ. $\widehat{AB}$에 대한 중심각은 ∠ACB이다.

ㄴ. ∠BOC에 대한 호는 $\widehat{BC}$이다.

ㄷ. $\widehat{BC}$와 두 반지름 OB, OC로 둘러싸인 도형은 부채꼴이다.

ㄹ. $\overline{BC}$와 $\widehat{BC}$로 둘러싸인 도형은 활꼴이다.

3

오른쪽 그림과 같은 원 O에 대하여 다음 물음에 답하시오.

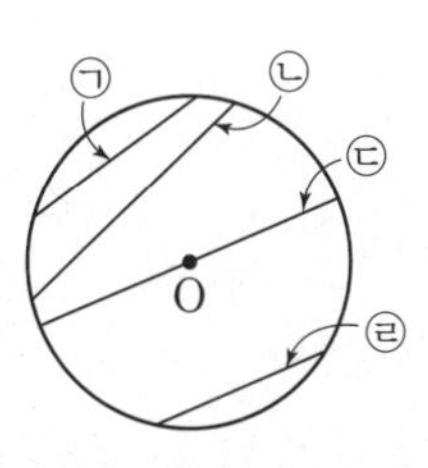

(1) ㉠~㉣ 중 길이가 가장 긴 현은 어느 것인지 고르시오.

(2) 원 O의 반지름의 길이가 4 cm일 때, 가장 긴 현의 길이를 구하시오.

4

오른쪽 그림에서 $\overline{AC}$가 원 O의 지름이고 $\angle BOC=130°$, $\overline{OC}=6\,cm$일 때, 다음 중 옳지 않은 것을 모두 고르면? (정답 2개)

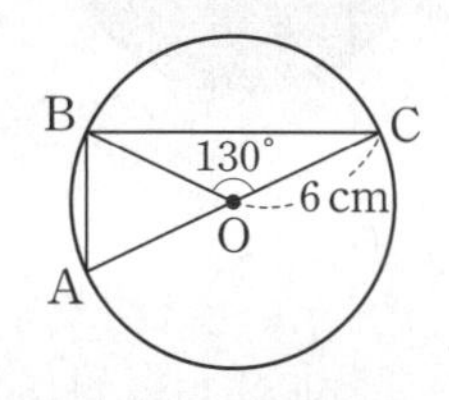

① 부채꼴 AOC는 활꼴이다.

② $\overline{AC}$는 길이가 가장 긴 현이다.

③ $\overline{BC}$의 길이는 12 cm이다.

④ $\widehat{AB}$에 대한 중심각의 크기는 30°이다.

⑤ $\widehat{BC}$와 $\overline{BC}$로 둘러싸인 도형은 활꼴이다.

5

한 원에서 부채꼴과 활꼴이 같을 때, 부채꼴의 중심각의 크기는?

① 90° ② 120° ③ 180°

④ 270° ⑤ 360°

6 · 생각이 자라는 창의·융합

오른쪽 그림과 같이 원 O 위에 두 점 A, B가 있다. $\overline{AB}=\overline{OA}$일 때, $\widehat{AB}$에 대한 중심각의 크기를 구하시오.

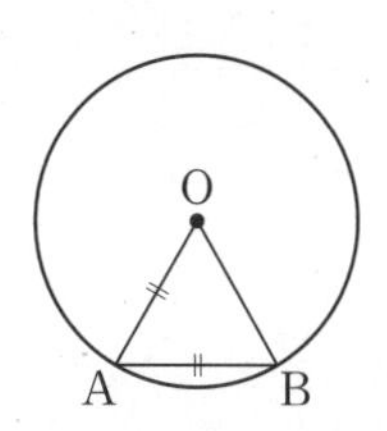

▶ 문제 속 개념 도출

• 한 점으로부터 일정한 거리에 있는 모든 점으로 이루어진 도형은 ① ____이라 한다.

• 세 변의 길이가 모두 같은 삼각형은 ② ________이다.

개념 29 부채꼴의 성질(1) - 호의 길이, 넓이

되짚어 보기 [중1] 원과 부채꼴

한 원 또는 합동인 두 원에서

(1) 중심각의 크기가 같은 두 부채꼴의 호의 길이와 넓이는 각각 같다.

참고 두 부채꼴의 호의 길이 또는 넓이가 같으면 각각 두 부채꼴의 중심각의 크기는 같다.

(2) 부채꼴의 호의 길이와 넓이는 각각 중심각의 크기에 정비례한다.

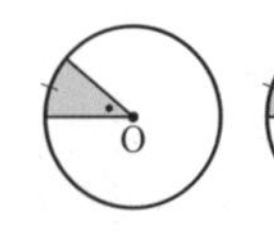

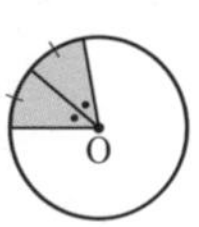

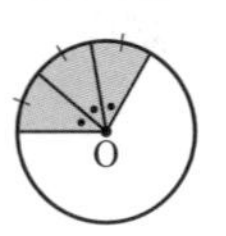

…

한 원에서 부채꼴의 중심각의 크기가 2배, 3배, …가 되면 호의 길이와 부채꼴의 넓이도 각각 2배, 3배, …가 된다.

개념 확인

● 정답 및 해설 27쪽

1 오른쪽 그림의 원 O에서 $\angle AOB=\angle BOC$일 때, □ 안에 알맞은 것을 쓰시오.

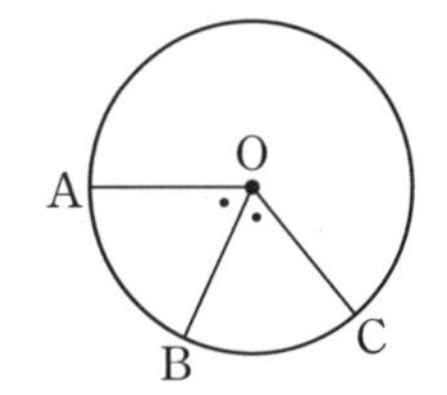

(1) $\widehat{AB}=$□ (2) $\widehat{AC}=$□$\widehat{AB}$

(3) (부채꼴 AOB의 넓이)=(부채꼴 □의 넓이)

2 한 원에 대한 다음 설명 중 옳은 것은 ○표, 옳지 않은 것은 ×표를 ( ) 안에 쓰시오.

(1) 길이가 같은 호에 대한 중심각의 크기는 같다. ( )

(2) 넓이가 같은 부채꼴에 대한 중심각의 크기가 같다. ( )

(3) 호의 길이는 중심각의 크기에 정비례한다. ( )

(4) 부채꼴의 넓이는 중심각의 크기에 정비례하지 않는다. ( )

3 다음 그림에서 x의 값을 구하시오.

(1)
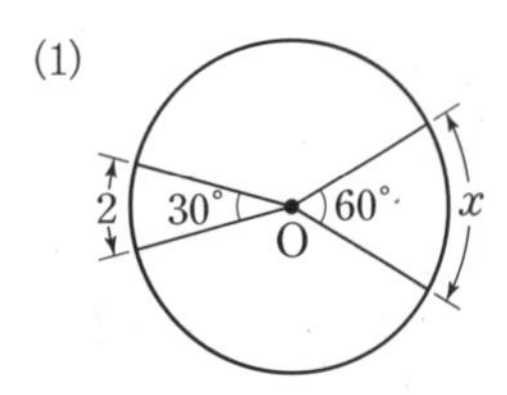

(2)
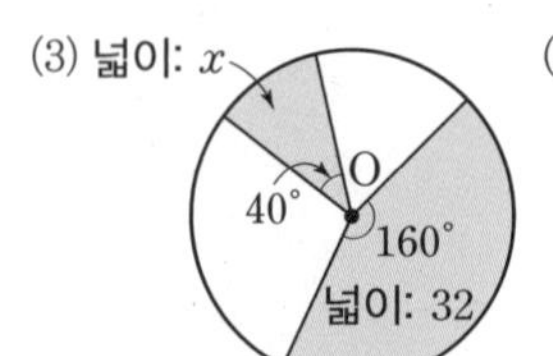

(3)
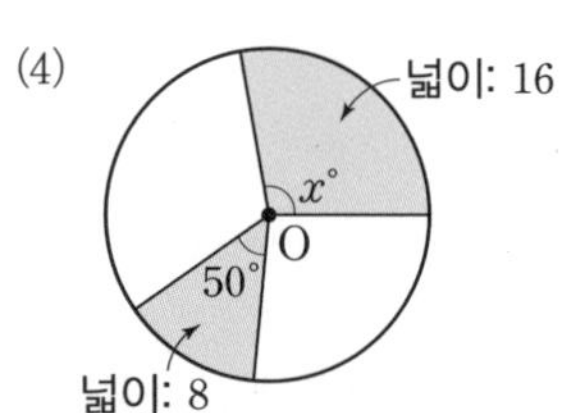

(4)

교과서 문제로 개념 다지기

1 해설 꼭 확인

오른쪽 그림의 원 O에서 x, y의 값을 각각 구하시오.

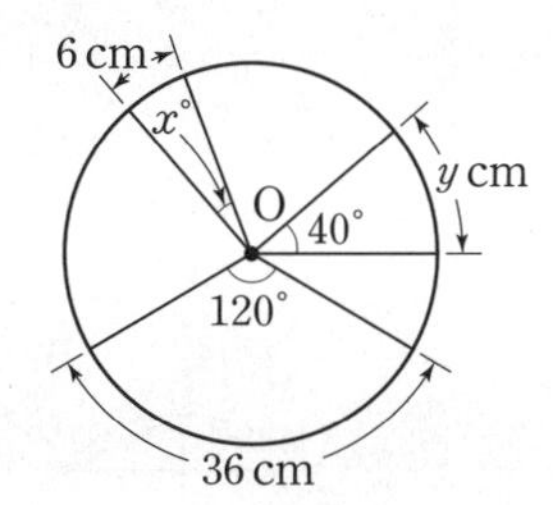

2

오른쪽 그림과 같이 $\overline{AC}$를 지름으로 하는 원 O에서 $\angle AOB=90°$, $\angle COD=30°$이고 부채꼴 AOB의 넓이가 $36\,cm^2$일 때, 부채꼴 COD의 넓이를 구하시오.

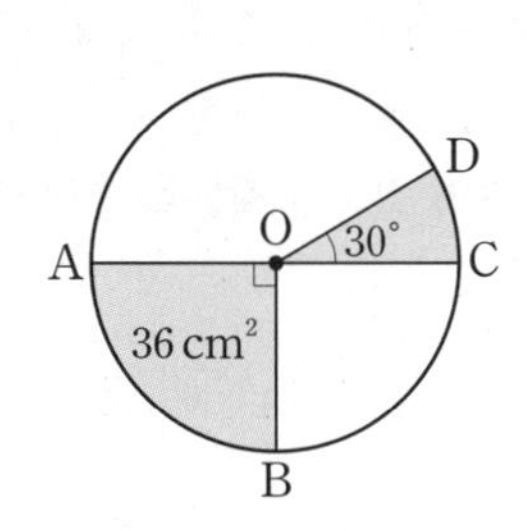

3

오른쪽 그림의 원 O에서 $\widehat{AB}=15\,cm$, $\widehat{CD}=9\,cm$이고, 부채꼴 AOB의 넓이가 $85\,cm^2$이다. 이때 부채꼴 COD의 넓이를 구하시오.

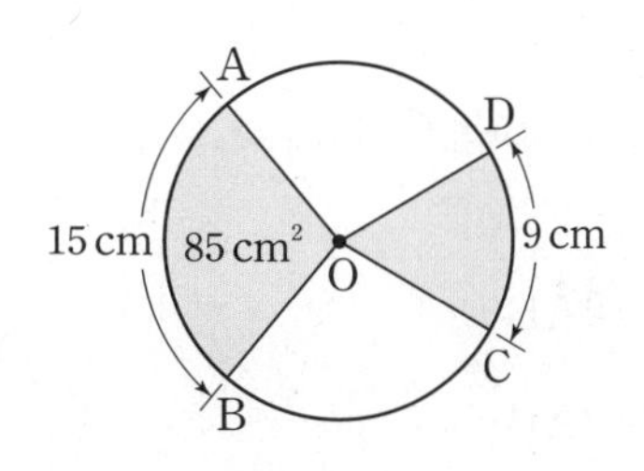

4

오른쪽 그림의 원 O에서 $\widehat{AB}:\widehat{BC}:\widehat{CA}=3:4:5$일 때, $\angle BOC$의 크기를 구하시오.

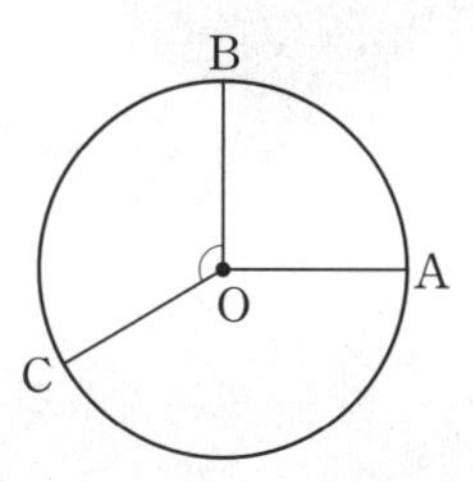

5 (1) 평행선의 성질을 이용해 봐.

오른쪽 그림의 반원 O에서 $\overline{AC}\,/\!/\,\overline{OD}$이고 $\angle BOD=20°$, $\widehat{BD}=8\,cm$일 때, 다음 물음에 답하시오.

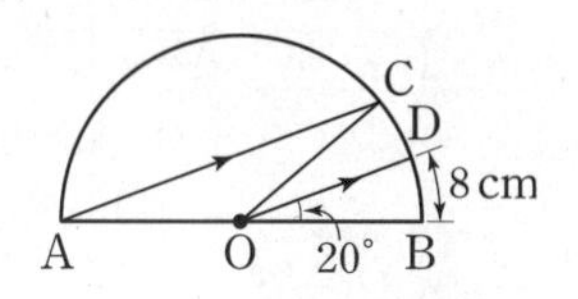

(1) $\angle OAC$의 크기를 구하시오.

(2) $\angle AOC$의 크기를 구하시오.

(3) $\widehat{AC}$의 길이를 구하시오.

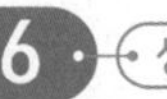

6 생각이 자라는 창의·융합

오른쪽 그림은 원 모양의 파이를 6조각의 똑같은 부채꼴 모양으로 자른 것이다. 전체 파이의 둘레의 길이가 $90\,cm$일 때, 파이 한 조각의 호의 길이를 구하려고 한다. 다음 물음에 답하시오.

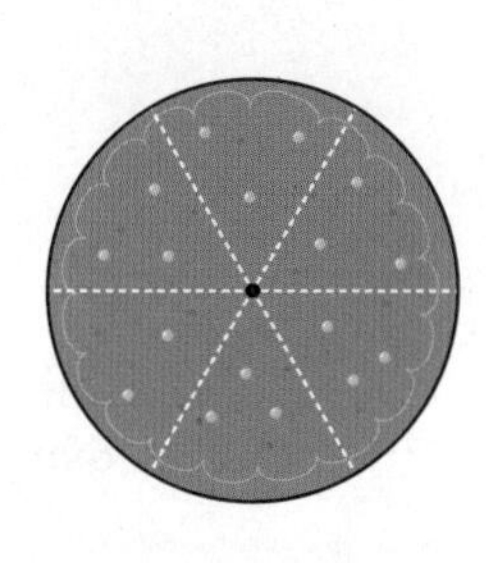

(1) 파이 한 조각의 중심각의 크기를 구하시오.

(2) (1)을 이용하여 파이 한 조각의 호의 길이를 구하시오.

▶ 문제 속 개념 도출

• 한 원에서 부채꼴의 호의 길이는 ① ______ 의 크기에 정비례한다.

개념 30 부채꼴의 성질(2) - 현의 길이

되짚어 보기 [중1] 원과 부채꼴

한 원 또는 합동인 두 원에서

(1) 중심각의 크기가 같은 두 현의 길이는 같다.

참고 두 현의 길이가 같으면 두 현에 대한 중심각의 크기도 같다.

(2) 현의 길이는 중심각의 크기에 정비례하지 않는다.

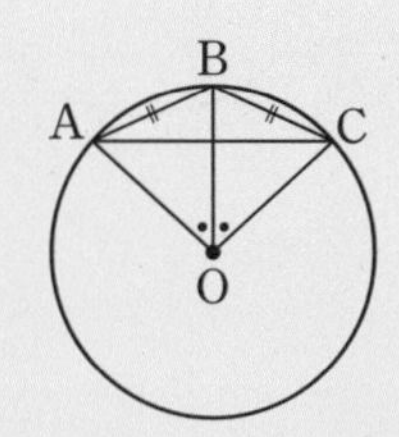

참고 (1) 오른쪽 그림의 $\triangle AOB$와 $\triangle BOC$에서

$\angle AOB=\angle BOC$, $\overline{OA}=\overline{OB}$, $\overline{OB}=\overline{OC}$

$\therefore \triangle AOB\equiv\triangle BOC$ (SAS 합동) $\therefore \overline{AB}=\overline{BC}$

(2) 오른쪽 그림에서 $\angle AOC=2\angle AOB$이지만 $\triangle BAC$에서

$\overline{AC}<\overline{AB}+\overline{BC}=2\overline{AB}$

개념 확인

● 정답 및 해설 28쪽

1 다음은 원 O에서 크기가 같은 중심각에 대한 현의 길이가 같음을 설명하는 과정이다. □ 안에 알맞은 것을 쓰시오.

$\triangle AOB$와 $\triangle COD$에서

$\overline{OA}=\overline{OB}=\overline{OC}=\overline{OD}$ (원의 □) … ㉠

$\angle AOB=$ □ … ㉡

㉠, ㉡에서 $\triangle AOB$ □ $\triangle COD$ (□ 합동)

$\therefore \overline{AB}$ □ $\overline{CD}$

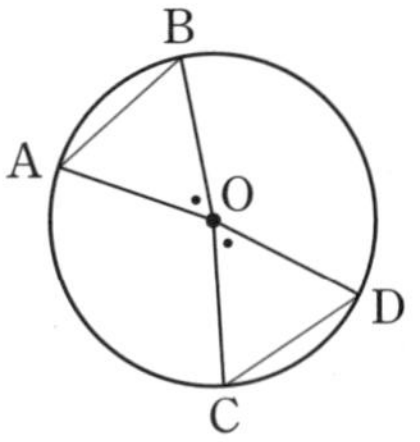

2 오른쪽 그림의 원 O에서 $\angle AOB=\angle BOC$일 때, 다음 ◯ 안에 >, =, < 중 알맞은 것을 쓰시오.

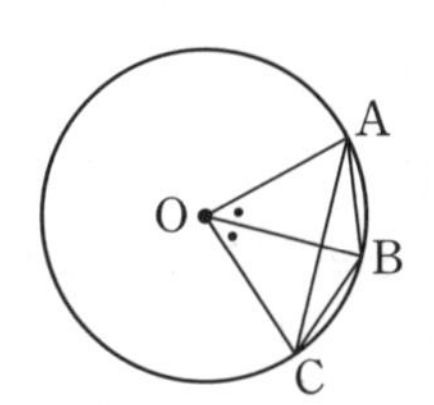

(1) $\widehat{AB}$ ◯ $\widehat{BC}$

(2) $\widehat{AC}$ ◯ $2\widehat{AB}$

(3) $\overline{AB}$ ◯ $\overline{BC}$

(4) $\overline{AC}$ ◯ $2\overline{AB}$

(5) (부채꼴 AOC의 넓이) ◯ $2\times$(부채꼴 AOB의 넓이)

(6) ($\triangle AOC$의 넓이) ◯ $2\times$($\triangle AOB$의 넓이)

● 정답 및 해설 28쪽

1

다음 중 한 원에 대한 설명으로 옳지 않은 것은?

① 크기가 같은 중심각에 대한 호의 길이는 같다.
② 크기가 같은 중심각에 대한 현의 길이는 같다.
③ 부채꼴의 넓이는 중심각의 크기에 정비례한다.
④ 호의 길이는 중심각의 크기에 정비례한다.
⑤ 현의 길이는 중심각의 크기에 정비례한다.

2

오른쪽 그림의 원 O에서 $\overline{AB}=\overline{CD}=\overline{DE}=\overline{EF}$이고 $\angle AOB=45°$일 때, $\angle COF$의 크기를 구하시오.

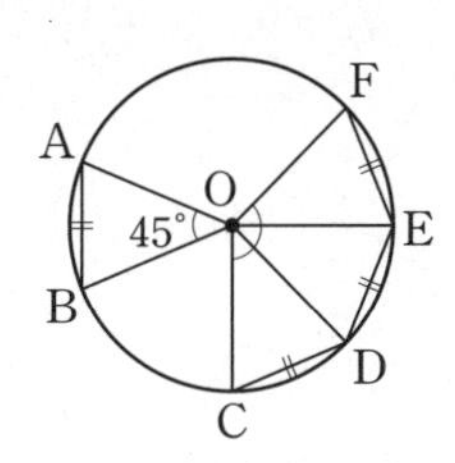

3

오른쪽 그림의 원 O에서 $\angle AOC=\angle BOC$, $\overline{AC}=8\,cm$, $\overline{OA}=5\,cm$일 때, 색칠한 부분의 둘레의 길이를 구하시오.

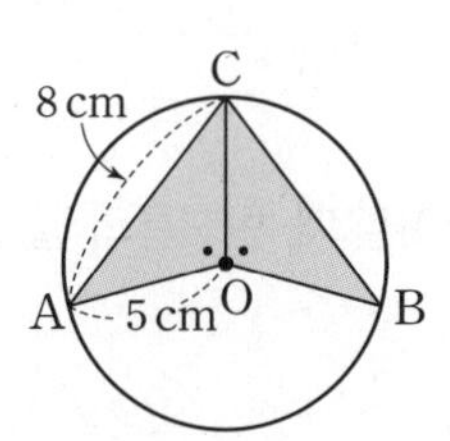

4

오른쪽 그림의 원 O에서 $\overline{AB}=\overline{BC}$이고 $\angle AOC=90°$일 때, $\angle BOC$의 크기를 구하시오.

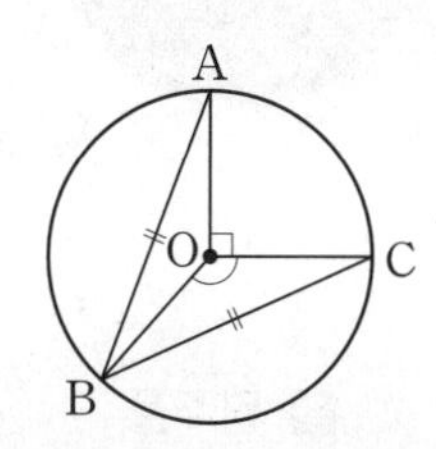

5

오른쪽 그림의 원 O에서 사각형 ABCD가 정사각형일 때, 호 AB에 대한 중심각의 크기를 구하시오.

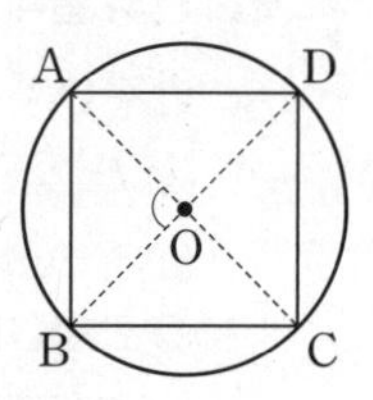

6 생각이 자라는 문제 해결

오른쪽 그림과 같은 원 O에서 $2\angle AOB=\angle COD$일 때, 다음 | 보기 | 중 옳은 것을 모두 고르시오.

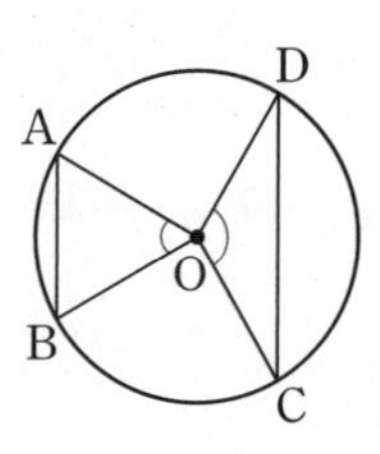

| 보기 |

ㄱ. $2\overline{AB}=\overline{CD}$
ㄴ. $2\overset{\frown}{AB}=\overset{\frown}{CD}$
ㄷ. $\angle OAB=2\angle OCD$
ㄹ. 2×(삼각형 AOB의 넓이)=(삼각형 COD의 넓이)
ㅁ. 2×(부채꼴 AOB의 넓이)=(부채꼴 COD의 넓이)

▶ 문제 속 개념 도출

- 한 원에서 중심각의 크기에 정비례하는 것
  ➡ ① ____ 의 길이, 부채꼴의 넓이
- 한 원에서 중심각의 크기에 정비례하지 않는 것
  ➡ ② ____ 의 길이, 삼각형의 넓이, 활꼴의 넓이

개념 30에 대한 이해도를 표시해 보세요. 0 50 100

원의 둘레의 길이와 넓이

되짚어 보기 [초5~6] 원주 / 원주율 / 원의 넓이

1 원주율

원에서 지름의 길이에 대한 원의 둘레의 길이(원주)의 비율을 원주율이라 한다.
원주율은 기호로 π와 같이 나타내고, '파이'라 읽는다.

$$(\text{원주율})=\frac{(\text{원의 둘레의 길이})}{(\text{원의 지름의 길이})}$$

참고 • 원주율(π)은 원의 크기에 관계없이 항상 일정하고, 그 값은 실제로 3.141592…와 같이 불규칙하게 한없이 계속되는 소수이다.
• 원주율은 특정한 값으로 주어지지 않는 한 π를 사용하여 나타낸다.

2 원의 둘레의 길이와 넓이

반지름의 길이가 r인 원의 둘레의 길이를 l, 넓이를 S라 하면

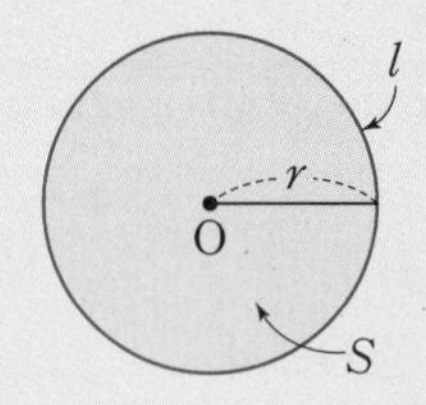

(1) $l=2\pi r$

(2) $S=\pi r^2$

예 반지름의 길이가 4 cm인 원 O의 둘레의 길이를 l, 넓이를 S라 하면
(1) $l=2\pi\times4=8\pi(\text{cm})$
(2) $S=\pi\times4^2=16\pi(\text{cm}^2)$

개념 확인

● 정답 및 해설 29쪽

1 다음 그림의 원의 둘레의 길이 l과 넓이 S를 각각 구하시오.

(1)

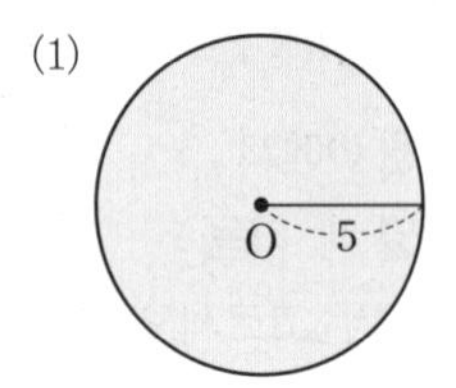

$l=$________
$S=$________

(2)

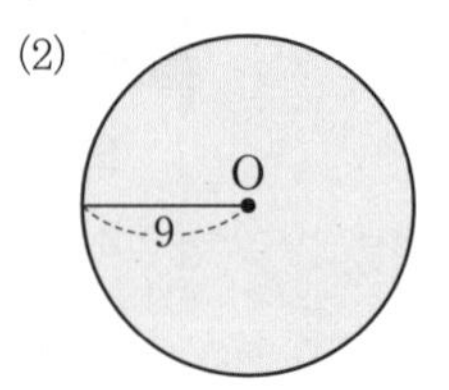

$l=$________
$S=$________

(3)

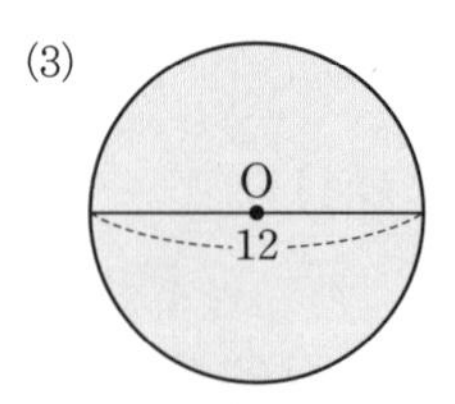

$l=$________
$S=$________

2 다음은 원의 둘레의 길이 l 또는 넓이 S가 주어질 때, 반지름의 길이를 구하는 과정이다. □ 안에 알맞은 것을 쓰시오.

(1) $l=16\pi$
⇨ 원의 반지름의 길이를 r라 하면
$l=2\pi r$이므로 $16\pi=$□
$\therefore r=$□
따라서 원의 반지름의 길이는 □이다.

(2) $S=36\pi$
⇨ 원의 반지름의 길이를 r라 하면
$S=\pi r^2$이므로 $36\pi=$□
$\therefore r=$□
따라서 원의 반지름의 길이는 □이다.

교과서 문제로 개념 다지기

1 해설 꼭 확인

지름의 길이가 14 cm인 원의 둘레의 길이와 넓이를 차례로 구하시오.

2 (1) 반원의 둘레의 길이를 구할 때는 원의 지름의 길이도 더해야 해.

오른쪽 그림과 같은 반원에 대하여 다음을 구하시오.

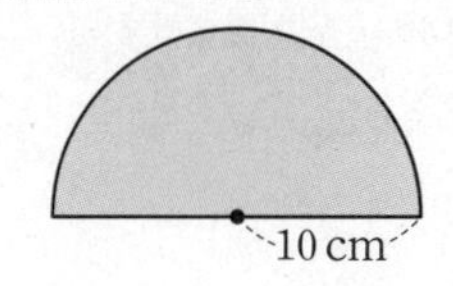

(1) 둘레의 길이
(2) 넓이

3

다음을 구하시오.

(1) 둘레의 길이가 24π cm인 원의 반지름의 길이
(2) 둘레의 길이가 6π cm인 원의 넓이

4

넓이가 $64\pi\ \text{cm}^2$인 원의 둘레의 길이를 구하시오.

5

다음 그림에서 색칠한 부분의 둘레의 길이와 넓이를 각각 구하시오.

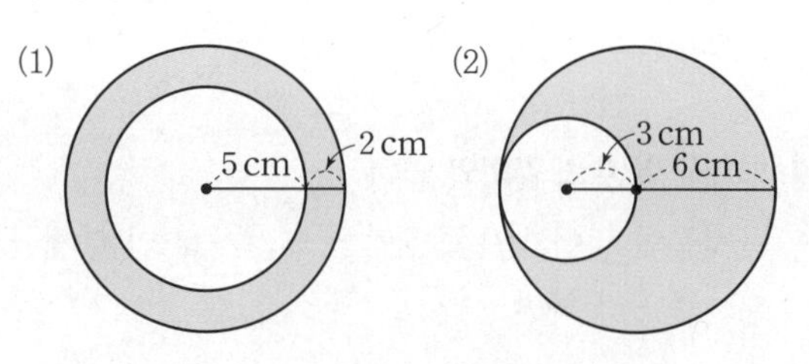

6

오른쪽 그림과 같은 반지름의 길이가 14 cm인 원 O에서 색칠한 부분의 넓이를 구하시오.

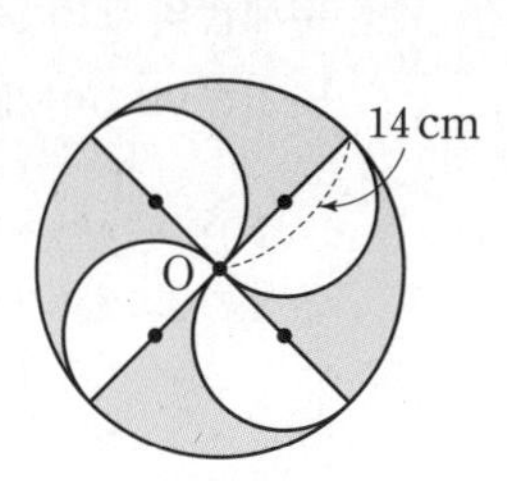

7 생각이 자라는 **창의·융합**

구불구불한 경로의 길이는 오른쪽 그림과 같이 바퀴가 달린 거리 측정 도구를 이용하여 측정할 수 있다. 반지름의 길이가 12 cm인 원 모양의 바퀴를 A지점에서 B지점까지 곡선을 따라 이동하였더니 세 바퀴 회전하였다. A지점에서 B지점까지의 곡선의 길이를 구하시오.

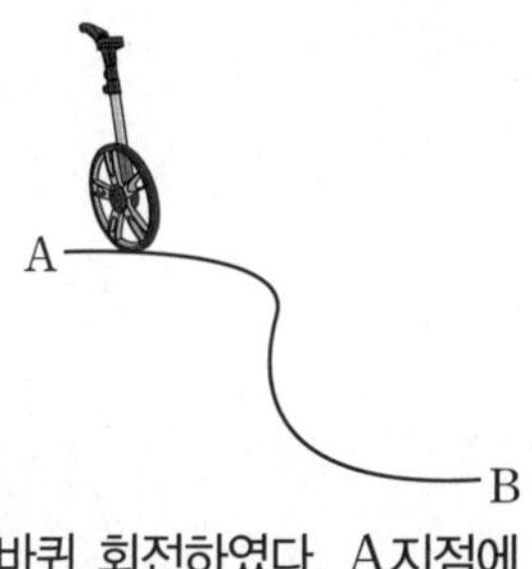

▶ 문제 속 개념 도출
• 반지름의 길이가 r인 원의 둘레의 길이 ➡ ① ______

부채꼴의 호의 길이와 넓이

되짚어 보기 [중1] 원과 부채꼴 / 원의 둘레의 길이와 넓이

1 부채꼴의 호의 길이와 넓이

반지름의 길이가 r, 중심각의 크기가 $x°$인 부채꼴의 호의 길이를 l, 넓이를 S라 하면

(1) $l=2\pi r\times\frac{x}{360}$ ($2\pi r$ → 반지름의 길이가 r인 원의 둘레의 길이)

(2) $S=\pi r^2\times\frac{x}{360}$ (πr^2 → 반지름의 길이가 r인 원의 넓이)

예 반지름의 길이가 6 cm, 중심각의 크기가 60°인 부채꼴의 호의 길이를 l, 넓이를 S라 하면

(1) $l=2\pi\times6\times\frac{60}{360}=2\pi(\text{cm})$ (2) $S=\pi\times6^2\times\frac{60}{360}=6\pi(\text{cm}^2)$

2 부채꼴의 호의 길이와 넓이 사이의 관계

반지름의 길이가 r, 호의 길이가 l인 부채꼴의 넓이를 S라 하면

$$S=\frac{1}{2}rl$$

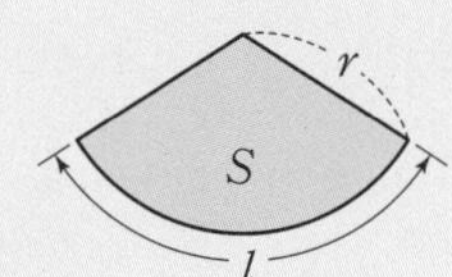

예 반지름의 길이가 6 cm이고 호의 길이가 2π cm인 부채꼴의 넓이를 S라 하면

$S=\frac{1}{2}\times6\times2\pi=6\pi(\text{cm}^2)$

참고 반지름의 길이가 r, 중심각의 크기가 $x°$인 부채꼴의 호의 길이를 l, 넓이를 S라 하면

$S=\pi r^2\times\frac{x}{360}=\frac{1}{2}\times r\times\left(2\pi r\times\frac{x}{360}\right)=\frac{1}{2}rl$

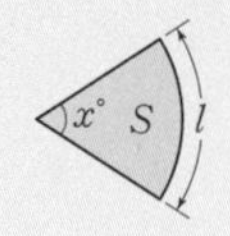

개념 확인

● 정답 및 해설 30쪽

1 다음 그림과 같은 부채꼴의 호의 길이 l과 넓이 S를 각각 구하시오.

(1)

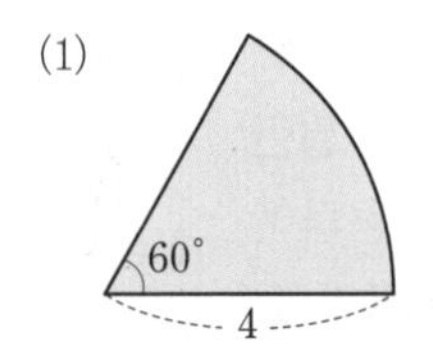

$l=2\pi\times4\times\frac{60}{360}=$ ______

$S=\pi\times4^2\times\frac{60}{360}=$ ______

(2)

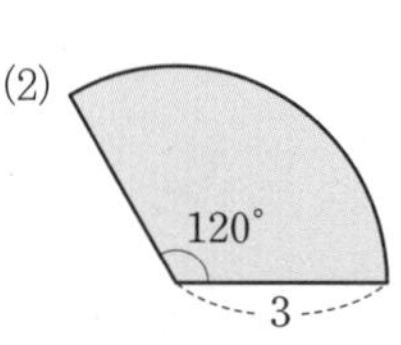

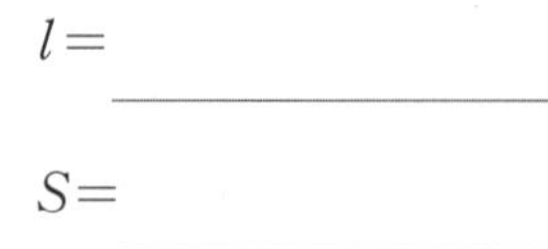

$l=$ ______

$S=$ ______

(3)

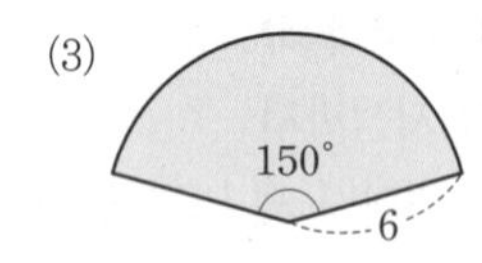

$l=$ ______

$S=$ ______

(4)

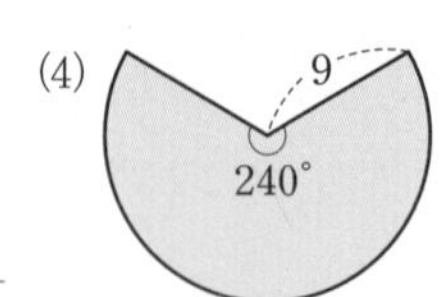

$l=$ ______

$S=$ ______

2 다음 그림과 같은 부채꼴의 넓이를 구하시오.

(1)

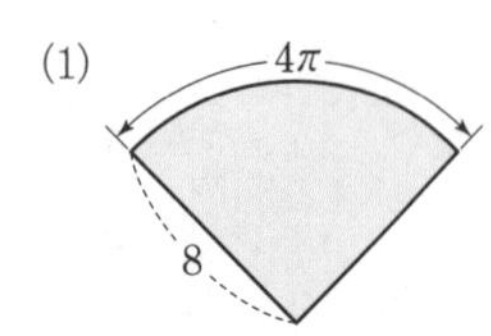

(부채꼴의 넓이)

$=\frac{1}{2}\times8\times4\pi=$ ______

(2)

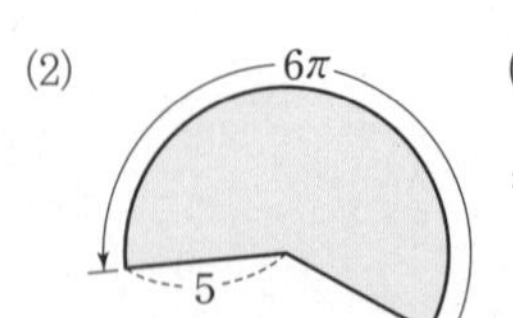

(부채꼴의 넓이)

$=$ ______

● 정답 및 해설 30쪽

교과서 문제로 개념 다지기

1

다음 그림과 같은 부채꼴의 넓이를 구하시오.

(1)

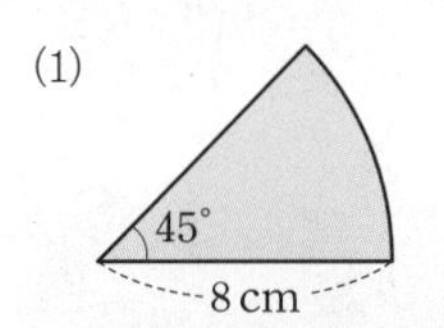

(2)

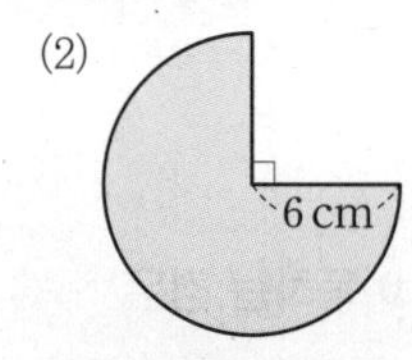

(3)

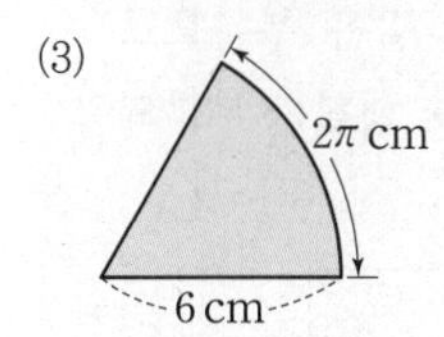

(4)

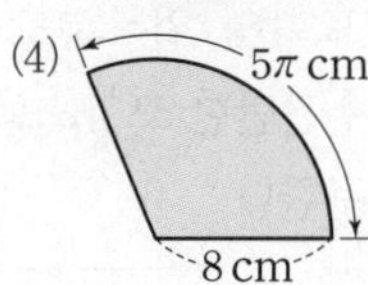

2

오른쪽 그림과 같이 반지름의 길이가 18 cm, 넓이가 $36\pi\ \text{cm}^2$인 부채꼴의 중심각의 크기를 구하시오.

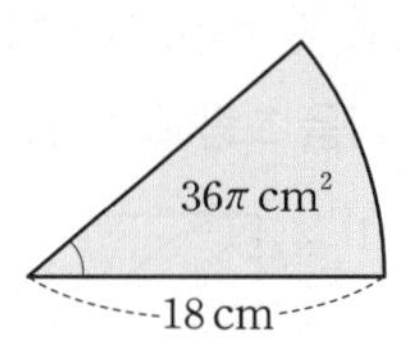

3

반지름의 길이가 16 cm, 넓이가 $64\pi\ \text{cm}^2$인 부채꼴의 호의 길이를 구하시오.

4 해설 꼭 확인

오른쪽 그림과 같은 부채꼴에서 색칠한 부분의 둘레의 길이를 구하시오.

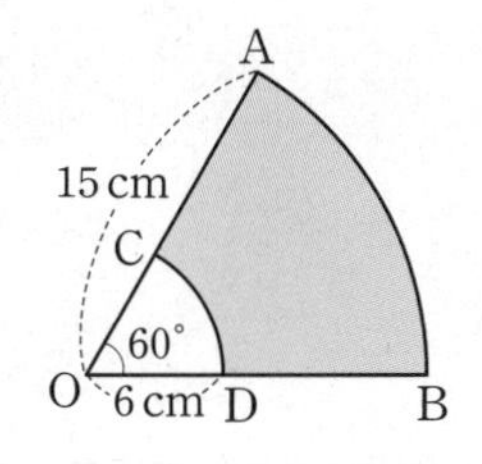

5

호의 길이가 4π cm, 넓이가 $10\pi\ \text{cm}^2$인 부채꼴에 대하여 다음을 구하시오.

(1) 반지름의 길이 (2) 중심각의 크기

6

오른쪽 그림과 같이 한 변의 길이가 9 cm인 정육각형에서 색칠한 부분의 넓이를 구하려고 한다. 다음 물음에 답하시오.

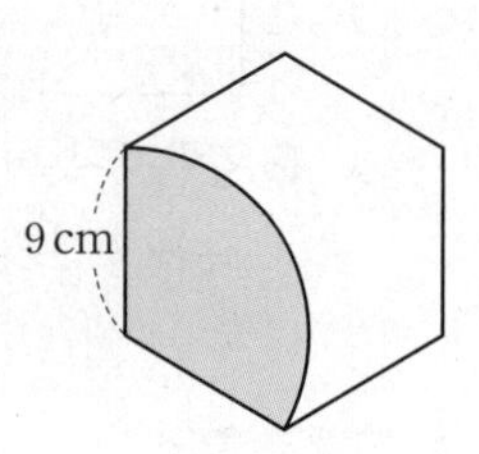

(1) 정육각형의 한 내각의 크기를 구하시오.

(2) 색칠한 부분의 넓이를 구하시오.

7 생각이 자라는 문제 해결

진호와 건우는 각각 반지름의 길이가 8 cm, 9 cm인 원 모양의 피자를 만든 후 다음 그림과 같이 부채꼴 모양으로 조각내었다. 누구의 조각 피자의 양이 더 많은지 말하시오. (단, 피자의 두께는 일정하다.)

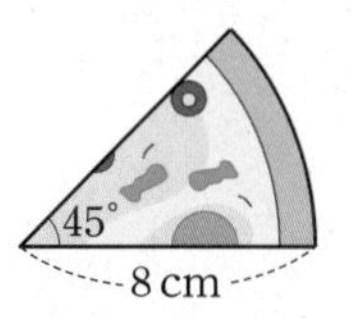

진호의 조각 피자

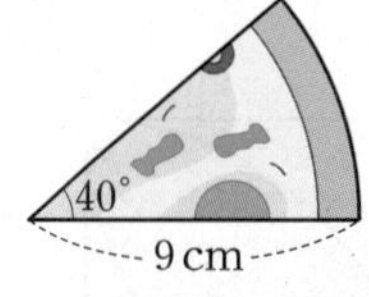

건우의 조각 피자

▶ 문제 속 개념 도출

- 반지름의 길이가 r, 중심각의 크기가 $x°$인 부채꼴의 넓이
  ➡ ① ______ $\times \dfrac{x}{360}$

색칠한 부분의 넓이

되짚어 보기 [초5~6] 원의 둘레의 길이와 넓이 / 부채꼴의 호의 길이와 넓이

(1) **각각의 넓이를 더하거나 빼는 경우**

❶ 전체 넓이에서 색칠하지 않은 부분의 넓이를 뺀다.

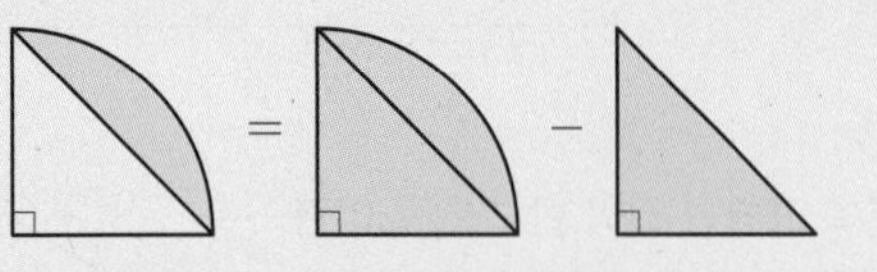

❷ 같은 부분이 있으면 한 부분의 넓이를 구한 후 같은 부분의 개수를 곱한다.

(2) **도형을 이동하는 경우**

주어진 도형의 일부분을 넓이가 같은 부분으로 이동하여 간단한 모양으로 만든 후 색칠한 부분의 넓이를 구한다.

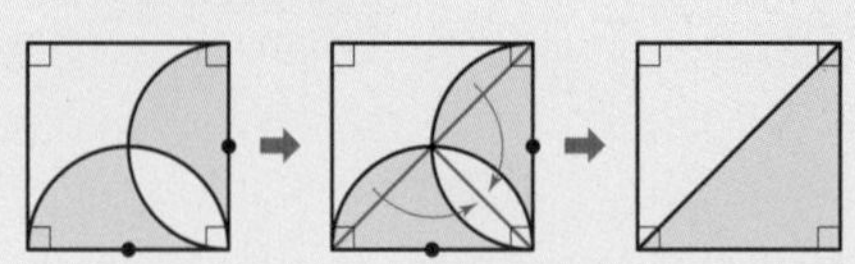

개념 확인

● 정답 및 해설 31쪽

1 보조선을 그어 도형을 나누어 봐.

다음 그림에서 색칠한 부분의 넓이를 구하시오.

(1)

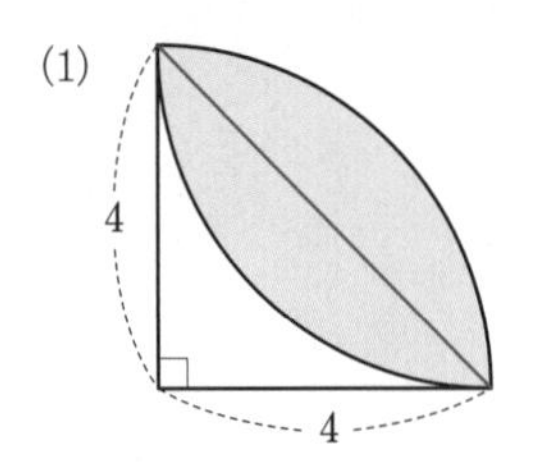

(2)

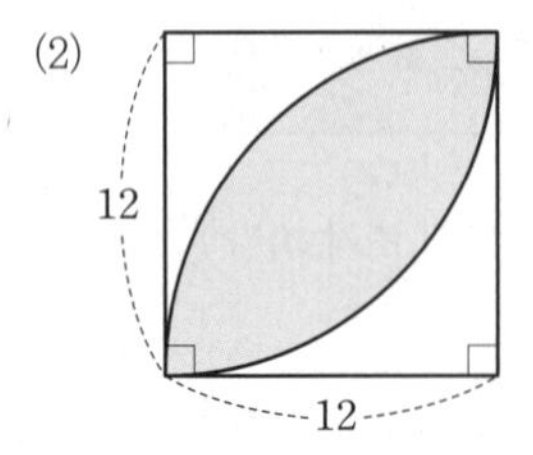

2 보조선을 긋고, 도형을 적당히 이동시켜 봐.

다음 그림에서 색칠한 부분의 넓이를 구하시오.

(1)

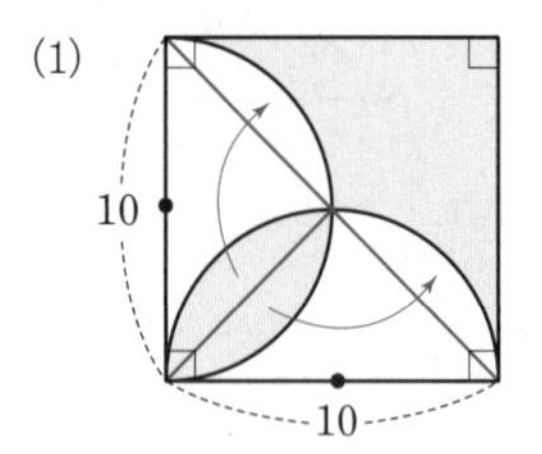

(2)

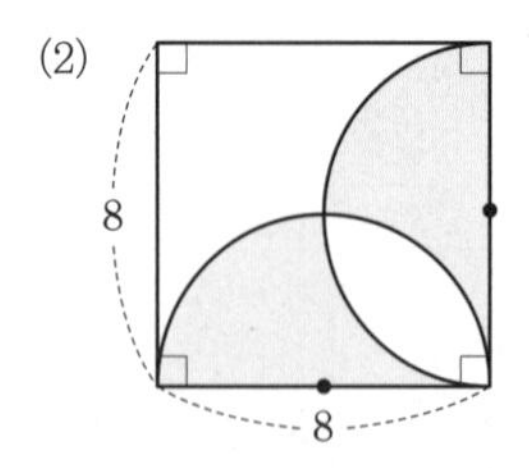

1

오른쪽 그림과 같이 한 변의 길이가 12 cm인 정사각형에서 색칠한 부분의 넓이를 구하시오.

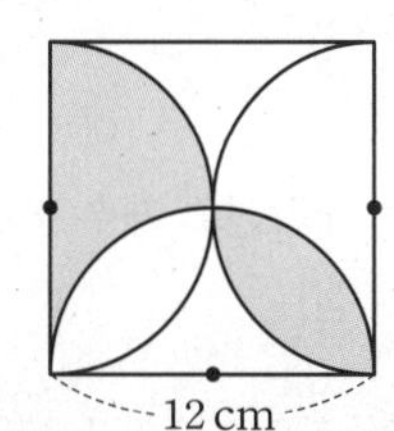

2

오른쪽 그림과 같이 반지름의 길이가 14 cm인 원에서 색칠한 부분의 넓이는?

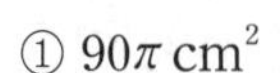

① 90π cm^2　② 94π cm^2
③ 98π cm^2　④ 112π cm^2
⑤ 116π cm^2

3

오른쪽 그림과 같이 한 변의 길이가 16 cm인 정사각형에서 색칠한 부분의 넓이를 구하시오.

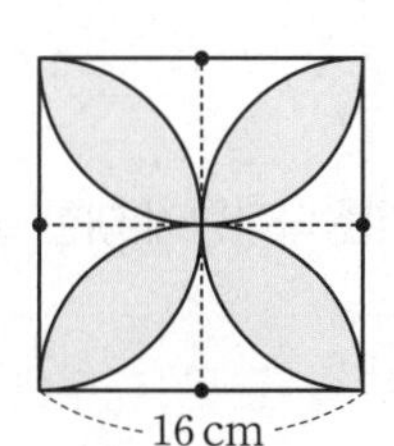

4

오른쪽 그림과 같이 한 변의 길이가 6 cm인 정사각형에서 색칠한 부분의 넓이는?

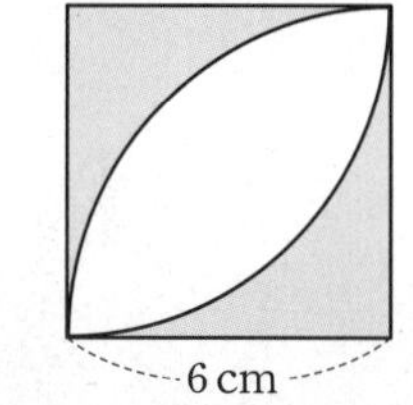

① $(18-9\pi)$cm^2
② $(36-9\pi)$cm^2
③ $(36-18\pi)$cm^2
④ $(72-9\pi)$cm^2
⑤ $(72-18\pi)$cm^2

5

생각이 자라는 **창의·융합**

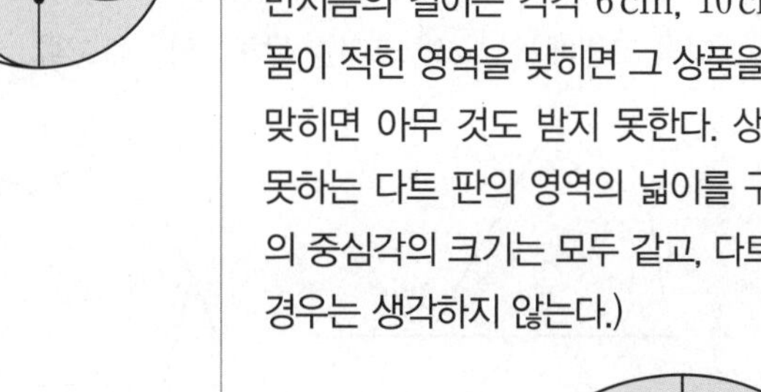

다음 그림과 같은 다트 판에서 두 원의 중심이 일치하고, 반지름의 길이는 각각 6 cm, 10 cm이다. 다트 판에서 상품이 적힌 영역을 맞히면 그 상품을 받고 꽝이 적힌 영역을 맞히면 아무 것도 받지 못한다. 상품으로 아무 것도 받지 못하는 다트 판의 영역의 넓이를 구하시오. (단, 각 부채꼴의 중심각의 크기는 모두 같고, 다트 판의 경계선에 맞히는 경우는 생각하지 않는다.)

▶ 문제 속 개념 도출

- 반지름의 길이가 r, 중심각의 크기가 $x°$인 부채꼴의 넓이
  ➡ ① ______ $\times \frac{x}{360}$
- 반지름의 길이와 중심각의 크기가 같은 두 부채꼴의 넓이는 ② ______.

학교 시험 문제로 **단원 마무리**

점수 /100점

개념 24

1 팔각형의 한 꼭짓점에서 그을 수 있는 대각선의 개수가 a개, 십칠각형의 대각선의 개수가 b개일 때, $a+b$의 값을 구하시오. [10점]

개념 25

2 오른쪽 그림에서 $\overline{AB}=\overline{BD}=\overline{CD}$이고 $\angle DAB=20°$일 때, $\angle x$의 크기를 구하시오. [10점]

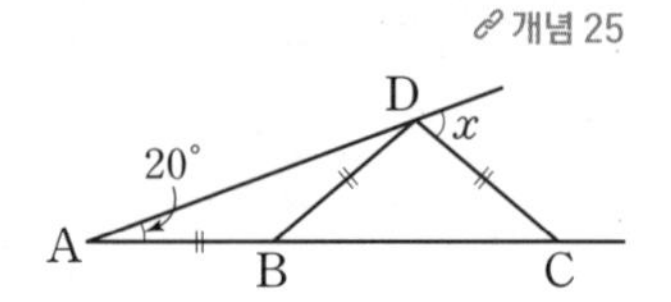

개념 26

3 다음 그림에서 $\angle x$의 크기를 구하시오. [15점]

(1)
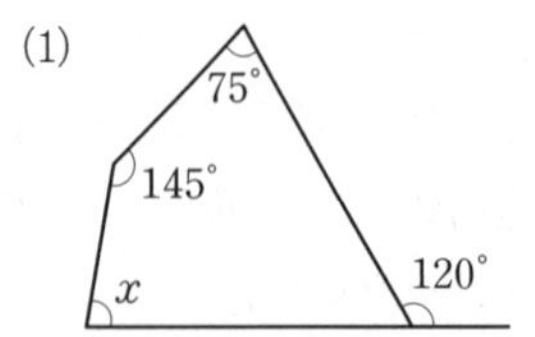

(2)
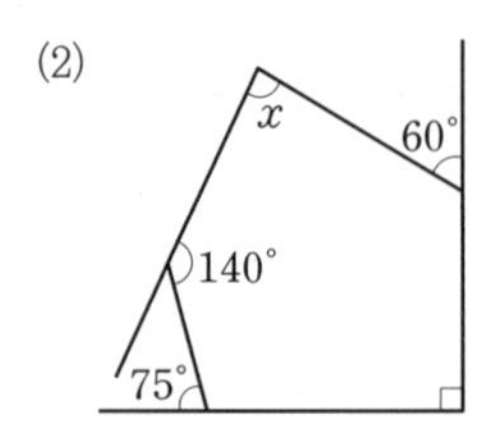

(3)
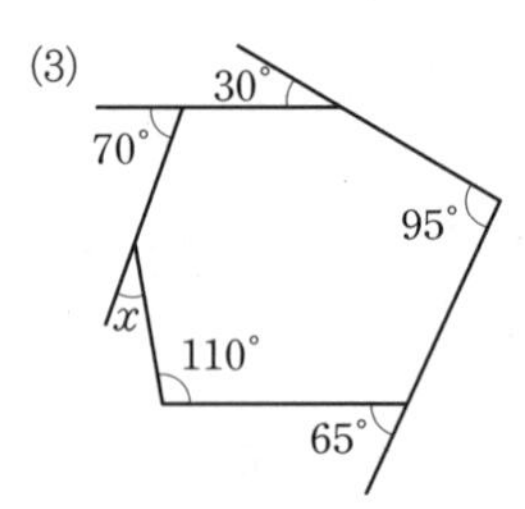

개념 23~27

4 다음 중 아래 | 조건 |을 모두 만족시키는 다각형에 대한 설명으로 옳지 않은 것은? [15점]

| 조건 |

(가) 모든 변의 길이가 같다.
(나) 모든 내각의 크기가 같다.
(다) 한 내각의 크기가 150°이다.

① 정십이각형이다.
② 대각선의 개수는 54개이다.
③ 내각의 크기의 합은 1800°이다.
④ 한 내각의 크기와 한 외각의 크기의 비는 5 : 1이다.
⑤ 한 꼭짓점에서 그을 수 있는 대각선의 개수는 10개이다.

● 정답 및 해설 32쪽

개념 29

5 오른쪽 그림에서 $\overline{AC}$는 원 O의 지름이고 $\widehat{AB} : \widehat{BC}=7 : 2$일 때, $\angle AOB$의 크기를 구하시오. [10점]

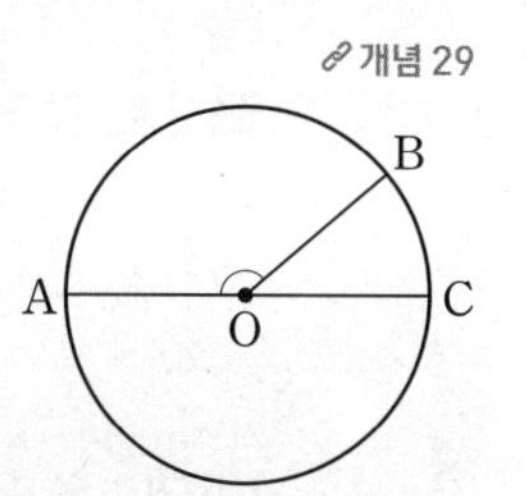

개념 29, 30

6 오른쪽 그림의 원 O에서 $\angle AOB=3\angle COD$일 때, 다음 | 보기 |에서 옳은 것을 모두 고르시오. [10점]

| 보기 |

ㄱ. $\widehat{AB}=3\widehat{CD}$

ㄴ. $\overline{CD}=\frac{1}{3}\overline{AB}$

ㄷ. $\triangle AOB$의 넓이는 $\triangle COD$의 넓이의 3배이다.

ㄹ. 부채꼴 AOB의 넓이는 부채꼴 COD의 넓이의 3배이다.

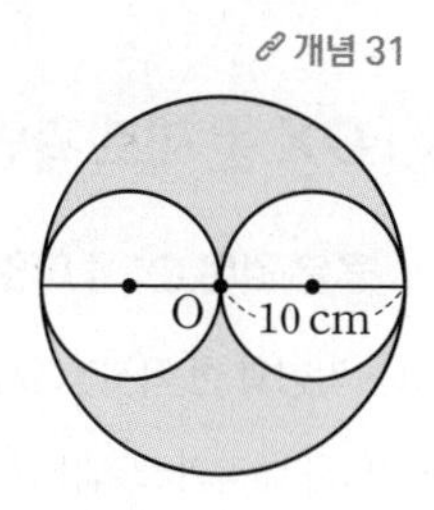

개념 31

7 오른쪽 그림에서 원 O의 반지름의 길이가 10 cm일 때, 색칠한 부분의 둘레의 길이와 넓이를 차례로 구하시오. [10점]

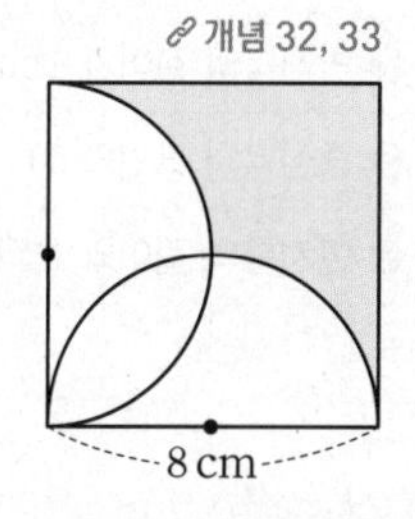

개념 32, 33

8 오른쪽 그림과 같이 한 변의 길이가 8 cm인 정사각형에서 색칠한 부분의 둘레의 길이와 넓이를 차례로 구하시오. [20점]

배운 내용 돌아보기

마인드맵으로 정리하기

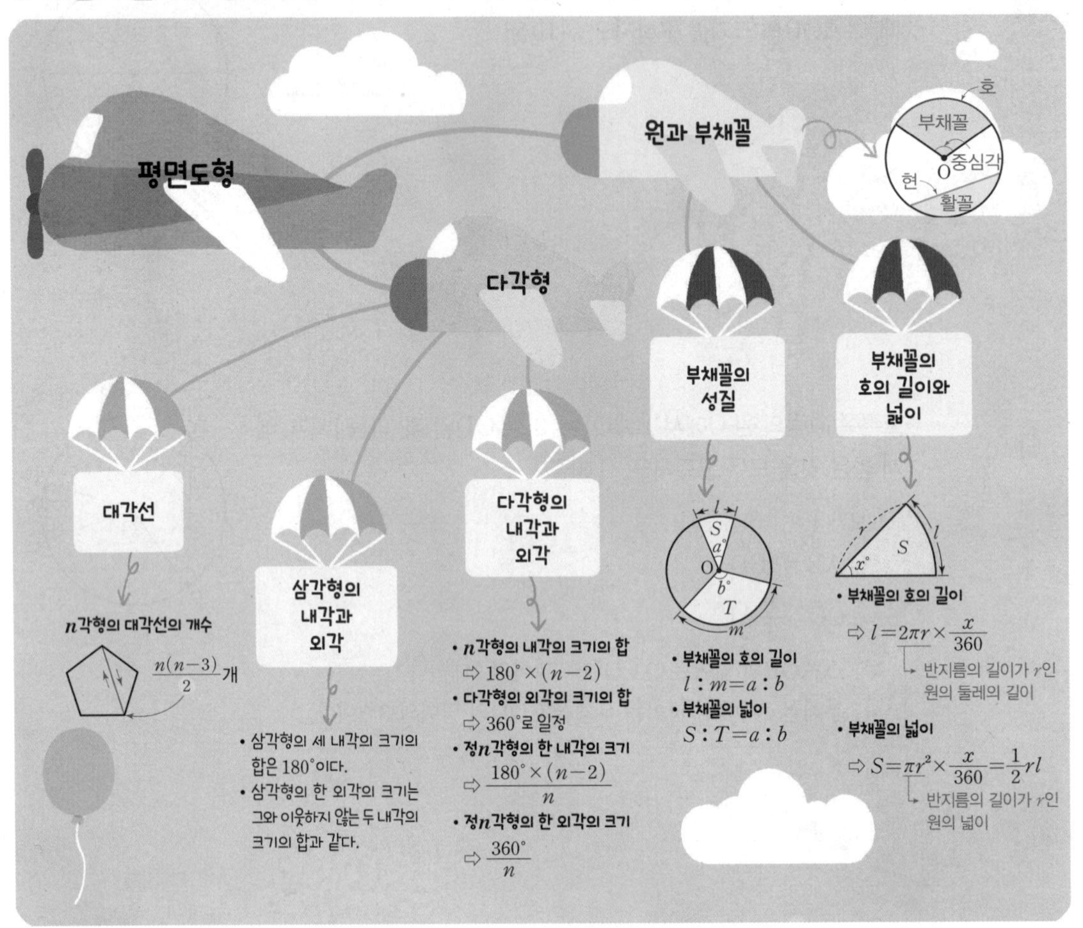

OX 문제로 확인하기

옳은 것은 ○, 옳지 않은 것은 X를 택하시오.

• 정답 및 해설 32쪽

❶ n각형의 한 꼭짓점에서 그을 수 있는 대각선의 개수는 $(n-2)$개이다. O | X

❷ 모든 내각의 크기가 같은 다각형을 정다각형이라 한다. O | X

❸ 변의 개수가 많을수록 다각형의 내각의 크기의 합도 크다. O | X

❹ 변의 개수가 많을수록 다각형의 외각의 크기의 합도 크다. O | X

❺ 정십이각형의 한 내각의 크기는 $30°$, 한 외각의 크기는 $150°$이다. O | X

❻ 한 원에서 길이가 가장 긴 현은 지름이고, 부채꼴의 호의 길이와 넓이는 각각 중심각의 크기에 정비례한다. O | X

❼ 반지름의 길이가 $4\,\text{cm}$인 원의 둘레의 길이는 $8\pi\,\text{cm}$, 넓이는 $16\pi\,\text{cm}^2$이다. O | X

❽ 중심각의 크기가 $60°$, 반지름의 길이가 $6\,\text{cm}$인 부채꼴의 넓이는 $6\pi\,\text{cm}^2$이다. O | X

❾ 반지름의 길이와 호의 길이만 알면 부채꼴의 넓이를 구할 수 있다. O | X

4 입체도형

배운 내용	이 단원의 내용	배울 내용
• **초등학교 5~6학년군** 합동과 대칭 직육면체와 정육면체 각기둥과 각뿔 원기둥과 원뿔 입체도형의 겉넓이와 부피	◆ 다면체 ◆ 회전체 ◆ 입체도형의 겉넓이 ◆ 입체도형의 부피	• **중학교 2학년** 도형의 닮음 피타고라스 정리

학습 내용	학습 날짜	학습 확인	복습 날짜
개념 34 다면체	/	☺ 😐 ☹	/
개념 35 정다면체	/	☺ 😐 ☹	/
개념 36 회전체	/	☺ 😐 ☹	/
개념 37 회전체의 성질	/	☺ 😐 ☹	/
개념 38 회전체의 전개도	/	☺ 😐 ☹	/
개념 39 기둥의 겉넓이	/	☺ 😐 ☹	/
개념 40 기둥의 부피	/	☺ 😐 ☹	/
개념 41 뿔의 겉넓이	/	☺ 😐 ☹	/
개념 42 뿔의 부피	/	☺ 😐 ☹	/
개념 43 구의 겉넓이	/	☺ 😐 ☹	/
개념 44 구의 부피	/	☺ 😐 ☹	/
학교 시험 문제로 단원 마무리	/	☺ 😐 ☹	/

개념 34 다면체

되짚어 보기 [초5~6] 직육면체 / 각기둥 / 각뿔

(1) **다면체**: 다각형인 면으로만 둘러싸인 입체도형
   ① **면**: 다면체를 둘러싸고 있는 다각형
   ② **모서리**: 다면체를 둘러싸고 있는 다각형의 변
   ③ **꼭짓점**: 다면체를 둘러싸고 있는 다각형의 꼭짓점

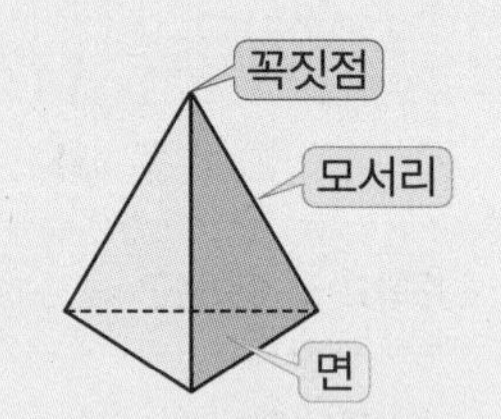

(2) 다면체는 면의 개수에 따라 사면체, 오면체, 육면체, …라 한다.

(3) **다면체의 종류**
   ① **각기둥**: 두 밑면은 서로 평행하고 합동인 다각형이며, 옆면은 모두 직사각형인 다면체
   ② **각뿔**: 밑면은 다각형이고, 옆면은 모두 삼각형인 다면체
   ③ **각뿔대**: 각뿔을 밑면에 평행한 평면으로 잘라서 생기는 두 다면체 중 각뿔이 아닌 쪽의 도형
   참고 각뿔대의 밑면의 모양은 다각형이고 옆면의 모양은 모두 사다리꼴이다.

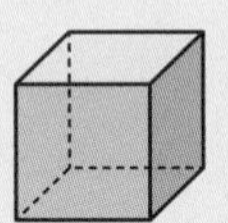
사각기둥

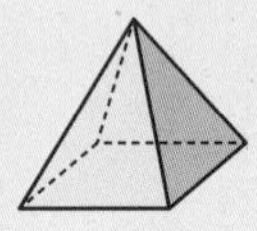
사각뿔

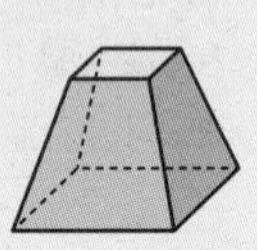
사각뿔대

개념 확인

● 정답 및 해설 33쪽

1 다음 | 보기 | 의 입체도형 중에서 다면체인 것을 모두 고르시오.

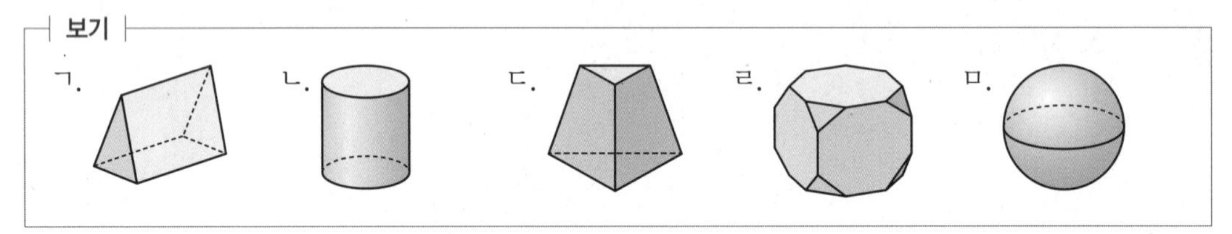

2 다음 표를 완성하시오.

겨냥도			
이름			
옆면의 모양			
면의 개수 ⇨ 몇 면체?			
모서리의 개수			
꼭짓점의 개수			

다면체	n각기둥	n각뿔	n각뿔대
면의 개수	$(n+2)$개	$(n+1)$개	$(n+2)$개
모서리의 개수	$3n$개	$2n$개	$3n$개
꼭짓점의 개수	$2n$개	$(n+1)$개	$2n$개

● 정답 및 해설 33쪽

1 해설 꼭 확인

다음 | 보기 | 중 다각형인 면으로만 둘러싸인 입체도형의 개수를 구하시오.

보기		
ㄱ. 구	ㄴ. 사면체	ㄷ. 삼각뿔
ㄹ. 삼각기둥	ㅁ. 원기둥	ㅂ. 사각뿔대

2

오른쪽 그림의 오각뿔대에 대하여 다음을 구하시오.

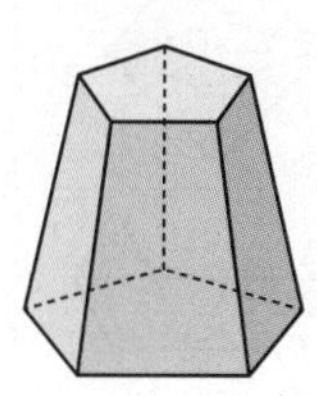

(1) 밑면의 모양
(2) 옆면의 모양
(3) 밑면의 개수
(4) 면의 개수

3

다음 중 면의 개수가 가장 많은 다면체는?

① 칠각뿔 ② 오각기둥 ③ 육각뿔대
④ 칠각기둥 ⑤ 오각뿔

4

다음 중 다면체와 그 모서리의 개수를 짝 지은 것으로 옳은 것은?

① 사각뿔대 – 8개 ② 오각기둥 – 10개
③ 삼각뿔 – 4개 ④ 칠각뿔대 – 14개
⑤ 팔각뿔 – 16개

5

면의 개수가 11개인 각뿔대의 모서리의 개수를 x개, 꼭짓점의 개수를 y개라 할 때, $x-y$의 값을 구하시오.

6

다음 | 조건 | 을 모두 만족시키는 입체도형을 구하시오.

조건
(가) 두 밑면은 서로 평행하며 합동인 다각형이다.
(나) 옆면의 모양은 직사각형이다.
(다) 모서리의 개수는 24개이다.

7 생각이 자라는 문제 해결

다음 물음에 답하시오.

(1) 다음 표를 완성하시오.

각뿔대	삼각뿔대	사각뿔대	오각뿔대	육각뿔대
면의 개수				
모서리의 개수				

(2) n각뿔대의 면의 개수와 모서리의 개수를 차례로 구하시오.

▶ 문제 속 개념 도출

• 각뿔을 밑면에 평행한 평면으로 자를 때 생기는 두 입체도형 중 각뿔이 아닌 것을 ①_______라 한다.
• ②_______는 입체도형에서 면과 면이 만나는 선이다.

개념 34에 대한 이해도를 표시해 보세요. 0 50 100

정다면체

되짚어 보기 [초5~6] 정육면체 [중1] 다면체

(1) 정다면체: 다음 조건을 모두 만족시키는 다면체를 정다면체라 한다.
① 모든 면이 합동인 정다각형이다.
② 각 꼭짓점에 모인 면의 개수가 같다.
두 조건 중 어느 한 가지만 만족시키는 다면체는 정다면체가 아니다.

(2) **정다면체의 종류**
정다면체는 정사면체, 정육면체, 정팔면체, 정십이면체, 정이십면체의 다섯 가지뿐이다.

정다면체	정사면체	정육면체	정팔면체	정십이면체	정이십면체
겨냥도					
전개도					

개념 확인 ● 정답 및 해설 34쪽

1 다음 정다면체의 겨냥도를 보고, 표를 완성하시오.

겨냥도					
이름	정사면체				
면의 모양			정삼각형		
각 꼭짓점에 모인 면의 개수					5개
면의 개수				12개	20개
모서리의 개수		12개			
꼭짓점의 개수	4개		6개		

2 정다면체에 대한 다음 설명 중 옳은 것은 ○표를, 옳지 않은 것은 ×표를 ( ) 안에 쓰시오.

(1) 정다면체의 각 면은 모두 합동인 정다각형으로 이루어져 있다. ( )
(2) 정다면체의 종류는 무수히 많다. ( )
(3) 정다면체의 한 면이 될 수 있는 다각형은 정삼각형, 정사각형, 정육각형이다. ( )
(4) 정다면체의 각 꼭짓점에 모인 면의 개수는 같다. ( )
(5) 각 꼭짓점에 모인 각의 크기의 합이 360°보다 크다. ( )

교과서 문제로 개념 다지기

1

다음 조건을 만족시키는 정다면체를 |보기|에서 모두 고르시오.

보기
ㄱ. 정사면체　ㄴ. 정육면체　ㄷ. 정팔면체 ㄹ. 정십이면체　ㅁ. 정이십면체

(1) ① 면의 모양이 정삼각형인 정다면체
② 면의 모양이 정사각형인 정다면체
③ 면의 모양이 정오각형인 정다면체

(2) ① 각 꼭짓점에 모인 면의 개수가 3개인 정다면체
② 각 꼭짓점에 모인 면의 개수가 4개인 정다면체
③ 각 꼭짓점에 모인 면의 개수가 5개인 정다면체

2

정육면체의 꼭짓점의 개수를 a개, 정팔면체의 모서리의 개수를 b개라 할 때, $a+b$의 값을 구하시오.

3

다음 |조건|을 모두 만족시키는 입체도형의 모서리의 개수를 x개, 꼭짓점의 개수를 y개라 할 때, $x+y$의 값을 구하시오.

조건
(가) 모든 면은 합동인 정삼각형이다. (나) 각 꼭짓점에 모인 면의 개수는 5개로 같다.

4 해설 꼭 확인

오른쪽 그림과 같이 합동인 정삼각형 6개로 이루어진 입체도형이 정다면체인지 말하고, 그 이유를 설명하시오.

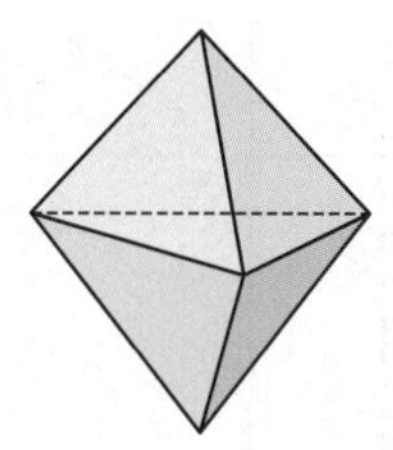

5

오른쪽 그림과 같은 전개도로 만들어지는 정다면체에 대한 다음 |보기|의 설명 중 옳은 것을 모두 고르시오.

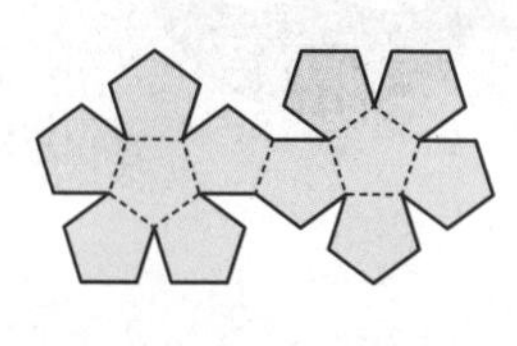

보기
ㄱ. 모서리의 개수는 30개이다. ㄴ. 정팔면체와 모서리의 개수가 같다. ㄷ. 각 꼭짓점에 모인 면의 개수는 4개이다. ㄹ. 정다면체 중에서 꼭짓점의 개수가 가장 많다.

6 · 생각이 자라는 문제 해결

다음 그림의 전개도로 만든 정다면체에 대하여 물음에 답하시오.

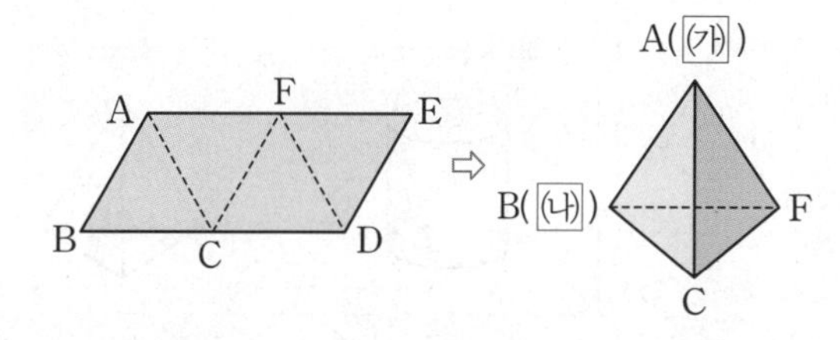

(1) 위의 그림에서 (가), (나)에 알맞은 것을 구하시오.
(2) $\overline{AB}$와 겹치는 모서리를 구하시오.
(3) $\overline{DF}$와 꼬인 위치에 있는 모서리를 구하시오.

▶ 문제 속 개념 도출
- 주어진 전개도의 면의 개수로부터 어떤 정다면체가 만들어지는지 알 수 있다.
- 공간에서 두 직선이 만나지도 않고 평행하지도 않을 때, 두 직선은 ①＿＿＿에 있다고 한다.

개념 35에 대한 이해도를 표시해 보세요. 0 50 100

회전체

되짚어 보기 [초5~6] 원기둥 / 원뿔 / 구

(1) 회전체: 평면도형을 한 직선을 축으로 하여 1회전 시킬 때 생기는 입체도형
① 회전축: 회전시킬 때 축이 되는 직선
② 모선: 회전체에서 옆면을 만드는 선분
(2) 원뿔대: 원뿔을 밑면에 평행한 평면으로 잘라서 생기는 두 입체도형 중 원뿔이 아닌 것
(3)

회전체	원기둥	원뿔	원뿔대	구
겨냥도	밑면, 모선, 옆면, 회전축, 밑면	모선, 옆면, 회전축, 밑면	밑면, 모선, 옆면, 회전축, 밑면	회전축
회전시키기 전의 평면도형	직사각형	직각삼각형	사다리꼴	반원

참고 구의 옆면을 만드는 것은 곡선이므로 구에서는 모선을 생각하지 않는다.

개념 확인

● 정답 및 해설 35쪽

1 다음 | 보기 | 중 회전체인 것을 모두 고르시오.

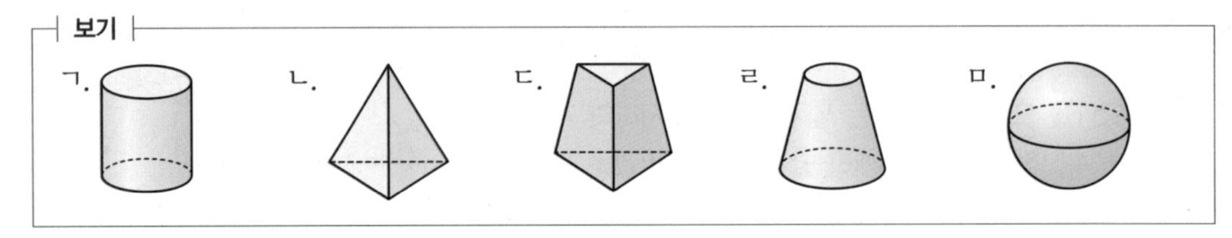

2 다음 그림과 같은 평면도형을 직선 l을 회전축으로 하여 1회전 시킬 때 생기는 회전체의 겨냥도를 그리시오.

평면도형	겨냥도	평면도형	겨냥도	평면도형	겨냥도
(1) l		(2) l		(3) l	
(4) l		(5) l		(6) l	

교과서 문제로 개념 다지기

1

다음 | 보기 | 중 회전축을 갖는 입체도형을 모두 고르시오.

| 보기 |

ㄱ. 구　ㄴ. 원기둥　ㄷ. 사각뿔　ㄹ. 삼각기둥
ㅁ. 원뿔　ㅂ. 삼각뿔　ㅅ. 원뿔대　ㅇ. 정팔면체

2

오른쪽 그림과 같은 직사각형 ABCD를 직선 l을 회전축으로 하여 1회전 시킬 때 생기는 입체도형의 이름과 모선이 되는 선분을 차례로 구하시오.

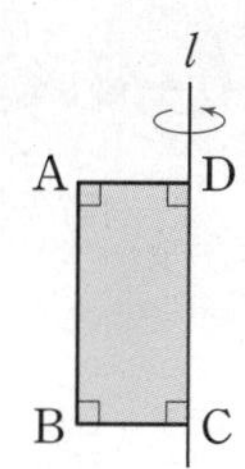

3

다음 그림과 같은 평면도형을 직선 l을 회전축으로 하여 1회전 시킬 때 생기는 회전체의 겨냥도로 알맞은 것을 아래 | 보기 | 에서 고르시오.

| 보기 |

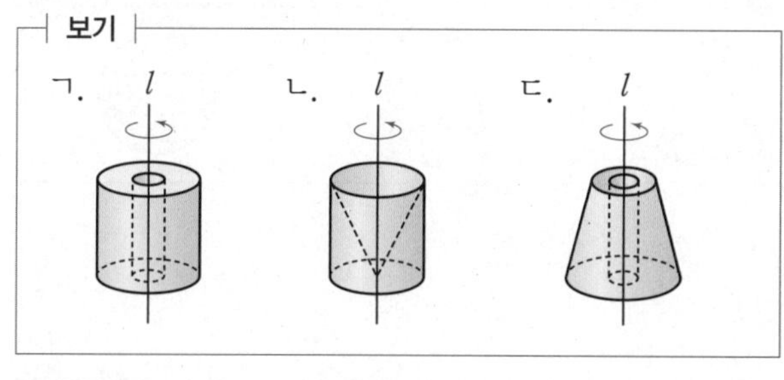

(1)
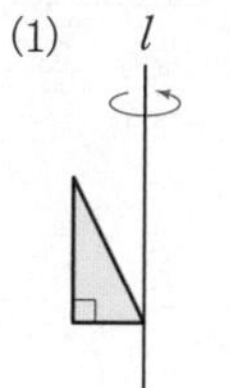

(2)
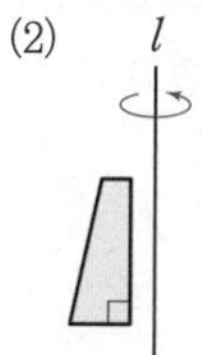

(3)
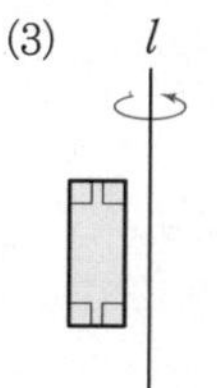

4 해설 꼭 확인

다음 평면도형을 직선 l을 회전축으로 하여 1회전 시킬 때 생기는 입체도형으로 옳지 않은 것은?

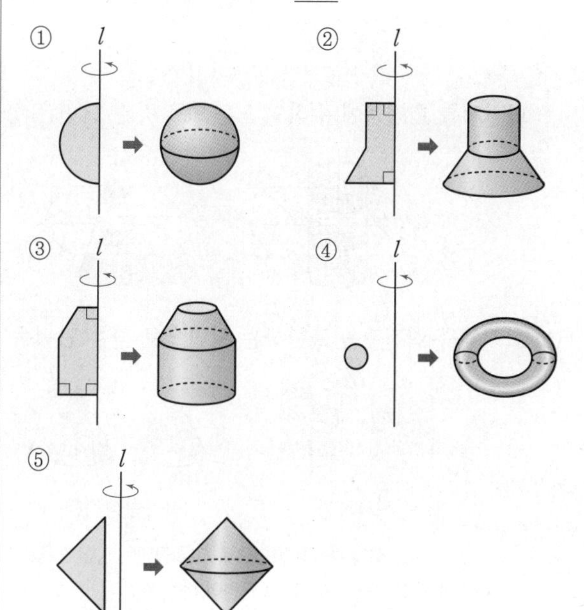

5 생각이 자라는 문제 해결

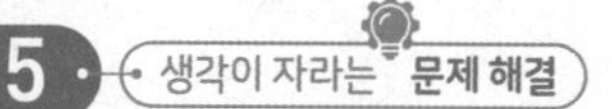

오른쪽 그림과 같은 사각형 ABCD를 어느 한 변을 회전축으로 하여 1회전 시켜서 원뿔대를 만들려고 한다. 어느 변을 회전축으로 하여야 하는지 말하시오.

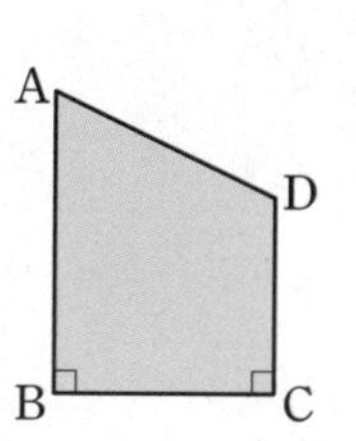

▶ 문제 속 개념 도출

- 회전시킬 때 축이 되는 직선을 ① ______ 이라 한다.
- 원뿔을 밑면에 평행한 평면으로 자를 때 생기는 두 입체도형 중 원뿔이 아닌 것을 ② ______ 라 한다.

회전체의 성질

되짚어 보기 [초5~6] 선대칭도형 [중1] 회전체

(1) 회전체를 회전축에 수직인 평면으로 자른 단면은 항상 원이다.

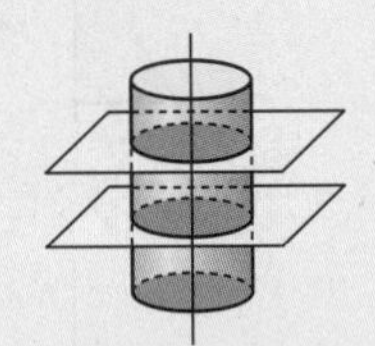
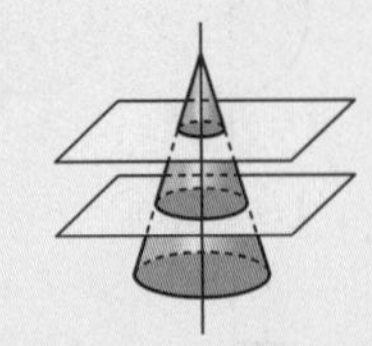
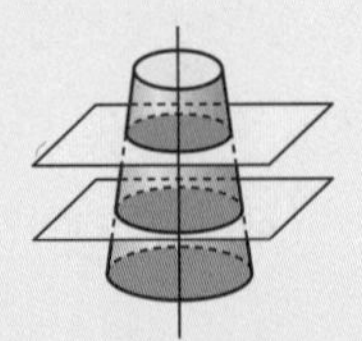
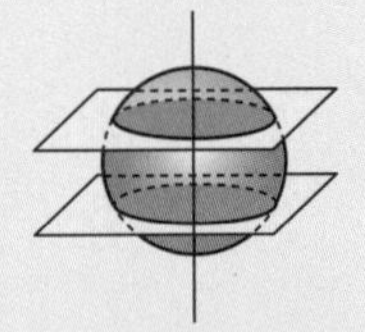

(2) 회전체를 회전축을 포함하는 평면으로 자른 단면은 모두 합동이고, 회전축에 대하여 선대칭도형이다.

→ 한 직선을 따라 접어서 완전히 겹쳐지는 도형

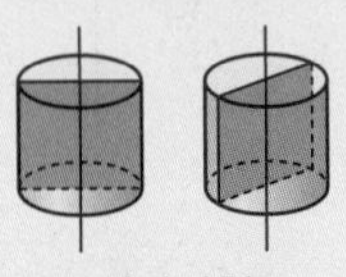
직사각형

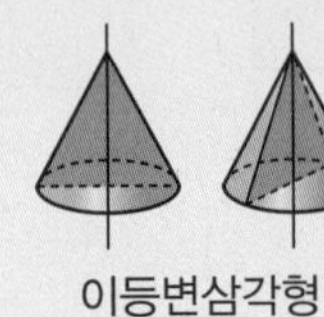
이등변삼각형

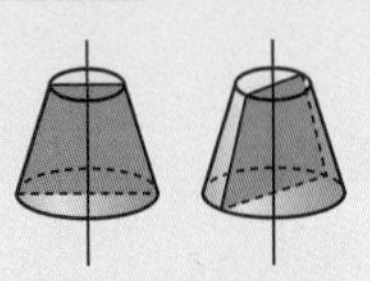
사다리꼴

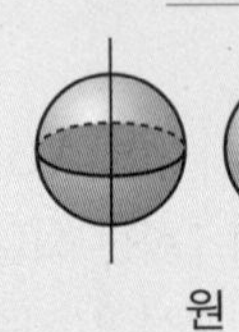
원

참고 • 원기둥은 회전축에 수직인 평면으로 자른 단면이 항상 합동이다.
• 구는 어떤 평면으로 잘라도 그 단면이 항상 원이다.

개념 확인

● 정답 및 해설 36쪽

1 회전체에 대한 다음 설명 중 옳은 것은 ○표, 옳지 않은 것은 ×표를 ( ) 안에 쓰시오.

(1) 회전체를 회전축을 포함하는 평면으로 자를 때 생기는 단면은 항상 원이다. ( )

(2) 회전체를 회전축을 포함하는 평면으로 자를 때 생기는 단면은 선대칭도형이다. ( )

(3) 회전체를 회전축에 수직인 평면으로 자를 때 생기는 단면은 모두 합동인 원이다. ( )

2 다음 표의 빈칸에 알맞은 모양을 그림으로 나타내고, 그 모양의 이름을 말하시오.

회전체				
회전축에 수직인 평면으로 자른 단면의 모양				
회전축을 포함하는 평면으로 자른 단면의 모양				

● 정답 및 해설 36쪽

1

다음 중 회전체와 그 회전축을 포함하는 평면으로 자를 때 생기는 단면의 모양을 짝 지은 것으로 옳지 않은 것을 모두 고르면? (정답 2개)

① 원기둥 – 직사각형 ② 원뿔 – 직각삼각형
③ 원뿔대 – 삼각형 ④ 반구 – 반원
⑤ 구 – 원

2

다음 중 회전축에 수직인 평면으로 자를 때 생기는 단면이 항상 합동인 회전체는?

① 원뿔 ② 반구 ③ 원기둥
④ 구 ⑤ 원뿔대

3

오른쪽 그림은 어떤 회전체를 회전축에 수직인 평면으로 자른 단면과 회전축을 포함하는 평면으로 자른 단면을 차례로 나타낸 것이다. 이 회전체의 이름을 말하시오.

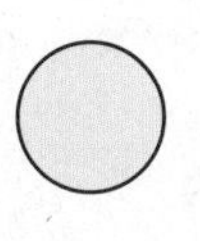

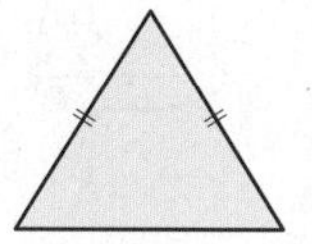

4

다음 두 학생이 설명하는 회전체의 이름을 말하시오.

유진: 회전축이 무수히 많아.
서준: 회전체의 단면은 항상 원이야.

5

오른쪽 그림과 같은 원뿔을 밑면에 수직인 평면으로 자를 때 생기는 단면 중 크기가 가장 큰 단면의 넓이를 구하시오.

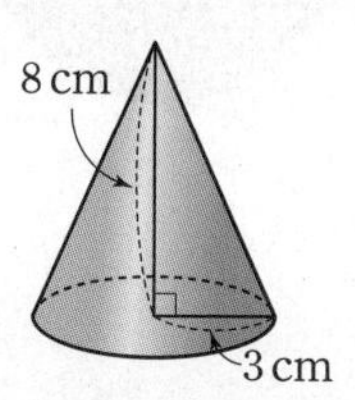

6

오른쪽 그림과 같은 평면도형을 직선 l을 회전축으로 하여 1회전 시킬 때 생기는 회전체에 대하여 다음 물음에 답하시오.

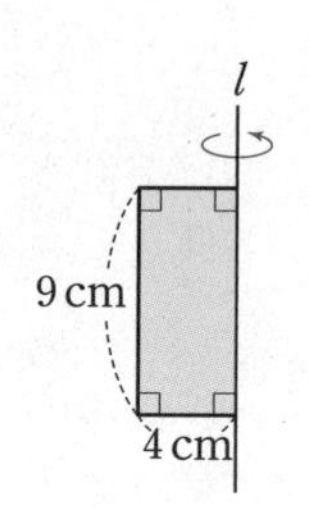

(1) 이 회전체를 회전축에 수직인 평면으로 자를 때 생기는 단면의 모양을 말하고, 그 단면의 넓이를 구하시오.

(2) 이 회전체를 회전축을 포함하는 평면으로 자를 때 생기는 단면의 모양을 말하고, 그 단면의 넓이를 구하시오.

7 생각이 자라는 문제 해결

오른쪽 그림과 같이 지름의 길이가 8 cm인 반원을 직선 l을 회전축으로 하여 1회전 시킬 때 생기는 회전체를 한 평면으로 자르려고 한다. 단면의 넓이가 최대가 되도록 잘랐을 때, 단면의 넓이를 구하시오.

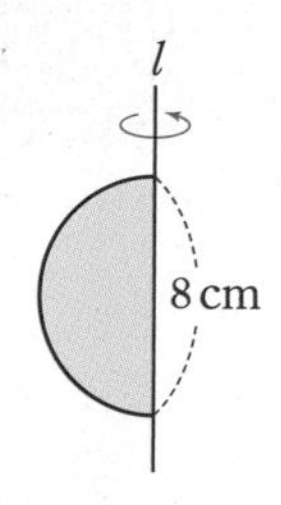

▶ 문제 속 개념 도출
- 구는 어떤 평면으로 잘라도 그 단면이 항상 ①___이다.
- 반원을 지름을 회전축으로 하여 1회전 시키면 ②___이다.
- 반지름의 길이가 r인 원의 넓이는 ➡ ③___

개념 38 회전체의 전개도

되짚어 보기 [초5~6] 각기둥의 전개도 [중1] 회전체의 성질

회전체	원기둥	원뿔	원뿔대
겨냥도	모선	모선	모선
전개도	모선 (밑면인 원의 둘레의 길이) =(옆면인 직사각형의 가로의 길이)	모선 (밑면인 원의 둘레의 길이) =(옆면인 부채꼴의 호의 길이)	모선 밑면인 두 원의 둘레의 길이는 각각 전개도의 옆면에서 곡선으로 된 두 부분의 길이와 같다.

참고 구의 전개도는 그릴 수 없다.

개념 확인

● 정답 및 해설 37쪽

1

다음 그림과 같은 회전체의 전개도에서 a, b의 값을 각각 구하시오.

(1)

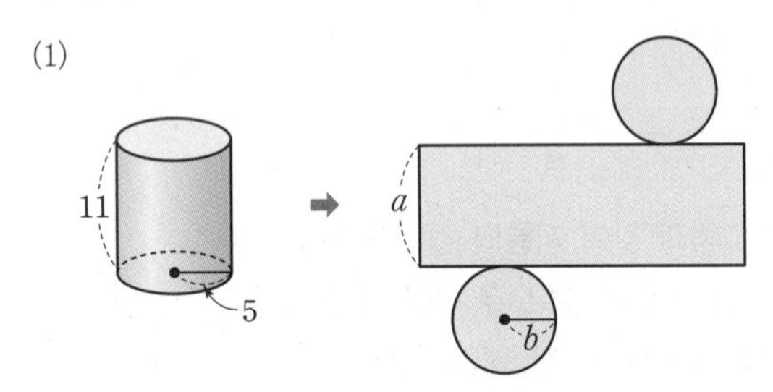

(2)

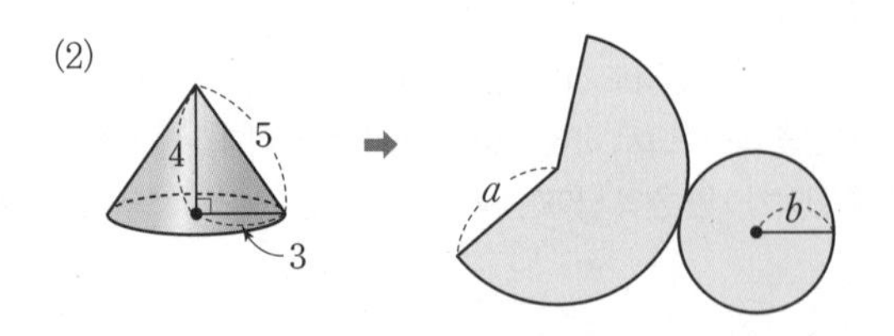

(3)

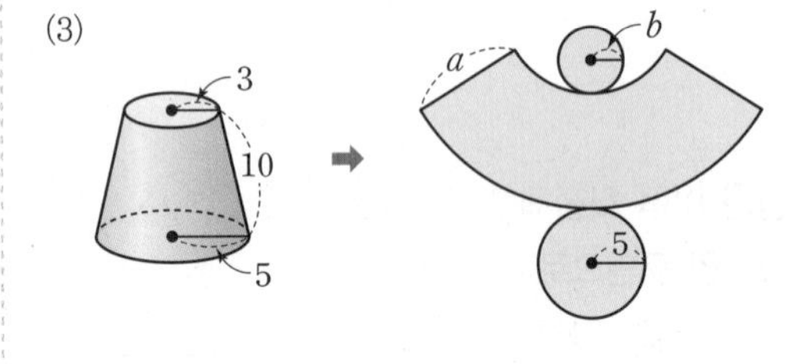

2

다음은 원뿔의 전개도에서 옆면인 부채꼴의 호의 길이를 구하는 과정이다. □ 안에 알맞은 것을 쓰시오.

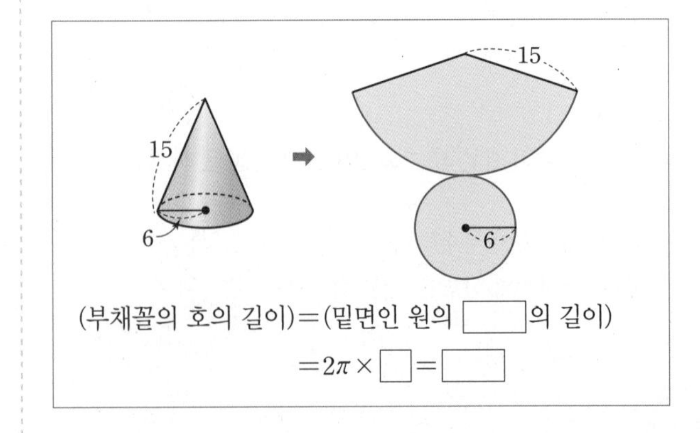

(부채꼴의 호의 길이)=(밑면인 원의 □의 길이)

$=2\pi\times$□=□

● 정답 및 해설 37쪽

교과서 문제로 개념 다지기

1

다음 그림과 같이 직사각형을 직선 l을 회전축으로 하여 1회전 시킬 때 생기는 회전체의 전개도에서 x, y, z의 값을 각각 구하시오.

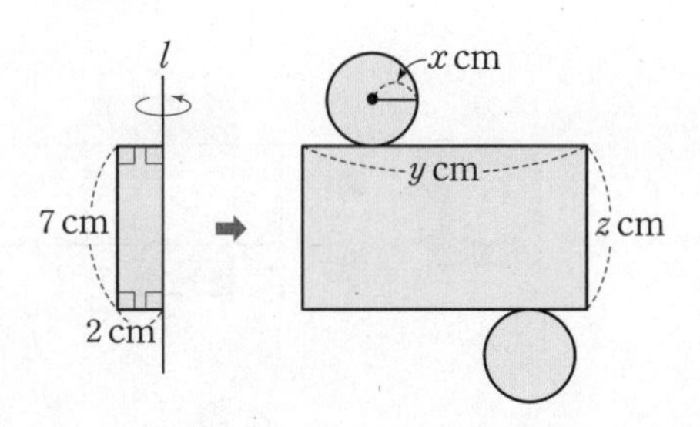

2

다음 그림과 같은 원뿔대와 그 전개도에서 abc의 값을 구하시오.

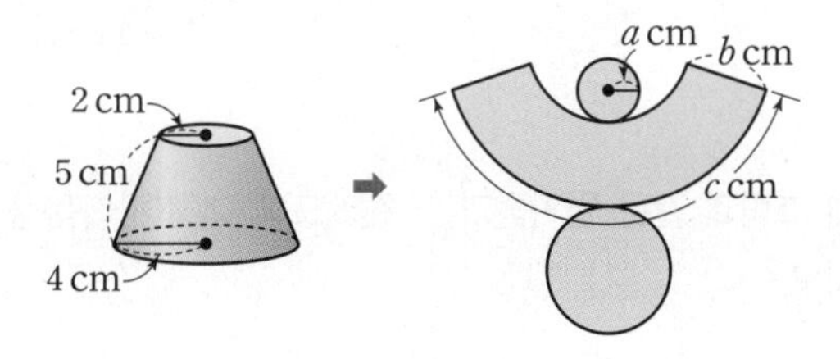

3

오른쪽 그림과 같은 원뿔의 전개도에서 옆면인 부채꼴의 호의 길이를 구하시오.

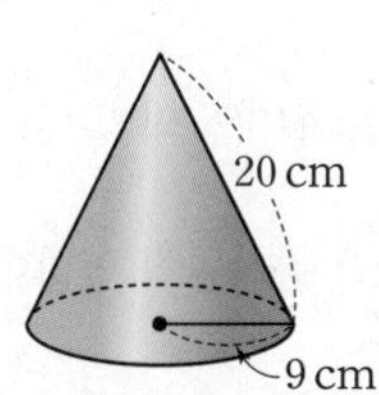

4

오른쪽 그림과 같은 전개도로 만들어지는 원기둥에서 밑면인 원의 반지름의 길이는?

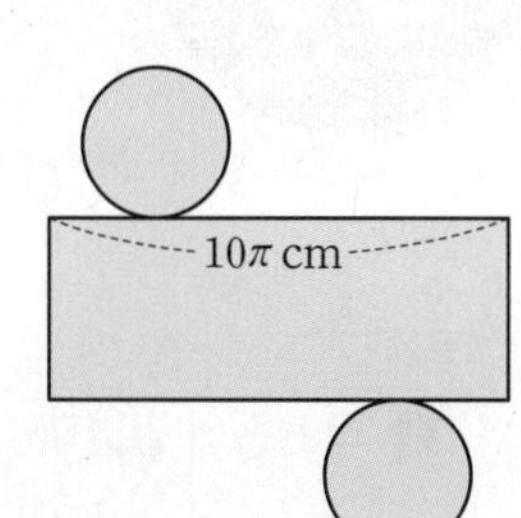

① 3 cm　② 4 cm
③ 5 cm　④ 6 cm
⑤ 7 cm

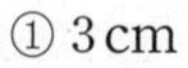
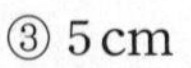

5

오른쪽 그림과 같은 전개도에서 옆면인 부채꼴의 반지름의 길이는 16 cm이고 중심각의 크기는 90°일 때, 이 전개도로 만들어지는 원뿔의 밑면인 원의 반지름의 길이를 구하시오.

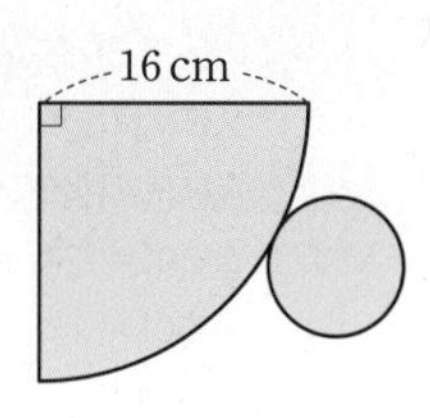

6 생각이 자라는 **창의·융합**

오른쪽 그림과 같은 원뿔대 모양의 종이컵의 전개도에서 옆면을 만드는 데 사용된 종이의 둘레의 길이를 구하시오.
(단, 겹치는 부분은 생각하지 않는다.)

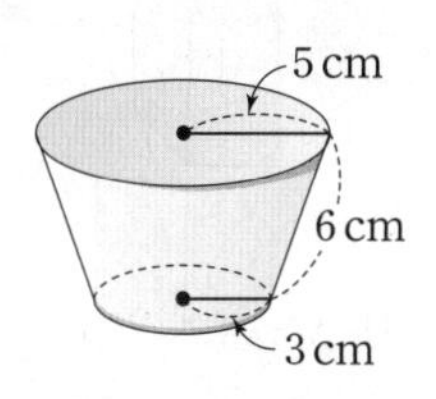

▶ 문제 속 개념 도출

- 원뿔대의 옆면에서 곡선으로 된 두 부분의 길이는 각각 밑면인 두 원의 ① ____ 의 길이와 같다.
- 반지름의 길이가 r인 원의 둘레의 길이는 ② ____ 이다.

기둥의 겉넓이

되짚어 보기 [초5~6] 직육면체의 겉넓이 [중1] 다면체 / 회전체

1 각기둥의 겉넓이

각기둥의 겉넓이는 두 밑넓이와 옆넓이의 합이므로

➡ (각기둥의 겉넓이)=(밑넓이)×2+(옆넓이)

└→ 기둥의 밑면은 두 개이다.

2 원기둥의 겉넓이

밑면의 반지름의 길이가 r, 높이가 h인 원기둥의 겉넓이 S는

➡ S=(밑넓이)×2+(옆넓이)

$=\pi r^2\times 2+2\pi r\times h$

$=2\pi r^2+2\pi rh$

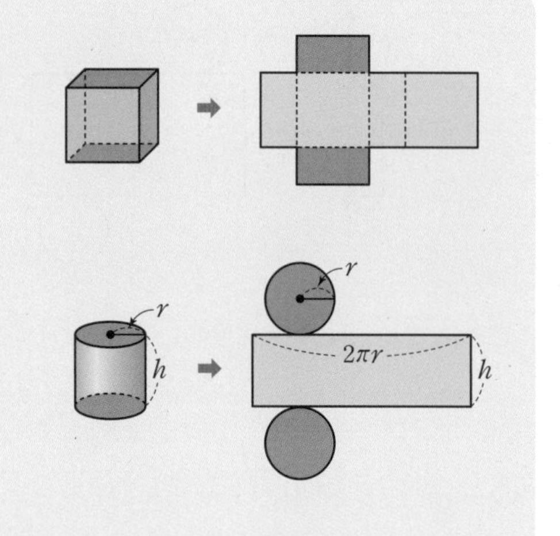

참고 기둥의 전개도에서 옆면은 직사각형이므로 옆넓이는 직사각형의 넓이와 같다.

- (직사각형의 가로의 길이)=(밑면의 둘레의 길이)
- (직사각형의 세로의 길이)=(기둥의 높이)

주의 겉넓이는 구할 때는 단위에 주의한다.

- 길이 ➡ cm, m • 넓이 ➡ cm², m²

개념 확인

● 정답 및 해설 38쪽

1

아래 그림과 같은 각기둥과 그 전개도에 대하여 다음을 구하시오.

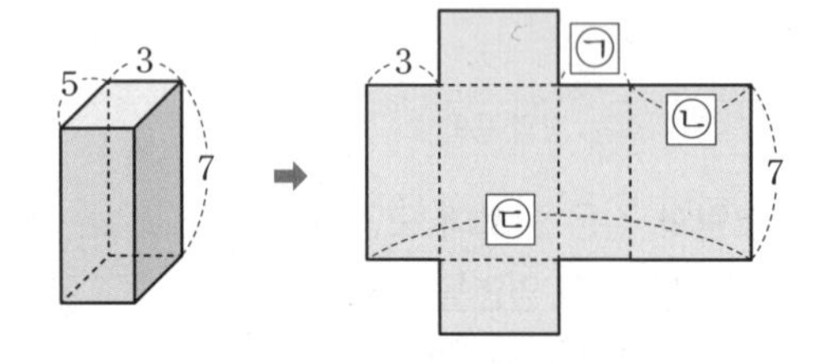

(1) ㉠~㉢에 알맞은 값

(2) 각기둥의 밑넓이

(3) 각기둥의 옆넓이

(4) 각기둥의 겉넓이

2

아래 그림과 같은 원기둥과 그 전개도에 대하여 다음을 구하시오.

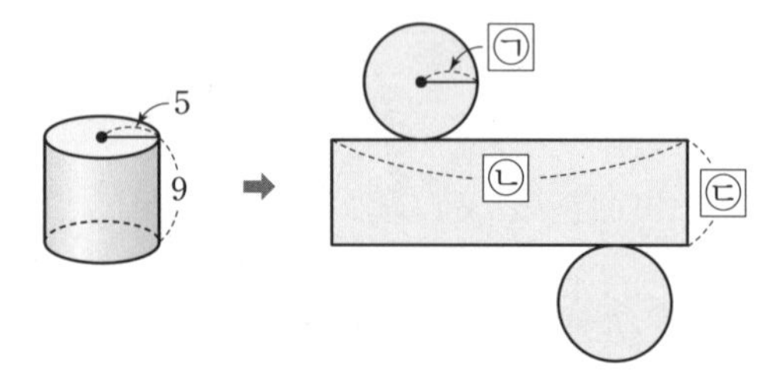

(1) ㉠~㉢에 알맞은 값

(2) 원기둥의 밑넓이

(3) 원기둥의 옆넓이

(4) 원기둥의 겉넓이

교과서 문제로 개념 다지기

1

다음 그림과 같은 기둥의 겉넓이를 구하시오.

(1)

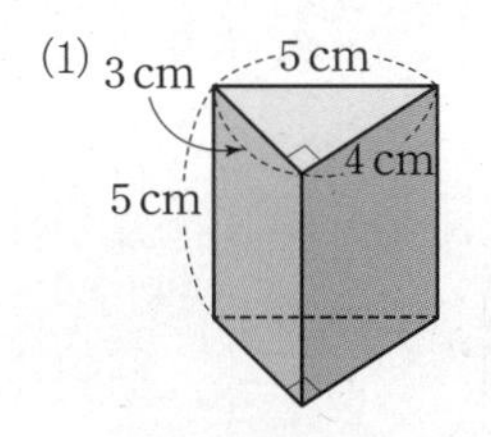

(2)

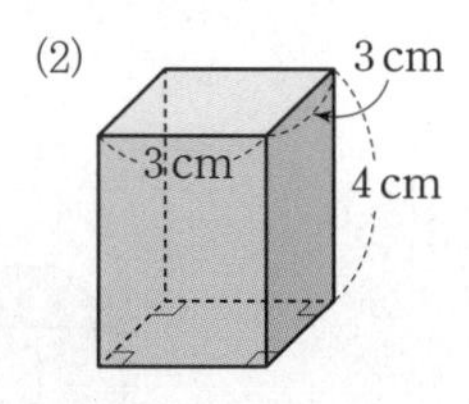

(3)

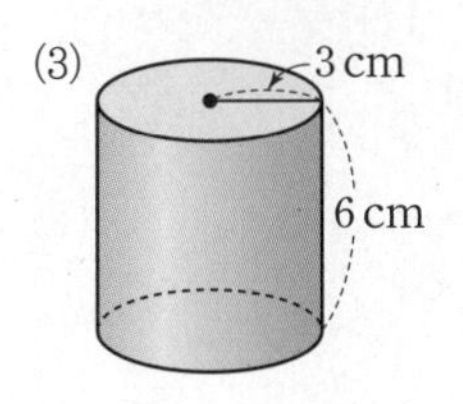

(4)

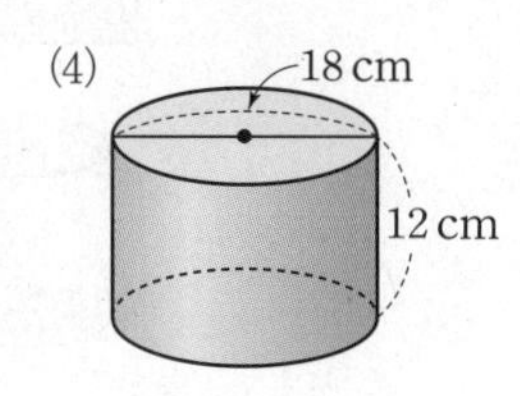

2

오른쪽 그림과 같은 사각기둥의 겉넓이를 구하시오.

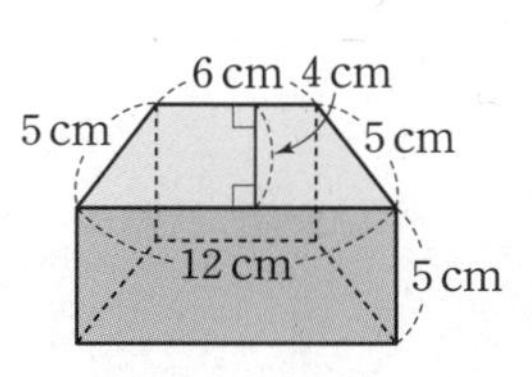

3

오른쪽 그림과 같은 입체도형의 겉넓이를 구하시오.

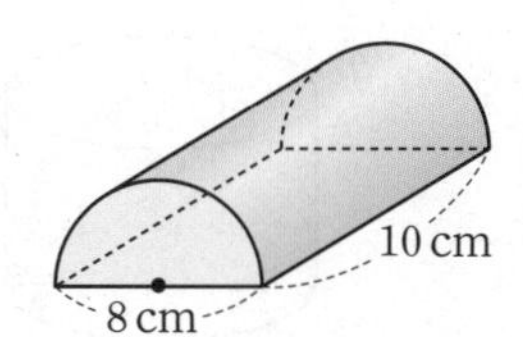

4

밑면이 가로, 세로의 길이가 각각 6 cm, 5 cm인 직사각형인 사각기둥의 겉넓이가 280 cm^2일 때, 이 사각기둥의 높이를 구하시오.

5

오른쪽 그림과 같은 전개도로 만들어지는 원기둥에 대하여 다음 물음에 답하시오.

(1) r의 값을 구하시오.

(2) 원기둥의 겉넓이를 구하시오.

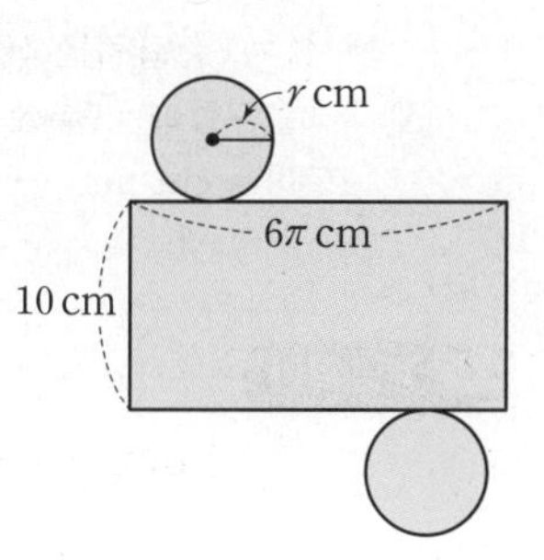

6 · 생각이 자라는 창의·융합

오른쪽 그림과 같이 원기둥 모양의 롤러로 페인트를 칠하려고 한다. 롤러를 5바퀴 연속하여 한 방향으로 굴렸을 때, 페인트가 칠해진 넓이를 구하시오.

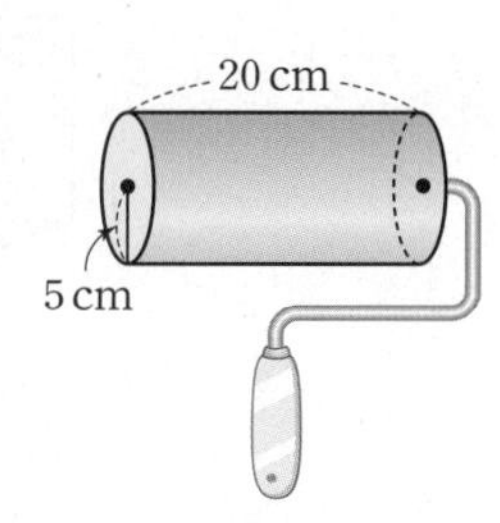

▶ 문제 속 개념 도출

- 기둥의 전개도에서 옆면은 ① ________ 이다.

➡ (원기둥의 옆넓이)

=(밑면인 원의 ② ____ 의 길이)×(원기둥의 높이)

개념 40 기둥의 부피

되짚어 보기 [초5~6] 직육면체의 부피 [중1] 다면체 / 회전체

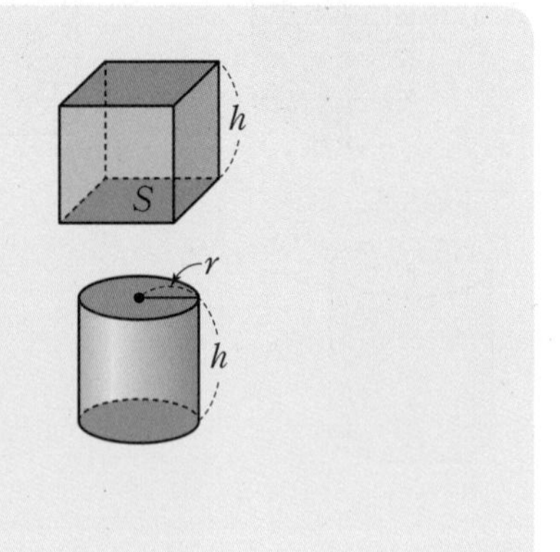

1 각기둥의 부피

밑넓이가 S, 높이가 h인 각기둥의 부피 V는

➡ $V=$(밑넓이)×(높이)$=Sh$

2 원기둥의 부피

밑면의 반지름의 길이가 r, 높이가 h인 원기둥의 부피 V는

➡ $V=$(밑넓이)×(높이)$=\pi r^2\times h=\pi r^2 h$

주의 부피를 구할 때는 단위에 주의한다.

• 길이 ➡ cm, m • 부피 ➡ cm^3, m^3

개념 확인

● 정답 및 해설 39쪽

1 다음 입체도형의 부피를 구하시오.

(1) 밑넓이가 24이고, 높이가 5인 삼각기둥

(2) 밑넓이가 15π이고, 높이가 6인 원기둥

2 주어진 그림과 같은 기둥에 대하여 다음을 구하시오.

(1)

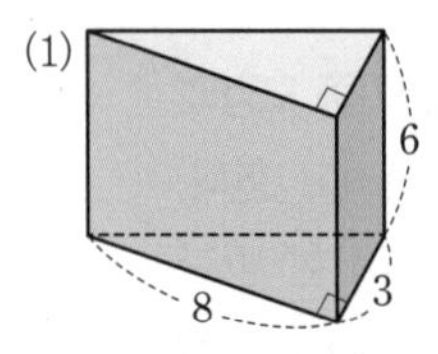

(밑넓이)= ____________

(높이)= ____________

(부피)= ____________

(2)

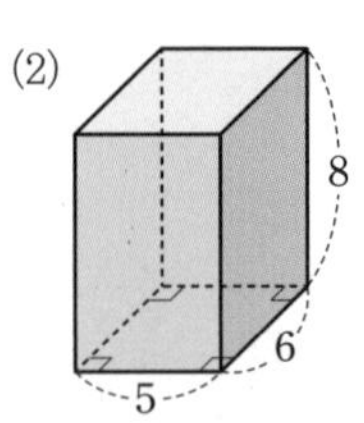

(밑넓이)= ____________

(높이)= ____________

(부피)= ____________

(3)

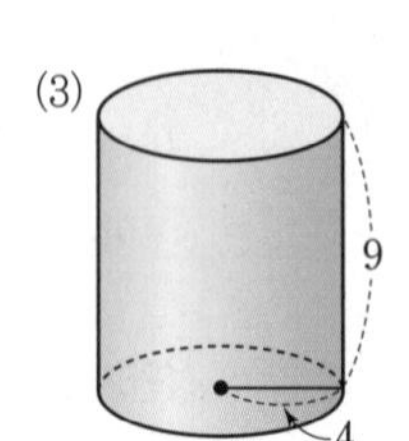

(밑넓이)= ____________

(높이)= ____________

(부피)= ____________

(4)

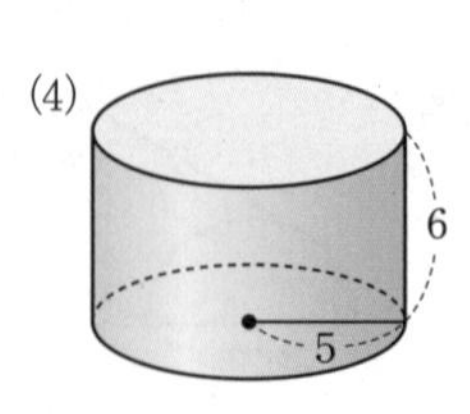

(밑넓이)= ____________

(높이)= ____________

(부피)= ____________

● 정답 및 해설 39쪽

1

다음 그림과 같은 기둥의 부피를 구하시오.

(1)

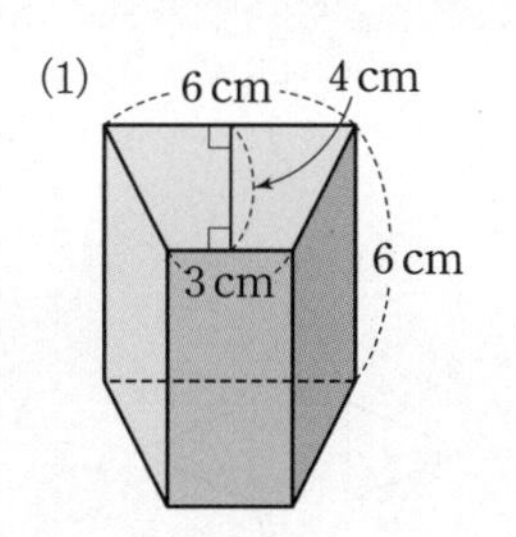

(2)

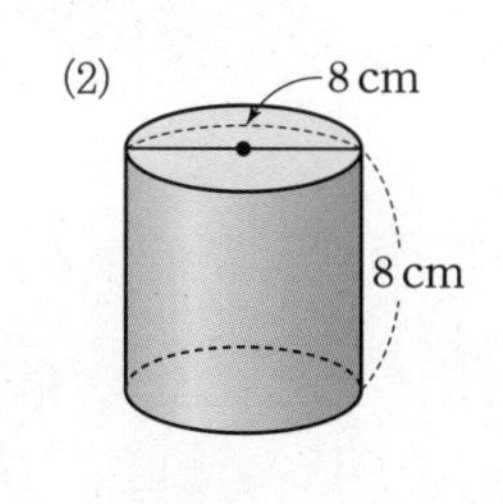

2

오른쪽 그림과 같은 사각형을 밑면으로 하는 사각기둥의 높이가 11 cm일 때, 이 사각기둥의 부피를 구하시오.

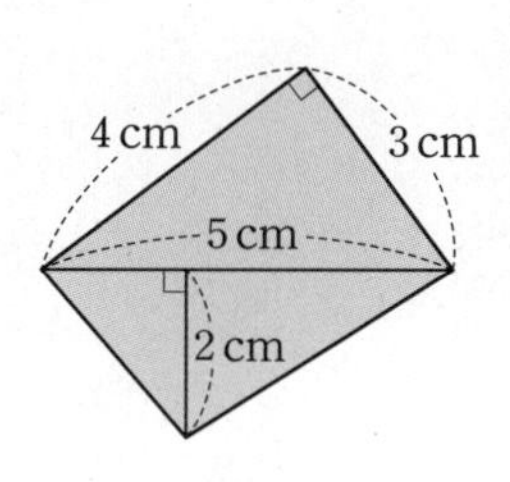

3

다음 그림과 같은 기둥의 부피를 구하시오.

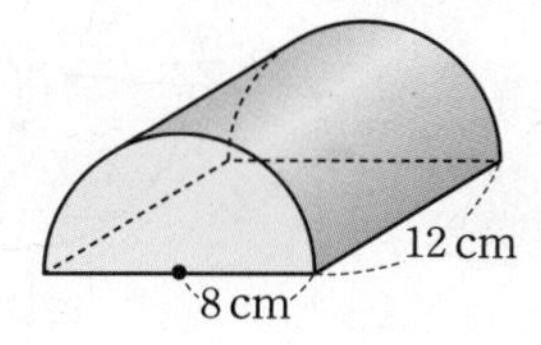

4

오른쪽 그림과 같이 가운데에 원기둥 모양의 구멍이 뚫린 원기둥의 부피를 구하시오.

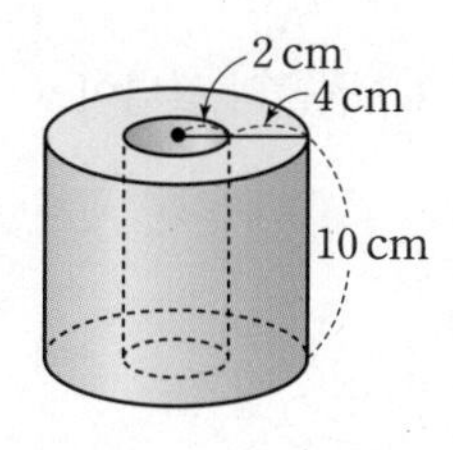

5

오른쪽 그림과 같이 직육면체에서 작은 직육면체를 잘라 내고 남은 입체도형의 부피를 구하시오.

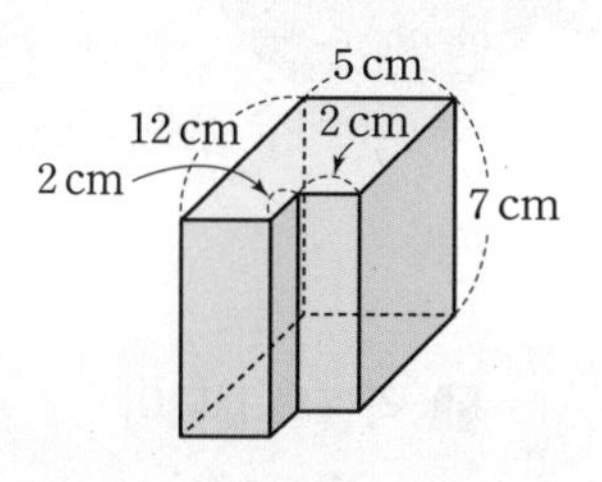

6 생각이 자라는 창의·융합

이솝 우화 중 하나인 "여우와 두루미"에는 서로 입 모양이 다른 여우와 두루미가 상대방을 배려하지 않고 자신이 먹기 편한 그릇으로 음식을 내어놓아 결국 상대방이 만든 음식을 먹지 못한다는 이야기를 통해 다름을 이해하고 배려하는 것에 대한 교훈을 전달하고 있다. 여우와 두루미가 각각 음식을 내어놓은 원기둥 모양의 그릇이 다음 그림과 같고 두 그릇의 부피가 같을 때, 두루미가 음식을 내어놓은 그릇의 높이를 구하시오.

(단, 그릇의 두께는 생각하지 않는다.)

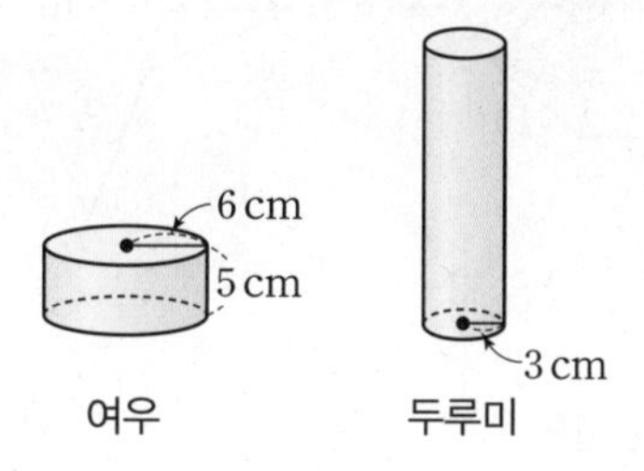

▶ 문제 속 개념 도출

- 기둥의 부피는 (밑넓이)×(높이)이다.

➡ (원기둥의 부피)=(밑면인 원의 ①____)×(원기둥의 ②____)

뿔의 겉넓이

되짚어 보기 [중1] 다면체 / 회전체 / 기둥의 겉넓이

1 각뿔의 겉넓이

각뿔의 겉넓이는 밑넓이와 옆넓이의 합이므로

➡ (각뿔의 겉넓이)=(밑넓이)+(옆넓이)

└→ 뿔의 밑면은 한 개이다.

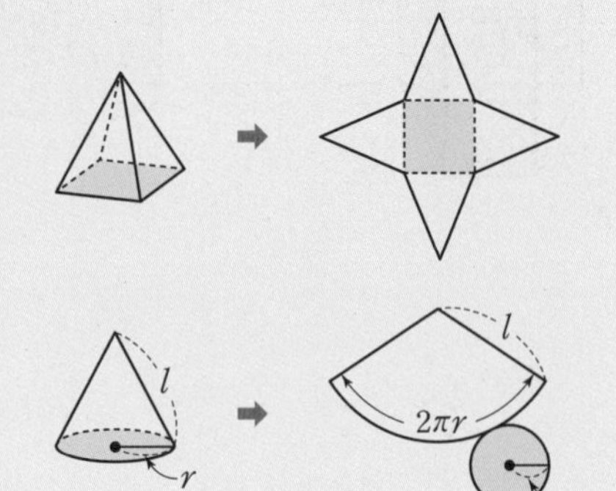

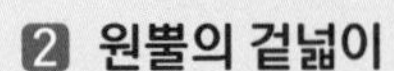

2 원뿔의 겉넓이

밑면의 반지름의 길이가 r, 모선의 길이가 l인 원뿔의 겉넓이 S는

➡ $S=$(밑넓이)+(옆넓이)

$$=\pi r^2+\frac{1}{2}\times l\times 2\pi r=\pi r^2+\pi rl$$

참고 부채꼴의 반지름의 길이 r와 호의 길이 l을 알 때, 부채꼴의 넓이는 ➡ $\frac{1}{2}rl$

개념 확인

● 정답 및 해설 39쪽

1

아래 그림과 같은 각뿔과 그 전개도에 대하여 다음을 구하시오. (단, 옆면은 모두 합동이다.)

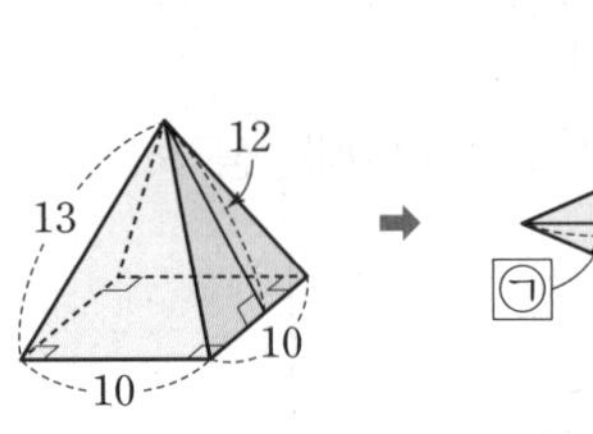

(1) ㉠, ㉡에 알맞은 값

(2) 각뿔의 밑넓이

(3) 각뿔의 옆넓이

(4) 각뿔의 겉넓이

2

아래 그림과 같은 원뿔과 그 전개도에 대하여 다음을 구하시오.

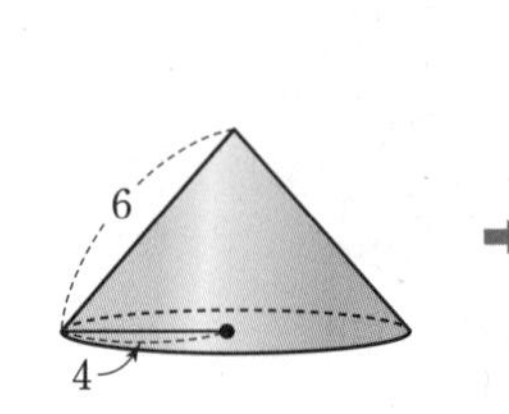

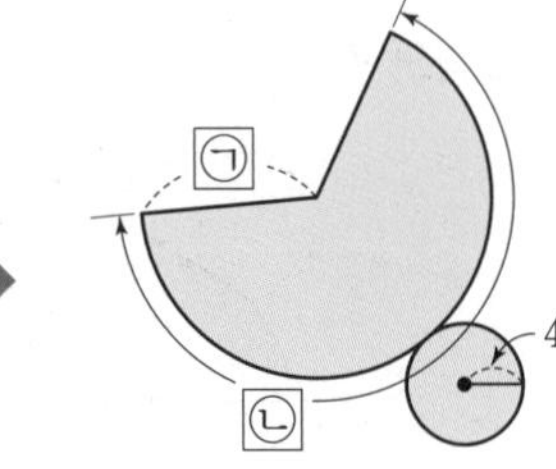

(1) ㉠, ㉡에 알맞은 값

(2) 원뿔의 밑넓이

(3) 원뿔의 옆넓이

(4) 원뿔의 겉넓이

교과서 문제로 개념 다지기

1

다음 그림과 같은 뿔의 겉넓이를 구하시오.

(1)

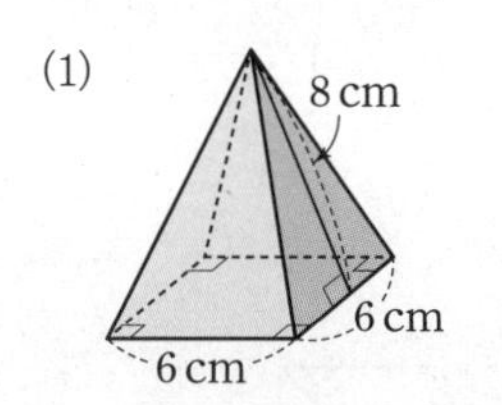

(단, 옆면은 모두 합동이다.)

(2)

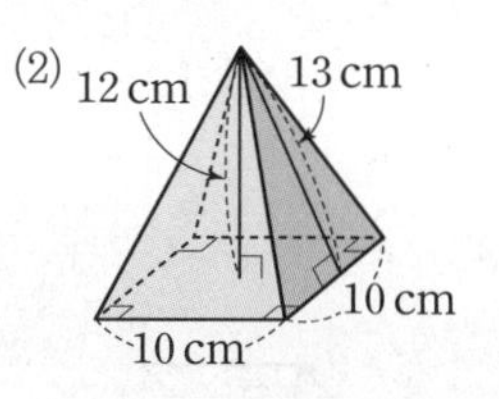

(단, 옆면은 모두 합동이다.)

(3)

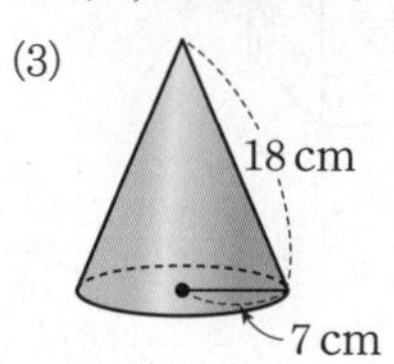

(4)

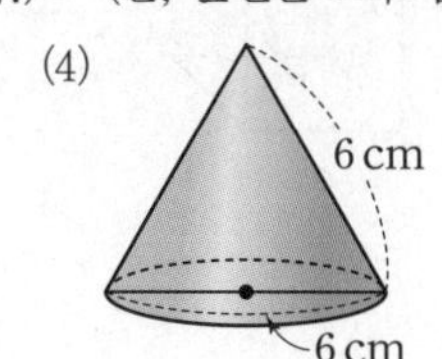

2

다음 그림과 같은 전개도로 만들어지는 입체도형의 겉넓이를 구하시오.

(1)

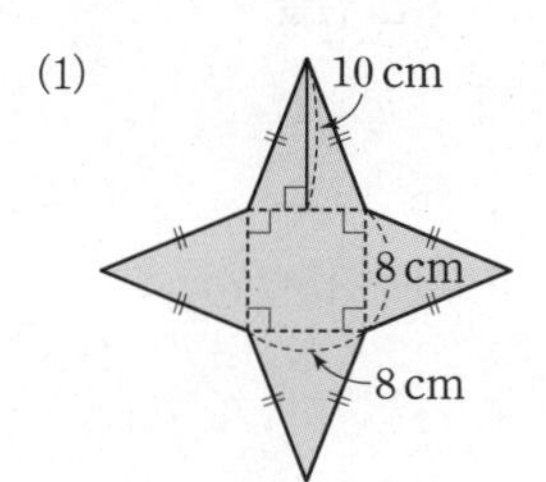

(2)

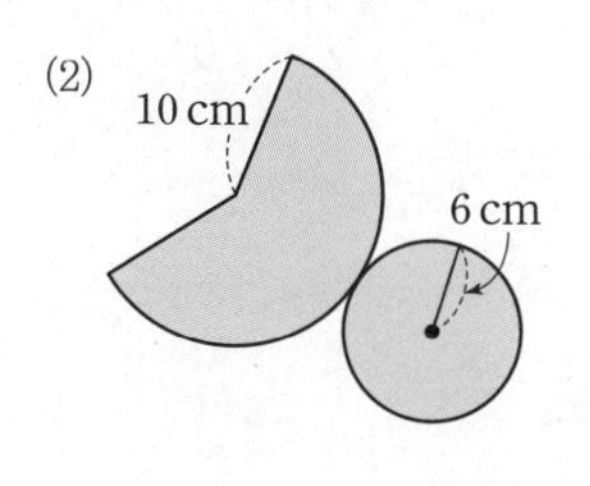

3

오른쪽 그림과 같이 밑면은 한 변의 길이가 8 cm인 정사각형이고 옆면은 모두 합동인 이등변삼각형으로 이루어진 사각뿔의 겉넓이가 208 cm^2일 때, h의 값을 구하시오.

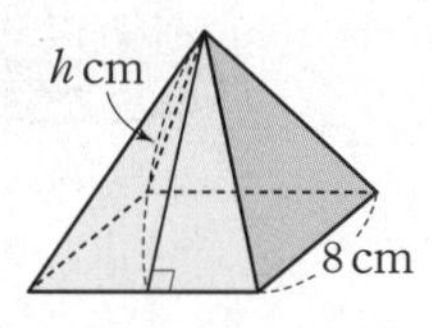

4

(3) (옆넓이)=(큰 부채꼴의 넓이)−(작은 부채꼴의 넓이)
(4) (겉넓이)=(두 밑면의 넓이의 합)+(옆넓이)

오른쪽 그림과 같은 원뿔대에 대하여 다음을 구하시오.

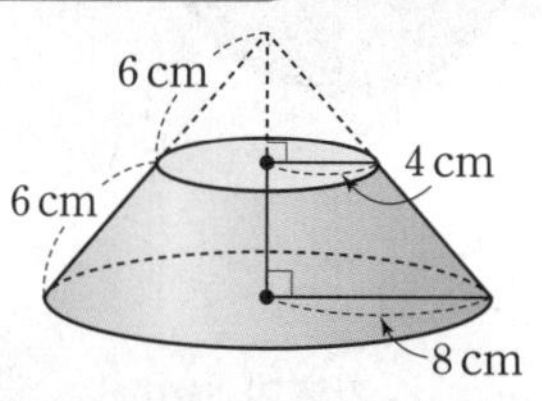

(1) 작은 밑면의 넓이
(2) 큰 밑면의 넓이
(3) 옆넓이
(4) 겉넓이

5

오른쪽 그림과 같은 전개도로 만들어지는 원뿔에 대하여 다음을 구하시오.

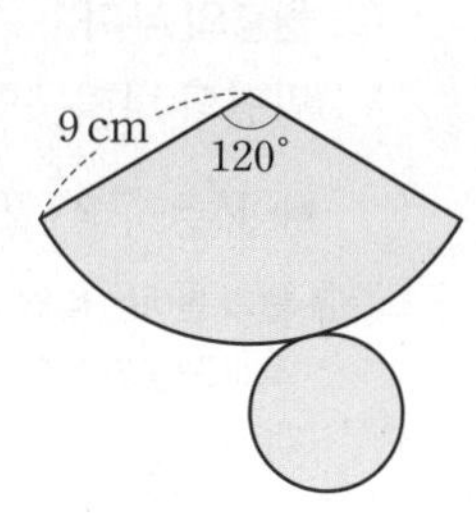

(1) 옆면인 부채꼴의 호의 길이
(2) 밑면인 원의 반지름의 길이
(3) 원뿔의 겉넓이

6 생각이 자라는 창의·융합

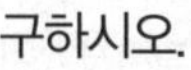

셀로판지로 다음과 같은 사각뿔과 원뿔을 각각 만들려고 한다. 더 적은 양의 셀로판지로 만들 수 있는 입체도형을 말하시오. (단, 사각뿔의 옆면은 모두 합동이고, 겹치는 부분은 생각하지 않는다.)

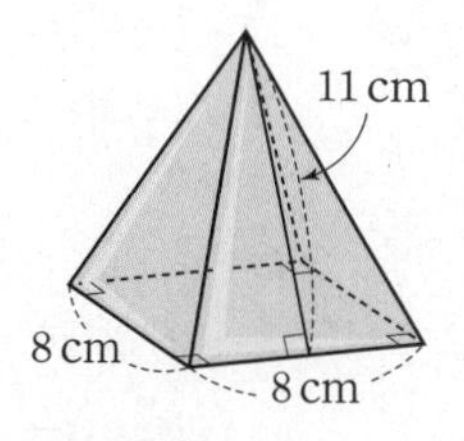

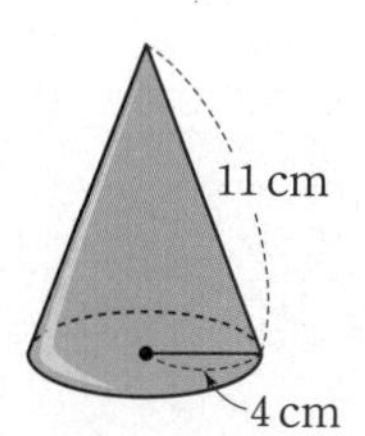

▶ 문제 속 개념 도출

• 각뿔의 옆면은 모두 ① ______이다.
➡ (정사각뿔의 옆넓이)=(삼각형의 넓이)×② ______
• 원뿔의 옆면은 ③ ______이다.
➡ (원뿔의 옆넓이)=(부채꼴의 넓이)

개념 42 뿔의 부피

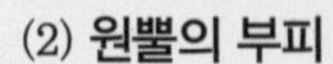

되짚어 보기 [중1] 다면체 / 회전체 / 기둥의 부피

(1) **각뿔의 부피**

밑넓이가 S, 높이가 h인 각뿔의 부피 V는

➡ $V=\frac{1}{3}\times$(각기둥의 부피)

$=\frac{1}{3}\times$(밑넓이)$\times$(높이)

$=\frac{1}{3}Sh$

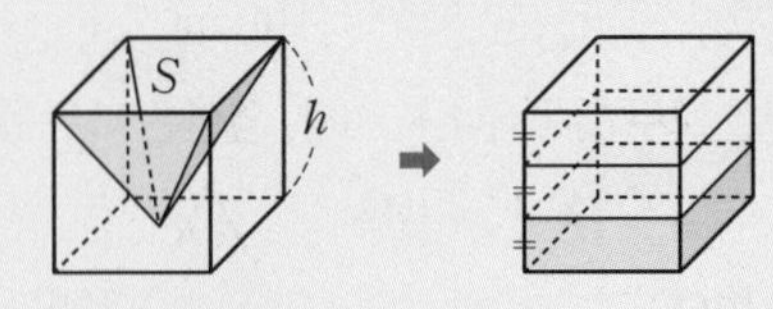

(2) **원뿔의 부피**

밑면의 반지름의 길이가 r, 높이가 h인 원뿔의 부피 V는

➡ $V=\frac{1}{3}\times$(밑넓이)$\times$(높이)$=\frac{1}{3}\pi r^2h$

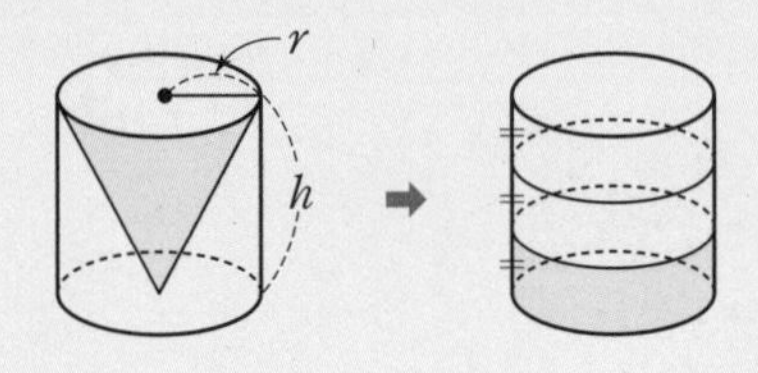

주의 뿔의 높이는 뿔의 꼭짓점에서 밑면에 내린 수선의 발까지의 거리이다.
특히 원뿔의 높이와 모선의 길이를 착각하지 않도록 주의한다.

개념 확인

● 정답 및 해설 40쪽

1 다음 입체도형의 부피를 구하시오.

(1) 밑넓이가 96이고, 높이가 5인 오각뿔

(2) 밑넓이가 21π이고, 높이가 7인 원뿔

2 주어진 그림과 같은 뿔에 대하여 다음을 구하시오.

(1)

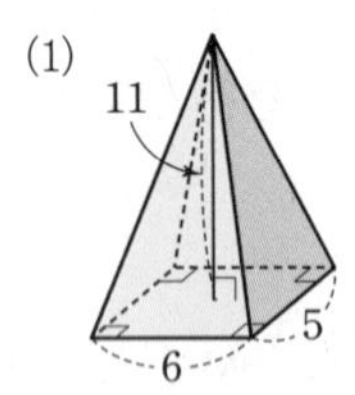

(밑넓이)= ________

(높이)= ________

(부피)= ________

(2)

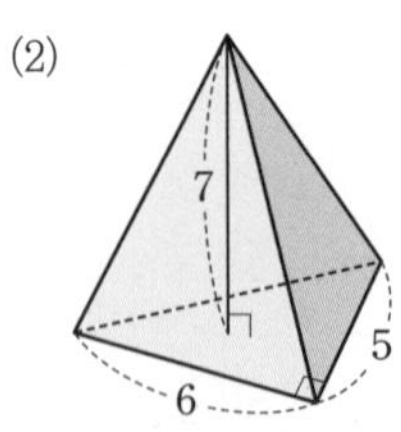

(밑넓이)= ________

(높이)= ________

(부피)= ________

(3)

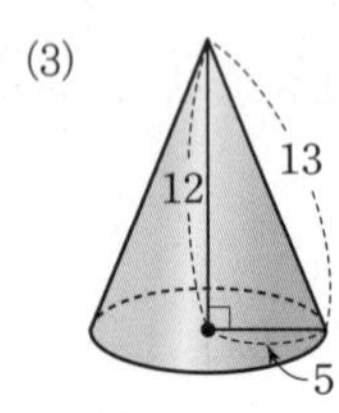

(밑넓이)= ________

(높이)= ________

(부피)= ________

(4)

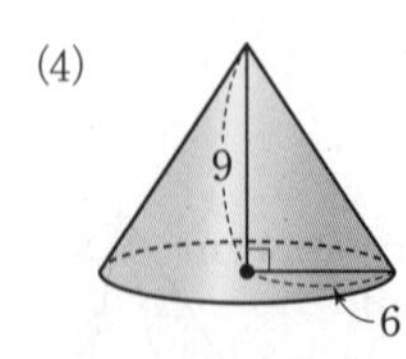

(밑넓이)= ________

(높이)= ________

(부피)= ________

교과서 문제로 개념 다지기

1

다음 그림과 같은 뿔의 부피를 구하시오.

(1)

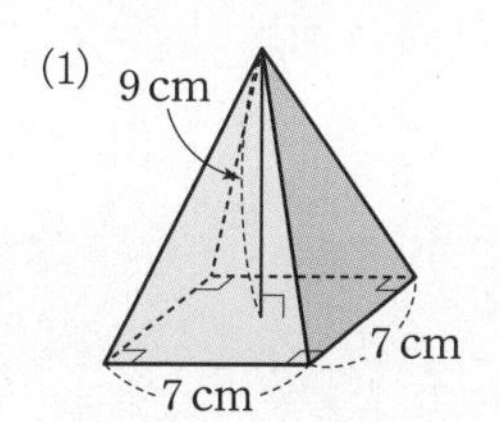

(2)

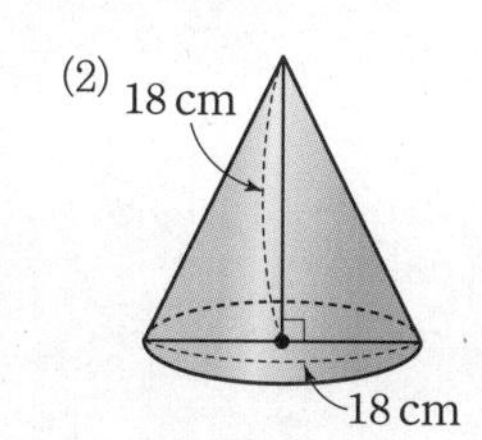

2

오른쪽 그림은 밑면의 반지름의 길이가 4 cm이고 높이가 각각 9 cm, 6 cm인 원뿔 2개를 붙여 놓은 입체도형이다. 이 입체도형의 부피를 구하시오.

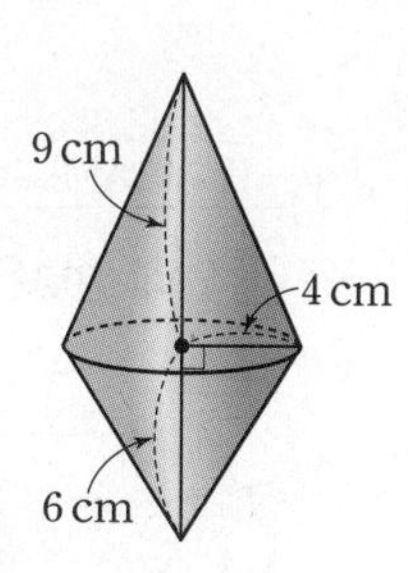

3 (1) (부피)=(큰 사각뿔의 부피)−(작은 사각뿔의 부피)
(2) (부피)=(큰 원뿔의 부피)−(작은 원뿔의 부피)

다음 그림과 같은 입체도형의 부피를 구하시오.

(1)

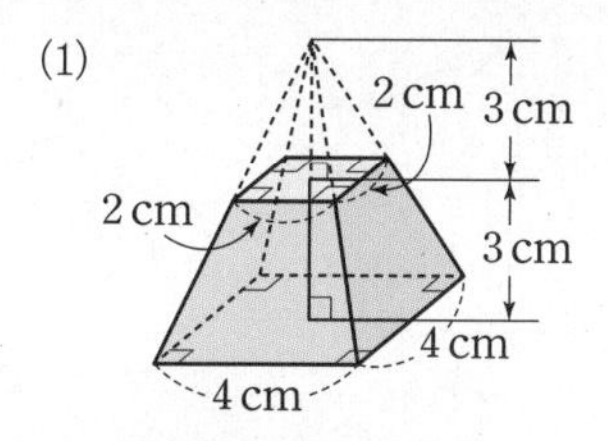

(2)

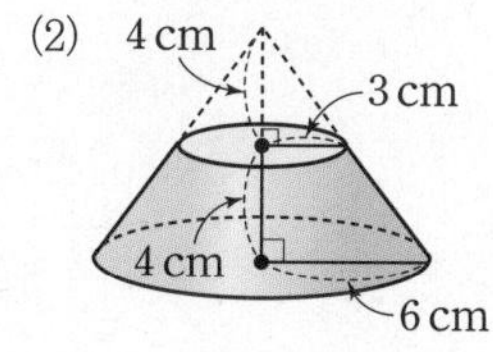

4

다음 그림과 같은 원기둥과 원뿔의 부피가 같을 때, 원뿔의 높이를 구하시오.

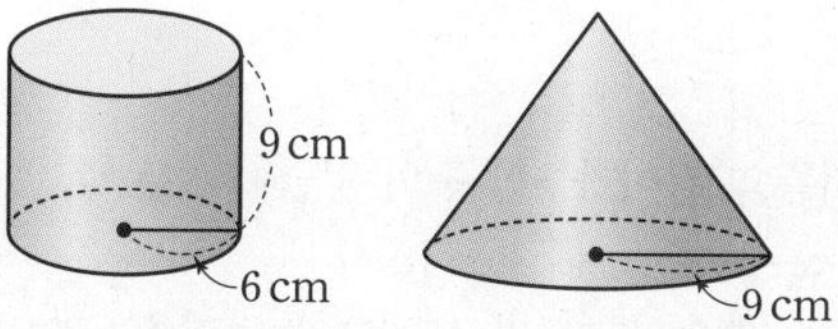

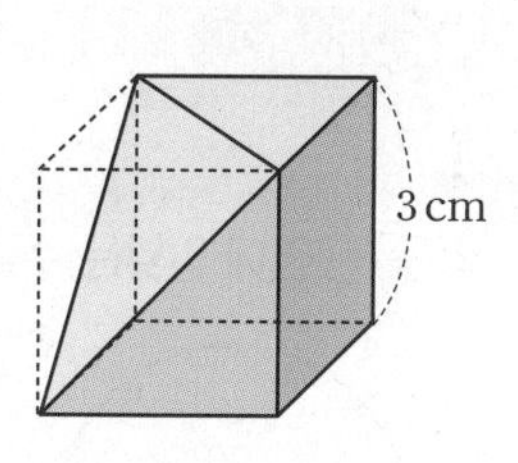

5

오른쪽 그림과 같이 한 모서리의 길이가 3 cm인 정육면체에서 세 꼭짓점을 지나는 삼각뿔을 잘라 내고 남은 입체도형의 부피를 구하시오.

3 cm

6 생각이 자라는 문제 해결

오른쪽 그림과 같이 밑면의 반지름의 길이가 5 cm, 높이가 18 cm인 원뿔 모양의 그릇에 1초에 $3\pi\ \text{cm}^3$씩 물을 넣을 때, 빈 그릇에 물을 가득 채우는 데 걸리는 시간을 구하시오.
(단, 그릇의 두께는 생각하지 않는다.)

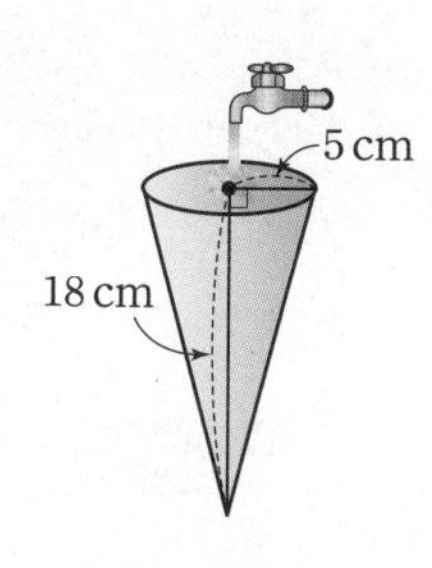

▶ 문제 속 개념 도출

- (뿔의 부피)=① ______ ×(밑넓이)×(높이)
- 원뿔 모양의 빈 그릇에 물을 가득 채우는 데 걸리는 시간
  ➡ (원뿔 모양의 빈 그릇의 부피)÷(물을 채우는 속력)

개념 43 구의 겉넓이

되짚어 보기 [중1] 회전체

반지름의 길이가 r인 구의 겉넓이 S는

➡ $S=4\pi r^2$

참고 반지름의 길이가 r인 구의 겉넓이는 반지름의 길이가 $2r$인 원의 넓이와 같다.

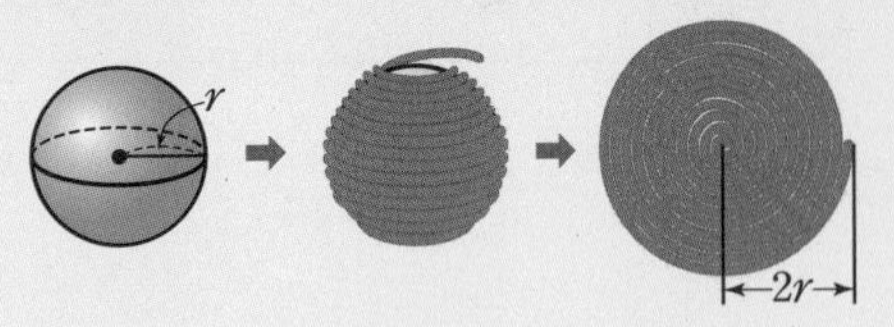

개념 확인

● 정답 및 해설 41쪽

1

다음 □ 안에 알맞은 수를 쓰고, 구의 겉넓이를 구하시오.

(1)

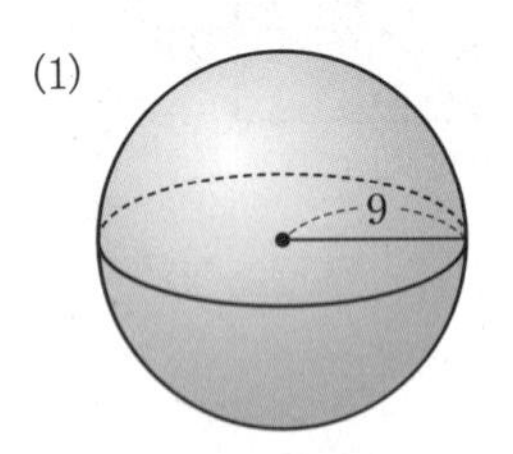

⇨ (구의 겉넓이)$=4\pi\times$□$=$□

(2)

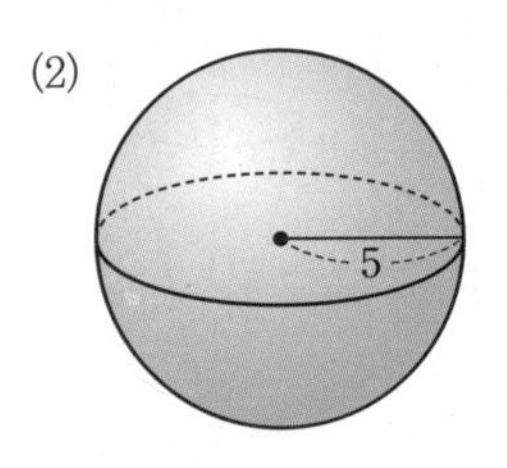

(3)

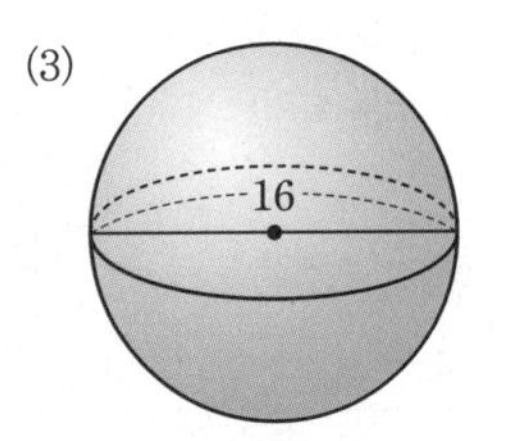

2 (반구의 겉넓이)=(곡면의 넓이)+(단면의 넓이)

다음 □ 안에 알맞은 수를 쓰고, 반구의 겉넓이를 구하시오.

(1)

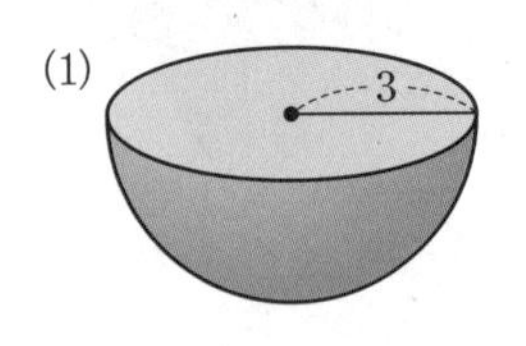

⇨ (반구의 겉넓이)$=\frac{1}{2}\times$(구의 겉넓이)+(원의 넓이)

$=$□$+$□

$=$□

(2)

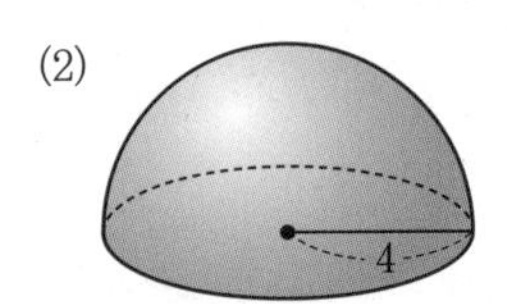

(3)

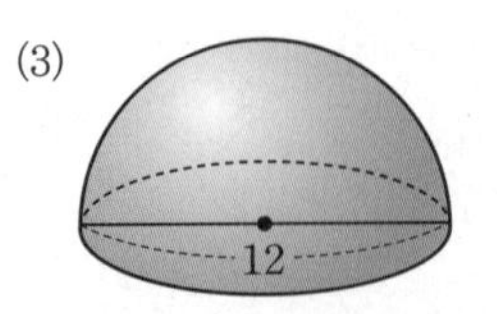

교과서 문제로 개념 다지기

1
다음 그림과 같은 구의 겉넓이를 구하시오.

(1)
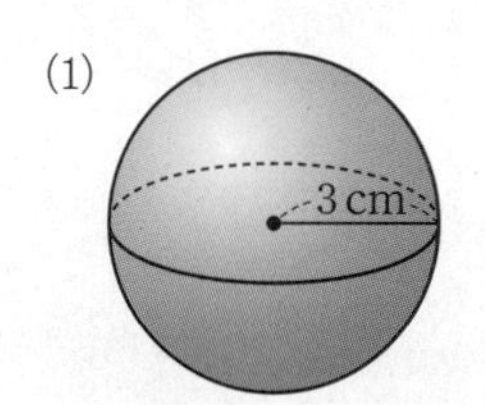

(2)
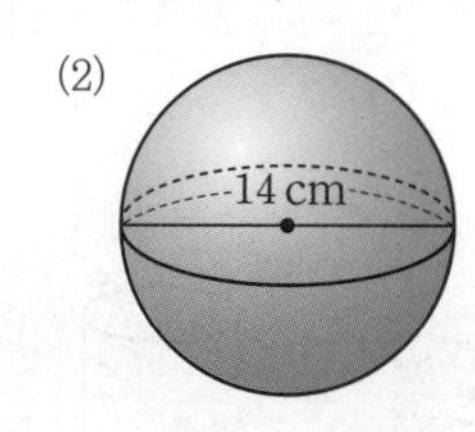

2 해설 꼭 확인
반지름의 길이가 2 cm인 구를 반으로 잘랐을 때 생기는 반구의 겉넓이는?

① $4\pi\ \mathrm{cm}^2$ ② $8\pi\ \mathrm{cm}^2$ ③ $10\pi\ \mathrm{cm}^2$
④ $12\pi\ \mathrm{cm}^2$ ⑤ $16\pi\ \mathrm{cm}^2$

3
오른쪽 그림은 반구와 원기둥을 붙여서 만든 입체도형이다. 이 입체도형의 겉넓이를 구하시오.

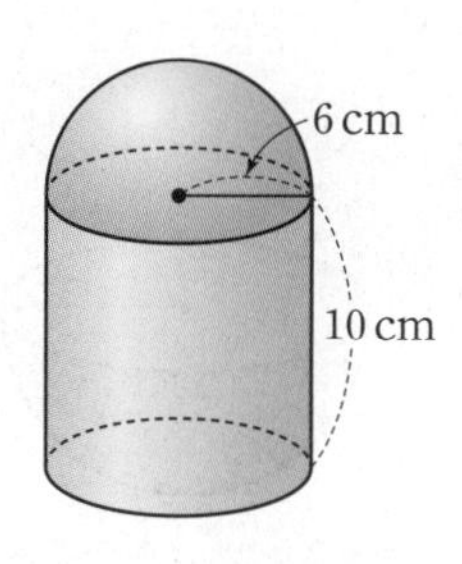

4
반지름의 길이가 8 cm인 구의 겉넓이는 반지름의 길이가 4 cm인 구의 겉넓이의 몇 배인지 구하시오.

5
야구공의 겉면은 오른쪽 그림과 같이 크기와 모양이 똑같은 두 조각의 가죽으로 이루어져 있다. 야구공의 지름의 길이가 7 cm일 때, 가죽 한 조각의 넓이를 구하시오.
(단, 겹치는 부분은 생각하지 않는다.)

6
오른쪽 그림은 반지름의 길이가 6 cm인 구에서 구의 $\frac{1}{4}$을 잘라 내고 남은 입체도형이다. 이 입체도형의 겉넓이를 구하시오.

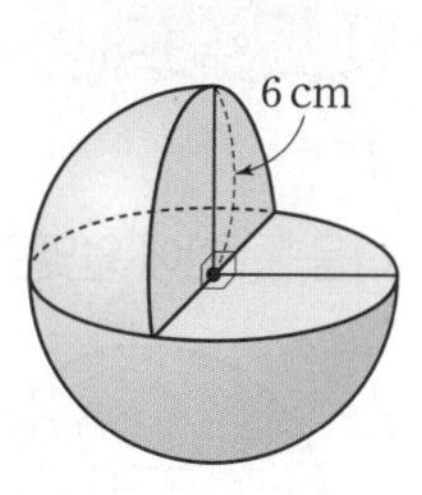

7

다음은 진아가 반지름의 길이가 12 cm인 반구의 겉넓이를 구하는 방법을 설명한 것이다. 물음에 답하시오.

> 반구는 구를 반으로 자른 거니까 반지름의 길이가 12 cm인 반구의 겉넓이는 반지름의 길이가 12 cm인 구의 겉넓이의 절반과 같아.

(1) 진아의 설명이 옳은지 판단하고, 그 이유를 설명하시오.
(2) 반지름의 길이가 12 cm인 반구의 겉넓이를 구하시오.

▶ 문제 속 개념 도출
- 반지름의 길이가 r인 구의 겉넓이 ① ______
- 반지름의 길이가 r인 반구의 겉넓이 ➡ ② ______ $\times 4\pi r^2 + \pi r^2$

개념 44 구의 부피

되짚어 보기 [중1] 회전체 / 기둥의 부피 / 뿔의 부피

반지름의 길이가 r인 구의 부피 V는

➡ $V=\frac{2}{3}\times$(원기둥의 부피)

$=\frac{2}{3}\times$(밑넓이)$\times$(높이)

$=\frac{2}{3}\times\pi r^2\times 2r$

$=\frac{4}{3}\pi r^3$

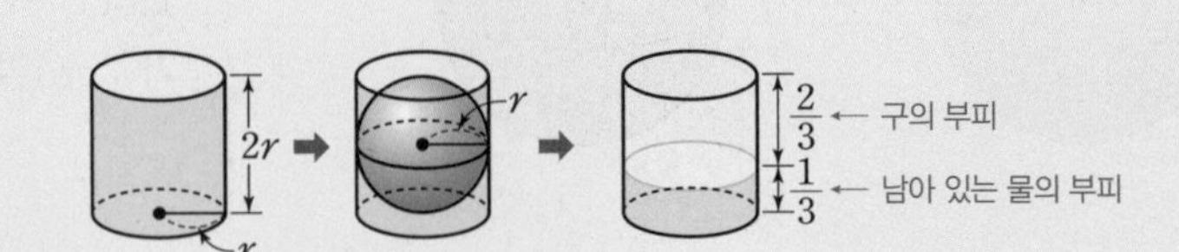

개념 확인

● 정답 및 해설 42쪽

1

다음 □ 안에 알맞은 수를 쓰고, 구의 부피를 구하시오.

(1)

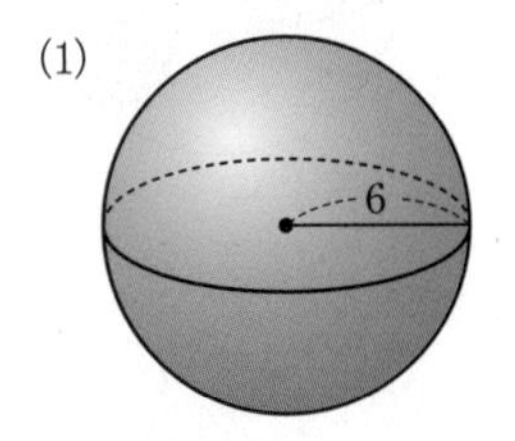

⇨ (구의 부피)$=\frac{4}{3}\pi\times$□$=$□

(2)

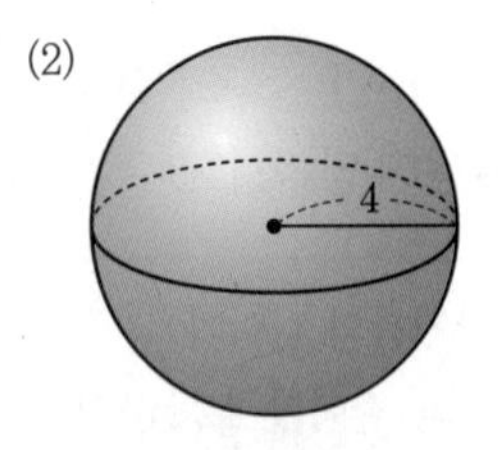

(3)

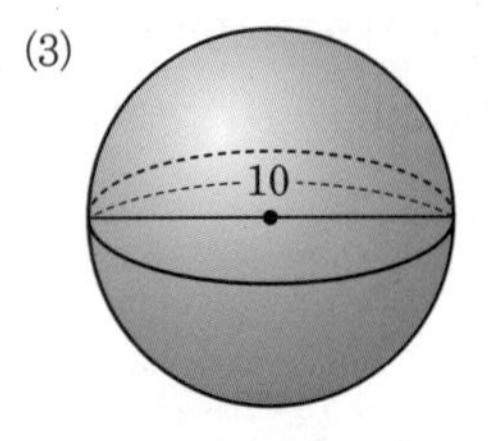

2

다음 □ 안에 알맞은 수를 쓰고, 반구의 부피를 구하시오.

(1)

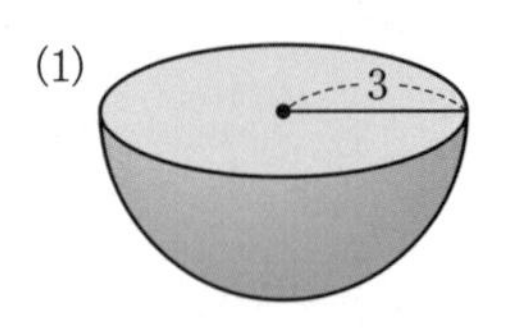

⇨ (반구의 부피)$=\frac{1}{2}\times$(구의 부피)

$=$□

(2)

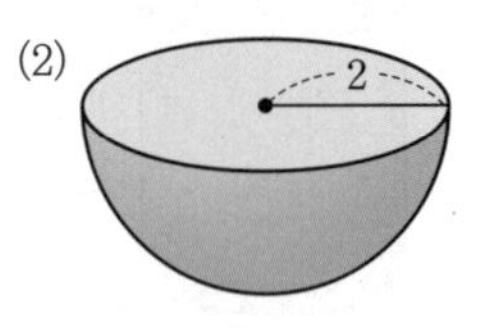

(3)

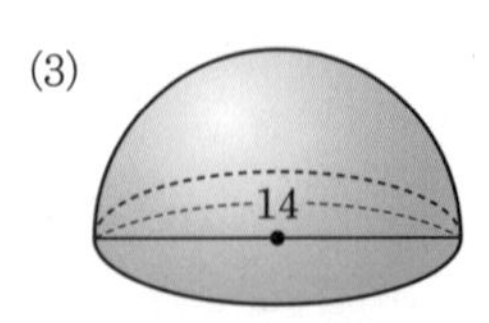

교과서 문제로 개념 다지기

1
다음 그림과 같은 입체도형의 부피를 구하시오.

(1) 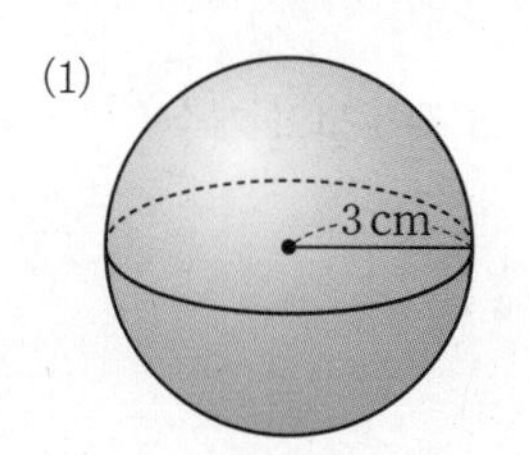

(2) 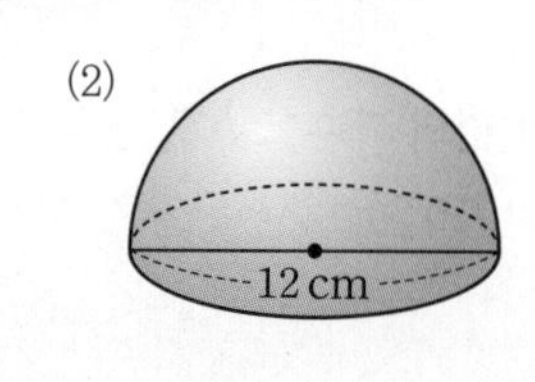

2
오른쪽 그림은 반구 2개와 원기둥을 붙여서 만든 입체도형이다. 이 입체도형의 부피를 구하시오.

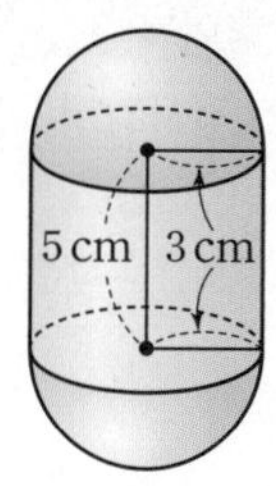

3
겉넓이가 $64\pi\ \mathrm{cm}^2$인 구의 부피를 구하시오.

4
구를 한 평면으로 잘랐을 때 생기는 단면의 최대 넓이가 $36\pi\ \mathrm{cm}^2$일 때, 이 구의 부피를 구하시오.

5
오른쪽 그림은 반지름의 길이가 4 cm인 구에서 구의 $\frac{1}{8}$을 잘라 내고 남은 입체도형이다. 이 입체도형의 부피를 구하시오.

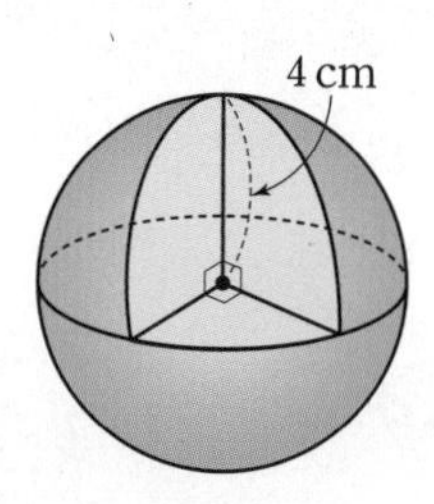

6
다음 그림에서 구의 부피가 원뿔의 부피의 $\frac{4}{3}$일 때, 원뿔의 높이를 구하시오.

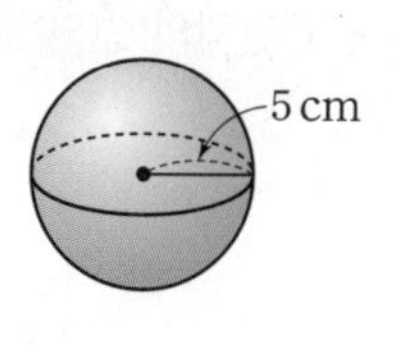

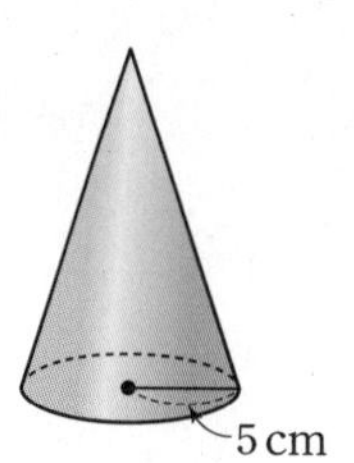

7 생각이 자라는 **창의·융합**

다음 그림은 반지름의 길이가 9 cm인 구 모양의 지구 모형을 자른 것이다. 지구 모형의 중심에서부터 5 cm까지 있는 층인 핵을 제외한 나머지 부분을 맨틀이라 할 때, 구 모양의 지구 모형에서 맨틀의 부피를 구하시오.

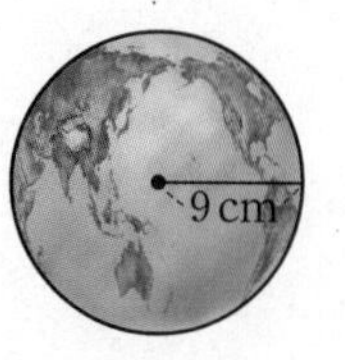

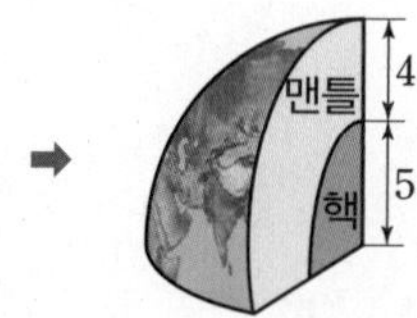

▶ 문제 속 개념 도출

• 반지름의 길이가 r인 구의 부피 ➡ ① ______

학교 시험 문제로 **단원 마무리**

점수 /100점

개념 34

1

오각기둥의 모서리의 개수를 a개, 팔각뿔의 면의 개수를 b개, 십각뿔대의 꼭짓점의 개수를 c개라 할 때, $a+b+c$의 값을 구하시오. [10점]

개념 35

2

다음 중 정다면체에 대한 설명으로 옳은 것은? [15점]

① 정사면체의 모서리의 개수는 4개이다.
② 정육면체의 꼭짓점의 개수는 6개이다.
③ 정십이면체의 각 꼭짓점에 모인 면의 개수는 4개이다.
④ 정이십면체의 면의 모양은 정오각형이다.
⑤ 정다면체의 면의 모양은 정삼각형, 정사각형, 정오각형뿐이다.

개념 37

3

다음 중 오른쪽 그림의 원뿔을 평면 ①~⑤로 잘랐을 때 생기는 단면의 모양을 짝 지은 것으로 옳지 않은 것은? [15점]

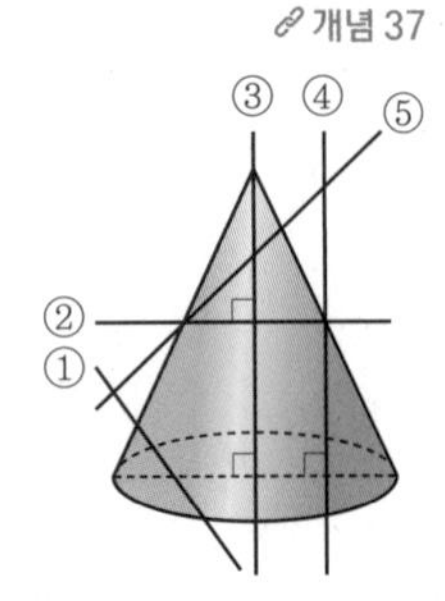

① 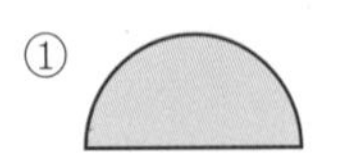
② 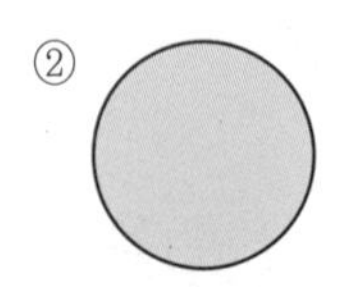
③ 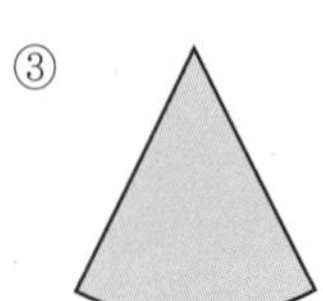
④
⑤

개념 36, 37, 38

4

오른쪽 그림과 같은 직각삼각형을 직선 l을 회전축으로 하여 1회전 시킬 때 생기는 회전체에 대한 설명으로 다음 중 옳은 것은? [10점]

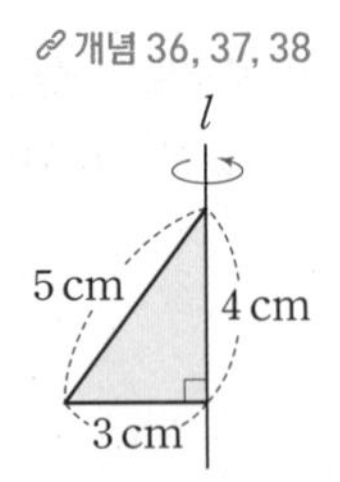

① 원뿔대이다.
② 높이는 5 cm이다.
③ 밑면인 원의 둘레의 길이는 9π cm이다.
④ 전개도를 그리면 옆면의 모양은 이등변삼각형이다.
⑤ 회전축을 포함하는 평면으로 자를 때 생기는 단면의 넓이는 $12\ cm^2$이다.

개념 39, 40

5 오른쪽 그림과 같이 원기둥 모양의 구멍이 뚫린 밑면이 직사각형인 사각기둥의 겉넓이와 부피를 차례로 구하시오. [15점]

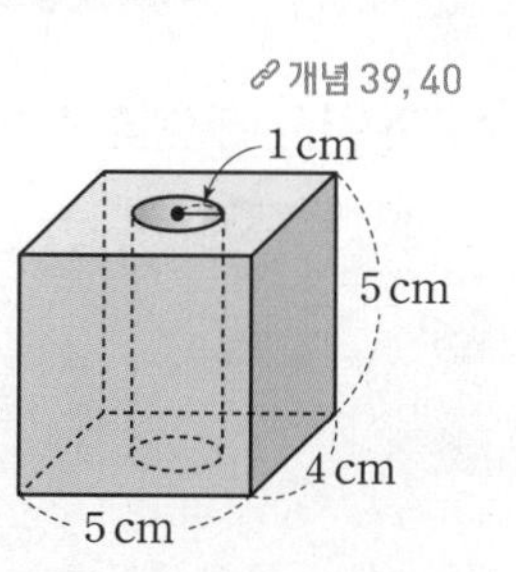

개념 38, 41

6 오른쪽 그림과 같은 원뿔의 겉넓이가 $64\pi\,\text{cm}^2$일 때, 이 원뿔의 전개도에서 부채꼴의 중심각의 크기를 구하시오. [15점]

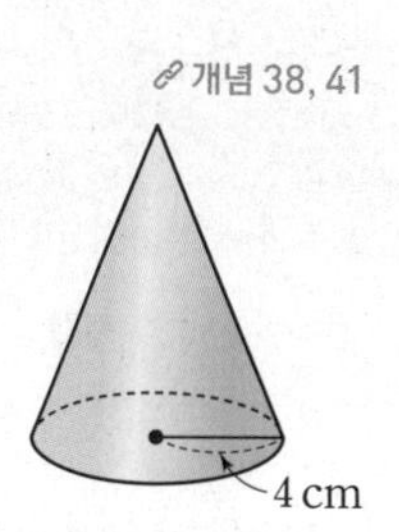

개념 36, 40, 42, 44

7 오른쪽 그림과 같은 평면도형을 직선 l을 회전축으로 하여 1회전 시킬 때 생기는 입체도형의 부피를 구하시오. [10점]

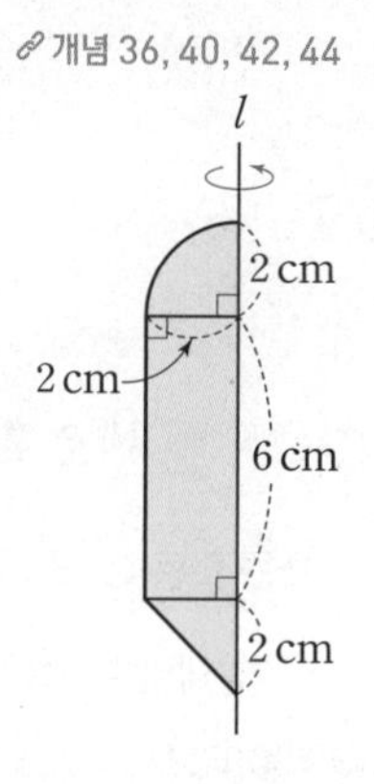

개념 44

8 오른쪽 그림과 같이 반지름의 길이가 6 cm인 구 모양의 초콜릿을 녹여서 반지름의 길이가 3 cm인 구 모양의 초콜릿을 몇 개 만들 수 있는지 구하시오. (단, 초콜릿을 녹이고 새로 만드는 과정에서 초콜릿의 양은 변하지 않는다.) [10점]

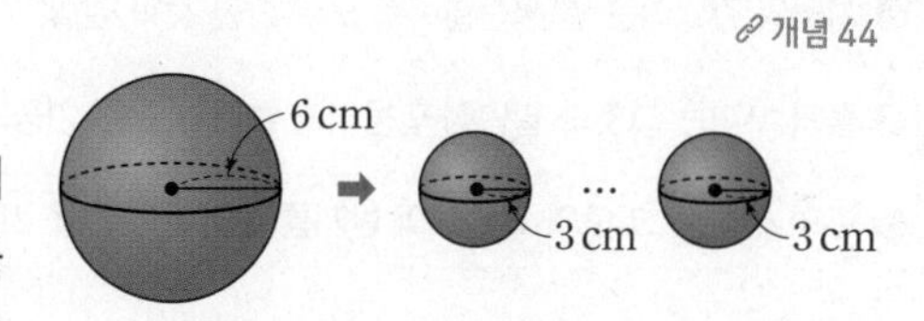

배운 내용 돌아보기

마인드맵으로 정리하기

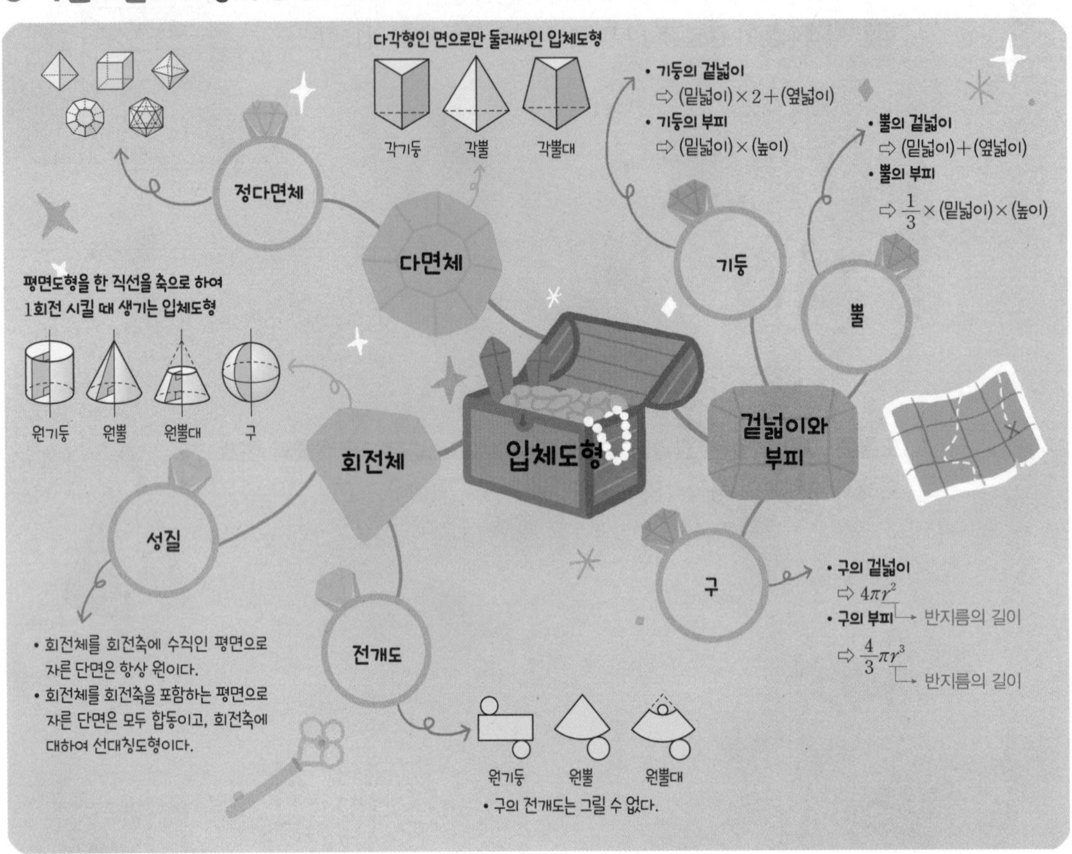

OX 문제로 확인하기

옳은 것은 O, 옳지 않은 것은 X를 택하시오. • 정답 및 해설 44쪽

❶ 육각뿔대의 꼭짓점의 개수와 칠각기둥의 꼭짓점의 개수는 서로 같다. O | X

❷ 각뿔의 모서리의 개수는 그 각뿔의 밑면에 있는 모서리의 개수의 2배이다. O | X

❸ 각뿔대의 옆면의 모양은 사다리꼴이다. O | X

❹ 면이 10개인 정다면체가 있다. O | X

❺ 회전체를 회전축에 수직인 평면으로 자른 단면은 항상 원이다. O | X

❻ 기둥의 겉넓이는 옆면의 넓이를 모두 합한 것과 같다. O | X

❼ 뿔의 부피는 그것과 밑면이 합동이고 높이가 같은 기둥의 부피의 $\frac{1}{2}$이다. O | X

❽ 구의 부피는 그 구의 겉넓이와 반지름의 길이의 곱을 2로 나눈 값과 같다. O | X

5 자료의 정리와 해석

배운 내용	이 단원의 내용	배울 내용
• **초등학교 3~4학년군** 자료의 정리 • **초등학교 5~6학년군** 비와 비율 자료의 정리	◆ 줄기와 잎 그림 ◆ 도수분포표 ◆ 히스토그램 ◆ 도수분포다각형 ◆ 상대도수와 그 그래프	• **중학교 2학년** 확률과 그 기본 성질 • **중학교 3학년** 대푯값과 산포도 상관관계

학습 내용	학습 날짜	학습 확인	복습 날짜
개념 45 줄기와 잎 그림	/	☺ 😐 ☹	/
개념 46 도수분포표 (1)	/	☺ 😐 ☹	/
개념 47 도수분포표 (2)	/	☺ 😐 ☹	/
개념 48 히스토그램	/	☺ 😐 ☹	/
개념 49 도수분포다각형	/	☺ 😐 ☹	/
개념 50 상대도수	/	☺ 😐 ☹	/
개념 51 상대도수의 분포를 나타낸 그래프	/	☺ 😐 ☹	/
개념 52 도수의 총합이 다른 두 자료의 비교	/	☺ 😐 ☹	/
학교 시험 문제로 단원 마무리	/	☺ 😐 ☹	/

개념 45 줄기와 잎 그림

되짚어 보기 [초3~6] 자료의 정리

(1) 변량: 자료를 수량으로 나타낸 것

(2) 줄기와 잎 그림: 줄기와 잎을 이용하여 자료를 나타낸 그림

(3) **줄기와 잎 그림을 그리는 방법**

❶ 각 자료의 변량을 줄기와 잎으로 구분한다.

❷ 세로선을 긋고, 세로선의 왼쪽에 줄기를 크기순으로 세로로 쓴다.

❸ 세로선의 오른쪽에 각 줄기에 해당되는 잎을 크기순으로 가로로 쓴다.

❹ '줄기와 잎'을 설명한다.

주의 줄기는 중복되는 수를 한 번만 쓰고, 잎은 중복되는 수를 중복된 횟수만큼 쓴다.

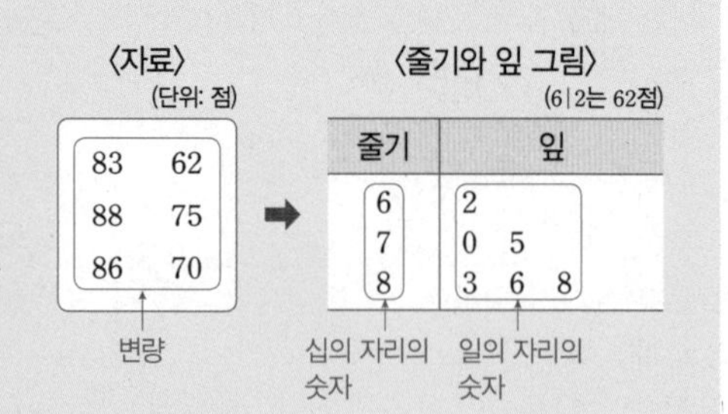

개념 확인 ● 정답 및 해설 44쪽

1 다음은 어느 반 학생 16명이 1년 동안 읽은 책의 권수를 조사하여 나타낸 자료이다. 물음에 답하시오.

〈자료〉 (단위: 권)

14	12	26	36
32	2	9	3
4	24	20	8
18	8	16	4

⇨

〈줄기와 잎 그림〉 (0|2는 2권)

줄기	잎
0	2

(1) 위의 〈자료〉에서 가장 작은 변량과 가장 큰 변량을 차례로 구하시오.

(2) 위의 〈자료〉에 대한 줄기와 잎 그림을 완성하시오.

2 오른쪽은 어느 반 학생 15명의 2단 뛰기 줄넘기 기록을 조사하여 나타낸 줄기와 잎 그림이다. 다음 물음에 답하시오.

(0|1은 1회)

줄기	잎
0	1 2 4
1	0 2 3 3 5 7
2	1 1 3 8
3	0 5

(1) 잎이 가장 많은 줄기와 잎이 가장 적은 줄기를 각각 구하시오.

(2) 줄기 1에 해당하는 잎을 모두 구하시오.

(3) 2단 뛰기 줄넘기 기록이 20회 이상인 학생 수를 구하시오.

(4) 2단 뛰기 줄넘기 기록이 가장 좋은 학생의 기록은 몇 회인지 구하시오.

교과서 문제로 개념 다지기

1

다음은 어느 반 학생들의 1년 동안의 봉사 활동 시간을 조사하여 나타낸 줄기와 잎 그림이다. 물음에 답하시오.

(2|3은 23시간)

줄기	잎
2	3 5
3	2 2 3 6 8
4	0 0 3 4 5 7 7 9
5	1 6 8
6	0 4

(1) 잎이 가장 많은 줄기를 구하시오.

(2) 전체 학생 수를 구하시오.

(3) 봉사 활동 시간이 가장 많은 학생과 가장 적은 학생의 시간의 차를 구하시오.

2

다음은 어느 일요일의 오전 동안 편의점에 방문한 사람 20명의 나이를 조사하여 나타낸 자료이다. 물음에 답하시오.

(단위: 세)

44	58	35	29	67
55	23	19	28	30
12	38	34	40	45
28	35	49	62	54

(1) 위의 자료에 대하여 다음 줄기와 잎 그림을 완성하시오.

(1|2는 12세)

줄기	잎
1	2
2	
3	
4	
5	
6	

(2) 나이가 15세 이상 30세 미만인 사람 수를 구하시오.

(3) 나이가 40세 이상인 사람 수를 구하시오.

(4) 나이가 많은 쪽에서 4번째인 사람의 나이를 구하시오.

3

다음은 은지네 반 학생들의 키를 조사하여 나타낸 줄기와 잎 그림이다. 은지의 키가 146 cm일 때, 물음에 답하시오.

(13|5는 135 cm)

줄기	잎
13	5 7
14	2 3 4 6 8 9
15	1 2 3 4 5 6 7 8
16	0 1 2 7

(1) 은지보다 키가 작은 학생 수를 구하시오.

(2) 은지보다 키가 작은 학생은 전체의 몇 %인지 구하시오.

4 생각이 자라는 문제 해결

다음은 어느 중학교 1학년 1반과 2반 학생들의 팔굽혀펴기 기록을 조사하여 나타낸 줄기와 잎 그림이다. 물음에 답하시오.

(1|0은 10회)

잎(1반)	줄기	잎(2반)
4 2	1	0 2 5
9 6 5 1	2	0 2 3 4 7
8 8 7 3 2	3	2 4 9
8 5 0	4	4 6 7

(1) 팔굽혀펴기를 가장 많이 한 학생은 어느 반 학생인지 구하시오.

(2) 1반과 2반 학생 중 팔굽혀펴기 횟수가 25회 이상 35회 미만인 학생은 어느 반이 몇 명 더 많은지 구하시오.

(3) 팔굽혀펴기 횟수가 35회 이상이면 1등급을 받는다고 할 때, 1반과 2반에서 1등급을 받는 학생 수를 각각 구하시오.

▶ 문제 속 개념 도출

• 줄기와 잎 그림은 변량의 큰 자리의 숫자를 줄기로 하고, 나머지 자리의 숫자를 ① ___ 으로 구분하여 그린 그림이다.
이때 줄기와 잎 그림에서 자료의 개수는 잎의 개수와 같다.

개념 45에 대한 이해도를 표시해 보세요. 0 50 100

도수분포표(1)

되짚어 보기 [초3~6] 자료의 정리

(1) **계급**: 변량을 일정한 간격으로 나눈 구간
(2) **계급의 크기**: 변량을 나눈 구간의 너비 ← 계급의 양 끝 값의 차
(3) **도수**: 각 계급에 속하는 변량의 개수
(4) **도수분포표**: 자료를 몇 개의 계급으로 나누고, 각 계급의 도수를 나타낸 표
(5) **도수분포표를 만드는 방법**
❶ 자료에서 가장 작은 변량과 가장 큰 변량을 찾는다.
❷ ❶의 두 변량이 포함되는 구간을 일정한 간격으로 나누어 계급의 크기를 정하고, 구간별로 나누어 쓴다.
❸ 각 계급에 속하는 변량의 개수를 세어 계급의 도수를 구한다.

〈자료〉
(단위: 회)

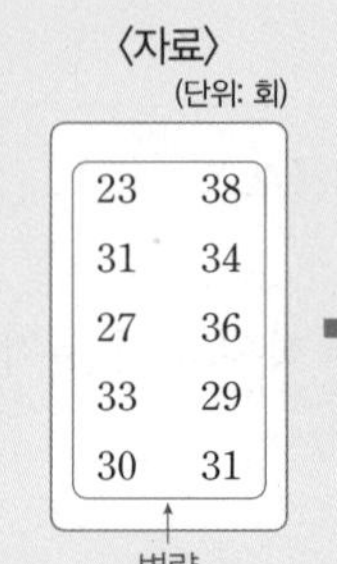

23	38
31	34
27	36
33	29
30	31

변량

➡

〈도수분포표〉

계급(회)	도수(명)
$20^{이상} \sim 25^{미만}$	1
$25 \sim 30$	2
$30 \sim 35$	5
$35 \sim 40$	2
합계	10

참고 계급의 개수가 너무 많거나 적으면 자료의 분포 상태를 정확히 파악하기 어려우므로 계급의 개수는 보통 5~15개로 한다.

주의 계급, 계급의 크기, 도수는 항상 단위를 붙여 쓴다.

개념 확인

● 정답 및 해설 45쪽

1 다음은 민이네 반 학생 20명의 멀리뛰기 기록을 조사하여 나타낸 자료이다. 물음에 답하시오.

〈자료〉
(단위: cm)

169	140	136	143
138	134	149	153
148	162	159	135
160	145	151	175
148	158	133	144

⇨

〈도수분포표〉

기록(cm)	학생 수(명)	
$130^{이상} \sim 140^{미만}$	卌	5
합계		

(1) 위의 〈자료〉에서 가장 작은 변량과 가장 큰 변량을 차례로 구하시오.
(2) 위의 〈자료〉에 대하여 계급의 크기를 10 cm로 하는 도수분포표를 완성하시오.

2 오른쪽은 지연이네 반 학생들의 아침 식사 시간을 조사하여 나타낸 도수분포표이다. 다음 물음에 답하시오.

(1) 계급의 크기와 계급의 개수를 각각 구하시오.
(2) 도수가 가장 작은 계급을 구하시오.
(3) 아침 식사 시간이 16분인 학생이 속하는 계급을 구하시오.
(4) 아침 식사 시간이 12분 미만인 학생 수를 구하시오.

아침 식사 시간(분)	학생 수(명)
$0^{이상} \sim 6^{미만}$	6
$6 \sim 12$	4
$12 \sim 18$	8
$18 \sim 24$	12
합계	30

● 정답 및 해설 45쪽

1 해설 꼭 확인

다음은 어느 지역 축제의 노래 경연 대회에 참가한 사람들의 나이를 조사하여 나타낸 자료이다. 물음에 답하시오.

(단위: 세)

28	35	21	20	43	39	46	34	37
36	45	16	19	31	18	32	23	28

(1) 위의 자료에 대하여 10세로 시작하고 계급의 크기를 10세로 하는 다음 도수분포표를 완성하시오.

나이(세)	사람 수(명)
합계	

(2) 도수가 가장 큰 계급을 구하시오.

(3) 나이가 43세인 참가자가 속하는 계급의 도수를 구하시오.

2

다음은 유아네 반 학생들의 수학 점수를 조사하여 나타낸 도수분포표이다. 물음에 답하시오.

수학 점수(점)	학생 수(명)
50이상 ~ 60미만	1
60 ~ 70	3
70 ~ 80	8
80 ~ 90	12
90 ~ 100	9
합계	33

(1) 계급의 크기를 구하시오.

(2) 수학 점수가 80점 미만인 학생 수를 구하시오.

(3) 수학 점수가 높은 쪽에서 15번째인 학생이 속하는 계급을 구하시오.

3

오른쪽은 어느 야구팀의 한 투수가 30회의 경기에 출전하여 각 경기에서 던진 공의 개수를 조사하여 나타낸 도수분포표이다. 다음 중 옳지 않은 것을 모두 고르면? (정답 2개)

공의 개수(개)	횟수(회)
10이상 ~ 15미만	3
15 ~ 20	4
20 ~ 25	6
25 ~ 30	12
30 ~ 35	2
35 ~ 40	3
합계	30

① 계급의 개수는 6개이다.
② 계급의 크기는 5개이다.
③ 도수가 가장 작은 계급은 10개 이상 15개 미만이다.
④ 던진 공의 개수가 30개 이상인 경기 수는 5회이다.
⑤ 가장 많이 던진 공의 개수는 40개이다.

4 생각이 자라는 문제 해결

다음 [표 1]은 어느 쇼핑몰에서 남성 100명의 허리 둘레를 조사하여 나타낸 도수분포표이다. 청바지의 사이즈를 S, M, L, XL의 4종류로 정하기 위해 계급의 크기를 다르게 하여 [표 2]와 같이 새로운 도수분포표를 만들 때, A, B, C의 값을 각각 구하시오.

허리 둘레(cm)	사람 수(명)
74이상 ~ 76미만	3
76 ~ 78	5
78 ~ 80	12
80 ~ 82	14
82 ~ 84	24
84 ~ 86	A
86 ~ 88	9
88 ~ 90	5
합계	100

[표 1]

⇨

허리 둘레(cm)	사람 수(명)
74이상 ~ 78미만	8
78 ~ 82	B
82 ~ 86	52
86 ~ 90	C
합계	100

[표 2]

▶ 문제 속 개념 도출

• ① ________는 자료를 몇 개의 계급으로 나누고, 각 계급의 도수를 나타낸 표이다.
이때 변량을 나눈 구간의 너비는 계급의 ② ____라 하고, 변량을 나눈 구간의 개수는 계급의 개수라 한다.

개념 47 도수분포표 (2)

되짚어 보기 [초5~6] 비와 비율 [중1] 도수분포표

(1) 어느 한 계급의 도수가 주어지지 않은 경우

도수분포표에서 어느 한 계급의 도수가 주어지지 않으면 도수의 총합에서 나머지 도수의 합을 빼어서 그 계급의 도수를 구한다.

(2) 도수분포표에서 특정 계급의 백분율

① $(\text{각 계급의 백분율})=\dfrac{(\text{그 계급의 도수})}{(\text{도수의 총합})}\times 100(\%)$

② $(\text{각 계급의 도수})=(\text{도수의 총합})\times\dfrac{(\text{그 계급의 백분율})}{100}$

개념 확인

● 정답 및 해설 46쪽

1

다음은 지우네 반 학생들의 하루 동안의 스마트폰 사용 시간을 조사하여 나타낸 도수분포표이다. 물음에 답하시오.

사용 시간(분)	학생 수(명)
20이상 ~ 40미만	3
40 ~ 60	□
60 ~ 80	11
80 ~ 100	8
100 ~ 120	2
120 ~ 140	1
합계	30

(1) □ 안에 알맞은 수를 구하시오.

(2) 하루 동안의 스마트폰 사용 시간이 50분인 학생이 속하는 계급의 도수를 구하시오.

(3) 도수가 가장 큰 계급을 구하시오.

(4) 하루 동안의 스마트폰 사용 시간이 60분 미만인 학생 수를 구하시오.

2

다음은 어느 등산 동호회 회원들의 1년 동안의 등산 횟수를 조사하여 나타낸 도수분포표이다. 물음에 답하시오.

등산 횟수(회)	회원 수(명)
5이상 ~ 10미만	5
10 ~ 15	7
15 ~ 20	4
20 ~ 25	3
25 ~ 30	1
합계	

(1) 등산 동호회의 전체 회원 수를 구하시오.

(2) 등산 횟수가 5회 이상 10회 미만인 회원 수를 구하시오.

(3) (1), (2)에서 등산 횟수가 5회 이상 10회 미만인 회원은 전체의 몇 %인지 구하시오.

(4) 등산 횟수가 20회 이상인 회원은 전체의 몇 %인지 구하시오.

교과서 문제로 개념 다지기

1 해설 꼭 확인

아래는 어느 반 학생들의 1년 동안의 도서관 이용 횟수를 조사하여 나타낸 도수분포표이다. 다음 중 옳지 않은 것은?

이용 횟수(회)	학생 수(명)
$10^{이상} \sim 20^{미만}$	5
$20 \sim 30$	10
$30 \sim 40$	4
$40 \sim 50$	A
$50 \sim 60$	1
합계	28

① 계급의 개수는 5개이다.
② 계급의 크기는 10회이다.
③ A의 값은 8이다.
④ 도수가 가장 큰 계급은 20회 이상 30회 미만이다.
⑤ 도서관 이용 횟수가 30회 이상인 학생은 4명이다.

2

다음은 어느 반 학생 25명의 여름 방학 동안의 봉사 활동 시간을 조사하여 나타낸 도수분포표이다. 물음에 답하시오.

봉사 활동 시간(시간)	학생 수(명)
$0^{이상} \sim 4^{미만}$	4
$4 \sim 8$	6
$8 \sim 12$	8
$12 \sim 16$	5
$16 \sim 20$	2
합계	25

(1) 봉사 활동 시간이 8시간 이상 12시간 미만인 학생은 전체의 몇 %인지 구하시오.
(2) 봉사 활동 시간이 12시간 이상인 학생은 전체의 몇 % 인지 구하시오.

3

다음은 어느 지역에서 하루 동안 태어난 신생아 15명의 태어날 때의 몸무게를 조사하여 나타낸 도수분포표이다. 물음에 답하시오.

몸무게(kg)	신생아 수(명)
$2.0^{이상} \sim 2.5^{미만}$	1
$2.5 \sim 3.0$	2
$3.0 \sim 3.5$	
$3.5 \sim 4.0$	4
$4.0 \sim 4.5$	2
합계	15

(1) 몸무게가 3.0 kg 이상 3.5 kg 미만인 신생아 수를 구하시오.
(2) 몸무게가 3.5 kg 미만인 신생아는 전체의 몇 %인지 구하시오.

4 생각이 자라는 문제 해결

오른쪽은 민정이네 반 학생들의 원반 던지기 기록을 조사하여 나타낸 도수분포표이다. 던지기 기록이 28 m 미만인 학생들이 전체의 25 %일 때, 다음 물음에 답하시오.

던지기 기록(m)	학생 수(명)
$20^{이상} \sim 24^{미만}$	2
$24 \sim 28$	
$28 \sim 32$	12
$32 \sim 36$	
$36 \sim 40$	4
합계	32

(1) 던지기 기록이 24 m 이상 28 m 미만인 학생 수를 구하시오.
(2) 던지기 기록이 32 m 이상인 학생 수를 구하시오.

▶ 문제 속 개념 도출

- 도수분포표는 자료를 몇 개의 계급으로 나누고, 각 계급의 도수를 나타낸 표이다. 이때
  (계급의 ① ____)=(계급에 속하는 변량의 개수)
- (특정 계급의 백분율)$=\dfrac{(해당 계급의 도수)}{(도수의 ② \_\_\_\_)}\times 100(\%)$

개념 48 히스토그램

되짚어 보기 [초3~4] 막대그래프 [중1] 도수분포표

(1) **히스토그램**

가로축에는 계급을, 세로축에는 도수를 표시하여 직사각형 모양으로 나타낸 그래프

참고 히스토그램을 그리는 방법

❶ 가로축에는 각 계급의 양 끝 값을 차례로 표시한다.

❷ 세로축에는 도수를 차례로 표시한다.

❸ 각 계급의 크기를 가로로 하고, 도수를 세로로 하는 직사각형을 차례로 그린다.

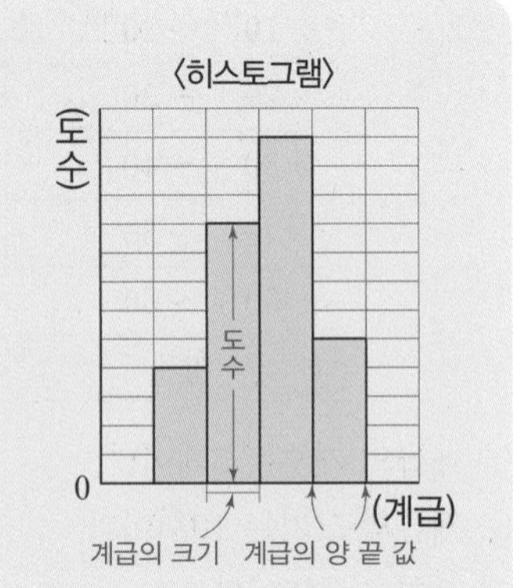

(2) **히스토그램의 특징**

① 자료의 분포 상태를 한눈에 알아볼 수 있다.

② 각 직사각형에서 가로의 길이는 계급의 크기이므로 일정하다.

➡ 각 직사각형의 넓이는 세로의 길이인 각 계급의 도수에 정비례한다.

③ (직사각형의 넓이의 합) $=\{$(각 계급의 크기) $\times$ (그 계급의 도수)$\}$의 총합

$=$(계급의 크기) $\times$ (도수의 총합)

개념 확인 ● 정답 및 해설 47쪽

1 다음은 어느 반 학생들이 감귤 따기 체험에서 수확한 감귤의 개수를 조사하여 나타낸 도수분포표이다. 이 도수분포표를 히스토그램으로 나타내시오.

감귤의 개수(개)	학생 수(명)
30이상 ~ 35미만	4
35 ~ 40	8
40 ~ 45	12
45 ~ 50	7
50 ~ 55	4
합계	35

⇨

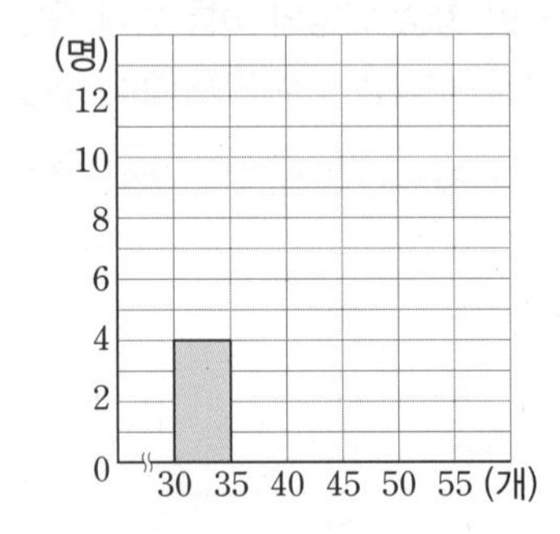

2 오른쪽은 어느 반 학생들의 영어 점수를 조사하여 나타낸 히스토그램이다. 다음 물음에 답하시오.

(1) 계급의 크기와 계급의 개수를 각각 구하시오.

(2) 전체 학생 수를 구하시오.

(3) 도수가 가장 큰 계급을 구하시오.

(4) 영어 점수가 60점 이상 70점 미만인 학생 수를 구하시오.

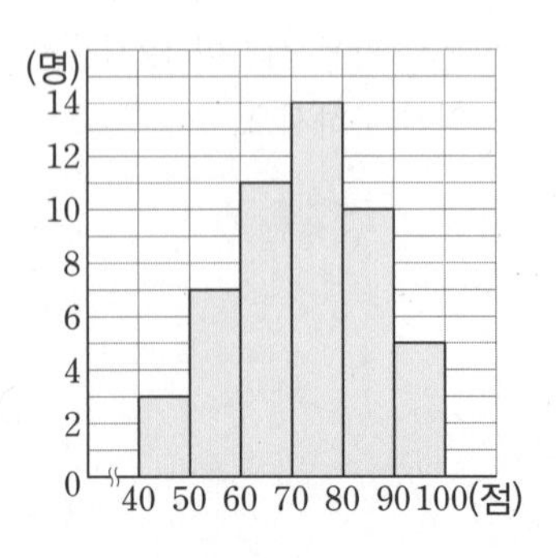

1

다음은 어느 반에서 수학 프로젝트 발표를 마친 후에 제출한 자기 평가 점수를 조사하여 나타낸 히스토그램이다. 물음에 답하시오.

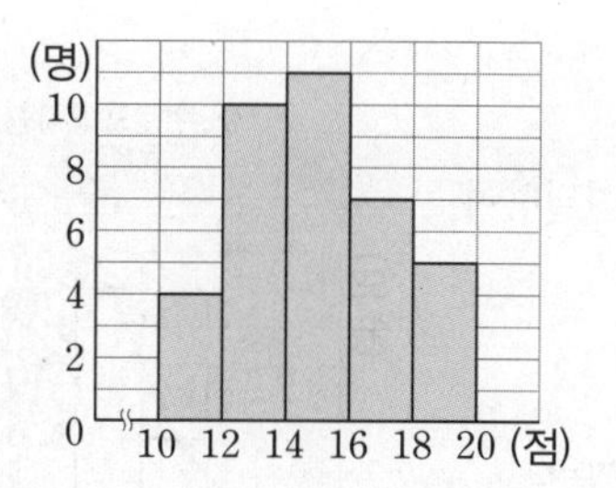

(1) 계급의 크기를 구하시오.

(2) 자기 평가 점수가 12점 이상 16점 미만인 학생 수를 구하시오.

(3) 직사각형의 넓이의 합을 구하시오.

2

다음은 성훈이네 반 학생들의 일주일 동안의 운동 시간을 조사하여 나타낸 히스토그램이다. 물음에 답하시오.

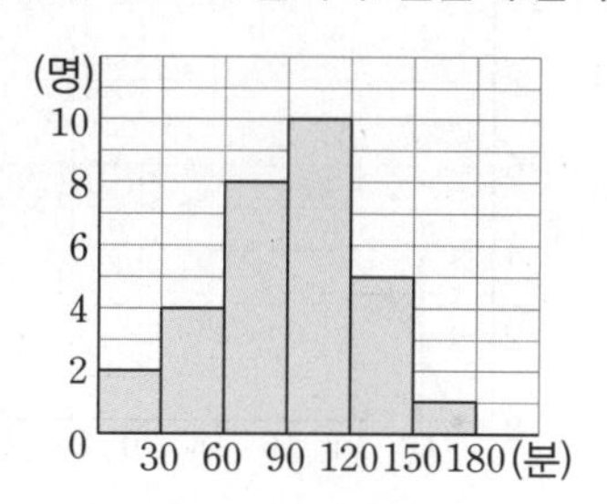

(1) 도수가 가장 작은 계급을 구하시오.

(2) 성훈이네 반의 전체 학생 수를 구하시오.

(3) 운동 시간이 120분 이상인 학생은 전체의 몇 %인지 구하시오.

3

오른쪽은 일정 기간 동안 어느 도시의 하루 동안의 미세 먼지 평균 농도를 조사하여 나타낸 히스토그램이다. 다음 중 옳은 것을 모두 고르면? (정답 2개)

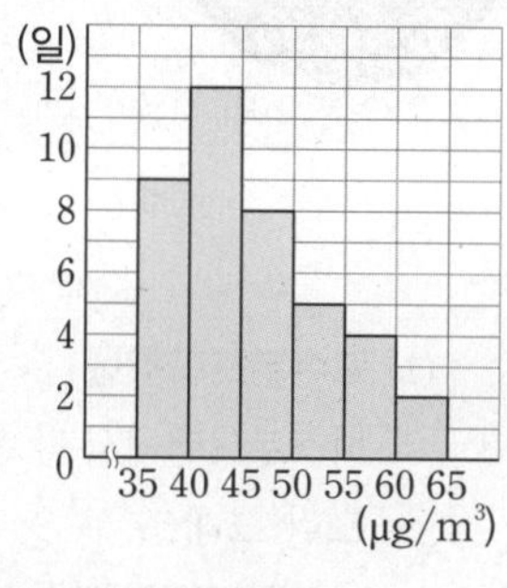

① 조사한 날수는 50일이다.

② 미세 먼지 평균 농도가 가장 낮은 날의 농도는 35 $\mu g/m^3$이다.

③ 도수가 가장 큰 계급은 40 $\mu g/m^3$ 이상 45 $\mu g/m^3$ 미만이다.

④ 도수가 가장 작은 계급의 직사각형의 넓이가 가장 작다.

⑤ 미세 먼지 평균 농도가 40 $\mu g/m^3$ 이상 50 $\mu g/m^3$ 미만인 날수는 50 $\mu g/m^3$ 이상인 날수의 2배이다.

4 생각이 자라는 **창의·융합**

오른쪽은 경수네 반 학생들이 일주일 동안 스트리밍 사이트에서 동영상을 시청한 시간을 조사하여 나타낸 히스토그램이다. 다음은 경수가 히스토그램을 보고 작성한 기사일 때, 밑줄 친 내용 중 옳지 <u>않은</u> 것을 모두 고르면? (정답 2개)

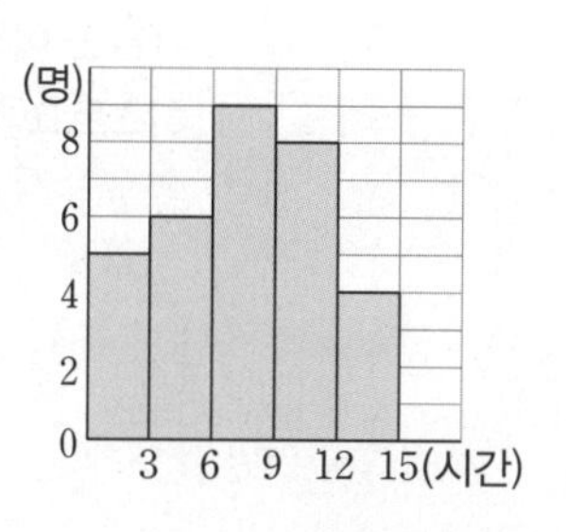

> 우리 반 학생 32명이 일주일 동안 스트리밍 사이트에서 동영상을 시청한 시간을 조사해 보니 ① 6시간 이상 9시간 미만 시청한 학생이 가장 많았고, ② 12시간 이상 15시간 미만 시청한 학생이 가장 적었습니다. ③ 가장 오래 시청한 학생은 14시간 시청하였고, ④ 10번째로 오래 시청한 학생은 최소 10시간 이상 시청하였습니다. 또 ⑤ 우리 반 학생의 절반 이상은 9시간 미만 시청한 것으로 나타났습니다.

▶ 문제 속 개념 도출

• 히스토그램에서 직사각형의 가로의 길이는 계급의 ① ____, 세로의 길이는 계급의 ② ____ 이다.

개념 49 도수분포다각형

되짚어 보기 [초3~4] 꺾은선그래프 [중1] 도수분포표 / 히스토그램

(1) 도수분포다각형

히스토그램에서 각 직사각형의 윗변의 중앙의 점을 차례로 선분으로 연결하여 그린 그래프

참고 도수분포다각형을 그리는 방법

❶ 히스토그램에서 각 직사각형의 윗변의 중앙에 점을 찍는다.

❷ 양 끝에 도수가 0인 계급이 하나씩 더 있는 것으로 생각하고, 그 중앙에 점을 찍는다.

❸ ❶, ❷에서 찍은 점들을 선분으로 연결한다.

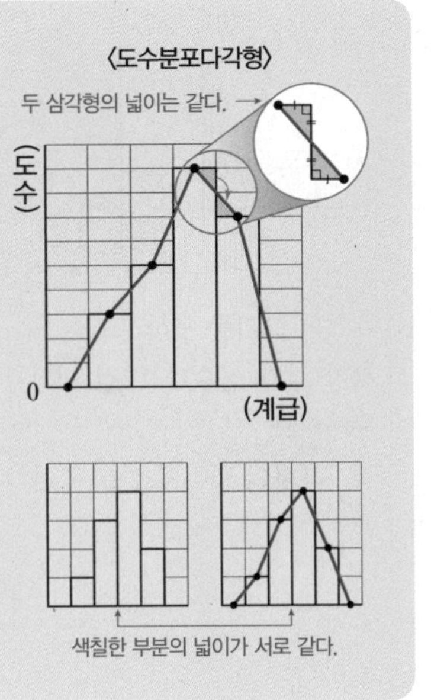

(2) 도수분포다각형의 특징

① 자료의 분포 상태를 연속적으로 알아볼 수 있다.

② 두 개 이상의 자료의 분포 상태를 비교하는 데 편리하다.

③ (도수분포다각형과 가로축으로 둘러싸인 부분의 넓이)
=(히스토그램의 각 직사각형의 넓이의 합)

색칠한 부분의 넓이가 서로 같다.

개념 확인

● 정답 및 해설 48쪽

1 다음은 어느 지역의 일정 기간 동안의 최저 기온을 조사하여 나타낸 도수분포표이다. 이 도수분포표를 히스토그램과 도수분포다각형으로 각각 나타내시오.

최저 기온(℃)	날수(일)
12이상 ~ 14미만	3
14 ~ 16	8
16 ~ 18	10
18 ~ 20	7
20 ~ 22	2
합계	30

⇨

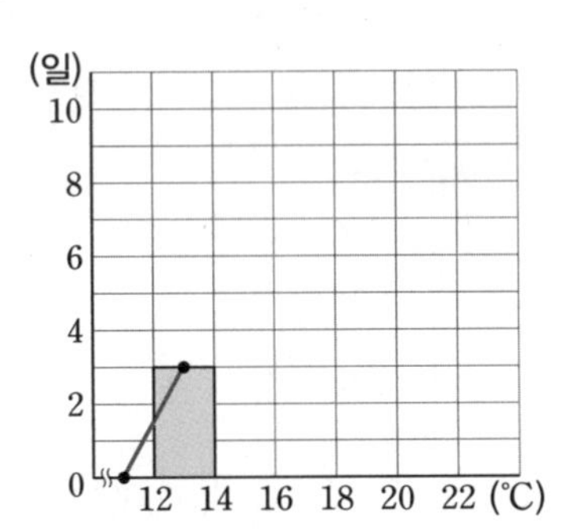

2 오른쪽은 어느 반 학생들의 50 m 달리기 기록을 조사하여 나타낸 도수분포다각형이다. 다음 물음에 답하시오.

(1) 계급의 크기와 계급의 계수를 각각 구하시오.

(2) 전체 학생 수를 구하시오.

(3) 도수가 가장 큰 계급과 가장 작은 계급을 각각 구하시오.

(4) 도수가 6명인 계급을 구하시오.

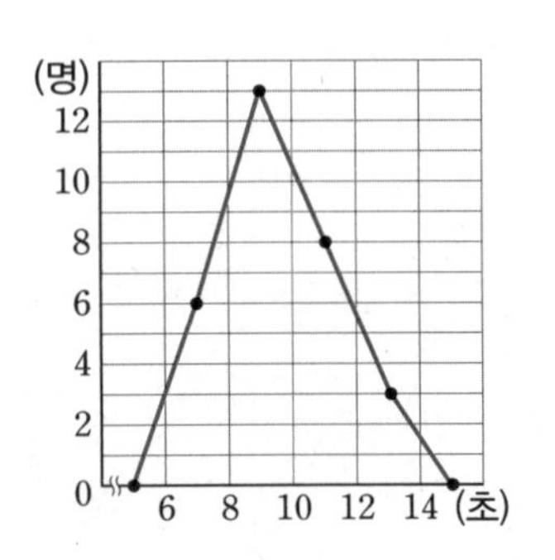

● 정답 및 해설 48쪽

교과서 문제로 개념 다지기

1

오른쪽은 미주네 반 학생들의 하루 동안의 수면 시간을 조사하여 나타낸 도수분포다각형이다. 다음을 구하시오.

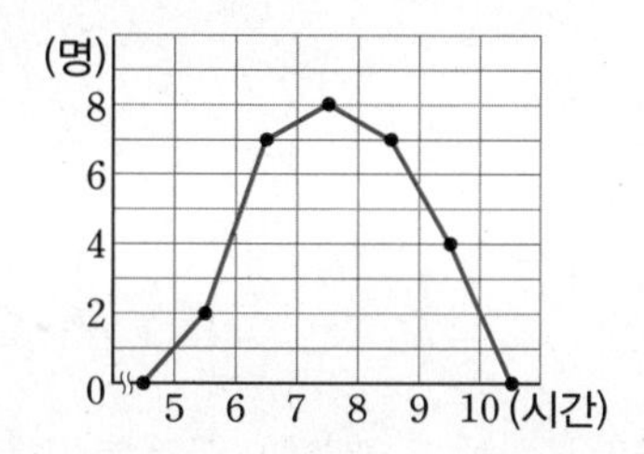

(1) 계급의 개수

(2) 미주네 반의 전체 학생 수

(3) 수면 시간이 8시간 미만인 학생 수

2

아래는 어느 반 학생들의 앉은키를 조사하여 나타낸 도수분포다각형이다. 다음을 구하시오.

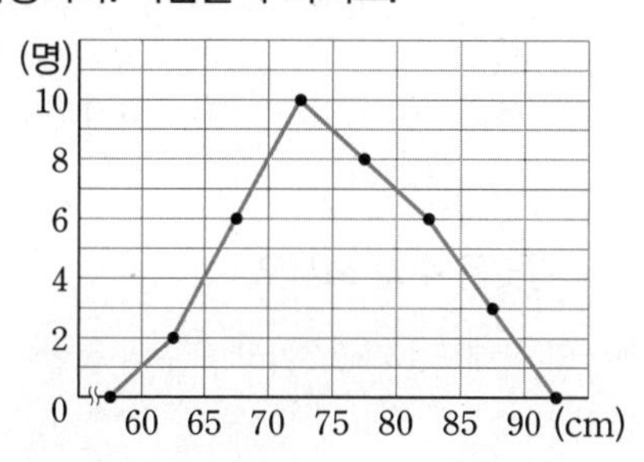

(1) 도수가 가장 큰 계급의 학생 수

(2) 앉은키가 80 cm 이상인 학생 수

(3) 도수분포다각형과 가로축으로 둘러싸인 부분의 넓이

3

다음은 서현이네 반 학생들의 몸무게를 조사하여 나타낸 도수분포다각형이다. 색칠한 두 삼각형의 넓이를 각각 A, B라 할 때, $A-B$의 값을 구하시오.

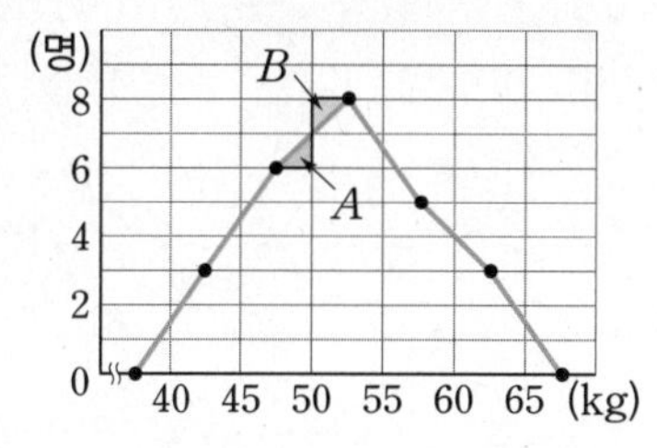

4

오른쪽은 지아네 반 학생들의 영어 점수를 조사하여 나타낸 도수분포다각형이다. 다음 물음에 답하시오.

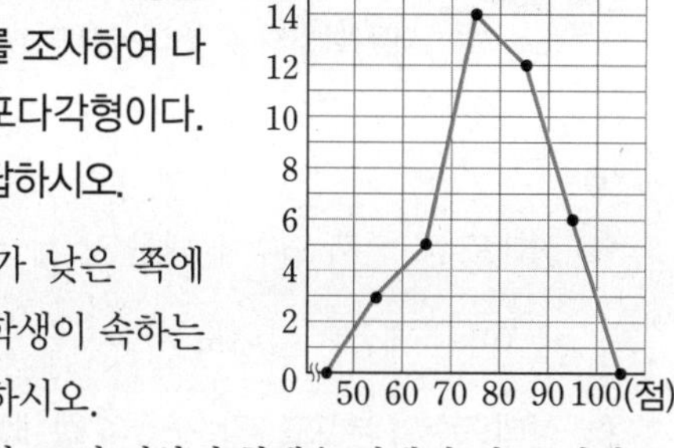

(1) 영어 점수가 낮은 쪽에서 9번째 학생이 속하는 계급을 구하시오.

(2) 영어 점수가 80점 이상인 학생은 전체의 몇 %인지 구하시오.

5 생각이 자라는 창의·융합

다음은 어느 반 학생 25명의 주말 동안의 독서 시간을 조사하여 나타낸 도수분포다각형인데 일부가 찢어져 보이지 않는다. 물음에 답하시오.

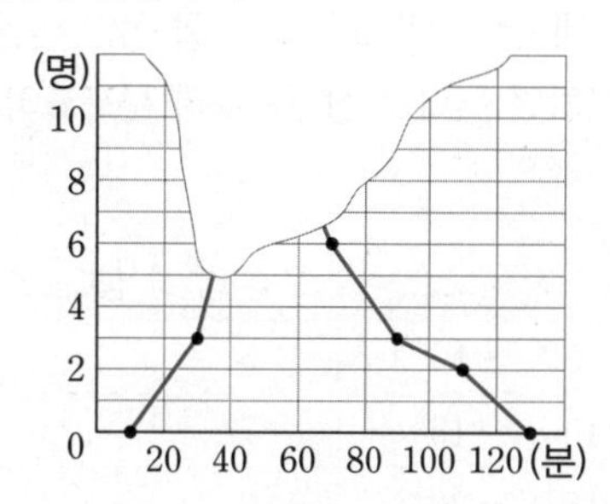

(1) 독서 시간이 40분 이상 60분 미만인 학생 수를 구하시오.

(2) 독서 시간이 60분 미만인 학생은 전체의 몇 %인지 구하시오.

▶ 문제 속 개념 도출

- 히스토그램에서 각 직사각형의 윗변의 중앙의 점을 차례로 선분으로 연결하여 그린 그래프를 ① ____________이라 한다.
- 찢어진 도수분포다각형이 주어지면 도수의 총합을 이용하여 찢어진 부분의 계급에 속하는 도수를 먼저 구한다.

50 상대도수

되짚어 보기 [초5~6] 비와 비율 [중1] 도수분포표

(1) **상대도수**: 전체 도수에 대한 각 계급의 도수의 비율

➡ (어떤 계급의 상대도수)$=\dfrac{\text{(그 계급의 도수)}}{\text{(도수의 총합)}}$ ← (어떤 계급의 도수)=(도수의 총합)×(그 계급의 상대도수), (도수의 총합)$=\dfrac{\text{(그 계급의 도수)}}{\text{(어떤 계급의 상대도수)}}$

(2) **상대도수의 분포표**: 각 계급의 상대도수를 나타낸 표

(3) **상대도수의 특징**

① 각 계급의 상대도수의 총합은 항상 1이고, 상대도수는 0 이상이고 1 이하인 수이다.

② 각 계급의 상대도수는 그 계급의 도수에 정비례한다.

③ 도수의 총합이 다른 두 자료의 분포 상태를 비교할 때 편리하다.

참고 상대도수에 100을 곱하면 전체에서 그 도수가 차지하는 백분율을 알 수 있다.

〈상대도수의 분포표〉

계급(kg)	도수(명)	상대도수
40이상 ~ 45미만	②	$\frac{2}{8}=0.25$
45 ~ 50	1	$\frac{1}{8}=0.125$
50 ~ 55	3	$\frac{3}{8}=0.375$
55 ~ 60	2	$\frac{2}{8}=0.25$
합계	⑧	1

개념 확인

● 정답 및 해설 49쪽

1

다음은 민주네 반 학생 25명이 한 달 동안 받은 이메일의 개수를 조사하여 나타낸 상대도수의 분포표이다. 물음에 답하시오.

개수(개)	도수(명)	상대도수
5이상 ~ 10미만	3	
10 ~ 15	7	
15 ~ 20	9	
20 ~ 25	4	
25 ~ 30	2	
합계	25	A

(1) 각 계급의 상대도수를 구하여 위의 표를 완성하시오.

(2) A의 값을 구하시오.

2

다음 □ 안에 알맞은 수를 쓰시오.

(1) 어떤 계급의 상대도수가 0.2이고 도수의 총합이 40일 때, 이 계급의 도수

⇨ (어떤 계급의 도수)

=(도수의 총합)×(그 계급의 상대도수)

$=40\times\square=\square$

(2) 어떤 계급의 도수가 13이고 상대도수가 0.52일 때, 도수의 총합

⇨ (도수의 총합)$=\dfrac{\text{(그 계급의 도수)}}{\text{(어떤 계급의 상대도수)}}$

$=\dfrac{13}{\square}=\square$

교과서 문제로 개념 다지기

1

다음은 어느 중학교 학생 20명의 한 달 동안의 용돈을 조사하여 나타낸 상대도수의 분포표이다. (가)~(마)에 알맞은 수를 각각 구하시오.

용돈(만 원)	도수(명)	상대도수
$0^{이상} \sim 2^{미만}$	5	$\frac{5}{20}=0.25$
$2 \sim 4$	10	$\frac{(가)}{20}=$ (나)
$4 \sim 6$	3	(다)
$6 \sim 8$	2	(라)
합계	20	(마)

[2~3] 다음은 어느 중학교 학생 50명의 하루 평균 가족과의 대화 시간을 조사하여 나타낸 상대도수의 분포표이다. 물음에 답하시오.

대화 시간(분)	도수(명)	상대도수
$10^{이상} \sim 20^{미만}$	A	0.16
$20 \sim 30$	13	B
$30 \sim 40$	16	0.32
$40 \sim 50$	7	D
$50 \sim 60$	6	0.12
합계	C	E

2

위의 표에서 A~E의 값을 각각 구하시오.

3

대화 시간이 30분 이상 40분 미만인 학생은 전체의 몇 % 인지 구하시오.

4

다음은 어느 공원에 있는 나무들의 키를 조사하여 나타낸 상대도수의 분포표이다. 물음에 답하시오.

나무의 키(cm)	도수(그루)	상대도수
$300^{이상} \sim 350^{미만}$		0.1
$350 \sim 400$		0.2
$400 \sim 450$		0.3
$450 \sim 500$		0.15
$500 \sim 550$		0.15
$550 \sim 600$		0.1
합계	200	

(1) 각 계급의 도수를 구하여 위의 표를 완성하시오.

(2) 키가 500 cm 이상인 나무는 전체의 몇 %인지 구하시오.

5 생각이 자라는 창의·융합

어느 댄스 대회에서 참가자들의 점수를 매겨 본선 진출자를 정한다고 한다. 다음은 참가자들의 점수를 조사하여 나타낸 상대도수의 분포표인데 일부에 얼룩이 생겨 보이지 않는다. 물음에 답하시오.

점수(점)	도수(명)	상대도수
$40^{이상} \sim 50^{미만}$	4	0.05
$50 \sim 60$		0.1
$60 \sim 70$		
$70 \sim 80$		

(1) 전체 참가자의 수를 구하시오.

(2) 점수가 50점 이상 60점 미만인 참가자의 수를 구하시오.

▶ 문제 속 개념 도출

• (어떤 계급의 ① ______) $=\frac{(그 계급의 도수)}{(도수의 총합)}$

➡ (어떤 계급의 도수)=(도수의 총합)×(그 계급의 상대도수)

➡ (② ______) $=\frac{(그 계급의 도수)}{(어떤 계급의 상대도수)}$

개념 51 상대도수의 분포를 나타낸 그래프

되짚어 보기 [중1] 히스토그램 / 도수분포다각형 / 상대도수

상대도수의 분포표를 히스토그램이나 도수분포다각형과 같은 모양으로 나타낸 그래프를 상대도수의 분포를 나타낸 그래프라 한다.

참고 상대도수의 분포를 나타낸 그래프를 그리는 방법

❶ 가로축에 각 계급의 양 끝 값을 차례로 표시한다.

❷ 세로축에 상대도수를 차례로 표시한다.

❸ 히스토그램이나 도수분포다각형과 같은 모양으로 그린다.

〈상대도수의 분포를 나타낸 그래프〉

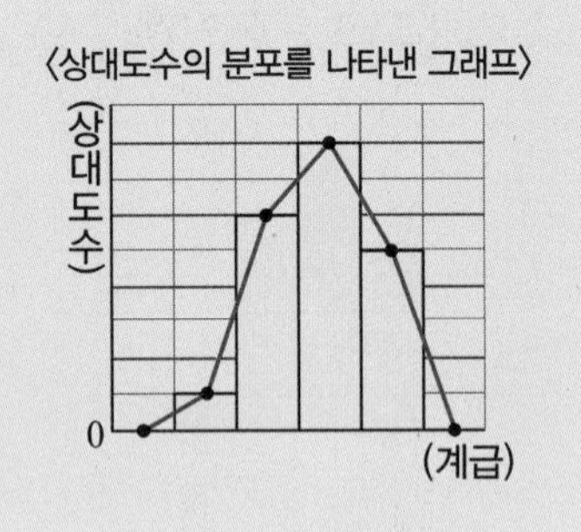

개념 확인

● 정답 및 해설 49쪽

1 다음은 어느 모둠의 학생 50명이 가지고 있는 필기구의 개수를 조사하여 나타낸 상대도수의 분포표이다. 이 상대도수의 분포표를 도수분포다각형 모양의 그래프로 나타내시오.

필기구의 개수(개)	상대도수
2이상 ~ 4미만	0.04
4 ~ 6	0.26
6 ~ 8	0.4
8 ~ 10	0.18
10 ~ 12	0.12
합계	1

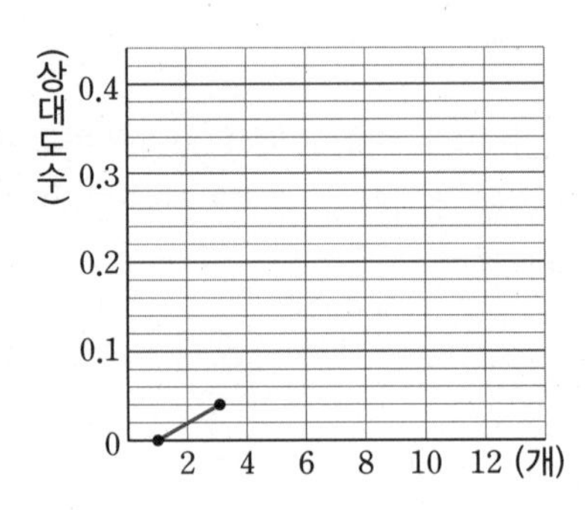

2 오른쪽은 어느 중학교 1학년 학생 60명의 키에 대한 상대도수의 분포를 나타낸 그래프이다. 다음 물음에 답하시오.

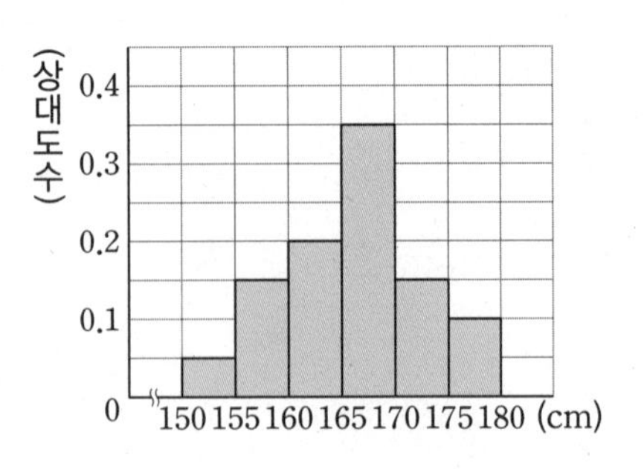

(1) 상대도수가 가장 큰 계급과 가장 작은 계급을 차례로 구하시오.

(2) 도수가 가장 큰 계급과 가장 작은 계급을 차례로 구하시오.

(3) 160 cm 이상 165 cm 미만인 계급의 상대도수를 구하시오.

(4) 160 cm 이상 165 cm 미만인 계급의 도수를 구하시오.

(5) 키가 170 cm 이상인 학생은 전체의 몇 %인지 구하시오.

교과서 문제로 개념 다지기

1

아래는 어느 지역 50곳의 3월 동안의 일별 최고 기온에 대한 상대도수의 분포를 나타낸 그래프이다. 다음 중 옳은 것은?

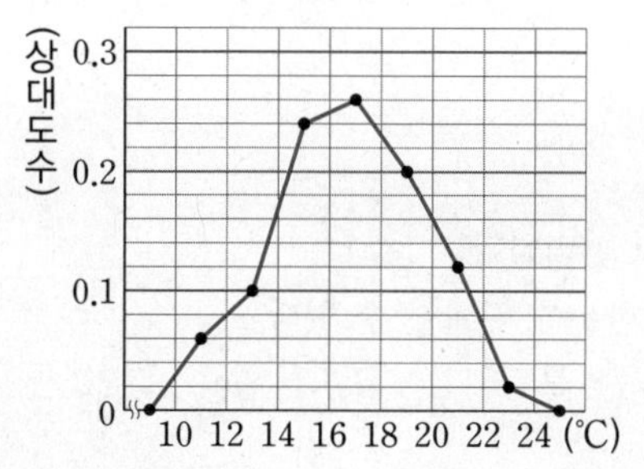

① 상대도수가 가장 큰 계급은 14 ℃ 이상 16 ℃ 미만이다.
② 도수가 가장 작은 계급은 10 ℃ 이상 12 ℃ 미만이다.
③ 상대도수의 총합은 도수의 총합과 같다.
④ 최고 기온이 18 ℃ 이상 20 ℃ 미만인 지역은 8곳이다.
⑤ 최고 기온이 14 ℃ 미만인 지역은 전체의 16 %이다.

2

다음은 연수네 반 학생 40명이 놀이공원에서 놀이 기구를 타려고 기다린 시간에 대한 상대도수의 분포를 나타낸 그래프이다. 물음에 답하시오.

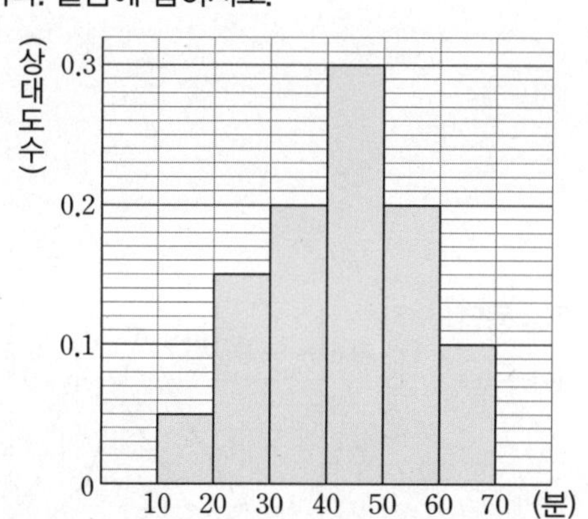

(1) 40분 미만인 계급의 상대도수의 합을 구하시오.
(2) 기다린 시간이 40분 미만인 학생 수를 구하시오.

3

다음은 웅이네 반 학생들이 1분 동안 실시한 턱걸이 횟수에 대한 상대도수의 분포를 나타낸 그래프이다. 도수가 가장 큰 계급에 속하는 학생이 18명일 때, 물음에 답하시오.

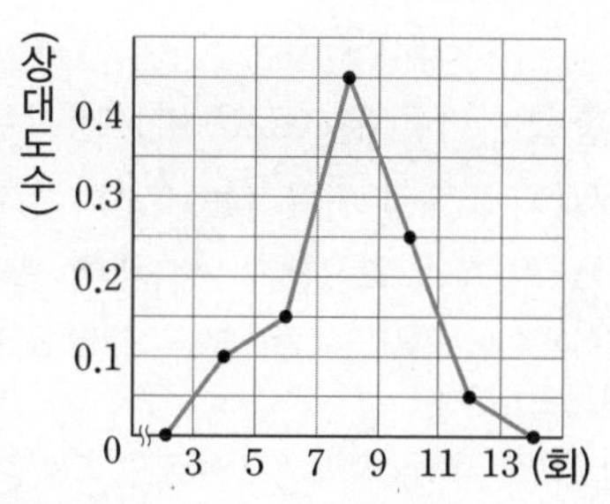

(1) 웅이네 반의 전체 학생 수를 구하시오.
(2) 턱걸이 횟수가 3회 이상 7회 미만인 학생 수를 구하시오.

4 생각이 자라는 문제 해결

다음은 어느 중학교 학생 25명의 신발 크기에 대한 상대도수의 분포를 나타낸 그래프이다. 물음에 답하시오.

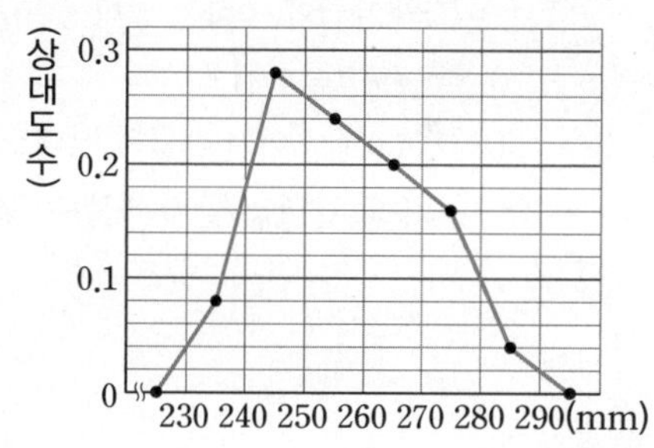

(1) 상대도수가 가장 작은 계급의 도수를 구하시오.
(2) 신발 크기가 큰 쪽에서 5번째인 학생이 속하는 계급의 상대도수를 구하시오.

▶ 문제 속 개념 도출
- 각 계급의 상대도수는 그 계급의 도수에 ① ______ 한다.
- 도수의 총합과 상대도수가 주어진 계급을 이용하여 그 계급의 도수를 구할 수 있다.
  ➡ (어떤 계급의 도수)=(도수의 총합)×(그 계급의 ② ______)

도수의 총합이 다른 두 자료의 비교

되짚어 보기 [중1] 상대도수 / 상대도수의 분포를 나타낸 그래프

도수의 총합이 다른 두 자료를 비교할 때는

(1) 각 계급의 도수를 비교하는 것보다 상대도수를 비교하는 것이 더 편리하다.

(2) 두 자료의 그래프를 함께 나타내어 보면 두 자료의 분포 상태를 한눈에 비교할 수 있다.

참고 오른쪽은 어느 중학교의 1반과 2반의 한 달 동안의 봉사 활동 시간에 대한 상대도수의 분포를 나타낸 그래프이다.
이때 2반의 그래프가 1반의 그래프보다 전체적으로 오른쪽으로 치우쳐 있으므로 2반이 1반보다 봉사 활동 시간이 대체적으로 더 길다고 할 수 있다.

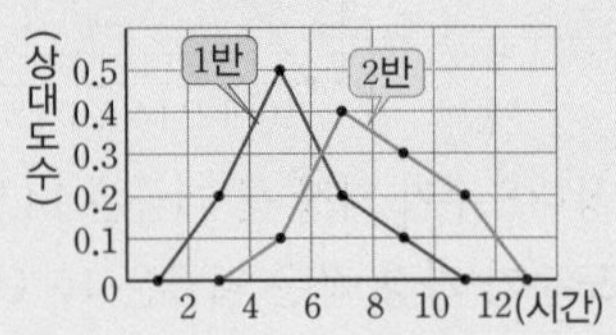

개념 확인

● 정답 및 해설 50쪽

1 오른쪽은 어느 중학교 1학년 남학생 40명과 여학생 25명의 수학 점수를 조사하여 나타낸 상대도수의 분포표이다. 다음 물음에 답하시오.

(1) 오른쪽 상대도수의 분포표를 완성하시오.

(2) 남학생과 여학생의 상대도수가 같은 계급을 구하시오.

(3) (2)의 계급에 속하는 남학생 수와 여학생 수를 각각 구하시오.

(4) (2), (3)에서 어떤 계급의 상대도수가 같으면 도수도 같다고 할 수 있는지 말하시오.

수학 점수(점)	남학생		여학생	
	도수(명)	상대도수	도수(명)	상대도수
75이상 ~ 80미만	4		3	0.12
80 ~ 85	8	0.2		
85 ~ 90		0.3	7	
90 ~ 95		0.25	9	0.36
95 ~ 100	6			0.04
합계	40	1	25	

2 오른쪽은 진혁이네 학교 1학년 1반과 2반 학생들의 일주일 동안의 운동 시간에 대한 상대도수의 분포를 나타낸 그래프이다. 다음 물음에 답하시오.

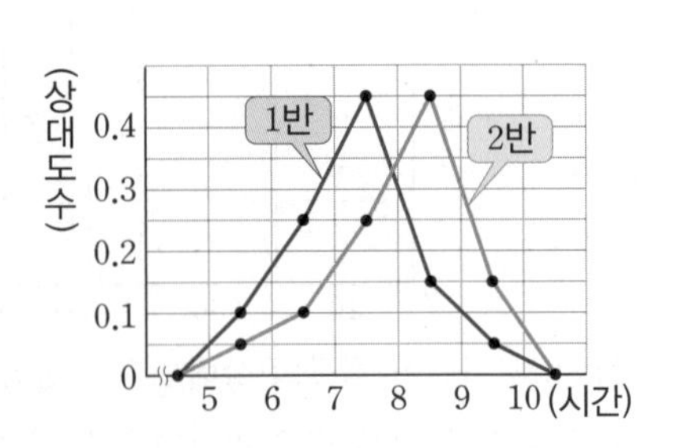

(1) 1반과 2반 중에서 운동 시간이 7시간 이상 8시간 미만인 학생의 비율은 어느 반이 더 높은지 구하시오.

⇨ 7시간 이상 8시간 미만인 계급의 상대도수는
1반: ______, 2반: ______
따라서 운동 시간이 7시간 이상 8시간 미만인 학생의 비율은 ______반이 더 높다.

(2) 1반과 2반 중에서 운동 시간이 대체적으로 더 긴 반을 구하시오.

[1~4] 다음은 A중학교와 B중학교 학생들의 하루 동안의 자습 시간에 대한 상대도수의 분포를 나타낸 그래프이다. 물음에 답하시오.

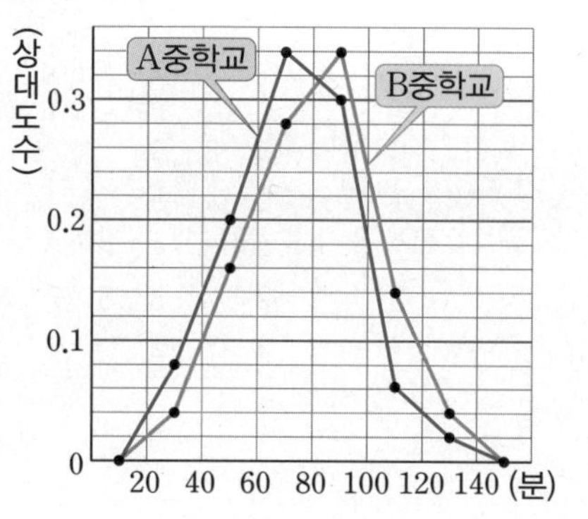

1

A중학교의 상대도수가 B중학교의 상대도수보다 큰 계급을 모두 구하시오.

2

A, B 두 중학교 중에서 자습 시간이 80분 이상 100분 미만인 학생의 비율은 어느 중학교가 더 높은지 구하시오.

3

A, B 두 중학교의 학생 수가 각각 400명, 600명일 때, 자습 시간이 60분 이상 80분 미만인 A, B 두 중학교의 학생 수를 각각 구하시오.

4

A, B 두 중학교 중에서 자습 시간이 대체적으로 더 긴 학교를 구하시오.

5

아래는 어느 중학교 1학년 남학생과 여학생의 일주일 동안의 TV 시청 시간에 대한 상대도수의 분포를 나타낸 그래프이다. 다음 | 보기 | 중 옳은 것을 모두 고르시오.

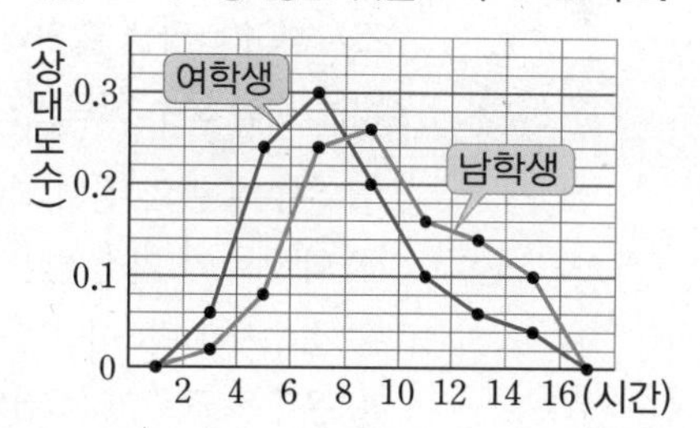

보기

ㄱ. 전체 남학생 수와 전체 여학생 수는 같다.

ㄴ. 남학생이 여학생보다 TV 시청 시간이 대체적으로 더 긴 편이다.

ㄷ. TV 시청 시간이 6시간 이상 10시간 미만인 남학생은 남학생 전체의 50 %이다.

6 생각이 자라는 **창의·융합**

오른쪽은 야구부 학생 50명과 배구부 학생 25명의 팔굽혀펴기 기록에 대한 상대도수의 분포를 나타낸 그래프이다. 이 그래프를 보고 세 명의 학생이 다음과 같이 설명하였을 때, 밑줄 친 부분을 옳게 말한 학생을 모두 고르시오.

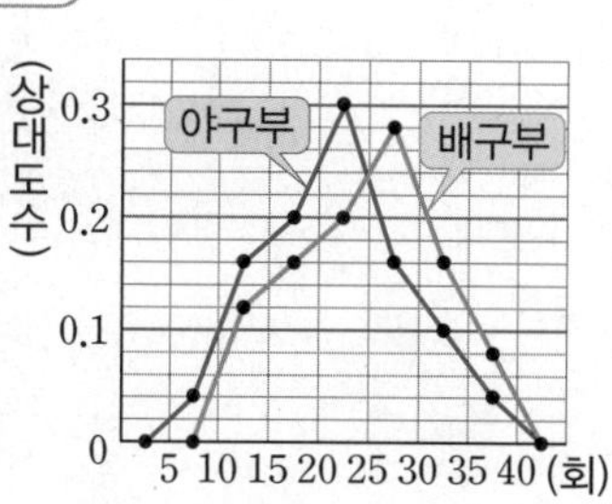

가영: 기록이 20회 이상 25회 미만인 학생의 비율은 야구부가 배구부보다 높다.

나영: 야구부에서 기록이 15회 미만인 학생은 야구부 전체의 20 %이다.

다영: 야구부가 배구부보다 기록이 더 좋은 편이다.

▶ 문제 속 개념 도출

• 도수의 총합이 다른 두 자료를 비교할 때는 도수를 비교하는 것보다 ① ________ 를 비교하는 것이 더 편리하다.

학교 시험 문제로 **단원 마무리**

점수 /100점

개념 45

1 오른쪽은 은주네 반 학생들의 체육 수행평가 점수를 조사하여 나타낸 줄기와 잎 그림이다. 다음 중 옳지 않은 것을 모두 고르면? (정답 2개) [10점]

(0|2는 2점)

줄기	잎
0	2 5 8 9
1	0 2 4 5
2	0 0 3 4 6 6
3	2 2 2 3 5 7 8
4	2 4 7 9

① 은주네 반의 전체 학생 수는 25명이다.
② 학생 수가 가장 많은 점수대는 30점대이다.
③ 점수가 10점 미만인 학생은 전체의 20 %이다.
④ 은주의 점수가 33점일 때, 은주보다 점수가 높은 학생 수는 4명이다.
⑤ 점수가 낮은 쪽에서 6번째인 학생의 점수는 12점이다.

개념 46

2 다음 중 도수분포표에 대한 설명으로 옳은 것은? [10점]

① 계급의 양 끝 값의 차를 계급이라 한다.
② 각 계급의 도수의 총합은 변량의 총수와 같다.
③ 각 계급에 속하는 자료의 개수를 변량이라 한다.
④ 변량을 일정한 간격으로 나눈 구간을 도수라 한다.
⑤ 계급의 개수가 많을수록 자료의 분포 상태를 알기 쉽다.

개념 46, 47

3 오른쪽은 45개 식품의 100 g당 열량을 조사하여 나타낸 도수분포표이다. 다음 물음에 답하시오. [10점]

열량(kcal)	개수(개)
100이상 ~ 200미만	3
200 ~ 300	11
300 ~ 400	10
400 ~ 500	A
500 ~ 600	7
600 ~ 700	5
합계	45

(1) A의 값을 구하시오.
(2) 열량이 100 kcal 이상 300 kcal 미만인 식품 수를 구하시오.
(3) 열량이 높은 쪽에서 10번째인 식품이 속하는 계급을 구하시오.

● 정답 및 해설 51쪽

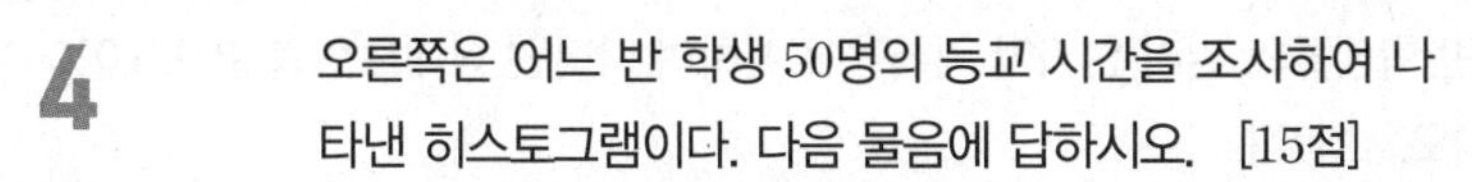

개념 48

4 오른쪽은 어느 반 학생 50명의 등교 시간을 조사하여 나타낸 히스토그램이다. 다음 물음에 답하시오. [15점]

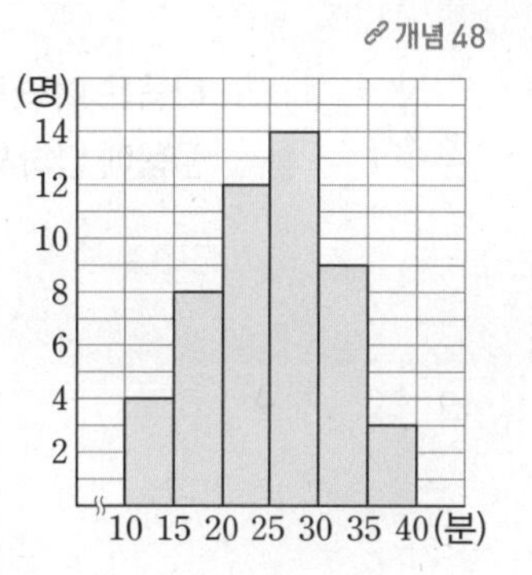

(1) 등교 시간이 18분인 학생이 속하는 계급의 도수를 구하시오.

(2) 등교 시간이 30분 이상인 학생은 전체의 몇 %인지 구하시오.

(3) 등교 시간이 8번째로 긴 학생이 속하는 계급의 직사각형의 넓이는 등교 시간이 2번째로 긴 학생이 속하는 계급의 직사각형의 넓이의 몇 배인지 구하시오.

개념 48, 49

5 오른쪽은 어느 여행사에서 단체 여행을 신청한 관광객들의 나이를 조사하여 나타낸 (가) 히스토그램과 (나) 도수분포다각형이다. 다음 중 옳지 않은 것을 모두 고르면? (정답 2개) [15점]

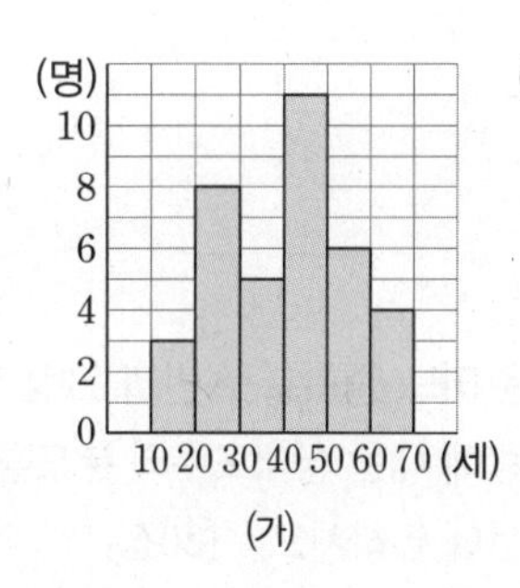

(가)

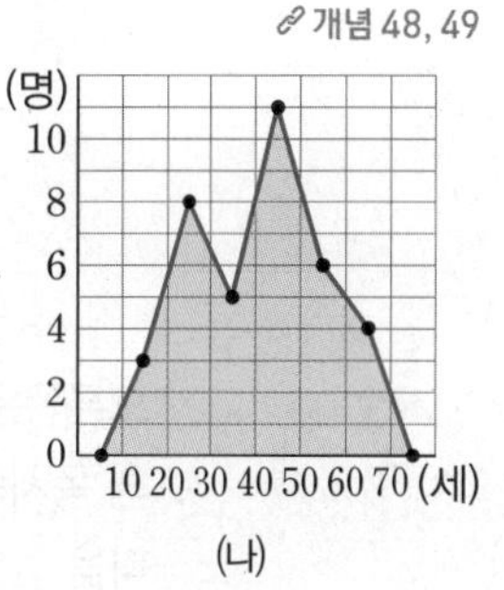

(나)

① 단체 여행을 신청한 전체 관광객 수는 37명이다.

② 나이가 적은 쪽에서 12번째인 관광객이 속하는 계급의 도수는 5명이다.

③ 단체 여행을 신청한 관광객 중 가장 나이가 많은 관광객의 나이는 알 수 없다.

④ (가)의 색칠한 부분의 넓이는 (나)의 색칠한 부분의 넓이보다 크다.

⑤ 도수가 가장 큰 계급의 도수와 도수가 가장 작은 계급의 도수의 차는 7명이다.

● 정답 및 해설 52쪽

개념 50

6

다음은 어느 반 학생들의 멀리 던지기 기록을 조사하여 나타낸 상대도수의 분포표이다. 물음에 답하시오. [20점]

멀리 던지기 기록(m)	도수(명)	상대도수
10^이상^ ~ 20^미만^	5	0.1
20 ~ 30	12	A
30 ~ 40	B	0.3
40 ~ 50	10	0.2
50 ~ 60	C	D
합계		1

(1) 전체 학생 수를 구하시오.

(2) A, B, C, D의 값을 각각 구하시오.

(3) 멀리 던지기 기록이 30 m 미만인 학생은 전체의 몇 %인지 구하시오.

개념 52

7

오른쪽은 어느 중학교 A반과 B반 학생들의 한 달 동안의 독서량에 대한 상대도수의 분포를 나타낸 그래프이다. 다음 물음에 답하시오. [20점]

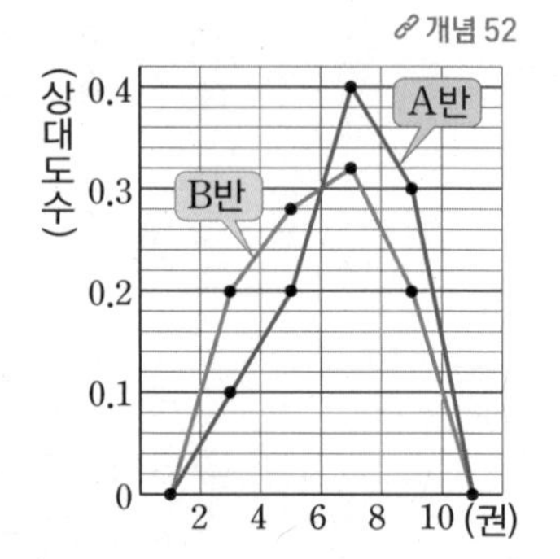

(1) A, B 두 반 중 독서량이 4권 이상 6권 미만인 학생의 비율이 더 높은 반을 구하시오.

(2) B반에서 독서량이 5권인 학생이 속하는 계급의 학생 수가 7명일 때, B반의 전체 학생 수를 구하시오.

(3) A, B 두 반 중 독서량이 대체적으로 더 많은 반을 구하시오.

배운 내용 돌아보기

마인드맵으로 정리하기

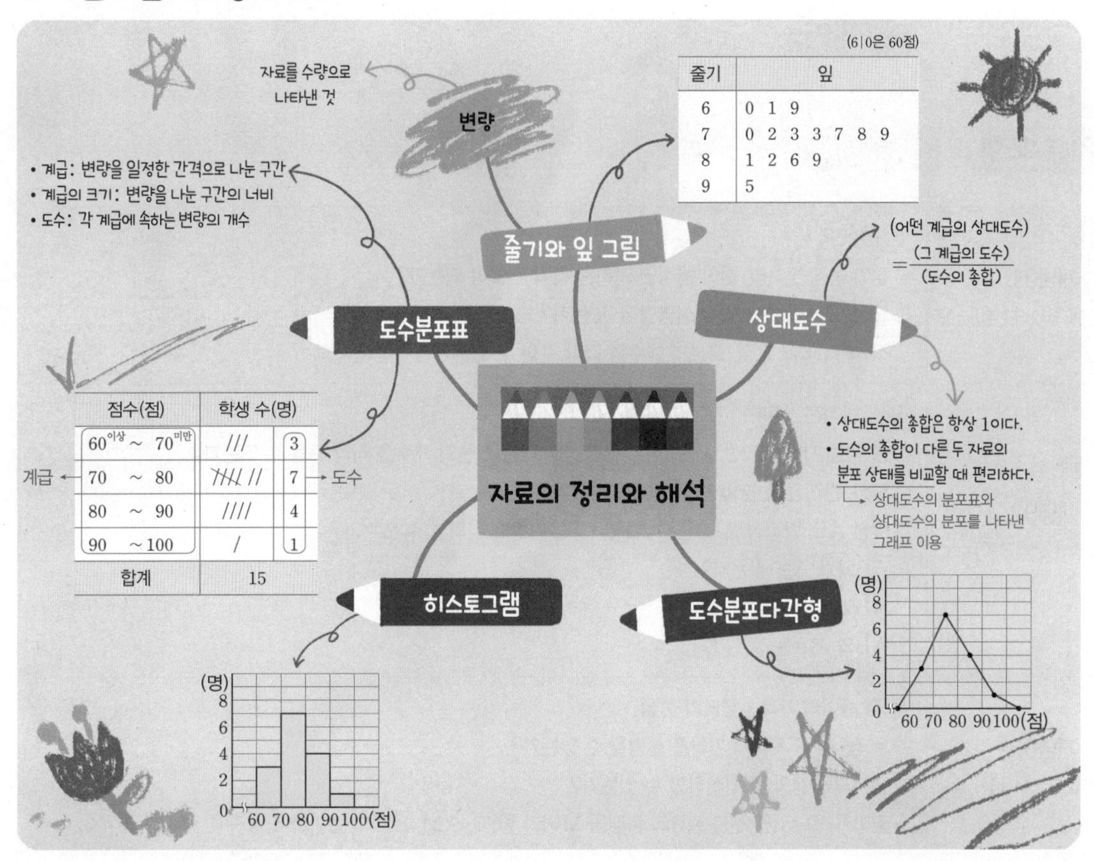

OX 문제로 확인하기

옳은 것은 O, 옳지 않은 것은 X를 택하시오.

● 정답 및 해설 52쪽

❶ 줄기와 잎 그림을 그릴 때, 잎에는 중복되는 수를 한 번만 쓴다. O | X

❷ 도수분포표에서는 각 계급에 속한 변량의 개수를 알 수 있다. O | X

❸ 도수분포표에서 계급의 양 끝 값의 차, 즉 구간의 너비를 도수라 한다. O | X

❹ 도수분포표에서 계급의 개수를 많게 할수록 자료의 분포 상태를 쉽게 알 수 있다. O | X

❺ 히스토그램의 각 직사각형에서 가로의 길이는 계급의 크기, 세로의 길이는 계급의 도수를 나타낸다. O | X

❻ 도수분포다각형에서 각 계급의 도수를 구할 수 있다. O | X

❼ 하나의 도수분포표에서 계급 A의 도수가 계급 B의 도수보다 크면 계급 A의 상대도수는 계급 B의 상대도수보다 크다. O | X

❽ 어떤 계급의 상대도수가 0.2이고 도수의 총합이 50일 때, 이 계급의 도수는 10이다. O | X

❾ 도수의 합과 상대도수의 합은 같다. O | X

스스로 개념을 확인하는, 질문 리스트

각 개념에 대응하는 질문에 대한 답을 스스로 할 수 있는지 확인해 보세요.
만약 답을 하기 어렵다면,
본책의 해당 개념을 다시 학습해 보세요.

1 기본 도형

<table>
<tr><td>개념01
(본책 10~11쪽)</td><td>점, 선, 면
□ 점이 움직인 자리, 선이 움직인 자리는 각각 무엇이 되는가?
□ 교점, 교선의 뜻을 각각 설명할 수 있는가?
직육면체에서 교점, 교선의 개수를 각각 구할 수 있는가?</td></tr>
<tr><td>개념02
(본책 12~13쪽)</td><td>직선, 반직선, 선분
□ 한 점을 지나는 직선, 서로 다른 두 점을 지나는 직선의 개수를 각각 구할 수 있는가?
□ 직선, 반직선, 선분의 뜻을 비교하여 설명할 수 있는가?
□ 직선 AB, 반직선 AB, 선분 AB를 각각 기호로 나타낼 수 있는가?
□ $\overleftrightarrow{AB}$와 $\overleftrightarrow{BA}$는 같은가?
$\overrightarrow{AB}$와 $\overrightarrow{BA}$는 같은가?
$\overline{AB}$와 $\overline{BA}$는 같은가?</td></tr>
<tr><td>개념03
(본책 14~15쪽)</td><td>두 점 사이의 거리 / 선분의 중점
□ 두 점 A, B 사이의 거리를 설명할 수 있는가?
□ 선분의 중점의 뜻을 설명할 수 있는가?
길이가 10 cm인 선분 AB의 중점을 M이라 할 때, $\overline{AM}$, $\overline{BM}$의 길이를 각각 구할 수 있는가?</td></tr>
<tr><td>개념04~05
(본책 16~19쪽)</td><td>각 / 맞꼭지각
□ 각 AOB를 기호로 다양하게 나타낼 수 있는가?
□ 크기에 따라 각을 평각, 직각, 예각, 둔각으로 분류하여 설명할 수 있는가?
□ 교각, 맞꼭지각의 뜻을 각각 설명할 수 있는가?
□ 맞꼭지각의 성질을 설명할 수 있는가?</td></tr>
<tr><td>개념06
(본책 20~21쪽)</td><td>직교와 수선
□ 직교의 뜻을 설명할 수 있는가?
두 직선 AB와 CD가 직교하는 것을 기호로 나타낼 수 있는가?
□ 수직이등분선의 뜻을 설명할 수 있는가?
□ 수선의 발의 뜻을 설명할 수 있는가?</td></tr>
<tr><td>개념07
(본책 22~23쪽)</td><td>점과 직선, 점과 평면의 위치 관계
□ 점과 직선의 위치 관계를 2가지로 분류하여 설명할 수 있는가?
□ 점과 평면의 위치 관계를 2가지로 분류하여 설명할 수 있는가?</td></tr>
<tr><td>개념08~09
(본책 24~27쪽)</td><td>평면에서 두 직선의 위치 관계 / 공간에서 두 직선의 위치 관계
□ 두 직선 l, m이 평행하다는 것을 기호로 나타낼 수 있는가?
□ 평면에서 두 직선의 위치 관계를 3가지로 분류하여 설명할 수 있는가?
□ 공간에서 두 직선 l, m이 꼬인 위치에 있다는 것의 뜻을 설명할 수 있는가?
□ 공간에서 두 직선의 위치 관계를 4가지로 분류하여 설명할 수 있는가?</td></tr>
</table>

개념10 (본책 28~29쪽)	공간에서 직선과 평면, 두 평면의 위치 관계 □ 공간에서 직선과 평면의 위치 관계를 3가지로 분류하여 설명할 수 있는가? □ 공간에서 평면과 평면의 위치 관계를 3가지로 분류하여 설명할 수 있는가?
개념11 (본책 30~31쪽)	동위각과 엇각 □ 동위각과 엇각의 뜻을 비교하여 설명할 수 있는가?
개념12~13 (본책 32~35쪽)	평행선의 성질 / 평행선의 활용 □ 서로 다른 두 직선이 한 직선과 만날 때 ① 두 직선이 평행하면 동위각의 크기는 같다고 할 수 있는가? ② 동위각의 크기가 같으면 두 직선은 평행하다고 할 수 있는가? □ 서로 다른 두 직선이 한 직선과 만날 때 ① 두 직선이 평행하면 엇각의 크기는 같다고 할 수 있는가? ② 엇각의 크기가 같으면 두 직선은 평행하다고 할 수 있는가?

2 작도와 합동

개념14~15 (본책 40~43쪽)	작도 □ 작도의 뜻을 설명할 수 있는가? □ 눈금 없는 자와 컴퍼스를 사용하여 ① 길이가 같은 선분을 작도할 수 있는가? ② 크기가 같은 각을 작도할 수 있는가? □ 눈금 없는 자와 컴퍼스를 사용하여 평행선을 작도할 수 있는가? 이 작도에 이용된 평행선의 성질을 말할 수 있는가?
개념16 (본책 44~45쪽)	삼각형의 세 변의 길이 사이의 관계 □ 삼각형 ABC를 기호로 나타낼 수 있는가? □ 삼각형에서 대변, 대각의 뜻을 각각 설명할 수 있는가? □ 삼각형이 되기 위한 삼각형의 세 변의 길이 사이의 관계를 설명할 수 있는가? 세 변의 길이가 $1\,\mathrm{cm}$, $3\,\mathrm{cm}$, $5\,\mathrm{cm}$인 삼각형을 만들 수 있는가? 세 변의 길이가 $2\,\mathrm{cm}$, $3\,\mathrm{cm}$, $4\,\mathrm{cm}$인 삼각형을 만들 수 있는가?
개념17~18 (본책 46~49쪽)	삼각형의 작도 / 삼각형이 하나로 정해지는 조건 □ 다음의 3가지 경우 각각에 대하여 삼각형을 하나로 작도할 수 있는가? ① 세 변의 길이가 주어진 경우 ② 두 변의 길이와 그 끼인각의 크기가 주어진 경우 ③ 한 변의 길이와 그 양 끝 각의 크기가 주어진 경우 □ 삼각형이 하나로 정해지는 조건 3가지를 말할 수 있는가? □ 다음 각 경우에 대하여 $\triangle ABC$가 하나로 정해지는지 판단할 수 있는가? ① $\overline{AB}=2\,\mathrm{cm}$, $\overline{BC}=3\,\mathrm{cm}$, $\overline{CA}=5\,\mathrm{cm}$인 경우 ② $\overline{AB}=2\,\mathrm{cm}$, $\overline{BC}=3\,\mathrm{cm}$, $\angle A=30^\circ$인 경우 ③ $\angle A=30^\circ$, $\angle B=60^\circ$, $\angle C=90^\circ$인 경우

개념	질문
개념19 (본책 50~51쪽)	**도형의 합동** □ 합동의 뜻을 설명할 수 있는가? $\triangle ABC$와 $\triangle DEF$가 서로 합동임을 기호로 나타낼 수 있는가? □ $\triangle ABC \equiv \triangle A'B'C'$일 때, 다음을 각각 구할 수 있는가? ① $\overline{AB}$의 대응변　　② $\angle BCA$의 대응각 □ 두 도형이 서로 합동일 때, 대응변의 길이와 대응각의 크기에 대한 성질을 설명할 수 있는가?
개념20~22 (본책 52~57쪽)	**삼각형의 합동 조건 / 삼각형의 합동의 활용** □ 삼각형의 합동 조건 3가지를 비교하여 설명할 수 있는가? □ 다음 각 경우에 대하여 $\triangle ABC \equiv \triangle DEF$인지 판단할 수 있는가? ① $\overline{AB}=\overline{DE}$, $\overline{BC}=\overline{EF}$, $\angle B=\angle E$인 경우 ② $\overline{AB}=\overline{DE}$, $\overline{AC}=\overline{DF}$, $\angle C=\angle F$인 경우 ③ $\overline{AC}=\overline{DF}$, $\angle A=\angle D$, $\angle C=\angle F$인 경우 ④ $\angle A=\angle D$, $\angle B=\angle E$, $\angle C=\angle F$인 경우

3 평면도형

개념	질문
개념23~24 (본책 62~65쪽)	**다각형 / 다각형의 대각선의 개수** □ 다각형의 내각, 외각의 뜻을 비교하여 설명할 수 있는가? □ 다각형이 어떤 조건을 만족시킬 때 정다각형이 되는지 설명할 수 있는가? □ n각형의 대각선의 개수를 n에 대한 식으로 나타낼 수 있는가? 오각형, 십각형의 대각선의 개수를 각각 구할 수 있는가?
개념25 (본책 66~67쪽)	**삼각형의 내각과 외각** □ 삼각형의 세 내각의 크기의 합은 항상 일정하다. 그 합은 얼마인가? □ 삼각형의 내각과 외각의 크기 사이의 관계를 설명할 수 있는가?
개념26 (본책 68~69쪽)	**다각형의 내각과 외각의 크기의 합** □ n각형의 내각의 크기의 합을 n에 대한 식으로 나타낼 수 있는가? 오각형, 십각형의 내각의 크기의 합을 각각 구할 수 있는가? □ n각형의 외각의 크기의 합은 항상 일정하다. 그 합은 얼마인가? 오각형, 십각형의 외각의 크기의 합을 각각 구할 수 있는가?
개념27 (본책 70~71쪽)	**정다각형의 한 내각과 한 외각의 크기** □ 정n각형의 한 내각의 크기를 n에 대한 식으로 나타낼 수 있는가? 정오각형, 정십각형의 한 내각의 크기를 각각 구할 수 있는가? □ 정n각형의 한 외각의 크기를 n에 대한 식으로 나타낼 수 있는가? 정오각형, 정십각형의 한 외각의 크기를 각각 구할 수 있는가?
개념28 (본책 72~73쪽)	**원과 부채꼴** □ 원의 각 부분을 나타내는 다음 용어의 뜻을 각각 설명할 수 있는가? "호", "현", "할선", "부채꼴", "중심각", "활꼴" □ 호 AB를 기호로 나타낼 수 있는가? □ 한 원에서 길이가 가장 긴 현은 원의 지름과 같다고 할 수 있는가? □ 한 원에서 부채꼴이 활꼴과 같아질 때의 부채꼴의 중심각의 크기를 구할 수 있는가?

개념29~30 (본책 74~77쪽)	**부채꼴의 성질** 한 원 또는 합동인 두 원에서 □ 중심각의 크기가 같으면 부채꼴의 호의 길이, 부채꼴의 넓이, 현의 길이가 각각 같다고 할 수 있는가? □ 부채꼴의 호의 길이, 부채꼴의 넓이는 중심각의 크기에 정비례한다고 할 수 있는가? 이때 현의 길이도 중심각의 크기에 정비례한다고 할 수 있는가?
개념31 (본책 78~79쪽)	**원의 둘레의 길이와 넓이** □ 원주율의 뜻을 설명하고, 원주율을 기호로 나타낼 수 있는가? □ 반지름의 길이가 r인 원의 둘레의 길이를 l, 넓이를 S라 할 때, l을 r에 대한 식으로 나타낼 수 있는가? S를 r에 대한 식으로 나타낼 수 있는가? □ 반지름의 길이가 $3\,\mathrm{cm}$인 원의 둘레의 길이, 넓이를 각각 구할 수 있는가?
개념32~33 (본책 80~83쪽)	**부채꼴의 호의 길이와 넓이 / 색칠한 부분의 넓이** □ 반지름의 길이가 r, 중심각의 크기가 $x°$인 부채꼴의 호의 길이를 l, 넓이를 S라 할 때, l을 r, x에 대한 식으로 나타낼 수 있는가? S를 r, x에 대한 식으로 나타낼 수 있는가? □ 반지름의 길이가 $3\,\mathrm{cm}$, 중심각의 크기가 $120°$인 부채꼴의 호의 길이, 넓이를 각각 구할 수 있는가? □ 반지름의 길이가 r, 호의 길이가 l인 부채꼴의 넓이를 S라 할 때, S를 r, l에 대한 식으로 나타낼 수 있는가? □ 반지름의 길이가 $6\,\mathrm{cm}$, 호의 길이가 $2\pi\,\mathrm{cm}$인 부채꼴의 넓이를 구할 수 있는가?

4 입체도형

개념34 (본책 88~89쪽)	**다면체** □ 다면체의 뜻을 설명할 수 있는가? □ 직육면체의 면, 모서리, 꼭짓점의 개수를 각각 구할 수 있는가? □ 각뿔대의 뜻을 설명할 수 있는가? □ 삼각기둥, 삼각뿔, 삼각뿔대에 대하여 ① 밑면, 옆면의 모양을 각각 말할 수 있는가? ② 면, 모서리, 꼭짓점의 개수를 각각 구할 수 있는가?
개념35 (본책 90~91쪽)	**정다면체** □ 다면체가 정다면체가 되기 위한 조건 2가지를 말할 수 있는가? □ 정다면체의 종류 5가지를 모두 말할 수 있는가? □ 정다면체 5가지를 면의 모양이 정삼각형, 정사각형, 정오각형인 것으로 각각 분류할 수 있는가? □ 정다면체 5가지 각각에 대하여 각 꼭짓점에 모인 면의 개수를 구할 수 있는가?
개념36 (본책 92~93쪽)	**회전체** □ 회전체, 회전축의 뜻을 각각 설명할 수 있는가? □ 원뿔대의 뜻을 설명할 수 있는가? □ 원기둥, 원뿔, 원뿔대, 구는 각각 어떤 평면도형을 회전축을 중심으로 1회전 시킨 것인지 말할 수 있는가?

개념37 (본책 94~95쪽)	회전체의 성질 □ 회전체를 회전축에 수직인 평면으로 자른 단면의 모양은 항상 일정하다. 그 모양을 말할 수 있는가? □ 원기둥, 원뿔, 원뿔대, 구를 각각 회전축을 포함하는 평면으로 자른 단면의 모양을 말할 수 있는가? □ 원기둥, 원뿔, 원뿔대, 구 중에서 회전축에 수직인 평면으로 자른 단면이 항상 합동인 것은 무엇인가? □ 원기둥, 원뿔, 원뿔대, 구 중에서 어떤 평면으로 잘라도 그 단면의 모양이 항상 원인 것은 무엇인가?
개념38 (본책 96~97쪽)	회전체의 전개도 □ 원기둥, 원뿔, 원뿔대, 구의 전개도를 각각 그릴 수 있는가? 원기둥, 원뿔, 원뿔대의 전개도에서 옆면의 모양을 비교하여 말할 수 있는가? □ 원기둥의 전개도에서 두 밑면의 둘레는 옆면의 어떤 부분과 일치하는가? 원뿔의 전개도에서 밑면의 둘레는 옆면의 어떤 부분과 일치하는가? 원뿔대의 전개도에서 두 밑면의 둘레는 각각 옆면의 어떤 부분과 일치하는가?
개념39~40 (본책 98~101쪽)	기둥의 겉넓이 / 기둥의 부피 □ 기둥의 겉넓이를 구하는 식을 밑넓이와 옆넓이를 이용하여 나타낼 수 있는가? □ 밑면의 반지름의 길이가 r, 높이가 h인 원기둥의 겉넓이를 r, h에 대한 식으로 나타낼 수 있는가? 밑면의 반지름의 길이가 3 cm, 높이가 5 cm인 원기둥의 겉넓이를 구할 수 있는가? □ 기둥의 부피를 구하는 식을 밑넓이와 높이를 이용하여 나타낼 수 있는가? □ 밑면의 반지름의 길이가 r, 높이가 h인 원기둥의 부피를 r, h에 대한 식으로 나타낼 수 있는가? 밑면의 반지름의 길이가 3 cm, 높이가 5 cm인 원기둥의 부피를 구할 수 있는가?
개념41~42 (본책 102~105쪽)	뿔의 겉넓이 / 뿔의 부피 □ 뿔의 겉넓이를 구하는 식을 밑넓이와 옆넓이를 이용하여 나타낼 수 있는가? □ 밑면의 반지름의 길이가 r, 모선의 길이가 l인 원뿔의 겉넓이를 r, l에 대한 식으로 나타낼 수 있는가? 밑면의 반지름의 길이가 3 cm, 모선의 길이가 5 cm인 원뿔의 겉넓이를 구할 수 있는가? □ 원뿔의 부피를 구하는 식을 밑넓이와 높이를 이용하여 나타낼 수 있는가? □ 밑면의 반지름의 길이가 r, 높이가 h인 원뿔의 부피를 r, h에 대한 식으로 나타낼 수 있는가? 밑면의 반지름의 길이가 3 cm, 높이가 5 cm인 원뿔의 부피를 구할 수 있는가? □ 밑넓이와 높이가 같은 기둥과 뿔에 대하여 기둥의 부피가 30 cm^3일 때의 뿔의 부피를 구할 수 있는가?
개념43~44 (본책 106~109쪽)	구의 겉넓이 / 구의 부피 □ 반지름의 길이가 r인 구의 겉넓이를 r에 대한 식으로 나타낼 수 있는가? 반지름의 길이가 3 cm인 구의 겉넓이를 구할 수 있는가? □ 반지름의 길이가 r인 구의 부피를 r에 대한 식으로 나타낼 수 있는가? 반지름의 길이가 3 cm인 구의 부피를 구할 수 있는가?

5 자료의 정리와 해석

개념45
(본책 114~115쪽)

줄기와 잎 그림

□ 변량의 뜻을 설명할 수 있는가?

□ 줄기와 잎 그림의 뜻을 설명할 수 있는가?

□ 오른쪽은 어느 동호회 회원 20명의 나이를 조사하여 나타낸 줄기와 잎 그림일 때

① 잎이 가장 많은 줄기는?
잎이 가장 적은 줄기는?

② 줄기 4에 해당하는 잎의 개수는?

③ 나이가 가장 적은 회원의 나이는?

④ 전체 회원 수는?

⑤ 나이가 45세 이상인 회원 수는?

(2|6은 26세)

줄기	잎
2	6 7 9 9
3	2 3 3 4 5 5 6 7 8 9
4	0 5 6 8 9
5	1

개념46~47
(본책 116~119쪽)

도수분포표

□ 계급, 계급의 크기, 도수의 뜻을 각각 설명할 수 있는가?

□ 도수분포표의 뜻을 설명할 수 있는가?

□ 오른쪽은 어느 반 학생 30명이 지난 1년 동안 성장한 키를 조사하여 나타낸 도수분포표일 때

① 계급의 크기는?
계급의 개수는?

② 도수가 가장 큰 계급은?

③ 성장한 키가 10 cm인 학생이 속하는 계급은?

④ 성장한 키가 12 cm 이상인 학생 수는?

⑤ 성장한 키가 12 cm 이상인 학생은 전체의 몇 %인가?

성장한 키(cm)	학생 수(명)
0이상 ~ 4미만	8
4 ~ 8	10
8 ~ 12	9
12 ~ 16	2
16 ~ 20	1
합계	30

개념48
(본책 120~121쪽)

히스토그램

□ 히스토그램의 뜻을 설명할 수 있는가?

□ 오른쪽은 어느 반 학생 30명의 100 m 달리기 기록을 조사하여 나타낸 히스토그램일 때

① 계급의 크기는?
계급의 개수는?

② 도수가 가장 작은 계급은?

③ 기록이 16.5초인 학생이 속하는 계급은?

④ 기록이 15초 미만인 학생 수는?

⑤ 기록이 15초 미만인 학생은 전체의 몇 %인가?

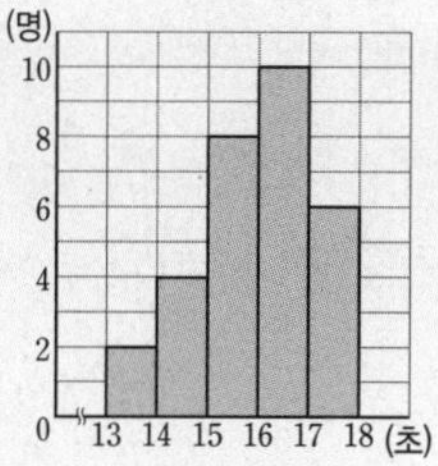

개념49
(본책 122~123쪽)

도수분포다각형

□ 도수분포다각형의 뜻을 설명할 수 있는가?

□ 오른쪽은 어느 버스 정류장에서 승객들이 버스를 타려고 기다린 시간을 조사하여 나타낸 도수분포다각형일 때

① 계급의 크기는?
계급의 개수는?

② 전체 승객 수는?

③ 기다린 시간이 10분인 승객이 속하는 계급은?

④ 기다린 시간이 15분 이상인 승객 수는?

⑤ 기다린 시간이 15분 이상인 승객은 전체의 몇 %인가?

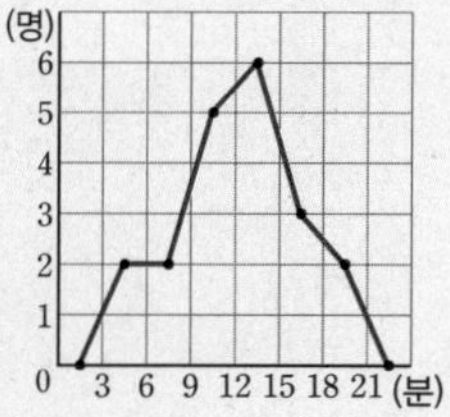

개념50
(본책 124~125쪽)

상대도수

□ 상대도수의 뜻을 설명할 수 있는가?

□ 각 계급의 상대도수의 총합은 항상 일정하다. 그 총합은 얼마인가?

□ 각 계급의 상대도수는 그 계급의 도수와 정비례한다고 할 수 있는가?

□ 오른쪽은 어느 동아리의 회원들의 나이를 조사하여 나타낸 상대도수의 분포표일 때

① 상대도수가 가장 큰 계급은?

② 도수가 가장 큰 계급은?

③ 나이가 30세 미만인 회원은 전체의 몇 %인가?

④ 10세 이상 20세 미만인 회원이 12명일 때, 이 동호회의 전체 회원 수는?

나이(세)	상대도수
10이상 ~ 20미만	0.12
20 ~ 30	0.28
30 ~ 40	0.36
40 ~ 50	0.16
50 ~ 60	0.08
합계	1

개념51~52
(본책 126~129쪽)

상대도수의 분포를 나타낸 그래프 / 도수의 총합이 다른 두 자료의 비교

□ 상대도수의 분포표를 나타낸 그래프의 뜻을 설명할 수 있는가?

□ 오른쪽은 어느 중학교 1학년 1반과 2반의 수면 시간에 대한 상대도수의 분포를 나타낸 그래프일 때

① 수면 시간이 8시간 이상 9시간 미만인 학생의 비율은 어느 반이 더 높다고 할 수 있는가?

② 1반과 2반 중에서 어느 반의 수면 시간이 대체적으로 더 짧다고 할 수 있는가?

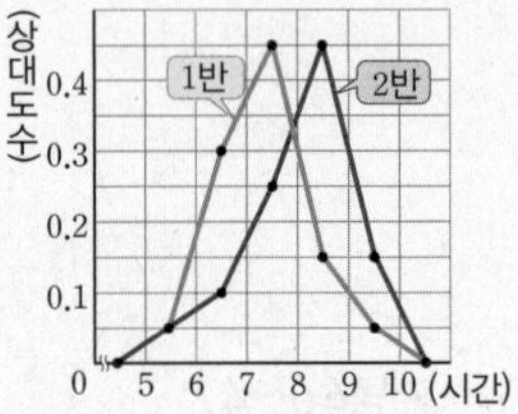

(상대도수) 0.4 0.3 0.2 0.1 0 5 6 7 8 9 10 (시간) 1반 2반

1일 1개념

1일 1개념

메가스터디 중학수학

진짜 공부 챌린지
내/가/스/터/디

1일 1개념

1·2

정답 및 해설

메가스터디BOOKS

메가스터디 **중학수학**

1일 1개념

1·2

정답 및 해설

1 기본 도형

• 본문 10~11쪽

점, 선, 면

개념 확인

1 답 (1) ○ (2) × (3) ×

(2) 교점은 선과 선 또는 선과 면이 만나서 생기는 점이다.

(3) 평면과 곡면의 교선은 곡선이다.

2 답 (1) 점 A, 점 B, 점 C, 점 D, 점 E, 점 F, 점 G, 점 H

(2) $\overline{AB}$, $\overline{BC}$, $\overline{CD}$, $\overline{DA}$, $\overline{AE}$, $\overline{BF}$, $\overline{CG}$, $\overline{DH}$, $\overline{EF}$, $\overline{FG}$, $\overline{GH}$, $\overline{HE}$

(1) 오른쪽 정육면체에서 교점은 꼭짓점이므로 점 A, 점 B, 점 C, 점 D, 점 E, 점 F, 점 G, 점 H이다.

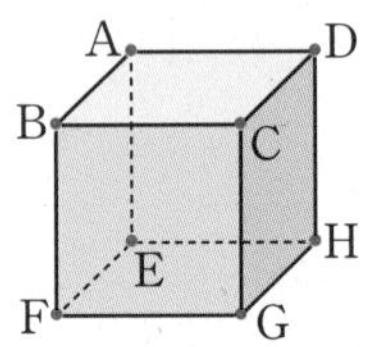

(2) 오른쪽 정육면체에서 교선은 모서리이므로 $\overline{AB}$, $\overline{BC}$, $\overline{CD}$, $\overline{DA}$, $\overline{AE}$, $\overline{BF}$, $\overline{CG}$, $\overline{DH}$, $\overline{EF}$, $\overline{FG}$, $\overline{GH}$, $\overline{HE}$이다.

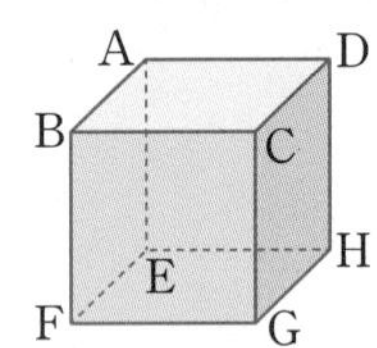

3 답 (1) 교점의 개수: 6개, 교선의 개수: 9개

(2) 교점의 개수: 5개, 교선의 개수: 8개

(1) 교점의 개수는 삼각기둥의 꼭짓점의 개수와 같으므로 6개이고 교선의 개수는 삼각기둥의 모서리의 개수와 같으므로 9개이다.

(2) 교점의 개수는 사각뿔의 꼭짓점의 개수와 같으므로 5개이고 교선의 개수는 사각뿔의 모서리의 개수와 같으므로 8개이다.

교과서 문제로 개념 다지기

1 답 ⑤

⑤ 오른쪽 사면체에서 교점의 개수는 꼭짓점의 개수와 같으므로 4개이고, 교선의 개수는 모서리의 개수와 같으므로 6개이다.

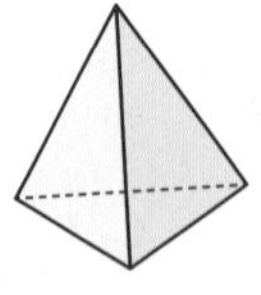

2 답 20

교점의 개수는 꼭짓점의 개수와 같으므로 8개이다.

즉, $a=8$

교선의 개수는 모서리의 개수와 같으므로 12개이다.

즉, $b=12$

$\therefore a+b=8+12=20$

3 답 ③

점 A를 지나는 교선의 개수는 각각

① 3개 ② 3개 ③ 4개 ④ 3개 ⑤ 3개

따라서 나머지 넷과 다른 하나는 ③이다.

4 답 교점의 개수: 8개, 교선의 개수: 13개

주어진 입체도형의 꼭짓점의 개수가 8개이므로 교점의 개수는 8개이고, 모서리의 개수가 13개이므로 교선의 개수는 13개이다.

5 답 태주

입체도형에서 교선의 개수는 모서리의 개수와 같으므로 삼각기둥에서 교선의 개수는 9개이고, 오각뿔에서 교선의 개수는 10개이다.

즉, 삼각기둥에서 교선의 개수와 오각뿔에서 교선의 개수는 다르므로 수경이의 말은 옳지 않다.

또 입체도형에서 교점의 개수는 꼭짓점의 개수와 같으므로 삼각기둥에서 교점의 개수는 6개이고, 오각뿔에서 교점의 개수는 6개이다.

즉, 찬호의 말은 옳지 않고, 태주의 말은 옳다.

따라서 옳게 말한 학생은 태주이다.

▶ 문제 속 개념 도출

답 ① 꼭짓점 ② 모서리

• 본문 12~13쪽

직선, 반직선, 선분

개념 확인

1 답

도형	그림	기호
직선 AB	A B	$\overleftrightarrow{AB}(=\overleftrightarrow{BA})$
반직선 AB	A B	$\overrightarrow{AB}$
반직선 BA	A B	$\overrightarrow{BA}$
선분 AB	A B	$\overline{AB}(=\overline{BA})$

2 답 (1) = (2) ≠ (3) = (4) =

(2) 시작점은 같지만 뻗어 나가는 방향이 다르므로 서로 다른 반직선이다.

교과서 문제로 개념 다지기

1 답 ①

① $\overrightarrow{AB}$와 $\overrightarrow{AC}$는 시작점과 뻗어 나가는 방향이 모두 같으므로 같은 반직선이다.

② $\overrightarrow{BC}$와 $\overrightarrow{AC}$는 뻗어 나가는 방향은 같지만 시작점이 다르므로 다른 반직선이다.

③ $\overrightarrow{CA}$와 $\overrightarrow{AC}$는 시작점과 뻗어 나가는 방향이 모두 다르므로 다른 반직선이다.

따라서 $\overrightarrow{AC}$와 같은 것은 ①이다.

해설 꼭 확인

$\overrightarrow{AC}$와 같은 도형 찾기

$\xrightarrow{(\times)}$ ② $\overrightarrow{AC}=\overrightarrow{BC}$, ③ $\overrightarrow{AC}=\overrightarrow{CA}$

$\xrightarrow{(\bigcirc)}$ ② $\overrightarrow{AC}\neq\overrightarrow{BC}$, ③ $\overrightarrow{AC}\neq\overrightarrow{CA}$

➡ 두 반직선이 같으려면 시작점과 뻗어 나가는 방향이 모두 같아야 해!

2 답 ㄴ, ㄹ

ㄱ. 서로 다른 두 점을 지나는 직선은 1개이다.

ㄷ. 두 반직선이 같으려면 시작점과 뻗어 나가는 방향이 모두 같아야 한다.

따라서 옳은 것은 ㄴ, ㄹ이다.

3 답 $\overleftrightarrow{BA}$와 $\overleftrightarrow{CB}$, $\overline{AD}$와 $\overline{DA}$

세 점 A, B, C는 한 직선 위에 있으므로 $\overleftrightarrow{BA}$와 $\overleftrightarrow{CB}$는 서로 같다.
또 양 끝 점이 같은 $\overline{AD}$와 $\overline{DA}$는 서로 같다.

4 답 (1) 3개 (2) 6개 (3) 3개

(1) 세 점 A, B, C 중 두 점을 지나는 서로 다른 직선의 개수는 $\overleftrightarrow{AB}$, $\overleftrightarrow{BC}$, $\overleftrightarrow{AC}$의 3개이다.

(2) 세 점 A, B, C 중 두 점을 지나는 서로 다른 반직선의 개수는 $\overrightarrow{AB}$, $\overrightarrow{AC}$, $\overrightarrow{BA}$, $\overrightarrow{BC}$, $\overrightarrow{CA}$, $\overrightarrow{CB}$의 6개이다.

(3) 세 점 A, B, C 중 두 점을 지나는 서로 다른 선분의 개수는 $\overline{AB}$, $\overline{BC}$, $\overline{AC}$의 3개이다.

5 답 8개

$\overleftrightarrow{AB}$, $\overleftrightarrow{AC}$, $\overleftrightarrow{AD}$, $\overleftrightarrow{AE}$, $\overleftrightarrow{BC}$, $\overleftrightarrow{BE}$, $\overleftrightarrow{CE}$, $\overleftrightarrow{DE}$의 8개이다.

| 참고 | 세 점 B, C, D가 한 직선 위에 있으므로 $\overleftrightarrow{BC}=\overleftrightarrow{BD}=\overleftrightarrow{CD}$로 세 점 B, C, D 중 두 점을 지나는 직선은 1개뿐이다.

6 답 L

직선 l과 같은 도형은 $\overleftrightarrow{BC}$, $\overleftrightarrow{DC}$, $\overleftrightarrow{AD}$이고 $\overrightarrow{AB}$와 같은 도형은 $\overrightarrow{AD}$, $\overrightarrow{AC}$이다.

따라서 직선 l 또는 $\overrightarrow{AB}$와 같은 도형이 있는 칸을 모두 색칠하면 오른쪽과 같으므로 나타나는 알파벳은 'L'이다.

$\overrightarrow{AD}$	$\overline{AB}$	$\overline{DA}$
$\overleftrightarrow{BC}$	$\overrightarrow{BA}$	$\overrightarrow{DC}$
$\overleftrightarrow{DC}$	$\overrightarrow{AC}$	$\overleftrightarrow{AD}$

▶ 문제 속 개념 도출

답 ① 반직선 ② 선분

• 본문 14~15쪽

두 점 사이의 거리 / 선분의 중점

개념 확인

1 답 (1) 5 cm (2) 6 cm (3) 8 cm

(1) 두 점 A, B 사이의 거리는 선분 AB의 길이이므로 5 cm이다.

(2) 두 점 B, C 사이의 거리는 선분 BC의 길이이므로 6 cm이다.

(3) 두 점 A, C 사이의 거리는 선분 AC의 길이이므로 8 cm이다.

2 답 (1) $\frac{1}{2}$ (2) $\frac{1}{2}$, $\frac{1}{4}$ (3) 2, 4 (4) 6, 12

(2) $\overline{AN}=\overline{NM}=\boxed{\frac{1}{2}}\overline{AM}=\frac{1}{2}\times\frac{1}{2}\overline{AB}=\boxed{\frac{1}{4}}\overline{AB}$

(3) $\overline{AB}=\boxed{2}\overline{AM}=2\times2\overline{AN}=\boxed{4}\overline{AN}$

(4) $\overline{MB}=\overline{AM}=2\overline{AN}=2\times3=\boxed{6}(\text{cm})$

$\overline{AB}=2\overline{AM}=2\times6=\boxed{12}(\text{cm})$

교과서 문제로 개념 다지기

1 답 (1) $\frac{1}{2}$, 3 (2) 2, 10

(1) $\overline{AM}=\boxed{\frac{1}{2}}\overline{AB}=\frac{1}{2}\times6=\boxed{3}(\text{cm})$

(2) $\overline{AB}=\boxed{2}\overline{AM}=2\times5=\boxed{10}(\text{cm})$

2 답 (가) 12 (나) 6

$\overline{AD}$=24 cm이고, 점 C는 $\overline{AD}$의 중점이므로

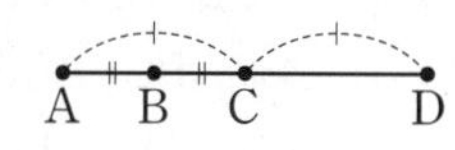

$\overline{AC}=\frac{1}{2}\overline{AD}=\frac{1}{2}\times24=\boxed{12}(\text{cm})$

이때 점 B는 $\overline{AC}$의 중점이므로

$\overline{AB}=\frac{1}{2}\overline{AC}=\frac{1}{2}\times12=\boxed{6}(\text{cm})$

3 답 ③

③ 점 N은 $\overline{MB}$의 중점이므로

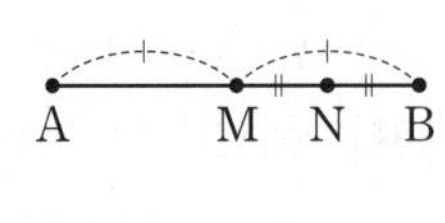

$\overline{NB}=\frac{1}{2}\overline{MB}=\frac{1}{2}\times\frac{1}{2}\overline{AB}$

$=\frac{1}{4}\overline{AB}$

4 답 9 cm

두 점 M, N이 각각 $\overline{AB}$, $\overline{BC}$의 중점이므로

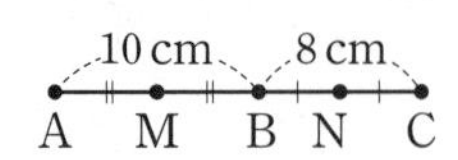

$\overline{MN}=\overline{MB}+\overline{BN}=\frac{1}{2}\overline{AB}+\frac{1}{2}\overline{BC}$

$=\frac{1}{2}\times10+\frac{1}{2}\times8=9(\text{cm})$

5 답 C

조건 ㈎에서 민영이가 찾는 과일 가게는 직선 AC 위에 있으므로 과일 가게는 A, B, C, D 중 하나이다.

조건 ㈏에서 가게 B는 선분 AD의 중점에 위치하므로

$\overline{AB}=\overline{BD}$

조건 ㈐에서 가게 C는 선분 BD의 중점에 위치하므로

$\overline{BC}=\overline{CD}$

이때 $\overline{AC}=\overline{AB}+\overline{BC}=\overline{BD}+\overline{CD}=2\overline{CD}+\overline{CD}=3\overline{CD}$에서

$\overline{CD}=\frac{1}{3}\overline{AC}$

└→ $\overline{BD}=\overline{BC}+\overline{CD}$
$=\overline{CD}+\overline{CD}=2\overline{CD}$

즉, 가게 C에서 가게 D까지의 거리는 가게 C에서 가게 A까지의 거리의 $\frac{1}{3}$이므로 조건 ㈑를 만족시킨다.

따라서 민영이가 찾는 과일 가게의 위치는 C이다.

▶ 문제 속 개념 도출

답 ① AC

• 본문 16~17쪽

개념 04 각

개념 확인

1 답 (1) ∠BAC, ∠CAB, ∠A
(2) ∠ABC, ∠CBA, ∠B
(3) ∠ACB, ∠BCA, ∠C

(1)

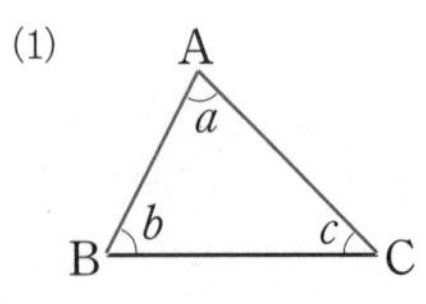

⇨ $\angle a=\angle BAC=\angle CAB=\angle A$

(2)

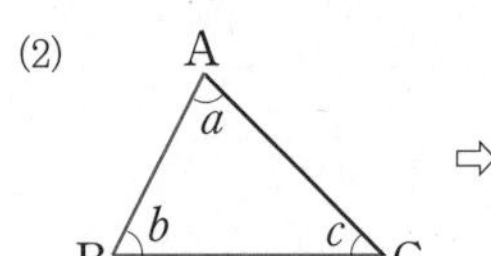

⇨ $\angle b=\angle ABC=\angle CBA=\angle B$

(3)

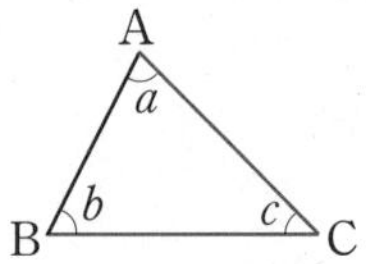

⇨ $\angle c=\angle ACB=\angle BCA=\angle C$

2 답

각	60°	150°	30°	90°	180°	45°	120°
예각	○		○			○	
직각				○			
둔각		○					○
평각					○		

교과서 문제로 개념 다지기

1 답 (1) ㄱ, ㅁ (2) ㄷ, ㅂ (3) ㄴ

ㄱ. ∠AOB: 예각 ㄴ. ∠AOC: 직각 ㄷ. ∠AOD: 둔각
ㄹ. ∠AOE: 평각 ㅁ. ∠BOC: 예각 ㅂ. ∠BOE: 둔각

2 답 (1) 60° (2) 135° (3) 55°

(1) $\angle x=90^\circ-30^\circ=60^\circ$

(2) $\angle x+45^\circ=180^\circ$ $\therefore \angle x=135^\circ$

(3) $35^\circ+90^\circ+\angle x=180^\circ$ $\therefore \angle x=55^\circ$

3 답 20°

$40+2x+(6x+60)=180$이므로

$8x+100=180$

$8x=80$ $\therefore x=10$

$\therefore \angle BOC=2x^\circ=2\times10^\circ=20^\circ$

4 답 $\angle x=50^\circ$, $\angle y=40^\circ$

$\angle AOC=40^\circ+\angle x=90^\circ$ $\therefore \angle x=50^\circ$

$\angle BOD=\angle x+\angle y=50^\circ+\angle y=90^\circ$ $\therefore \angle y=40^\circ$

5 답 75°

$\angle x+\angle y+\angle z=180^\circ$이므로

$\angle z=180^\circ\times\frac{5}{3+4+5}=75^\circ$

| 참고 | 각의 크기의 비가 주어질 때, 각의 크기 구하기

오른쪽 그림에서 $\angle x:\angle y:\angle z=a:b:c$이면

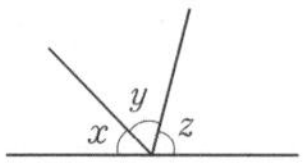

⇨ $\angle x=180^\circ\times\frac{a}{a+b+c}$,

$\angle y=180^\circ\times\frac{b}{a+b+c}$,

$\angle z=180^\circ\times\frac{c}{a+b+c}$

6 답 $150°$

오른쪽 그림과 같이 대관람차의 중심을 O, 차량의 처음 위치를 A, 현재 위치를 B, 가장 높은 곳의 위치를 C라 하면

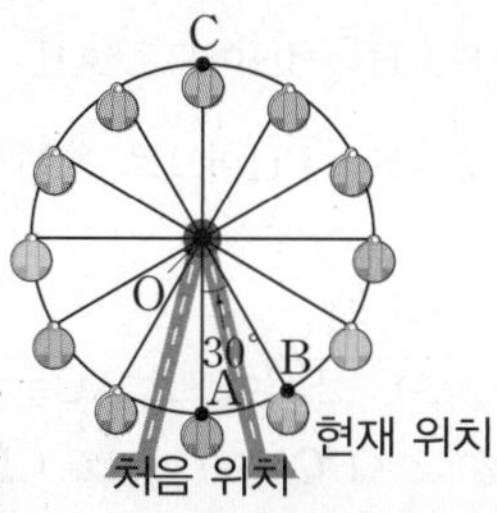

$\angle BOC = \angle AOC - \angle AOB$
$= 180° - 30°$
$= 150°$

(두 점 A, C는 한 직선 위에서 서로 반대쪽에 있으므로 평각이다.)

따라서 지안이가 탄 차량이 가장 높은 곳에 있으려면 차량은 현재 위치에서 시계 반대 방향으로 $150°$만큼 더 회전하여야 한다.

▶ 문제 속 개념 도출

답 ① $180°$ ② $90°$

• 본문 18~19쪽

개념 05 맞꼭지각

바/로/풀/기

Q1 답 (2) $\angle DOC$ (3) $\angle COE$

개념 확인

1 답 (1) $\angle BOD$ (2) $\angle AOF$ (3) $\angle COE$ (4) $\angle DOE$ (5) $\angle BOC$ (6) $\angle BOF$

2 답 (1) $\angle x = 70°$, $\angle y = 110°$ (2) $\angle x = 65°$, $\angle y = 65°$ (3) $\angle x = 25°$, $\angle y = 75°$ (4) $\angle x = 90°$, $\angle y = 60°$

(1) $\angle x = 70°$(맞꼭지각)
$70° + \angle y = 180°$ $\therefore \angle y = 110°$

(2) $\angle x + 115° = 180°$ $\therefore \angle x = 65°$
$\angle y = \angle x = 65°$(맞꼭지각)

(3) $\angle x = 25°$(맞꼭지각)
$80° + \angle x + \angle y = 180°$이므로
$80° + 25° + \angle y = 180°$ $\therefore \angle y = 75°$

(4) $\angle x = 90°$(맞꼭지각)
$\angle x + 30° + \angle y = 180°$이므로
$90° + 30° + \angle y = 180°$ $\therefore \angle y = 60°$

교과서 문제로 **개념 다지기**

1 답 $\angle x = 20°$, $\angle y = 160°$

맞꼭지각의 크기는 서로 같으므로
$2\angle x - 20° = \angle x$ $\therefore \angle x = 20°$
$\angle x + \angle y = 180°$이므로
$20° + \angle y = 180°$
$\therefore \angle y = 160°$

2 답 (1) 10 (2) 30

(1) 맞꼭지각의 크기는 서로 같으므로
$2x + 30 = 4x + 10$, $2x = 20$
$\therefore x = 10$

(2) 오른쪽 그림에서 맞꼭지각의 크기는 서로 같으므로

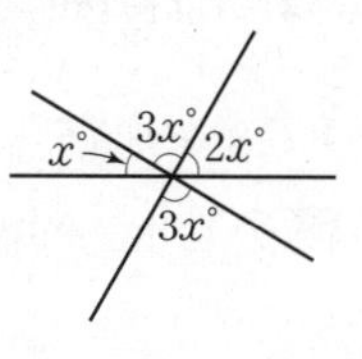

$x + 3x + 2x = 180$, $6x = 180$
$\therefore x = 30$

| 참고 |
오른쪽 그림에서 맞꼭지각의 크기는 서로 같고 평각의 크기는 $180°$이므로
$\angle x + \angle y + \angle z = 180°$

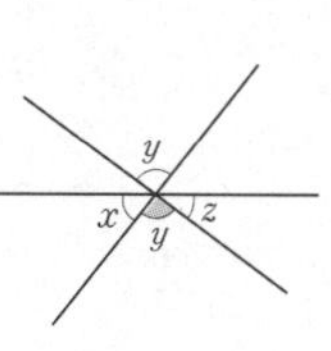

3 답 40

맞꼭지각의 크기는 서로 같으므로
$(x+10) + 90 = 3x + 20$, $x + 100 = 3x + 20$
$2x = 80$ $\therefore x = 40$

4 답 $\angle a = 105°$, $\angle b = 75°$

$\angle a$와 $\angle c$는 맞꼭지각이므로
$\angle a = \angle c$
$\angle a + \angle c = \angle a + \angle a = 2\angle a = 210°$
$\therefore \angle a = 105°$
$\angle a + \angle b = 105° + \angle b = 180°$
$\therefore \angle b = 75°$

5 답 12쌍

오른쪽 그림과 같이 네 개의 댓가지를 각각 직선 l, m, n, p라 하자.

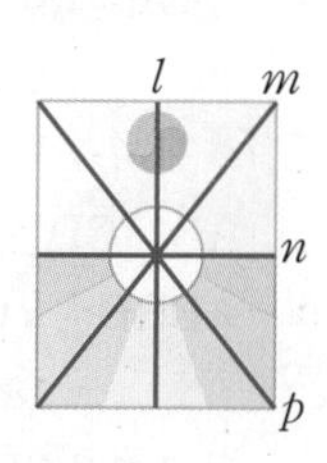

직선 l과 m, 직선 l과 n, 직선 l과 p, 직선 m과 n, 직선 m과 p, 직선 n과 p로 만들어지는 맞꼭지각이 각각 2쌍이므로 구하는 맞꼭지각은
$2 \times 6 = 12$(쌍)

6 답 $\angle a = 15°$, $\angle b = 40°$

삼각형에서 세 각의 크기의 합은 $180°$이므로

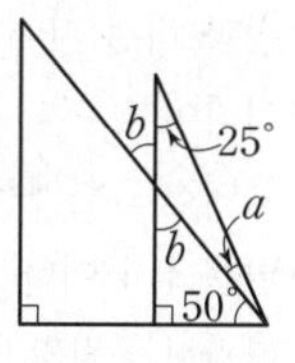

$\angle a = 180° - (25° + 90° + 50°)$
$= 15°$
$\angle b = 180° - (90° + 50°)$
$= 40°$

7 답 ⑤

$\angle x+\angle y=180^\circ$이고

$\angle x:\angle y=7:2$이므로

$\angle x=180^\circ\times\frac{7}{7+2}$

$=180^\circ\times\frac{7}{9}=140^\circ$

맞꼭지각의 크기는 서로 같으므로

$\angle z=\angle x=140^\circ$

▶ 문제 속 개념 도출

답 ① 같다 ② 180°

• 본문 20~21쪽

개념 06 직교와 수선

바/로/풀/기

Q1 답 (1) $\perp$ (2) $\overline{CD}$ (3) O (4) $\overline{CO}$

개념 확인

1 답 (1) $\overleftrightarrow{CD}$ (또는 $\overleftrightarrow{CO}$ 또는 $\overleftrightarrow{OD}$) (2) 점 O
(3) $\overleftrightarrow{AB}\perp\overleftrightarrow{CD}$ (4) $\overline{CO}$ (5) $\overleftrightarrow{AB}$ (또는 $\overleftrightarrow{AO}$ 또는 $\overleftrightarrow{OB}$)

2 답 (1) 점 A (2) $\overline{AB}$ (3) 5 cm

(3) (점 A와 $\overline{BC}$ 사이의 거리)$=\overline{AB}=5$ cm

교과서 문제로 **개념 다지기**

1 답 ㄱ, ㄴ, ㄹ

ㄱ. $\overline{AB}$와 $\overline{CD}$는 서로 수직으로 만나므로 $\overline{AB}\perp\overline{CD}$이다.

ㄴ. $\angle BHD=\angle CHD-\angle CHB$

$=180^\circ-90^\circ=90^\circ$

ㄷ. 점 A에서 $\overleftrightarrow{CD}$에 내린 수선의 발은 점 H이다.

따라서 옳은 것은 ㄱ, ㄴ, ㄹ이다.

2 답 ②

점과 직선 사이의 거리는 점에서 직선에 내린 수선의 발까지의 거리이다.

주어진 그림에서 $\overline{PB}\perp\overleftrightarrow{AD}$이므로 점 P에서 $\overleftrightarrow{AD}$에 내린 수선의 발은 점 B이다.

따라서 공원의 P지점에서 도로까지의 거리는 $\overline{PB}$의 길이와 같다.

3 답 (1) 4 cm (2) 90°

(1) $\overline{AH}=\overline{BH}$이므로 $\overline{AH}=\frac{1}{2}\overline{AB}=\frac{1}{2}\times8=4$(cm)

(2) $\overline{AB}\perp\overleftrightarrow{PH}$이므로 $\angle AHP=90^\circ$

4 답 ⑤

① $\overline{AC}\perp\overline{BC}$이므로 $\overline{AC}$는 $\overline{BC}$의 수선이다.

② $\angle ADC=90^\circ$이므로 $\overline{CD}$와 $\overline{AB}$는 서로 직교한다.

③ $\overline{AB}\perp\overline{CD}$이고 점 D에서 만나므로 점 C에서 $\overline{AB}$에 내린 수선의 발은 점 D이다.

④ $\overline{AC}\perp\overline{BC}$이므로 점 A에서 $\overline{BC}$에 내린 수선의 발은 점 C이다.
⇨ (점 A와 $\overline{BC}$ 사이의 거리)$=\overline{AC}=6$ cm

⑤ $\overline{CD}\perp\overline{AB}$이므로 점 C에서 $\overline{AB}$에 내린 수선의 발은 점 D이다.
⇨ (점 C와 $\overline{AB}$ 사이의 거리)$=\overline{CD}=4.8$ cm

따라서 옳지 않은 것은 ⑤이다.

5 답 x축과의 거리가 가장 가까운 점: 점 A,
y축과의 거리가 가장 먼 점: 점 B

오른쪽 그림에서 네 점 A, B, C, D로부터 x축까지의 거리는 각각 2, 4, 5, 7이고 y축까지의 거리는 각각 3, 7, 1, 5이다.

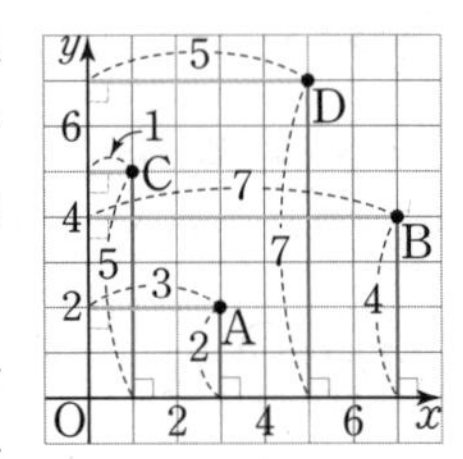

따라서 x축과의 거리가 가장 가까운 점은 점 A이고, y축과의 거리가 가장 먼 점은 점 B이다.

▶ 문제 속 개념 도출

답 ① $\overline{PC}$ ② b ③ a

• 본문 22~23쪽

개념 07 점과 직선, 점과 평면의 위치 관계

개념 확인

1 답 (1) × (2) × (3) ○ (4) ○

(1) 점 A는 직선 l 위에 있지 않다.

(2) 점 B는 직선 l 위에 있다.

2 답 (1) 점 A, 점 B, 점 E, 점 F
(2) 면 ABCD, 면 BFGC, 면 CGHD
(3) 면 ABCD, 면 BFGC
(4) 점 E, 점 F, 점 G, 점 H

교과서 문제로 개념 다지기

1 답 (1) 점 B, 점 E (2) 점 A, 점 C, 점 E
(3) 점 A, 점 C, 점 D (4) 점 D

해설 꼭 확인

(3) 점 D와 직선 l의 위치 관계
(×) → 점 D는 직선 l 위에 있다.
(○) → 점 D는 직선 l 위에 있지 않다.
⇒ 점이 직선 위에 있다는 것은 '직선이 점을 지난다.'는 의미야.
'점이 직선보다 위쪽에 있다.'와 헷갈리지 않도록 주의하자!

2 답 ④, ⑤
①, ②, ③ 음표 머리가 직선 l 위에 있지 않다.

3 답 은영, 풀이 참조
두 점 A, D는 직선 l 위에 있고
두 점 B, C는 직선 m 위에 있으므로
네 점 A, B, C, D에 대하여 잘못 설명한 학생은 은영이다. 바르게 고치면
은영: 점 A는 직선 l 위에 있어.
(또는 점 A는 직선 m 위에 있지 않아.)

4 답 ⑤
⑤ 두 꼭짓점 A, D를 동시에 포함하는 면은 면 ABED, 면 ADFC이다.

5 답 점 A는 직선 l 위에 있다., 점 B는 직선 l 위에 있다., 점 C는 직선 l 위에 있지 않다.

▶ 문제 속 개념 도출
답 ① 위 ② 점

• 본문 24~25쪽

개념 08 평면에서 두 직선의 위치 관계

개념 확인

1 답 (1) ○ (2) ○ (3) ○ (4) ○ (5) ×
(4) 한 점에서 만난다.
(5) 한 평면 위의 두 직선 l, m의 위치 관계는 한 점에서 만나는 경우, 일치하는 경우, 평행한 경우뿐이다.

2 답 (1) $\overline{AD}$, $\overline{BC}$ (2) $\overline{AB}$, $\overline{CD}$ (3) $\overline{CD}$ (4) $\overline{BC}$
(1) $\overline{AB}$와 한 점 A에서 만나는 변은 $\overline{AD}$이고, 한 점 B에서 만나는 변은 $\overline{BC}$이다.

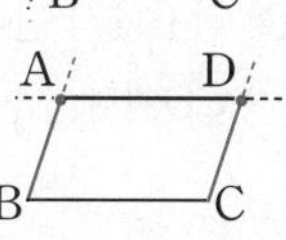

(2) $\overline{AD}$와 한 점 A에서 만나는 변은 $\overline{AB}$이고, 한 점 D에서 만나는 변은 $\overline{CD}$이다.

A D B C

(3), (4) 평행사변형의 마주 보는 변은 각각 평행하므로
$\overline{AB}$와 평행한 변은 $\overline{CD}$이고, $\overline{AD}$와 평행한 변은 $\overline{BC}$이다.

A D B C

교과서 문제로 개념 다지기

1 답 (1) 변 AB, 변 CD (2) 변 AD, 변 BC (3) $\overline{AD}/\!/\overline{BC}$
(1) 변 BC와 한 점 B에서 만나는 변은 변 AB이고, 한 점 C에서 만나는 변은 변 CD이다.

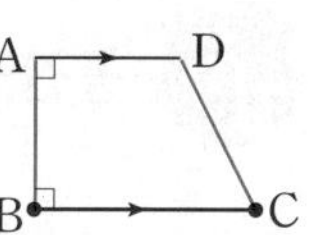

(3) 사다리꼴에서 두 변 AB, CD를 연장하면 서로 만나고,
두 변 AD와 BC는 연장해도 서로 만나지 않으므로 평행하다.
즉, $\overline{AD}/\!/\overline{BC}$이다.

2 답 (i) ①, ③ (ii) ②
(i) 한 평면에서 두 직선이 만나는 경우는 두 직선이 한 점에서 만날 때(①)와 일치할 때(③)의 두 가지 경우이다.
(ii) 한 평면에서 두 직선이 만나지 않는 경우는 두 직선이 평행할 때(②)이다.

3 답 ①, ③
세 직선 l, m, n의 위치 관계를 그림으로 나타내면 다음과 같다.

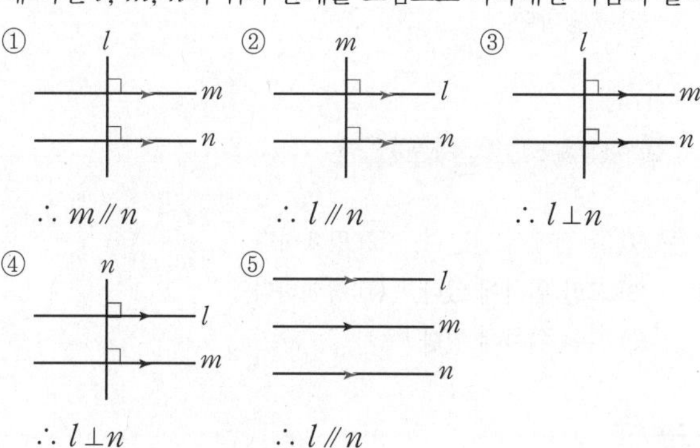

따라서 옳지 않은 것은 ①, ③이다.

4 답 (1) $\overleftrightarrow{AB}$, $\overleftrightarrow{BC}$, $\overleftrightarrow{CD}$, $\overleftrightarrow{EF}$, $\overleftrightarrow{FG}$, $\overleftrightarrow{GH}$ (2) $\overleftrightarrow{DE}$
(3) $\overleftrightarrow{BC}$와 $\overleftrightarrow{CD}$

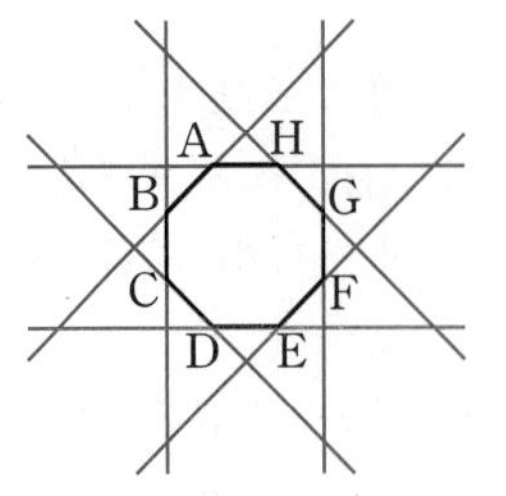

(1) $\overleftrightarrow{AH}$와 만나는 직선은 $\overleftrightarrow{AB}$, $\overleftrightarrow{BC}$, $\overleftrightarrow{CD}$, $\overleftrightarrow{EF}$, $\overleftrightarrow{FG}$, $\overleftrightarrow{GH}$이다.
(2) $\overleftrightarrow{DE}$는 $\overleftrightarrow{AH}$와 평행하므로 만나지 않는다.
(3) 점 C에서 만나는 직선은 $\overleftrightarrow{BC}$와 $\overleftrightarrow{CD}$이다.

5 답 ③
①, ②, ④, ⑤ 한 점에서 만난다. ③ 평행하다.
따라서 위치 관계가 나머지 넷과 다른 하나는 ③이다.

▶ 문제 속 개념 도출
답 ① 점 ② 평행

• 본문 26~27쪽

개념 09 공간에서 두 직선의 위치 관계

개념 확인

1 답 (1) $\overline{AB}$, $\overline{AD}$, $\overline{EF}$, $\overline{EH}$ (2) $\overline{BF}$, $\overline{CG}$, $\overline{DH}$
(3) $\overline{BC}$, $\overline{FG}$, $\overline{DC}$, $\overline{HG}$

(1) 모서리 AE는 점 A에서 모서리 AB, AD와 만나고, 점 E에서 모서리 EF, EH와 만난다.
(2) 모서리 AE와 평행한 모서리는 한 평면 위에 있고 만나지 않아야 하므로 모서리 BF, CG, DH이다.
(3) 모서리 AE와 꼬인 위치에 있는 모서리는 한 평면 위에 있지 않고 만나지 않아야 하므로 모서리 BC, FG, DC, HG이다.

2 답 (1) 한 점에서 만난다. (2) 꼬인 위치에 있다.
(3) 평행하다.

교과서 문제로 개념 다지기

1 답 (1) 한 점에서 만난다. (2) 평행하다.
(3) 꼬인 위치에 있다. (4) 평행하다.
(5) 꼬인 위치에 있다.

2 답 ③
③ $\overline{BC}$와 꼬인 위치에 있는 모서리는 $\overline{AD}$이다.

3 답 ⑤
①, ②, ③, ④ 한 점에서 만난다. ⑤ 꼬인 위치에 있다.
따라서 위치 관계가 나머지 넷과 다른 하나는 ⑤이다.

해설 꼭 확인

$\overline{BC}$와 꼬인 위치에 있는 모서리 구하기
(×) → $\overline{AE}$, $\overline{ED}$, $\overline{AF}$, $\overline{EJ}$, $\overline{DI}$, $\overline{FG}$, $\overline{JF}$, $\overline{JI}$, $\overline{IH}$
(○) → $\overline{AE}$, $\overline{ED}$는 연장한 경우 $\overline{BC}$와 한 점에서 만난다.
즉, 모서리 BC와 꼬인 위치에 있는 모서리는 $\overline{AF}$, $\overline{EJ}$, $\overline{DI}$, $\overline{FG}$, $\overline{JF}$, $\overline{JI}$, $\overline{IH}$

➡ 입체도형이나 평면도형에서 모서리끼리의 위치 관계는 각 모서리를 연장시켜 생각해야 해!

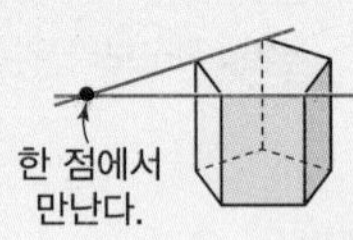

4 답 ③
① 모서리 AE와 모서리 DH는 평행하므로 만나지 않는다.
③ 모서리 AB와 평행한 모서리는 $\overline{CD}$, $\overline{FE}$, $\overline{GH}$의 3개이다.
④ 모서리 AD와 꼬인 위치에 있는 모서리는 $\overline{BF}$, $\overline{CG}$, $\overline{EF}$, $\overline{HG}$의 4개이다.
⑤ 모서리 DH와 한 점에서 만나는 모서리는 $\overline{AD}$, $\overline{CD}$, $\overline{EH}$, $\overline{GH}$의 4개이다.
따라서 옳지 않은 것은 ③이다.

5 답 (1) $\overleftrightarrow{AD}$, $\overleftrightarrow{BC}$, $\overleftrightarrow{AE}$, $\overleftrightarrow{BF}$, $\overleftrightarrow{CD}$
(2) $\overleftrightarrow{AE}$, $\overleftrightarrow{BF}$, $\overleftrightarrow{EF}$, $\overleftrightarrow{EH}$, $\overleftrightarrow{FG}$
(3) $\overleftrightarrow{AD}$, $\overleftrightarrow{EH}$, $\overleftrightarrow{FG}$ (4) $\overleftrightarrow{AE}$, $\overleftrightarrow{CG}$, $\overleftrightarrow{DH}$

(1) $\overleftrightarrow{AB}$와 한 점에서 만나는 직선은 $\overleftrightarrow{AD}$, $\overleftrightarrow{BC}$, $\overleftrightarrow{AE}$, $\overleftrightarrow{BF}$, $\overleftrightarrow{CD}$이다.

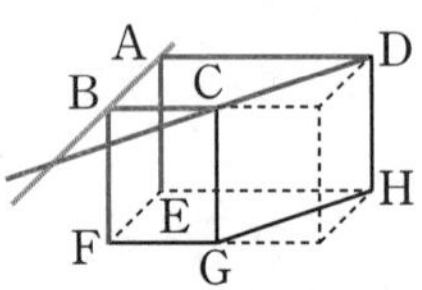

(2) $\overleftrightarrow{CD}$와 꼬인 위치에 있는 직선은 $\overleftrightarrow{AE}$, $\overleftrightarrow{BF}$, $\overleftrightarrow{EF}$, $\overleftrightarrow{EH}$, $\overleftrightarrow{FG}$이다.

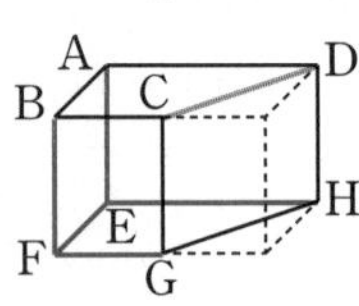

(3) $\overleftrightarrow{BC}$와 평행한 직선은 $\overleftrightarrow{AD}$, $\overleftrightarrow{EH}$, $\overleftrightarrow{FG}$이다.

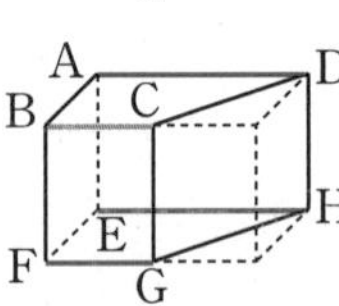

(4) $\overleftrightarrow{BF}$와 평행한 직선은 $\overleftrightarrow{AE}$, $\overleftrightarrow{CG}$, $\overleftrightarrow{DH}$이다.

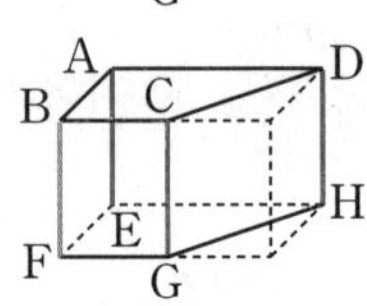

▶ 문제 속 개념 도출
답 ① 점 ② 꼬인 위치

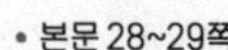
• 본문 28~29쪽

개념 10 공간에서 직선과 평면, 두 평면의 위치 관계

개념 확인

1 답 (1) $\overline{AB}$, $\overline{CD}$, $\overline{EF}$, $\overline{GH}$ (2) $\overline{AB}$, $\overline{CD}$, $\overline{EF}$, $\overline{GH}$
(3) $\overline{AD}$, $\overline{AE}$, $\overline{EH}$, $\overline{DH}$ (4) $\overline{BC}$, $\overline{BF}$, $\overline{FG}$, $\overline{CG}$
(5) 면 ABFE, 면 DCGH (6) 면 BFGC, 면 EFGH
(7) 면 AEHD, 면 EFGH (8) 5 cm

(1) 면 BFGC는 점 B에서 $\overline{AB}$와, 점 C에서 $\overline{CD}$와, 점 F에서 $\overline{EF}$와, 점 G에서 $\overline{GH}$와 만난다.

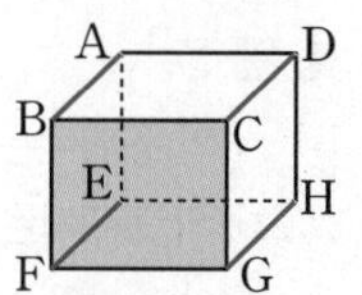

(2) 직육면체는 각 면이 직사각형이므로 면 BFGC와 수직인 모서리는 $\overline{AB}$, $\overline{CD}$, $\overline{EF}$, $\overline{GH}$이다.

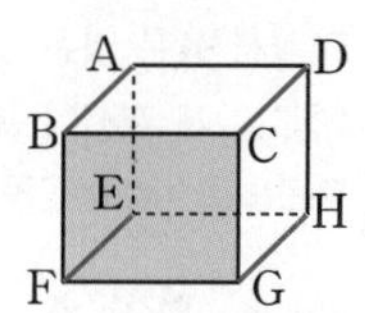

(3) 면 BFGC와 평행한 모서리는 면 BFGC와 만나지 않는 모서리이므로 $\overline{AD}$, $\overline{AE}$, $\overline{EH}$, $\overline{DH}$이다.

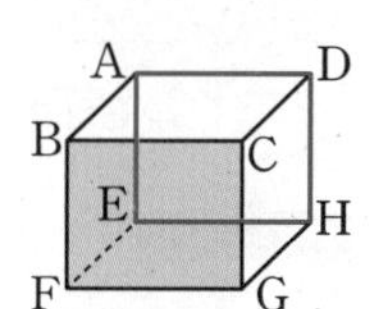

(4) 면 BFGC 위에 있는 모서리이므로 $\overline{BC}$, $\overline{BF}$, $\overline{FG}$, $\overline{CG}$이다.

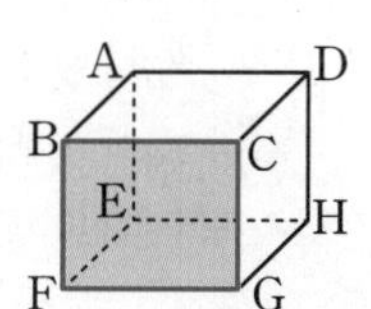

(5) 직육면체이므로 $\overline{BC}$와 수직인 면은 $\overline{BC}$의 양 끝 점 B, C와 각각 만나는 면 ABFE, 면 DCGH이다.

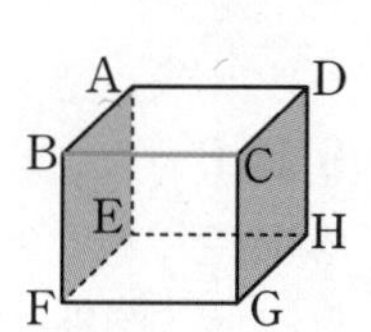

(6) $\overline{AD}$와 평행한 면은 $\overline{AD}$와 만나지 않는 면이므로 면 BFGC, 면 EFGH이다.

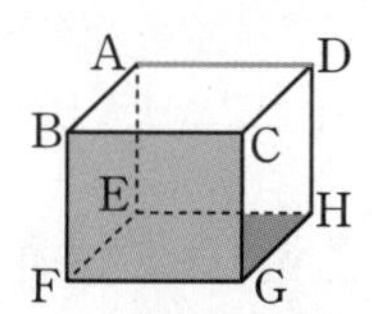

(7) $\overline{EH}$를 포함하는 면은 $\overline{EH}$를 한 모서리로 갖는 면이므로 면 AEHD, 면 EFGH이다.

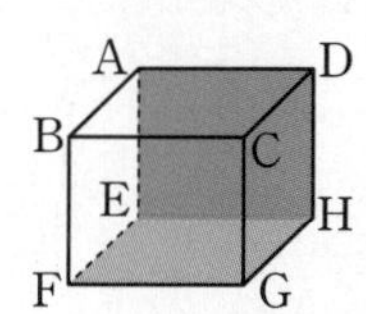

(8) 점 C와 면 EFGH 사이의 거리는 점 C에서 면 EFGH에 내린 수선의 발 G까지의 거리, 즉 $\overline{CG}$의 길이와 같으므로
$\overline{CG}=\overline{DH}=5\,\text{cm}$

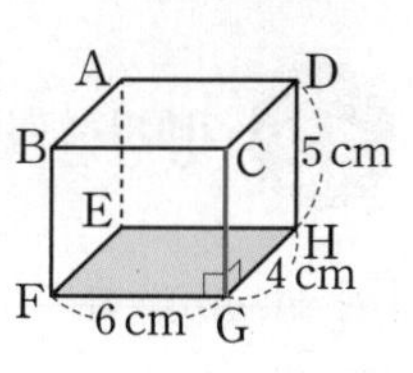

2 답 (1) 면 ABCD, 면 ABFE, 면 EFGH, 면 DCGH
(2) 면 ABCD, 면 ABFE, 면 EFGH, 면 DCGH
(3) 면 BFGC

(1) 면 AEHD는
$\overline{AD}$에서 면 ABCD와,
$\overline{AE}$에서 면 ABFE와,
$\overline{EH}$에서 면 EFGH와,
$\overline{DH}$에서 면 DCGH와 만난다.

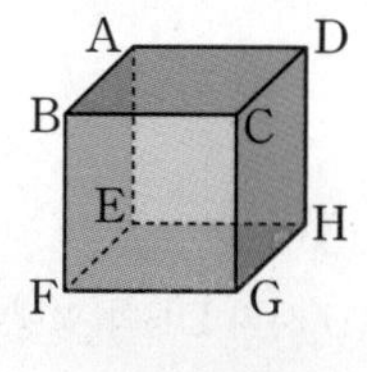

(2) 직육면체이므로 면 AEHD와 수직인 면은 면 ABCD, 면 ABFE, 면 EFGH, 면 DCGH이다.

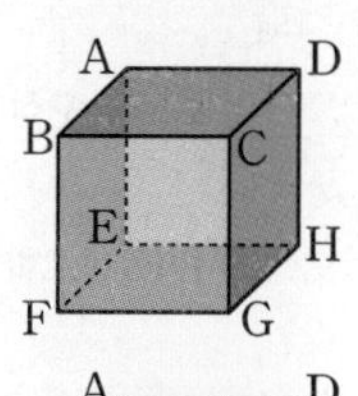

(3) 면 AEHD와 평행한 면은 면 AEHD와 만나지 않는 면이므로 마주 보는 면 BFGC이다.

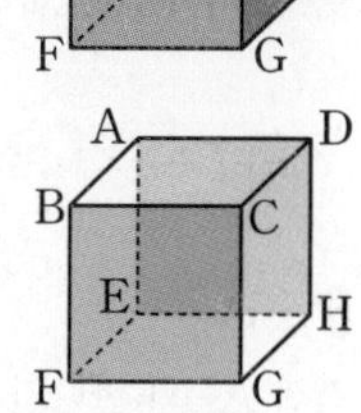

교과서 문제로 개념 다지기

1 답 (1) 면 DEF (2) 면 ABC와 면 BEDA
(3) 모서리 AB, 모서리 DE

(1) 모서리 AC와 평행한 면은 면 DEF이다.
(2) 모서리 AB를 교선으로 하는 두 면은 면 ABC와 면 BEDA이다.
(3) 면 ADFC와 수직인 모서리는 모서리 AB, 모서리 DE이다.

2 답 ③

③ 꼬인 위치는 공간에서 두 직선의 위치 관계이다.

3 답 진희, 풀이 참조

한 평면에 평행한 서로 다른 두 직선은 다음 그림과 같이 평행하거나 한 점에서 만나거나 꼬인 위치에 있을 수 있다.

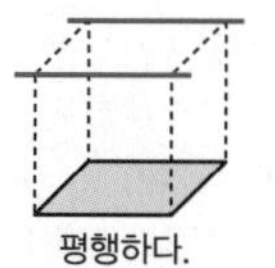
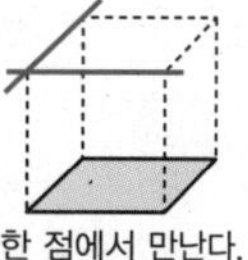
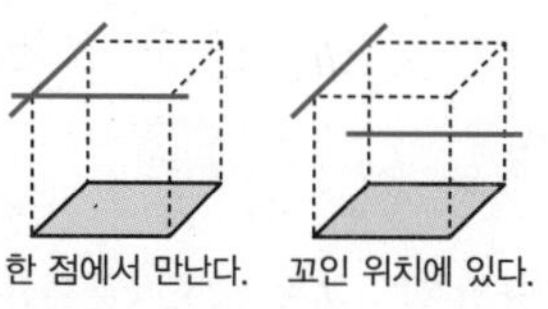

평행하다. 한 점에서 만난다. 꼬인 위치에 있다.

한 평면에 수직인 서로 다른 두 평면은 다음 그림과 같이 평행하거나 한 직선에서 만날 수 있다.

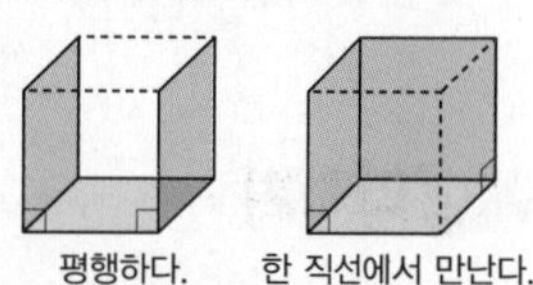

평행하다. 한 직선에서 만난다.

즉, 잘못 설명한 학생은 진희이고, 바르게 고치면
진희: 한 평면에 평행한 서로 다른 두 직선은 평행하거나 한 점에서 만나거나 꼬인 위치에 있을 수 있어.

4 답 평행하다.

$l\perp P$, $m\perp P$이면 두 직선 l, m은 오른쪽 그림과 같이 평행하다.

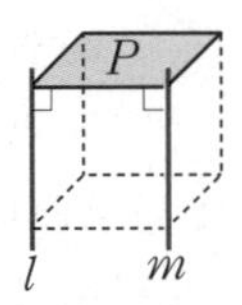

5 답 5

모서리 DF와 평행한 면은 면 ABC의 1개이므로

$a=1$

모서리 CF와 수직인 면은 면 ABC, 면 DEF의 2개이므로

$b=2$

모서리 DE를 포함하는 면은 면 ABED, 면 DEF의 2개이므로

$c=2$

$\therefore a+b+c=1+2+2=5$

6 답 9

직선 AB와 만나지 않는 두 면 중 보이는 면에 있는 눈의 수는 6이다.

이때 보이지 않는 면의 눈의 수는 그 면과 마주 보는 면의 눈의 수가 4이므로 $7-4=3$

따라서 구하는 눈의 수의 합은 $6+3=9$

▶ 문제 속 개념 도출

답 ① 점 ② 평행

• 본문 30~31쪽

개념 11 동위각과 엇각

개념 확인

1 답 (1) $\angle e$ (2) $\angle h$ (3) $\angle c$ (4) $\angle b$ (5) $\angle e$ (6) $\angle d$

2 답 (1) 125 (2) $\angle e$, 55 (3) $\angle c$, 120 (4) 60

(1) $\angle a$의 동위각: $\angle d=\boxed{125}°$ (맞꼭지각)

(2) $\angle b$의 동위각: $\boxed{\angle e}=180°-125°=\boxed{55}°$

(3) $\angle d$의 엇각: $\boxed{\angle c}=180°-60°=\boxed{120}°$

교과서 문제로 개념다지기

1 답 (1) $\angle d$, 65° (2) $\angle f$, 115°

(1) $\angle a$의 동위각은 $\angle d$이므로 $\angle d=180°-115°=65°$

(2) $\angle b$의 엇각은 $\angle f$이므로 $\angle f=115°$(맞꼭지각)

2 답 ①, ⑤

② $\angle c$와 $\angle g$는 동위각이다.

④ $\angle h$와 $\angle f$는 맞꼭지각이다.

따라서 엇각끼리 짝 지은 것은 ①, ⑤이다.

3 답 ⑤

④ $\angle c=180°-\angle d=180°-70°=110°$

⑤ $\angle h=180°-\angle g=180°-95°=85°$

따라서 옳지 않은 것은 ⑤이다.

4 답 ②, ④

① $\angle a$의 동위각은 $\angle d$, $\angle g$이다.

③ $\angle d$의 동위각은 $\angle a$, $\angle h$이다.

⑤ $\angle e$의 크기와 $\angle f$의 크기가 같은지는 알 수 없다.

따라서 옳은 것은 ②, ④이다.

| 참고 | 세 직선이 세 점에서 만나는 경우에는 다음 그림과 같이 두 부분으로 나누어 가린 후, 동위각과 엇각을 찾는다.

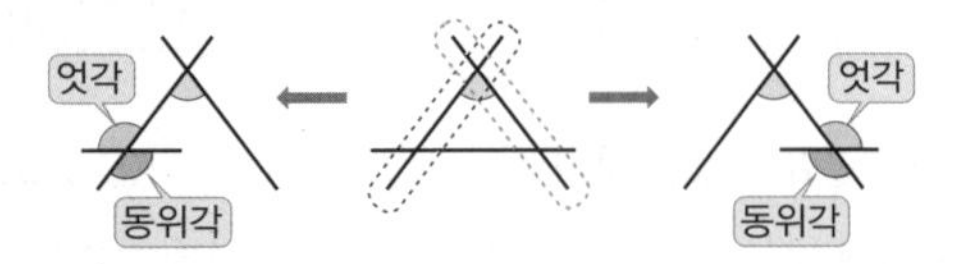

해설 꼭 확인

② $\angle a$의 엇각 찾기

(×) → $\angle a$의 엇각은 $\angle e$, $\angle f$이다.

(○) → $\angle a$의 엇각은 $\angle b$, $\angle i$이다.

➡ 여러 직선이 만나는 경우, 동위각과 엇각의 위치를 단순히 엇갈린 위치에 있는 각이라고 생각하지 않도록 주의해야 해!

5 답 B

영화관은 은행의 위치에 해당하는 각의 동위각에 해당하는 위치에 있으므로 영화관은 F에 위치한다.

준호네 집은 영화관의 위치에 해당하는 각의 엇각에 해당하는 위치에 있으므로 B에 위치한다.

▶ 문제 속 개념 도출

답 ① 동위각 ② 엇각

• 본문 32~33쪽

개념 12 평행선의 성질

바/로/풀/기

Q1 답 80, 50

개념 확인

1 답 (1) $\angle x=70°$, $\angle y=70°$ (2) $\angle x=55°$, $\angle y=125°$
(3) $\angle x=135°$, $\angle y=45°$ (4) $\angle x=90°$, $\angle y=90°$

(1) 오른쪽 그림에서 $\angle x$는 $70°$의 동위각이므로 $\angle x=70°$
$\angle x$와 $\angle y$는 맞꼭지각이므로
$\angle y=\angle x=70°$

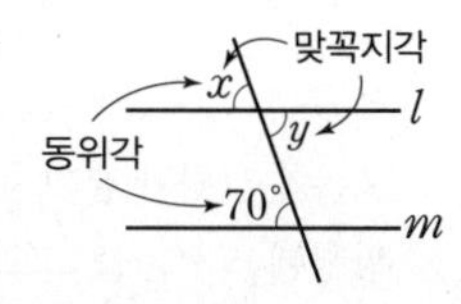

(2) 오른쪽 그림에서 $\angle y$는 $125°$의 엇각이므로
$\angle y=125°$
또 $\angle x+\angle y=180°$이므로
$\angle x=180°-\angle y=180°-125°=55°$

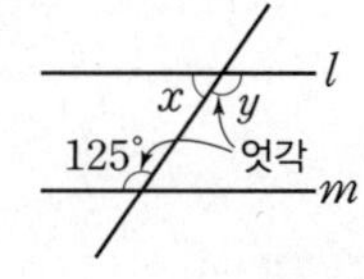

(3) 오른쪽 그림에서 $\angle y$는 $45°$의 엇각이므로
$\angle y=45°$
또 $\angle x+\angle y=180°$이므로
$\angle x=180°-\angle y=180°-45°=135°$

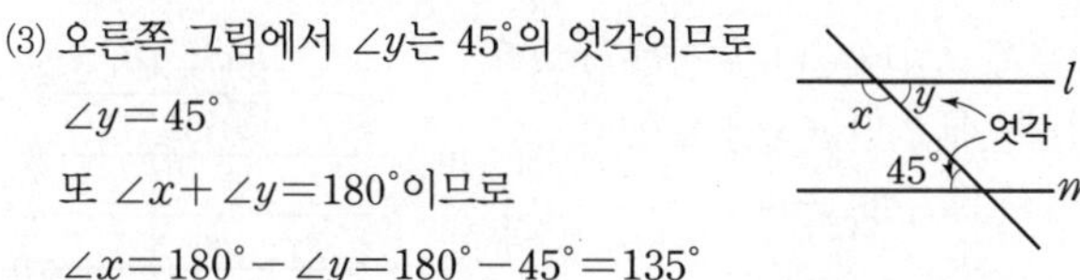

(4) 오른쪽 그림에서 $\angle x$는 $90°$의 동위각이므로 $\angle x=90°$
$\angle x$와 $\angle y$는 맞꼭지각이므로
$\angle y=\angle x=90°$

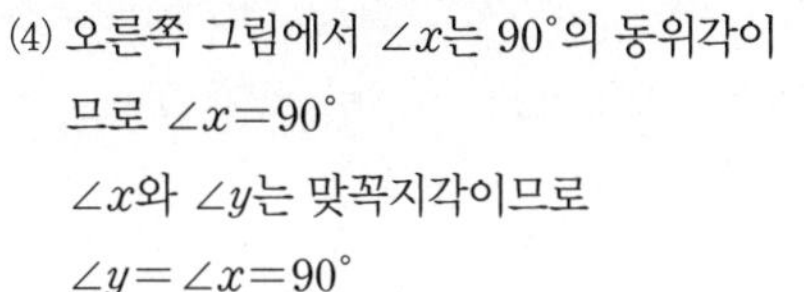

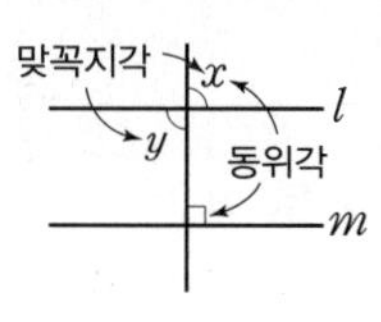

2 답 (1) ○ (2) ○ (3) ×

(1) 동위각의 크기가 같으므로 두 직선 l, m은 평행하다.
(2) 동위각의 크기가 같으므로 두 직선 l, m은 평행하다.
(3) 엇각의 크기가 같지 않으므로 두 직선 l, m은 평행하지 않다.

교과서 문제로 개념 다지기

1 답 $\angle a=145°$, $\angle b=35°$, $\angle c=35°$, $\angle d=35°$

$l /\!/ m$이므로 평행선에서 엇각의 성질에 의하여
$\angle c=35°$이다.
또 $\angle b=\angle c$ (맞꼭지각), $\angle c=\angle d$ (동위각)이고
$\angle c=35°$이므로
$\angle b=\angle c=\angle d=35°$
$\therefore \angle a=180°-35°=145°$

2 답 $\angle x=70°$, $\angle y=70°$

$l /\!/ m$이므로 $\angle x=70°$ (동위각)
$p /\!/ q$이므로 $\angle y=70°$ (동위각)

3 답 (1) 15 (2) 60

(1) $l /\!/ m$이므로 오른쪽 그림에서
$3x+(x+120)=180$
$4x=60$
$\therefore x=15$

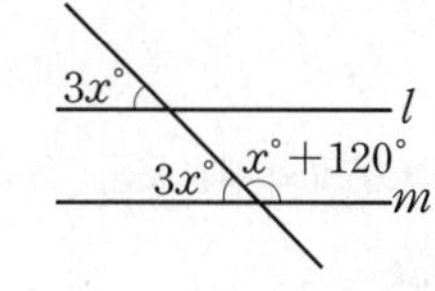

(2) $l /\!/ m$이므로 오른쪽 그림에서
$55+x+65=180$
$\therefore x=60$

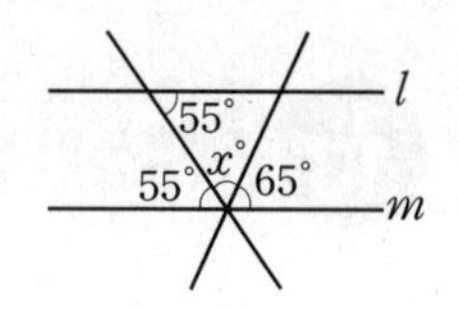

4 답 35

$l /\!/ m$이고, 오른쪽 그림에서
삼각형의 세 각의 크기의 합이 $180°$이므로
$80+65+x=180$
$\therefore x=35$

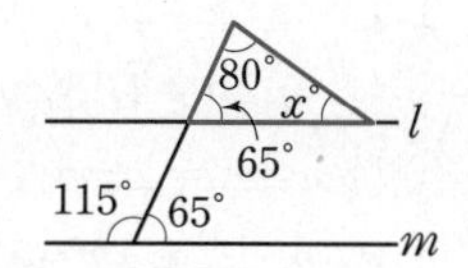

5 답 ④

① 동위각의 크기가 같지 않으므로 두 직선 l, m은 평행하지 않다.

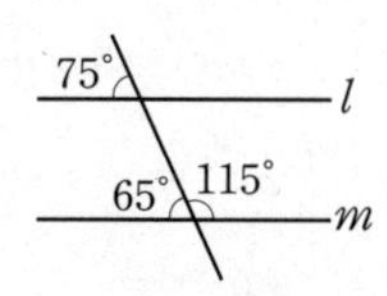

② 맞꼭지각의 크기는 항상 같으므로 두 직선 l, m이 평행한지 평행하지 않은지 알 수 없다.

③ 동위각의 크기가 같지 않으므로 두 직선 l, m은 평행하지 않다.

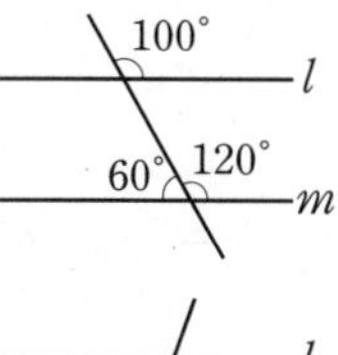

④ 엇각의 크기가 같으므로 두 직선 l, m은 평행하다.

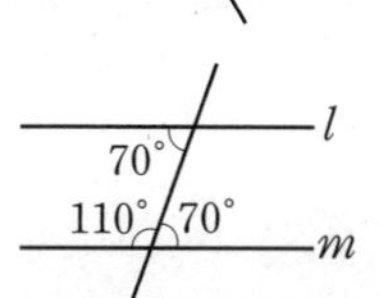

⑤ 동위각의 크기가 같지 않으므로 두 직선 l, m은 평행하지 않다.
따라서 두 직선 l, m이 평행한 것은 ④이다.

6 답 $2°$

평행하게 들어오는 햇빛을 각각 l, m이라 하면
$l /\!/ m$에서 동위각의 크기가 같으므로
$180°-42°=138°$
삼각형의 세 각의 크기의 합은 $180°$이므로
$138°+40°+\angle x=180°$, $178°+\angle x=180°$
$\therefore \angle x=2°$

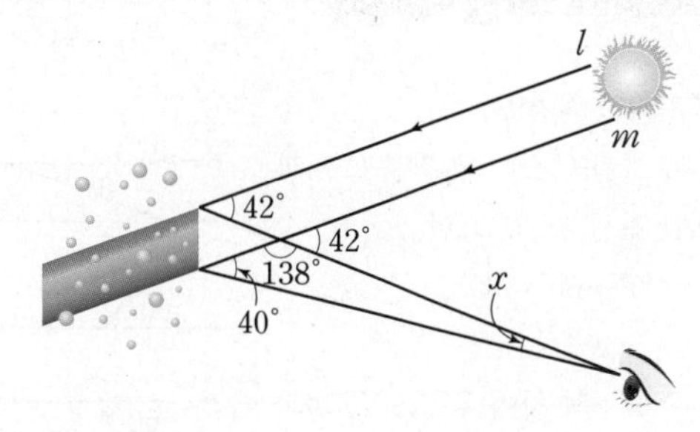

▶ 문제 속 개념 도출

답 ① 같다 ② $180°$

• 본문 34~35쪽

평행선의 활용

개념 확인

1 답 (1) $\angle x=25^\circ$, $\angle y=55^\circ$ (2) $\angle x=50^\circ$, $\angle y=45^\circ$
(3) $\angle x=27^\circ$, $\angle y=33^\circ$ (4) $\angle x=35^\circ$, $\angle y=60^\circ$

(1) $l /\!/ n$이므로 $\angle x=25^\circ$ (엇각)
$n /\!/ m$이므로 $\angle y=55^\circ$ (엇각)

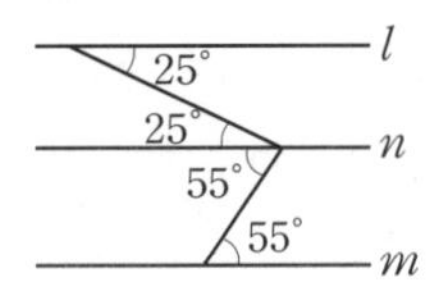

(2) $l /\!/ n$이므로 $\angle x=50^\circ$ (엇각)
$n /\!/ m$이므로 $\angle y=45^\circ$ (엇각)

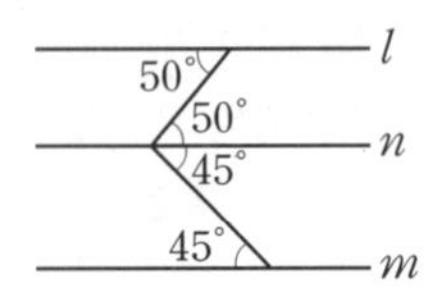

(3) $l /\!/ n$이므로 $\angle x=27^\circ$ (엇각)
$n /\!/ m$이므로
$\angle y=60^\circ-27^\circ=33^\circ$ (엇각)

(4) $l /\!/ n$이므로 $\angle x=35^\circ$ (엇각)
$n /\!/ m$이므로
$\angle y=180^\circ-120^\circ=60^\circ$ (엇각)

2 답 (1) $\angle x=30^\circ$, $\angle y=40^\circ$ (2) $\angle x=30^\circ$, $\angle y=50^\circ$

(1) $l /\!/ p$이고 $p /\!/ q$이므로
$\angle x=50^\circ-20^\circ=30^\circ$ (엇각)
$q /\!/ m$이므로 $\angle y=40^\circ$ (엇각)

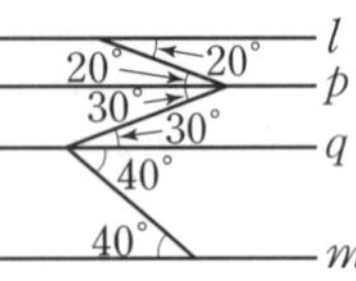

(2) $l /\!/ p$이므로 $\angle x=30^\circ$ (동위각)
$q /\!/ m$이고 $p /\!/ q$이므로
$\angle y=95^\circ-45^\circ=50^\circ$ (엇각)

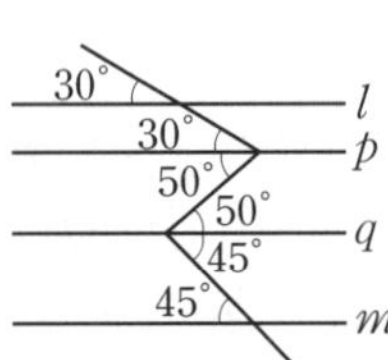

교과서 문제로 개념 다지기

1 답 (1) 80° (2) 90°

(1) 오른쪽 그림과 같이 두 직선 l, m과 평행한 직선 n을 그으면
$\angle x=20^\circ+60^\circ=80^\circ$

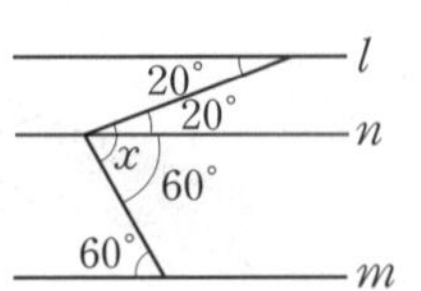

(2) 오른쪽 그림과 같이 두 직선 l, m과 평행한 두 직선 p, q를 그으면
$\angle x=40^\circ+50^\circ=90^\circ$

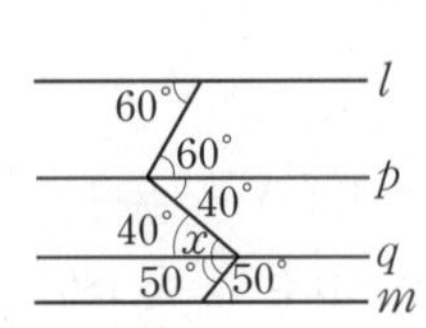

2 답 (1) 120° (2) 62°

(1) 오른쪽 그림과 같이 두 직선 l, m과 평행한 직선 n을 그으면
$\angle x=70^\circ+50^\circ=120^\circ$

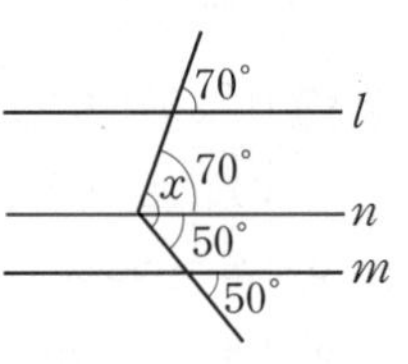

(2) 오른쪽 그림과 같이 두 직선 l, m과 평행한 직선 n을 그으면
$\angle x=120^\circ-58^\circ=62^\circ$ (동위각)

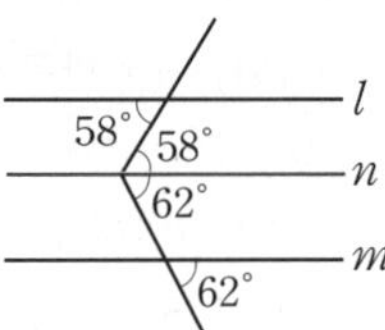

3 답 60°

오른쪽 그림과 같이 두 직선 l, m과 평행한 두 직선 p, q를 그으면
$\angle x=35^\circ+25^\circ=60^\circ$

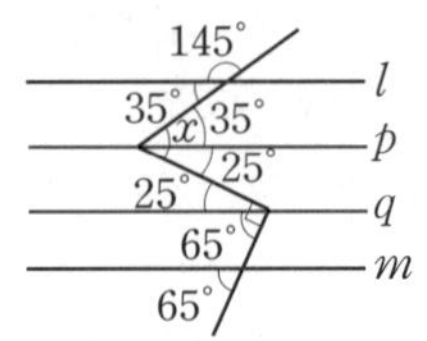

4 답 130°

오른쪽 그림과 같이 두 직선 l, m과 평행한 두 직선 p, q를 그으면
$\angle x=(180^\circ-90^\circ)+40^\circ$
$=130^\circ$

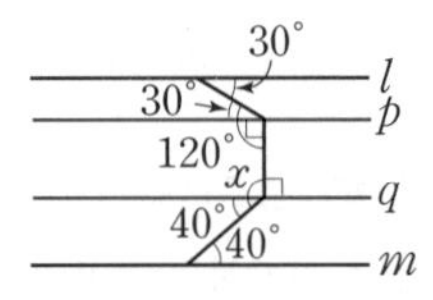

5 답 30

오른쪽 그림과 같이 점 D를 지나고 두 직선 l, m과 평행한 직선 n을 그으면
$l /\!/ m /\!/ n$이고 $\overleftrightarrow{AB} /\!/ \overleftrightarrow{DC}$이므로
$60=3x-30$
$3x=90 \qquad \therefore x=30$

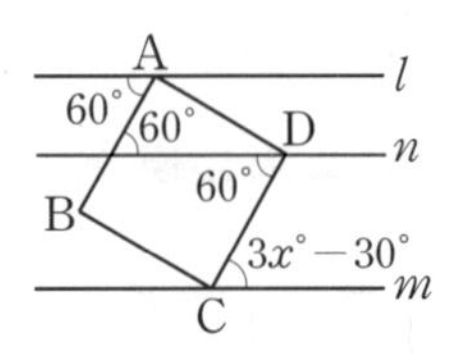

6 답 24

오른쪽 그림과 같이 두 직선 l, m과 평행한 직선 n을 그으면
$20+x=44$ (동위각)
$\therefore x=24$

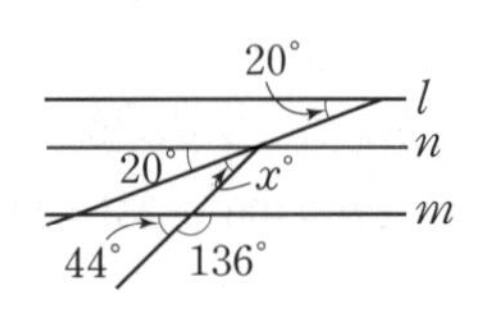

7 답 ②

오른쪽 그림과 같이 두 직선 l, m과 평행한 두 직선 p, q를 그으면
$\angle x=115^\circ-80^\circ=35^\circ$ (엇각)

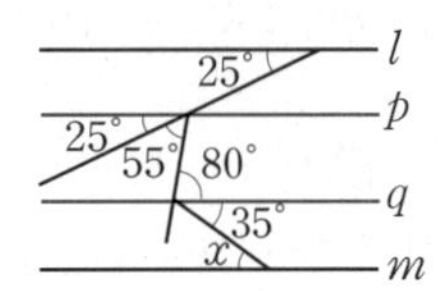

▶ 문제 속 개념 도출

답 ① 같다

학교 시험 문제로 단원 마무리

• 본문 36~37쪽

1 답 ④

④ 점 A에서 점 B에 이르는 가장 짧은 거리는 $\overline{AB}$이다.

2 답 ⑤

⑤ 뻗어 나가는 방향은 같으나 시작점이 다르므로 $\overrightarrow{AB} \neq \overrightarrow{BC}$

3 답 24 cm

두 점 M, N이 각각 $\overline{AB}$, $\overline{BC}$의 중점이므로

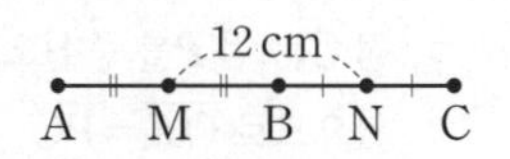

$\overline{AB}=2\overline{MB}$, $\overline{BC}=2\overline{BN}$

$\therefore \overline{AC}=\overline{AB}+\overline{BC}=2\overline{MB}+2\overline{BN}=2(\overline{MB}+\overline{BN})$

$=2\overline{MN}=2\times12=24(\text{cm})$

4 답 70

맞꼭지각의 크기는 서로 같으므로

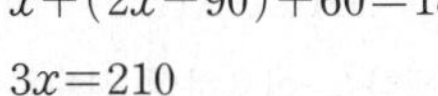
$x+(2x-90)+60=180$

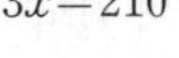
$3x=210$

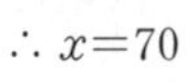
$\therefore x=70$

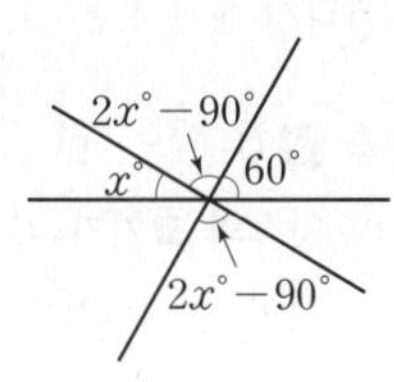

5 답 ④

④ 오른쪽 그림에서 점 A와 $\overline{BC}$ 사이의 거리는 5 cm이다.

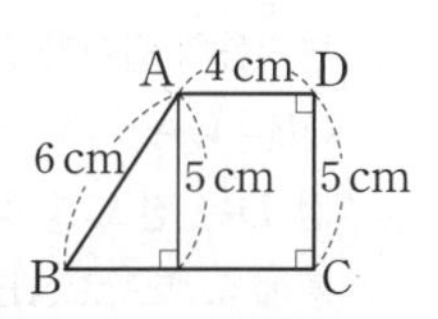

6 답 9

모서리 AF와 꼬인 위치에 있는 모서리는

$\overline{CD}$, $\overline{CG}$, $\overline{GH}$, $\overline{DH}$, $\overline{EH}$의 5개이므로 $a=5$

면 CFG와 평행한 모서리는

$\overline{AE}$, $\overline{EH}$, $\overline{DH}$, $\overline{AD}$의 4개이므로 $b=4$

$\therefore a+b=5+4=9$

7 답 ㄱ, ㄹ, ㅁ

ㄱ. $\overline{AB}$와 평행한 면은
면 DCGH, 면 EFGH의 2개이다.

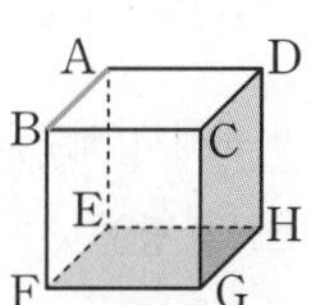

ㄴ. $\overline{CD}$와 수직인 면은
면 AEHD, 면 BFGC의 2개이다.

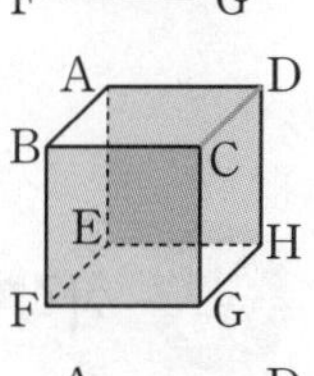

ㄷ. $\overline{EH}$와 평행한 모서리는
$\overline{AD}$, $\overline{BC}$, $\overline{FG}$의 3개이다.

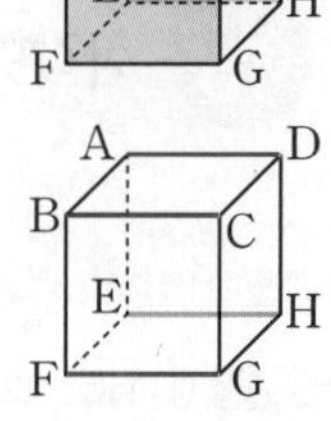

ㄹ. $\overline{AD}$와 수직으로 만나는 모서리는
$\overline{AB}$, $\overline{AE}$, $\overline{DC}$, $\overline{DH}$의 4개이다.

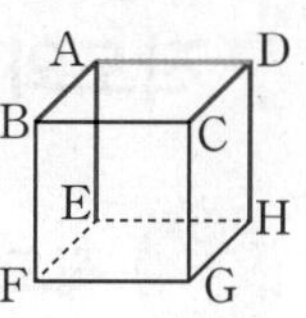

ㅁ. $\overline{DH}$와 꼬인 위치에 있는 모서리는
$\overline{AB}$, $\overline{BC}$, $\overline{EF}$, $\overline{FG}$의 4개이다.

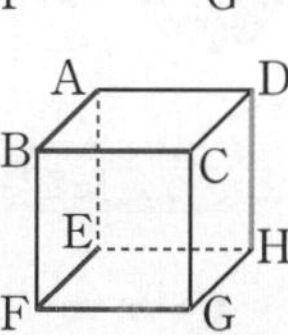

따라서 옳은 것은 ㄱ, ㄹ, ㅁ이다.

8 답 (1) $\angle x=80°$, $\angle y=70°$ (2) $\angle x=95°$, $\angle y=135°$

(1) 오른쪽 그림에서 $l /\!/ m$이면
동위각의 크기가 같으므로

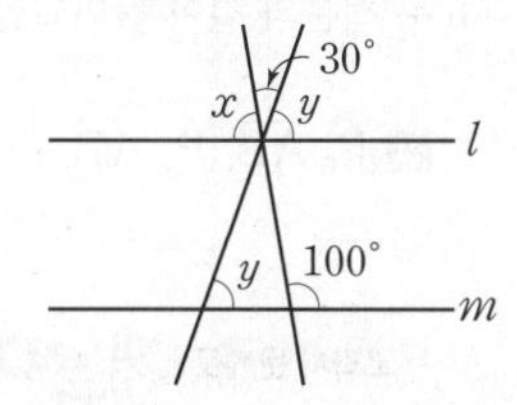

$30°+\angle y=100°$

$\therefore \angle y=70°$

또 평각의 크기는 180°이므로

$\angle x+30°+\angle y=180°$

$\angle x+30°+70°=180°$

$\therefore \angle x=180°-100°=80°$

다른 풀이

오른쪽 그림에서 $l /\!/ m$이면
동위각의 크기가 같으므로

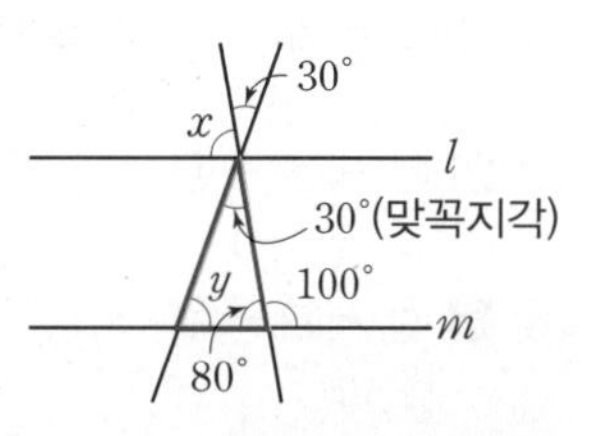

$\angle x=180°-100°=80°$

또 삼각형에서 세 각의 크기의 합이 180°이므로

$\angle y+80°+30°=180°$

$\therefore \angle y=180°-110°=70°$

(2) 오른쪽 그림의 삼각형에서 세 각의 크기의 합이 180°이므로

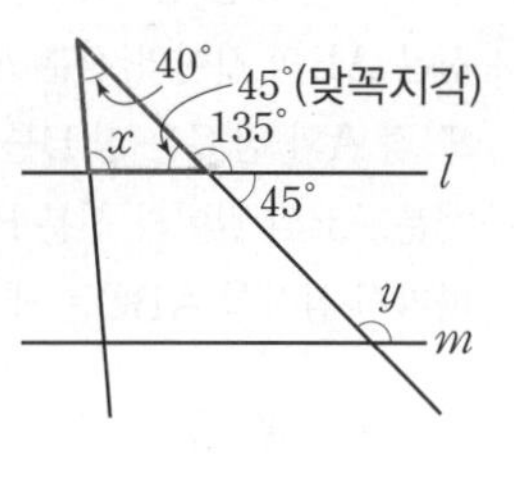

$\angle x+45°+40°=180°$

$\therefore \angle x=180°-85°=95°$

또 $l /\!/ m$이면
동위각의 크기가 같으므로

$\angle y=180°-45°=135°$

9 답 74°

오른쪽 그림과 같이 두 직선 l, m과 평행한 두 직선 p, q를 그으면 엇각의 크기가 같으므로

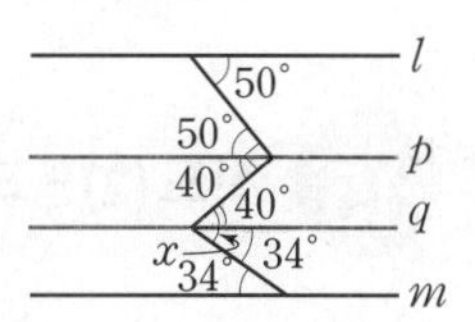

$\angle x=40°+34°=74°$

OX 문제로 확인하기 • 본문 38쪽

답 ❶ × ❷ ○ ❸ × ❹ × ❺ ○ ❻ ○ ❼ ○ ❽ × ❾ × ❿ ○

2 작도와 합동

• 본문 40~41쪽

작도(1) - 길이가 같은 선분의 작도

개념 확인

1 답 ㄱ, ㅁ

2 답 (1) ○ (2) × (3) × (4) ○

(2) 두 점을 연결하는 선분을 그릴 때는 눈금 없는 자를 사용한다.
(3) 두 선분의 길이를 비교할 때는 컴퍼스를 사용한다.

3 답 P, $\overline{AB}$, P, $\overline{AB}$, Q

교과서 문제로 개념 다지기

1 답 (1) 눈금 없는 자 (2) 컴퍼스 (3) ㉡, ㉠, ㉢

2 답 ④

④ 컴퍼스로 각의 크기를 측정할 수 없다.

3 답 ㉢ → ㉠ → ㉡

4 답 ㉢ → ㉡ → ㉠

5 답 정삼각형

점 B와 점 C는 점 A를 중심으로 하는 원 위에 있으므로
선분 AB의 길이와 선분 AC의 길이는 같다.
또 점 A와 점 C는 점 B를 중심으로 하는 원 위에 있으므로
선분 AB의 길이와 선분 BC의 길이는 같다.
따라서 삼각형 ABC는 세 변의 길이가 같으므로 정삼각형이다.

▶ 문제 속 개념 도출

답 ① 컴퍼스 ② 정삼각형

• 본문 42~43쪽

작도(2) - 크기가 같은 각의 작도

개념 확인

1 답 A, B, C, $\overline{AB}$

2 답 Q, C, $\overline{AB}$, $\overline{AB}$, D

교과서 문제로 개념 다지기

1 답 (1) ㉠, ㉢, ㉡, ㉣, ㉤ (2) $\overline{OD}$, $\overline{PY}$ (3) $\overline{YX}$
(4) $\angle YPX$ (또는 $\angle YPQ$)

2 답 (1) ㉡, ㉤, ㉠, ㉥, ㉢, ㉣ (2) $\overline{AC}$, $\overline{PR}$ (3) $\overline{QR}$
(4) $\angle QPR$

3 답 ㄱ, ㄹ

ㄱ. 점 C는 점 P를 중심으로 하고 반지름의 길이가 $\overline{OA}$인 원 위에 있으므로 $\overline{OA}=\overline{PC}$
ㄴ. 점 D는 점 C를 중심으로 하고 반지름의 길이가 $\overline{AB}$인 원 위에 있으므로 $\overline{AB}=\overline{DC}$이고, $\overline{AB}=\overline{CQ}$인지는 알 수 없다.
ㄹ. $\angle XOY$와 크기가 같은 $\angle DPC$를 작도한 것이므로 $\angle XOY=\angle DPC$
따라서 옳은 것은 ㄱ, ㄹ이다.

4 답 (1) ㉡ → ㉤ → ㉠ → ㉥ → ㉣ → ㉢ (2) $\angle CAB$

(2) 엇각의 크기가 같으면 두 직선이 평행함을 이용하여 작도한 것이므로 $\angle QPR=\angle CAB$

5 답 ㄴ, ㄹ

ㄱ. 반지름의 길이가 같은 원 위에 있으므로 $\overline{QB}=\overline{QA}=\overline{PC}=\overline{PD}$이고, $\overline{QB}=\overline{CD}$인지는 알 수 없다.
ㄴ. 점 D는 점 C를 중심으로 하고 반지름의 길이가 $\overline{AB}$인 원 위에 있으므로 $\overline{AB}=\overline{CD}$
ㄹ. 엇각의 크기가 같으면 두 직선이 평행함을 이용하여 작도한 것이므로 $\angle BQA=\angle CPD$
따라서 옳은 것은 ㄴ, ㄹ이다.

6 답 서로 다른 두 직선이 다른 한 직선과 만날 때 엇각의 크기가 같으면 두 직선은 평행하다.

주어진 작도는 엇각의 크기가 같도록 하여 $\overline{BC}$와 평행한 직선 l을 작도하였으므로 '서로 다른 두 직선이 다른 한 직선과 만날 때 엇각의 크기가 같으면 두 직선은 평행하다.'는 성질을 이용하였다.

▶ 문제 속 개념 도출

답 ① 평행

• 본문 44~45쪽

삼각형의 세 변의 길이 사이의 관계

개념 확인

1 답 (1) $\overline{BC}$ (2) $\overline{AB}$ (3) $\angle C$ (4) $\angle B$

2 답 (1) × (2) × (3) ○ (4) ○

가장 긴 변의 길이가 나머지 두 변의 길이의 합보다 작으면 삼각형을 만들 수 있다.

(1) $7=3+4$ (×) (2) $8>2+5$ (×)

(3) $10<8+9$ (○) (4) $7<7+7$ (○)

교과서 문제로 개념 다지기

1 답 ①, ⑤

① $5=2+3$ (×) ② $6<4+5$ (○) ③ $10<5+8$ (○)

④ $9<9+9$ (○) ⑤ $20>9+10$ (×)

따라서 삼각형의 세 변의 길이가 될 수 없는 것은 ①, ⑤이다.

2 답 ④

① $\overline{BC}$의 대각은 $\angle A$이고, $\angle A$의 크기는 $90°$이다.

② $\angle B$의 대변은 $\overline{AC}$이고, $\overline{AC}$의 길이는 $6\,cm$이다.

④ $10<8+6$이다.

따라서 옳지 않은 것은 ④이다.

3 답 ③

가장 긴 변의 길이가 나머지 두 변의 길이의 합보다 작아야 하므로

① $6>2+2$ (×) ② $6=2+4$ (×) ③ $6<2+6$ (○)

④ $8=2+6$ (×) ⑤ $10>2+6$ (×)

따라서 x의 값으로 알맞은 것은 ③이다.

4 답 x, 8, 15, 8, x, 1, 1, 15

5 답 $3<x<9$

(i) 가장 긴 변의 길이가 $x\,cm$일 때

$x<3+6$이므로 $x<9$

(ii) 가장 긴 변의 길이가 $6\,cm$일 때

$6<3+x$이므로 $x>3$

따라서 (i), (ii)에서 구하는 x의 값의 범위는 $3<x<9$

해설 꼭 확인

x의 값의 범위 구하기

(×) → $6\,cm$가 가장 긴 변의 길이이므로
$6<3+x$에서 $x>3$

(○) → $x\,cm$가 가장 긴 변의 길이일 수도 있고,
$6\,cm$가 가장 긴 변의 길이일 수도 있으므로
$3<x<9$

➡ 삼각형의 세 변의 길이 중 한 변의 길이가 미지수 x로 주어질 때, x가 가장 긴 변의 길이일 수도 있고 아닐 수도 있음에 주의하자!

6 답 2개

(i) 가장 긴 변의 길이가 $9\,cm$일 때

$9=4+5$이므로 삼각형을 만들 수 없다.

(ii) 가장 긴 변의 길이가 $11\,cm$일 때

$11>4+5$, $11<4+9$, $11<5+9$

이므로 세 변의 길이가

$4\,cm$, $9\,cm$, $11\,cm$인 경우와 $5\,cm$, $9\,cm$, $11\,cm$인 경우에 각각 삼각형을 만들 수 있다.

따라서 (i), (ii)에서 만들 수 있는 서로 다른 삼각형의 개수는 2개이다.

▶ 문제 속 개념 도출

답 ① 합

• 본문 46~47쪽

개념 17 삼각형의 작도

개념 확인

1 답 (1) × (2) ○ (3) ○

(1) 두 변인 $\overline{AB}$, $\overline{AC}$의 길이와 그 끼인각이 아닌 $\angle B$의 크기가 주어졌으므로 $\triangle ABC$를 하나로 작도할 수 없다.

(2) 한 변인 $\overline{AB}$의 길이와 그 양 끝 각인 $\angle A$, $\angle B$의 크기가 주어졌으므로 $\triangle ABC$를 하나로 작도할 수 있다.

(3) 두 변인 $\overline{AC}$, $\overline{BC}$의 길이와 그 끼인각인 $\angle C$의 크기가 주어졌으므로 $\triangle ABC$를 하나로 작도할 수 있다.

2 답 a, $\angle XBC$, $\angle YCB$

교과서 문제로 개념 다지기

1 답 (1) $\overline{BC}$, $\overline{BA}$ (2) $\angle B$, $\overline{AC}$ (3) $\overline{BC}$, $\angle C$

2 답 ⑤

두 변 $\overline{AB}$, $\overline{AC}$의 길이와 그 끼인각인 $\angle A$의 크기가 주어졌으므로 $\triangle ABC$는 다음 (i) 또는 (ii)의 과정으로 작도할 수 있다.

(i) $\angle A$를 작도한 후 $\overline{AB}$, $\overline{AC}$를 작도하고, $\overline{BC}$를 작도한다.

(ii) $\overline{AB}$ (또는 $\overline{AC}$)를 작도한 후 $\angle A$를 작도하고

$\overline{AC}$ (또는 $\overline{AB}$)를 작도한 후 $\overline{BC}$를 작도한다.

따라서 가장 마지막에 작도하는 것은 ⑤이다.

3 답 ㄴ, ㄹ

한 변의 길이와 그 양 끝 각의 크기가 주어졌을 때, 삼각형은 다음과 같은 순서로 작도한다.

ㄴ. 한 각을 작도한 후 한 변을 작도하고 다른 한 각을 작도한다.
ㄹ. 한 변을 작도한 후 두 각을 작도한다.
따라서 △ABC의 작도 순서로 옳은 것은 ㄴ, ㄹ이다.

4 답 ㄴ, ㄷ

ㄱ. 길이가 l인 변의 양 끝 각의 크기는 $60°$와 $70°$이고, 길이가 l, m인 두 변의 끼인각의 크기는 $60°$이다.
($70°$ ← $180°-(60°+50°)=70°$)

ㄴ. 길이가 l인 변의 양 끝 각의 크기는 $70°$와 $50°$이고, 길이가 l, m인 두 변의 끼인각의 크기는 $50°$이다.
($50°$ ← $180°-(70°+60°)=50°$)

ㄷ. 길이가 l인 변의 양 끝 각의 크기는 $60°$와 $70°$이고, 길이가 l, m인 두 변의 끼인각의 크기는 $70°$이다.
($70°$ ← $180°-(50°+60°)=70°$)

ㄹ. 길이가 l인 변의 양 끝 각의 크기는 $50°$와 $60°$이고, 길이가 l, m인 두 변의 끼인각의 크기는 $50°$이다.
($60°$ ← $180°-(70°+50°)=60°$)

따라서 구하는 것을 차례로 나열하면 ㄴ, ㄷ이다.

▶ 문제 속 개념 도출

답 ① 끼인각

• 본문 48~49쪽

개념 18 삼각형이 하나로 정해지는 조건

개념 확인

1 답 (1) 2개 (2) 무수히 많다.

(1) 오른쪽 그림과 같이 점 B를 중심으로 반지름의 길이가 6 cm인 원을 그리면 ∠A의 한 변과 두 점에서 만나므로 주어진 조건으로는 2개의 삼각형이 그려진다.

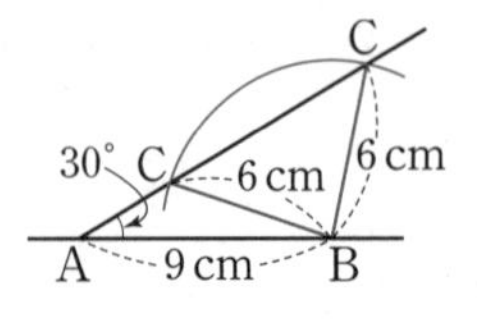

(2) 세 각의 크기가 주어지면 모양은 같고 크기가 다른 삼각형이 무수히 많이 그려진다.

2 답 (1) × (2) ○ (3) × (4) ○ (5) ○

(1) 세 각의 크기가 주어지면 모양은 같고 크기가 다른 삼각형이 무수히 많이 그려진다.
(2) (가장 긴 변의 길이)<(나머지 두 변의 길이의 합)이므로 삼각형이 하나로 정해진다.
(3) 두 변의 길이와 그 끼인각이 아닌 다른 한 각의 크기가 주어졌으므로 삼각형이 하나로 정해지지 않는다.
(4) 두 변의 길이와 그 끼인각의 크기가 주어졌으므로 삼각형이 하나로 정해진다.
(5) 한 변의 길이와 그 양 끝 각의 크기가 주어졌으므로 삼각형이 하나로 정해진다.

교과서 문제로 개념 다지기

1 답 ㄹ

ㄱ. 한 변의 길이와 그 양 끝 각의 크기가 주어진 경우이다.
ㄴ. 두 변의 길이와 그 끼인각의 크기가 주어진 경우이다.
ㄷ. ∠A와 ∠B의 크기가 주어지면 ∠C의 크기도 알 수 있다.
즉, 한 변의 길이와 그 양 끝 각의 크기가 주어진 경우와 같다.
ㄹ. ∠B는 $\overline{BC}$와 $\overline{AC}$의 끼인각이 아니므로 △ABC가 하나로 정해지지 않는다.
따라서 △ABC가 하나로 정해지기 위해 필요한 나머지 한 조건이 아닌 것은 ㄹ이다.

2 답 ④

① $\overline{CA}>\overline{AB}+\overline{BC}$이므로 삼각형이 그려지지 않는다.
② ∠A는 $\overline{AB}$와 $\overline{BC}$의 끼인각이 아니므로 삼각형이 하나로 정해지지 않는다.
③ ∠B는 $\overline{BC}$와 $\overline{CA}$의 끼인각이 아니므로 삼각형이 하나로 정해지지 않는다.
④ 한 변의 길이와 그 양 끝 각의 크기가 주어졌으므로 △ABC가 하나로 정해진다.
⑤ 세 각의 크기가 주어지면 모양은 같고 크기가 다른 삼각형이 무수히 많이 그려진다.
따라서 △ABC가 하나로 정해지는 것은 ④이다.

해설 꼭 확인

① $\overline{AB}=5$ cm, $\overline{BC}=6$ cm, $\overline{CA}=12$ cm일 때, △ABC는 하나로 정해지는지 판단하기

(×) → 세 변의 길이가 주어졌으므로 삼각형이 하나로 정해진다.
(○) → $12>5+6$이므로 삼각형이 그려지지 않는다.

➡ 세 변의 길이가 주어진 경우
(가장 긴 변의 길이)<(나머지 두 변의 길이의 합)
일 때만 삼각형이 그려지므로 세 변의 길이 사이의 관계도 확인해야 함에 주의하자!

3 답 ④

① $\angle A+\angle B=180°$이므로 삼각형이 그려지지 않는다.
② $\overline{AB}+\overline{CA}=\overline{BC}$이므로 삼각형이 그려지지 않는다.
③ ∠B는 $\overline{AB}$, $\overline{CA}$의 끼인각이 아니므로 △ABC가 하나로 정해지지 않는다.
④ $\angle A=180°-(\angle B+\angle C)$
$=180°-(40°+40°)=100°$
즉, 한 변 $\overline{AB}$의 길이와 그 양 끝 각 ∠A, ∠B의 크기를 알 수 있으므로 △ABC가 하나로 정해진다.

⑤ ∠C는 $\overline{AB}$, $\overline{BC}$의 끼인각이 아니므로 △ABC가 하나로 정해지지 않는다.

따라서 △ABC가 하나로 정해지기 위해 필요한 두 조건인 것은 ④이다.

4 답 ㄴ, ㄹ

ㄱ. ∠A가 $\overline{AB}$, $\overline{BC}$의 끼인각이 아니므로 △ABC가 하나로 정해지지 않는다.

ㄴ. ∠B가 $\overline{AB}$, $\overline{BC}$의 끼인각이므로 △ABC가 하나로 정해진다.

ㄷ. $\overline{CA}=\overline{AB}+\overline{BC}$이므로 △ABC가 그려지지 않는다.

ㄹ. $\overline{AB}<\overline{BC}+\overline{CA}$이므로 △ABC가 하나로 정해진다.

따라서 필요한 나머지 한 조건으로 가능한 것은 ㄴ, ㄹ이다.

5 답 (1) 3개 (2) 풀이 참조

(1) 연우가 말한 삼각형은 다음 그림과 같이 모두 3개 그려진다.

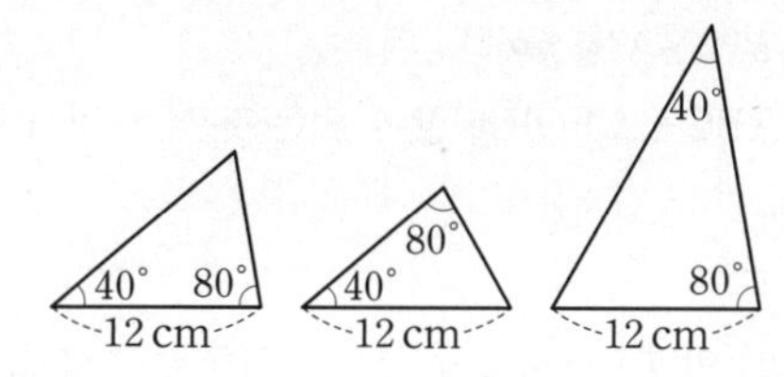

(2) 한 변의 길이와 두 각의 크기가 주어졌을 때, 삼각형이 하나로 그려지려면 주어진 두 각의 크기가 한 변의 길이의 양 끝 각이어야 한다.

즉, 연우는 '내가 그린 삼각형은 한 변의 길이가 12 cm이고 그 양 끝 각의 크기가 각각 40°, 80° (또는 80°, 40°)인 삼각형이야.'라고 말해야 삼각형이 하나로 그려진다.

▶ 문제 속 개념 도출

 ① 한 변의 길이

• 본문 50~51쪽

개념 19 도형의 합동

개념 확인

1 답 (1) $\overline{PQ}$ (2) $\overline{QR}$ (3) $\overline{RP}$ (4) ∠P (5) ∠Q (6) ∠R

2 답 (1) $x=4$, $y=6$, $a=62$, $b=33$
(2) $x=7$, $a=72$, $b=65$, $c=72$

(1) $\overline{AB}=\overline{PQ}=4\,\text{cm}$ $\quad\therefore x=4$

$\overline{AC}=\overline{PR}=6\,\text{cm}$ $\quad\therefore y=6$

$\angle Q=\angle B=62^\circ$ $\quad\therefore a=62$

$\angle R=\angle C=180^\circ-(85^\circ+62^\circ)=33^\circ$

$\therefore b=33$

(2) $\overline{GF}=\overline{CB}=7\,\text{cm}$ $\quad\therefore x=7$

$\angle B=\angle F=65^\circ$ $\quad\therefore b=65$

$\angle A=360^\circ-(65^\circ+88^\circ+135^\circ)=72^\circ$

$\therefore a=72$

$\angle E=\angle A=72^\circ$ $\quad\therefore c=72$

교과서 문제로 개념 다지기

1 답 ㄴ, ㄹ

ㄱ. 대응변의 길이는 같으므로 $\overline{AB}=\overline{DE}$

ㄴ. 대응각의 크기는 같으므로 ∠B=∠E

ㄷ. 점 C의 대응점은 점 F이다.

ㄹ. 합동인 두 도형은 완전히 포개어진다.

따라서 옳은 것은 ㄴ, ㄹ이다.

2 답 (1) 80° (2) 7 cm

(1) 대응각의 크기는 같으므로 ∠H=∠D=80°

(2) 대응변의 길이는 같으므로 $\overline{AB}=\overline{EF}=7\,\text{cm}$

해설 꼭 확인

(1) ∠H의 크기 구하기

$\xrightarrow{(\times)}$ ∠H=∠C=90°

$\xrightarrow{(\bigcirc)}$ ∠H=∠D=80°

➡ 합동인 도형에서 대응각의 크기나 대응변의 길이를 구할 때는 대응점의 순서를 꼭 확인해야 해!

3 답 105

△ABC≡△FED이므로

$\overline{BC}=\overline{ED}=8\,\text{cm}$ $\quad\therefore x=8$

또 ∠E=∠B=45°이고

△FED에서

$\angle F=180^\circ-(\angle D+\angle E)=180^\circ-(38^\circ+45^\circ)=97^\circ$

$\therefore y=97$

$\therefore x+y=8+97=105$

4 답 ②

① $\overline{FG}=\overline{BC}=8\,\text{cm}$

② $\overline{AD}$의 길이는 알 수 없다.

③, ④, ⑤ ∠F=∠B=120°, ∠A=∠E=95°이므로

$\angle C=360^\circ-(120^\circ+75^\circ+95^\circ)=70^\circ$

따라서 옳지 않은 것은 ②이다.

5 답 ㄷ, ㄹ, ㅁ

ㄱ, ㄴ, ㅂ, ㅅ. 원, 정삼각형, 정오각형, 정사각형은 모양이 항상 같은 도형이므로 그 크기가 같으면 합동이다.

ㄷ. 오른쪽 그림의 두 직사각형은 둘레의 길이가 20으로 같지만 합동은 아니다.

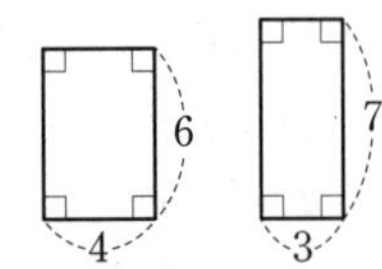

ㄹ. 오른쪽 그림의 두 사각형은 네 변의 길이가 같지만 합동은 아니다.

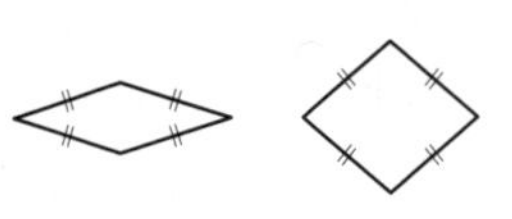

ㅁ. 오른쪽 그림의 두 직사각형은 넓이가 12로 같지만 합동은 아니다.

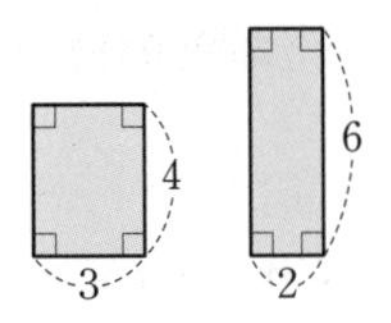

따라서 두 도형이 항상 합동이라고 할 수 없는 것은 ㄷ, ㄹ, ㅁ이다.

▶ 문제 속 개념 도출

답 ① 합동

• 본문 52~53쪽

개념 20 삼각형의 합동 조건

개념 확인

1 답 (1) 합동이다, SSS 합동 (2) 합동이다, SAS 합동 (3) 합동이다, ASA 합동

(1) △ABC와 △EFD에서

$\overline{AB}=\overline{EF}$, $\overline{BC}=\overline{FD}$, $\overline{AC}=\overline{ED}$

대응하는 세 변의 길이가 각각 같으므로

△ABC≡△EFD (SSS 합동)

(2) △ABC와 △EDF에서

$\overline{AB}=\overline{ED}$, $\overline{AC}=\overline{EF}$, $\angle A=\angle E$

대응하는 두 변의 길이가 각각 같고, 그 끼인각의 크기가 같으므로

△ABC≡△EDF (SAS 합동)

(3) △ABC와 △EDF에서

$\overline{AC}=\overline{EF}$, $\angle A=\angle E$, $\angle C=\angle F$

대응하는 한 변의 길이가 같고, 그 양 끝 각의 크기가 각각 같으므로

△ABC≡△EDF (ASA 합동)

2 답 (1) ○ (2) ○ (3) × (4) ○

(1) 대응하는 세 변의 길이가 각각 같으므로

△ABC≡△DEF (SSS 합동)

(2) 대응하는 두 변의 길이가 각각 같고, 그 끼인각의 크기가 같으므로

△ABC≡△DEF (SAS 합동)

(4) $\angle B=\angle E$, $\angle A=\angle D$이므로

$\angle C=180^\circ-(\angle A+\angle B)$

$=180^\circ-(\angle D+\angle E)=\angle F$

즉, 대응하는 한 변의 길이가 같고, 그 양 끝 각의 크기가 각각 같으므로

△ABC≡△DEF (ASA 합동)

교과서 문제로 개념 다지기

1 답 ㄱ, ㄹ

ㄴ. 대응하는 두 변의 길이가 각각 같고, 그 끼인각의 크기가 같으므로 SAS 합동이다.

ㄷ. 대응하는 한 변의 길이가 같고, 그 양 끝 각의 크기가 각각 같으므로 ASA 합동이다.

따라서 △ABC≡△PQR라 할 수 없는 것은 ㄱ, ㄹ이다.

2 답 ㄱ, ㄷ, ㄹ

ㄱ. $\overline{BC}=\overline{EF}$이면 대응하는 두 변의 길이가 각각 같고, 그 끼인각의 크기가 같으므로

△ABC≡△DEF (SAS 합동)

ㄷ. $\angle A=\angle D$이면 대응하는 한 변의 길이가 같고, 그 양 끝 각의 크기가 각각 같으므로

△ABC≡△DEF (ASA 합동)

ㄹ. 삼각형의 세 각의 크기의 합이 180°이므로

$\angle C=\angle F$이면

$\angle A=180^\circ-(\angle B+\angle C)$

$=180^\circ-(\angle E+\angle F)=\angle D$

즉, 대응하는 한 변의 길이가 같고, 그 양 끝 각의 크기가 각각 같으므로

△ABC≡△DEF (ASA 합동)

따라서 △ABC≡△DEF이기 위해 더 필요한 하나의 조건은 ㄱ, ㄷ, ㄹ이다.

| 참고 | 삼각형이 합동이 되기 위해 추가할 조건

(1) 대응하는 두 변의 길이가 각각 같을 때

➡ 나머지 한 변의 길이 또는 그 끼인각의 크기가 같아야 한다.

(2) 대응하는 한 변의 길이가 같고, 그 양 끝 각 중 한 각의 크기가 같을 때

➡ 그 각을 끼고 있는 다른 한 변의 길이 또는 그 양 끝 각 중 다른 한 각의 크기가 같아야 한다.

(3) 대응하는 두 각의 크기가 각각 같을 때

➡ 한 변의 길이가 같아야 한다.

3 답 ②, ④

② $\overline{AC}=\overline{DE}$이면 대응하는 세 변의 길이가 각각 같으므로

△ABC≡△DFE (SSS 합동)

④ ∠B=∠F이면 대응하는 두 변의 길이가 각각 같고, 그 끼인 각의 크기가 같으므로
△ABC≡△DFE (SAS 합동)

4 답 ④

| **보기** | 의 삼각형에서 나머지 한 각의 크기는
$180^\circ-(60^\circ+80^\circ)=40^\circ$이므로 ④의 삼각형과 SAS 합동이다.

해설 꼭 확인

④ 주어진 삼각형과 합동인지 확인하기

(×) → 두 변의 길이는 | **보기** | 의 삼각형과 각각 같지만 그 끼인각의 크기가 주어지지 않았으므로 합동이 아니다.

(○) → | **보기** | 의 삼각형에서 나머지 한 각의 크기는 $180^\circ-(60^\circ+80^\circ)=40^\circ$이므로 대응하는 두 변의 길이가 각각 같고, 그 끼인각의 크기가 같으므로 SAS 합동이다.

➡ **합동인 삼각형을 찾을 때 두 각의 크기가 주어진 경우, 삼각형의 세 각의 크기의 합은 180°임을 이용하면 나머지 한 각의 크기를 구할 수 있어.**

5 답 2개

색종이를 모양과 크기를 바꾸지 않고 완전히 포개려면 주어진 그림의 삼각형과 합동인 삼각형을 찾아야 한다.

ㄱ.
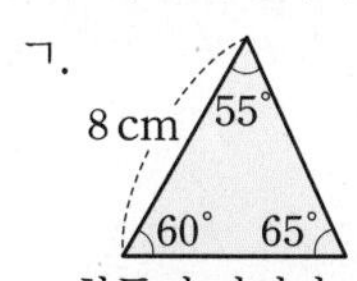

합동이 아니다.

ㄴ.
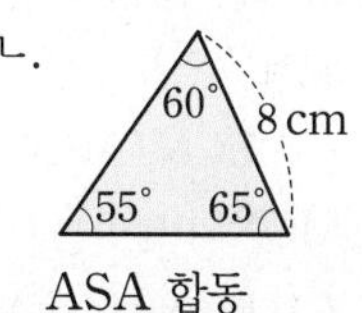

ASA 합동

ㄷ.
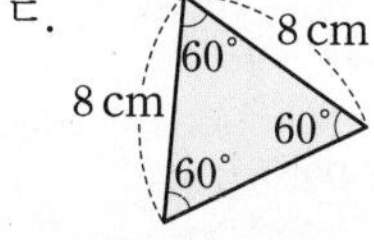

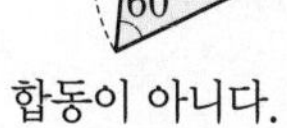
합동이 아니다.

ㄹ.
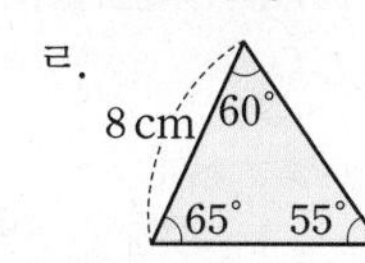

ASA 합동

따라서 주어진 그림의 삼각형과 합동인 삼각형은 ㄴ, ㄹ의 2개이다.

▶ 문제 속 개념 도출

답 ① 합동 ② 180°

• 본문 54~55쪽

개념 21 삼각형의 합동의 활용 (1)

개념 확인

1 답 (가) $\overline{AC}$ (나) △ADC (다) SSS

2 답 (가) ∠BOD (나) SAS

교과서 문제로 개념 다지기

1 답 (1) 합동이다. (2) SSS 합동

(1), (2) △ABD와 △CBD에서
사각형 ABCD는 마름모이므로
$\overline{AB}=\overline{CB}$, $\overline{AD}=\overline{CD}$, $\overline{BD}$는 공통
따라서 대응하는 세 변의 길이가 각각 같으므로
△ABD≡△CBD (SSS 합동)

2 답 △ABM≡△DCM, SAS 합동

△ABM과 △DCM에서
$\overline{AB}=\overline{DC}$, $\overline{BM}=\overline{CM}$,
∠ABM=∠DCM=90°
따라서 대응하는 두 변의 길이가 각각 같고, 그 끼인각의 크기가 같으므로
△ABM≡△DCM (SAS 합동)

3 답 ∠DOC, ∠CDO, 한, 양 끝 각, ASA

4 답 (1) △COB, SAS 합동 (2) 95°

(1) △AOD와 △COB에서
$\overline{OA}=\overline{OC}$, ∠O는 공통,
$\overline{OD}=\overline{OC}+\overline{CD}$
$=\overline{OA}+\overline{AB}=\overline{OB}$
따라서 대응하는 두 변의 길이가 각각 같고, 그 끼인각의 크기가 같으므로
△AOD≡△COB (SAS 합동)

(2) △AOD≡△COB이므로
∠OCB=∠OAD
$=180^\circ-(50^\circ+35^\circ)=95^\circ$
└→ △AOD에서 ∠O=50°, ∠D=35°

5 답 12 km

△AED와 △CEB에서
∠EDA=∠EBC, $\overline{ED}=\overline{EB}$,
∠AED=∠CEB (맞꼭지각)
즉, 대응하는 한 변의 길이가 같고, 그 양 끝 각의 크기가 각각 같으므로
△AED≡△CEB (ASA 합동)
따라서 $\overline{AE}=\overline{CE}=8$ km이므로
$\overline{AB}=\overline{AE}+\overline{EB}=8+4=12$(km)
따라서 두 지점 A, B 사이의 거리는 12 km이다.

▶ 문제 속 개념 도출

답 ① 합동 ② 같다

• 본문 56~57쪽

개념 22 삼각형의 합동의 활용 (2) - 정삼각형, 정사각형

개념 확인

1 답 $\overline{CE}$, $\angle BCE$, SAS

2 답 $\overline{AD}$, $\angle MBC$, SAS

교과서 문제로 개념 다지기

1 답 (1) $\triangle AED \equiv \triangle DFC$ (2) SAS 합동

(1), (2) $\triangle AED$와 $\triangle DFC$에서

$\overline{AE}=\overline{DF}$

사각형 ABCD는 정사각형이므로

$\overline{AD}=\overline{DC}$, $\angle DAE=\angle CDF=90^\circ$

따라서 대응하는 두 변의 길이가 각각 같고, 그 끼인각의 크기가 같으므로

$\triangle AED \equiv \triangle DFC$ (SAS 합동)

2 답 (1) $\triangle BFE$ – SAS 합동, $\triangle CDF$ – SAS 합동 (2) 정삼각형 (3) 60°

(1) $\triangle AED$, $\triangle BFE$, $\triangle CDF$에서

$\overline{AD}=\overline{BE}=\overline{CF}$ … ㉠

이므로

$\overline{AE}=\overline{AB}-\overline{BE}$,

$\overline{BF}=\overline{BC}-\overline{CF}$,

$\overline{CD}=\overline{AC}-\overline{AD}$

에서 $\overline{AE}=\overline{BF}=\overline{CD}$ … ㉡

또 정삼각형 ABC의 세 각의 크기는 모두 60°로 같으므로

$\angle A=\angle B=\angle C=60^\circ$ … ㉢

즉, ㉠, ㉡, ㉢에 의하여

$\triangle AED \equiv \triangle BFE \equiv \triangle CDF$ (SAS 합동)

따라서 $\triangle AED$와 합동인 삼각형은 $\triangle BFE$, $\triangle CDF$이고, 합동 조건은 SAS 합동이다.

(2) (1)에서 $\triangle AED \equiv \triangle BFE \equiv \triangle CDF$이므로 합동인 세 삼각형에서 대응변의 길이는 같다.

$\therefore \overline{ED}=\overline{FE}=\overline{DF}$

따라서 $\triangle DEF$는 정삼각형이다.

(3) (2)에서 $\triangle DEF$는 정삼각형이므로

$\angle DEF=60^\circ$

3 답 10 cm

$\triangle BCE$와 $\triangle DCF$에서

$\overline{BC}=\overline{DC}$, $\overline{CE}=\overline{CF}$, $\angle BCE=\angle DCF=90^\circ$

즉, 대응하는 두 변의 길이가 각각 같고, 그 끼인각의 크기가 같으므로

$\triangle BCE \equiv \triangle DCF$ (SAS 합동)

따라서 합동인 두 삼각형에서 대응변의 길이는 같으므로

$\overline{BE}=\overline{DF}=10\,\text{cm}$

4 답 ④

$\triangle ACE$와 $\triangle DCB$에서

$\overline{AC}=\overline{DC}$, $\overline{CE}=\overline{CB}$, $\angle ACE=\angle DCB=120^\circ$ (②)

즉, 대응하는 두 변의 길이가 각각 같고, 그 끼인각의 크기가 같으므로

$\triangle ACE \equiv \triangle DCB$ (SAS 합동) (⑤)

$\therefore \overline{AE}=\overline{DB}$ (①), $\angle AEC=\angle DBC$,

$\angle EAC=\angle BDC$ (③)

따라서 옳지 않은 것은 ④이다.

5 답 (1) 합동이다, ASA 합동 (2) $64\,\text{cm}^2$

(1) $\triangle EBM$과 $\triangle ECN$에서

$\overline{EB}=\overline{EC}$, $\angle EBM=\angle ECN=45^\circ$,

$\angle BEM=\angle BEC-\angle MEC=90^\circ-\angle MEC$

$=\angle MEN-\angle MEC=\angle CEN$

따라서 대응하는 한 변의 길이가 같고, 그 양 끝 각의 크기가 각각 같으므로

$\triangle EBM \equiv \triangle ECN$ (ASA 합동)

(2) 사각형 EMCN의 넓이는

$\triangle EMC+\triangle ECN=\triangle EMC+\triangle EBM=\triangle EBC$

$=\frac{1}{4}\times$(사각형 ABCD의 넓이)

$=\frac{1}{4}\times(16\times16)=64(\text{cm}^2)$

▶ 문제 속 개념 도출

답 ① 양 끝 각 ② 제곱

학교 시험 문제로 단원 마무리

• 본문 58~59쪽

1 답 (가) $\overline{AB}$ (나) $\overline{CA}$ (다) 정삼각형

2 답 ③

① 두 점 C, D는 점 P를 중심으로 $\overline{OB}$의 길이를 반지름으로 하는 원 위에 있으므로 $\overline{OB}=\overline{PC}$

② 점 D는 점 C를 중심으로 $\overline{AB}$의 길이를 반지름으로 하는 원 위에 있으므로 $\overline{AB}=\overline{CD}$

③ $\overline{OY}=\overline{PQ}$인지는 알 수 없다.

따라서 옳지 않은 것은 ③이다.

3 답 ㄱ, ㄷ

ㄱ. $6<4+5$이므로 삼각형을 작도할 수 있다.

ㄴ. $6=3+3$이므로 삼각형을 작도할 수 없다.

ㄷ. $8<2+8$이므로 삼각형을 작도할 수 있다.

ㄹ. $7>2+4$이므로 삼각형을 작도할 수 없다.

따라서 삼각형을 작도할 수 있는 것은 ㄱ, ㄷ이다.

4 답 ㄴ, ㄷ

ㄱ. 세 각의 크기만 주어질 때 $\triangle ABC$를 하나로 작도할 수 없다.

ㄴ. 변 AB, 변 BC의 길이와 그 끼인각 $\angle B$의 크기가 주어지므로 $\triangle ABC$를 하나로 작도할 수 있다.

ㄷ. 변 AB의 길이와 그 양 끝 각 $\angle A$, $\angle B$의 크기가 주어지므로 $\triangle ABC$를 하나로 작도할 수 있다.

ㄹ. $\angle B$는 변 AB와 변 AC의 끼인각이 아니므로 $\triangle ABC$를 하나로 작도할 수 없다.

따라서 삼각형을 하나로 작도할 수 있는 것은 ㄴ, ㄷ이다.

5 답 ③

① $\angle E$의 대응각은 $\angle A$이므로 $\angle E=\angle A=85^\circ$

② $\angle E=85^\circ$이므로
사각형 EFGH에서
$\angle H=360^\circ-(85^\circ+90^\circ+65^\circ)=120^\circ$

③ $\overline{AB}$의 대응변은 $\overline{EF}$이므로 $\overline{AB}=\overline{EF}$이다.
그런데 $\overline{EF}$의 길이가 주어지지 않았으므로 $\overline{AB}$의 길이는 알 수 없다.

④ 두 사각형은 합동이므로 넓이가 같다.

따라서 옳지 않은 것은 ③이다.

| 참고 |

두 도형이 ┌ 합동이면 ⇨ 넓이가 같다. (○)
└ 넓이가 같으면 ⇨ 합동이다. (×)

6 답 ③

① $\triangle ABC$와 $\triangle ADC$에서
$\overline{AB}=\overline{AD}=6\text{ cm}$, $\overline{BC}=\overline{DC}=3\text{ cm}$, $\overline{AC}$는 공통
$\therefore \triangle ABC\equiv\triangle ADC$ (SSS 합동)

② $\triangle ABD$와 $\triangle CDB$에서
$\angle ABD=\angle CDB$, $\angle ADB=\angle CBD$, $\overline{BD}$는 공통
$\therefore \triangle ABD\equiv\triangle CDB$ (ASA 합동)

④ $\triangle ABC$와 $\triangle ADE$에서
$\overline{AB}=\overline{AD}=5\text{ cm}$, $\angle B=\angle D$,
$\angle CAB=\angle EAD$ (맞꼭지각)
$\therefore \triangle ABC\equiv\triangle ADE$ (ASA 합동)

⑤ $\triangle ABC$와 $\triangle ADE$에서
$\overline{BC}=\overline{DE}=8\text{ cm}$, $\angle B=\angle D$, $\angle C=\angle E$
$\therefore \triangle ABC\equiv\triangle ADE$ (ASA 합동)

따라서 두 삼각형이 서로 합동이 아닌 것은 ③이다.

7 답 5 km

$\triangle ABO$와 $\triangle CDO$에서
$\overline{AO}=\overline{CO}=4\text{ km}$ … ㉠
$\angle AOB=\angle COD$ (맞꼭지각) … ㉡
$\angle ABO=\angle CDO=55^\circ$이므로
$\angle OAB=\angle OCD$ … ㉢
㉠, ㉡, ㉢에 의하여 $\triangle ABO\equiv\triangle CDO$ (ASA 합동)
즉, 합동인 두 삼각형에서 대응변의 길이는 같으므로
$\overline{AB}=\overline{CD}=5\text{ km}$
따라서 두 지점 A, B 사이의 거리는 5 km이다.

8 답 ⑤

$\triangle ADF$, $\triangle BED$, $\triangle CFE$에서
$\overline{AD}=\overline{BE}=\overline{CF}$ … ㉠
이므로
$\overline{BD}=\overline{AB}-\overline{AD}$, $\overline{CE}=\overline{BC}-\overline{BE}$,
$\overline{AF}=\overline{CA}-\overline{CF}$에서
$\overline{AF}=\overline{BD}=\overline{CE}$ (①) … ㉡
또 $\triangle ABC$의 세 각의 크기는 60°로 같으므로
$\angle A=\angle B=\angle C=60^\circ$ … ㉢
㉠, ㉡, ㉢에 의하여
$\triangle ADF\equiv\triangle BED\equiv\triangle CFE$ (SAS 합동)

② $\overline{DF}$와 $\overline{FE}$는 대응변이므로
$\overline{DF}=\overline{FE}$

③ $\overline{DF}$, $\overline{ED}$, $\overline{FE}$는 대응변이므로
$\overline{DF}=\overline{ED}=\overline{FE}$
즉, $\triangle DEF$는 정삼각형이므로
$\angle FDE=60^\circ$

④ $\triangle DEF$는 정삼각형이고,
$\angle AFD=\angle CEF$이므로
$\angle AFE=\angle AFD+60^\circ$
$=\angle CEF+60^\circ$
$=\angle DEC$

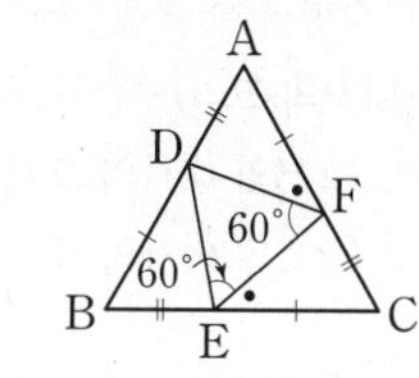

⑤ $\triangle ADF$와 $\triangle BED$에서
$\angle ADE=\angle ADF+60^\circ$이고,
$\angle FDB=\angle EDB+60^\circ$이다.
그런데 $\angle ADF$와 $\angle EDB$는 대응각이 아니므로
$\angle ADF\neq\angle EDB$
$\therefore \angle ADE\neq\angle FDB$

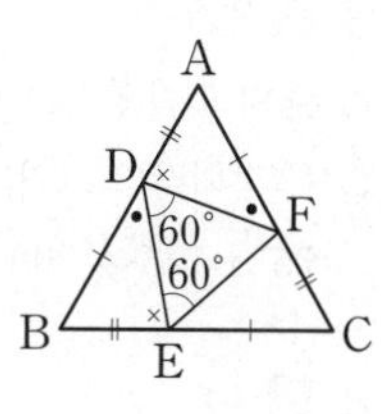

따라서 옳지 않은 것은 ⑤이다.

OX 문제로 확인하기 ········ 본문 60쪽

답 ❶ × ❷ ○ ❸ × ❹ ○ ❺ × ❻ ○ ❼ × ❽ ○

3 평면도형

• 본문 62~63쪽

개념 23 다각형

개념 확인

1 답 ㄴ, ㄹ, ㅁ

다각형은 여러 개의 선분으로 둘러싸인 평면도형이다.
ㄴ. 곡선으로 둘러싸여 있으므로 다각형이 아니다.
ㄹ. 입체도형이므로 다각형이 아니다.
ㅁ. 선분으로 둘러싸여 있지 않으므로 다각형이 아니다.
따라서 다각형이 아닌 것은 ㄴ, ㄹ, ㅁ이다.

2 답 (1) $180°$, $120°$ (2) $180°$, $105°$

교과서 문제로 개념 다지기

1 답 ②, ⑤

① 곡선으로 둘러싸여 있으므로 다각형이 아니다.
③, ④ 입체도형이므로 다각형이 아니다.
따라서 다각형인 것은 ②, ⑤이다.

2 답 (1) $45°$ (2) $110°$

다각형의 한 꼭짓점에서
(내각의 크기)+(외각의 크기)$=180°$이므로
(1) ($\angle$B의 내각의 크기)$=180°-135°=45°$
(2) ($\angle$C의 외각의 크기)$=180°-70°=110°$

3 답 $200°$

($\angle$A의 외각의 크기)$=180°-105°=75°$
($\angle$C의 외각의 크기)$=180°-55°=125°$
$\therefore 75°+125°=200°$

4 답 40

다각형의 한 꼭짓점에서 내각의 크기와 외각의 크기의 합은 $180°$이므로
$x+(3x+20)=180$
$4x=160 \quad \therefore x=40$

5 답 정구각형

(가)에서 9개의 선분으로 둘러싸여 있으므로 구각형이다.
(나)에서 모든 변의 길이가 같고, 모든 내각의 크기가 같으므로 정다각형이다.
따라서 구하는 다각형은 정구각형이다.

6 답 ③, ④

③ 네 내각의 크기가 모두 같은 사각형은 직사각형이다.
④ 마름모는 네 변의 길이가 모두 같지만 네 내각의 크기가 모두 같지 않은 경우가 있으므로 정다각형이 아니다.

해설 꼭 확인

④ 모든 변의 길이가 같은 다각형이 정다각형인지 판단하기
(×) → 모든 변의 길이가 같으므로 정다각형이다.
(○) → 모든 변의 길이가 같아도 모든 내각의 크기가 같지 않을 수 있으므로 정다각형은 아니다.
➡ 모든 변의 길이가 같고 모든 내각의 크기가 같은 다각형이 정다각형이야. 모든 변의 길이만 같거나 모든 내각의 크기만 같다고 정다각형이 아님에 주의해야 해!

7 답 $120°$

$\angle$C의 외각을 그리면 오른쪽 그림과 같다.
이때 정삼각형은 세 내각의 크기가 모두 $60°$로 같으므로
($\angle$C의 외각의 크기)$=180°-60°=120°$

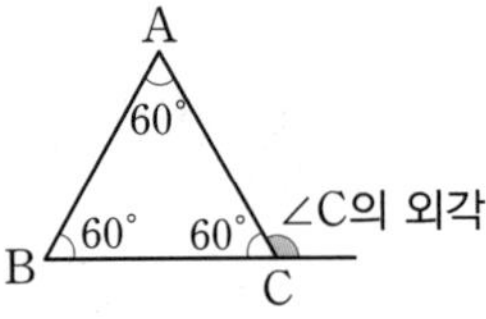

▶ 문제 속 개념 도출

답 ① $180°$ ② 정다각형

• 본문 64~65쪽

개념 24 다각형의 대각선의 개수

개념 확인

1 답 풀이 참조

다각형	삼각형	사각형	오각형	육각형	칠각형	…	n각형
꼭짓점의 개수	3개	4개	5개	6개	7개	…	n개
한 꼭짓점에서 그을 수 있는 대각선의 개수	0개	1개	2개	3개	4개	…	$(n-3)$개
대각선의 개수	0개	2개	5개	9개	14개	…	$\frac{n(n-3)}{2}$개

2 답 35, 70, 7, 10, 십각형

교과서 문제로 개념 다지기

1 답 ④

칠각형의 한 꼭짓점에서 그을 수 있는 대각선은 꼭짓점 자신과 그와 이웃하는 두 꼭짓점을 제외해야 하므로 (7−[3])개이고, 모든 꼭짓점에서 그을 수 있는 대각선의 개수는 [7]×(7−[3])개이다.

이때 각 대각선은 양 끝 꼭짓점에서 두 번씩 중복하여 세어지므로 대각선의 개수는 [7]×(7−[3])을 [2]로 나누어야 한다.

따라서 칠각형의 대각선의 개수는 [14]개이다.

그러므로 (가)~(라)에 들어갈 수 있는 수가 아닌 것은 ④이다.

2 답 (1) 20개 (2) 27개 (3) 44개 (4) 65개

(1) $\frac{8\times(8-3)}{2}=20$(개) (2) $\frac{9\times(9-3)}{2}=27$(개)

(3) $\frac{11\times(11-3)}{2}=44$(개) (4) $\frac{13\times(13-3)}{2}=65$(개)

3 답 23

십사각형의 한 꼭짓점에서 그을 수 있는 대각선의 개수는

$14-3=11$(개)이므로 $a=11$

이때 생기는 삼각형의 개수는

$14-2=12$(개)이므로 $b=12$

$\therefore a+b=11+12=23$

4 답 (1) 십육각형 (2) 104개

(1) 한 꼭짓점에서 그을 수 있는 대각선의 개수가 13개인 다각형을 n각형이라 하면

$n-3=13$ $\therefore n=16$

따라서 구하는 다각형은 십육각형이다.

(2) $\frac{16\times(16-3)}{2}=104$(개)

5 답 ④

대각선의 개수가 54개인 다각형을 n각형이라 하면

$\frac{n(n-3)}{2}=54$

$n(n-3)=108=12\times9$

$\therefore n=12$

따라서 구하는 다각형은 십이각형이다.

다른 풀이

각 다각형의 대각선의 개수를 구하면

① $\frac{6\times(6-3)}{2}=9$(개) ② $\frac{10\times(10-3)}{2}=35$(개)

③ $\frac{11\times(11-3)}{2}=44$(개) ④ $\frac{12\times(12-3)}{2}=54$(개)

⑤ $\frac{14\times(14-3)}{2}=77$(개)

6 답 25 cm

정오각형에서 이웃하는 두 변과 대각선을 세 변으로 하는 삼각형은 이웃하는 두 변의 길이가 같고, 그 끼인각의 크기가 같으므로 모두 합동이다.

즉, 정오각형의 모든 대각선의 길이는 같다.

정오각형의 대각선의 개수는

$\frac{5\times(5-3)}{2}=5$(개)

따라서 주어진 정오각형의 모든 대각선의 길이의 합은

$5\times5=25$(cm)

▶ 문제 속 개념 도출

답 ① 대각선 ② $\frac{n(n-3)}{2}$

• 본문 66~67쪽

개념 25 삼각형의 내각과 외각

개념 확인

1 답 (1) 180°, 65° (2) 180°, 115° (3) 35° (4) 60°

(3) $55^\circ+\angle x+90^\circ=180^\circ$ $\therefore \angle x=35^\circ$

(4) $95^\circ+25^\circ+\angle x=180^\circ$ $\therefore \angle x=60^\circ$

2 답 (1) 30°, 105° (2) 55°, 105° (3) 100° (4) 135°

(3) $\angle x=65^\circ+35^\circ=100^\circ$

(4) $\angle x=35^\circ+100^\circ=135^\circ$

교과서 문제로 개념 다지기

1 답 (1) 25° (2) 135°

(1) $\angle x=180^\circ-(90^\circ+65^\circ)=25^\circ$

(2) $\angle x=57^\circ+78^\circ=135^\circ$

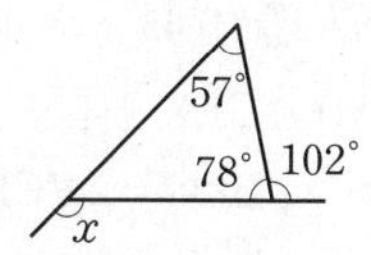

2 답 20

$2x+3x+4x=180$이므로

$9x=180$ $\therefore x=20$

3 답 105°

△ABC에서 $\angle ACB=180^\circ-(50^\circ+85^\circ)=45^\circ$

$\therefore \angle DCE=\angle ACB=45^\circ$ (맞꼭지각)

따라서 △CDE에서

$\angle x=180^\circ-(45^\circ+30^\circ)=105^\circ$

다른 풀이

삼각형의 내각과 외각의 크기 사이의 관계에 의하여

$50^\circ+85^\circ=\angle x+30^\circ \quad \therefore \angle x=105^\circ$

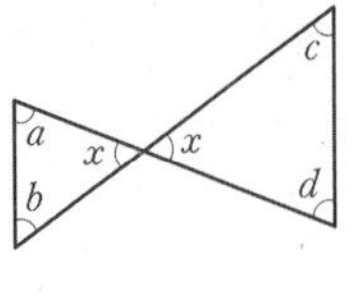

| 참고 | 크기가 $\angle x$인 맞꼭지각을 한 내각으로 하는 두 삼각형에 대하여 삼각형의 세 내각의 크기의 합은 180°이므로

$\angle a+\angle b=180^\circ-\angle x$,

$\angle c+\angle d=180^\circ-\angle x$

따라서 $\angle a+\angle b=\angle c+\angle d$이다.

4 답 $\angle x=122^\circ$, $\angle y=28^\circ$

△ABC에서 $\angle x=68^\circ+54^\circ=122^\circ$

△BDE에서 $\angle y=180^\circ-(122^\circ+30^\circ)=28^\circ$

5 답 (1) 30° (2) 115°

(1) △ABC에서 $\angle BAC=180^\circ-(35^\circ+85^\circ)=60^\circ$이므로

$\angle BAD=\frac{1}{2}\angle BAC=\frac{1}{2}\times 60^\circ=30^\circ$

(2) △ABD에서 $\angle x=180^\circ-(35^\circ+30^\circ)=115^\circ$

다른 풀이

$\angle DAC=\frac{1}{2}\angle BAC=\frac{1}{2}\times 60^\circ=30^\circ$이므로

△ADC에서 $\angle x=30^\circ+85^\circ=115^\circ$

6 답 80°

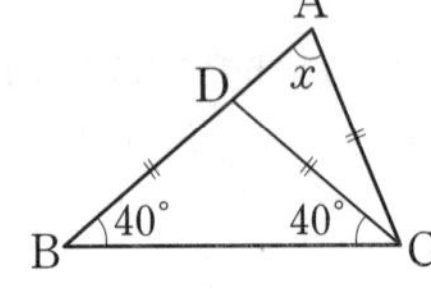

△DBC는 $\overline{DB}=\overline{DC}$인 이등변삼각형이므로

$\angle DCB=\angle B=40^\circ$

또 △DBC에서

$\angle ADC=\angle B+\angle DCB=40^\circ+40^\circ=80^\circ$

따라서 △CAD는 $\overline{CA}=\overline{CD}$인 이등변삼각형이므로

$\angle x=\angle ADC=80^\circ$

7 답 (1) 65° (2) 90° (3) 25°

(1) △CEF에서

$\angle BFG=\angle FCE+\angle FEC$

$=35^\circ+30^\circ=65^\circ$

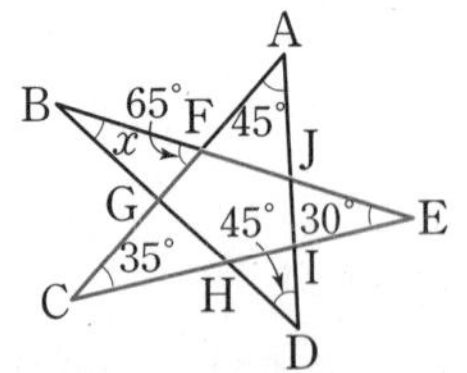

(2) △AGD에서

$\angle BGF=\angle DAG+\angle GDA$

$=45^\circ+45^\circ=90^\circ$

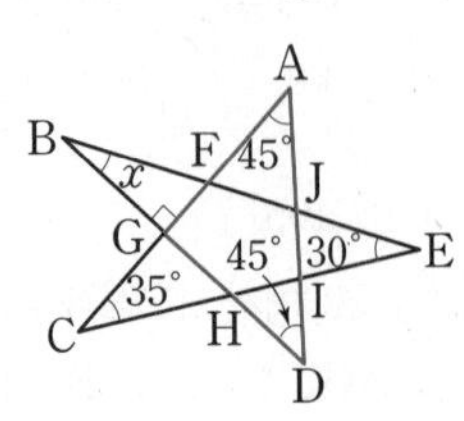

(3) △BGF에서

$\angle x=180^\circ-(\angle BFG+\angle BGF)$

$=180^\circ-(65^\circ+90^\circ)=25^\circ$

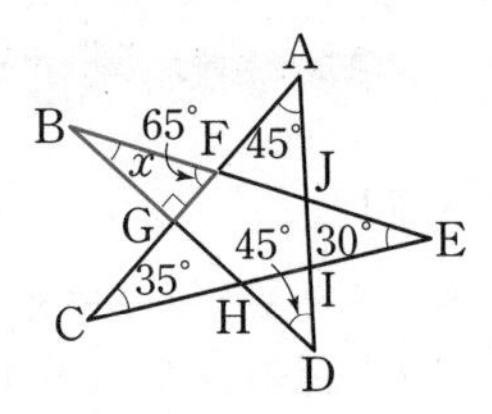

| 참고 | 별 모양의 도형에서 각의 크기 구하기

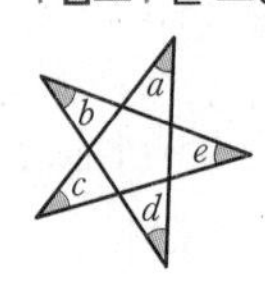

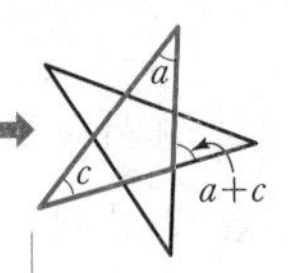

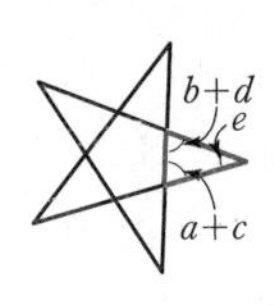

삼각형의 내각과 외각의 크기 사이의 관계

$\therefore \angle a+\angle b+\angle c+\angle d+\angle e=180^\circ$

▶ 문제 속 개념 도출

답 ① 180° ② 외각

• 본문 68~69쪽

개념 26 다각형의 내각과 외각의 크기의 합

개념 확인

1 답 풀이 참조

다각형	한 꼭짓점에서 대각선을 모두 그었을 때 나누어지는 삼각형의 개수	내각의 크기의 합
칠각형	$7-2=5$(개)	$180^\circ\times 5=900^\circ$
팔각형	$8-2=6$(개)	$180^\circ\times 6=1080^\circ$
구각형	$9-2=7$(개)	$180^\circ\times 7=1260^\circ$
⋮	⋮	⋮
n각형	$(n-2)$개	$180^\circ\times(n-2)$

2 답 풀이 참조

다각형	오각형	육각형
내각과 외각의 크기의 합	$180^\circ\times\boxed{5}$	$180^\circ\times\boxed{6}$
내각의 크기의 합	$180^\circ\times\boxed{3}$	$180^\circ\times\boxed{4}$
외각의 크기의 합	$180^\circ\times\boxed{5}-180^\circ\times\boxed{3}$ $=\boxed{360^\circ}$	$180^\circ\times\boxed{6}-180^\circ\times\boxed{4}$ $=\boxed{360^\circ}$

⇨ 다각형의 외각의 크기의 합은 항상 $\boxed{360^\circ}$이다.

교과서 문제로 개념 다지기

1 답 (1) $1440°$, $360°$ (2) $1980°$, $360°$ (3) $2520°$, $360°$

(1) 십각형의 내각의 크기의 합은 $180° \times (10-2) = 1440°$
십각형의 외각의 크기의 합은 $360°$이다.

(2) 십삼각형의 내각의 크기의 합은 $180° \times (13-2) = 1980°$
십삼각형의 외각의 크기의 합은 $360°$이다.

(3) 십육각형의 내각의 크기의 합은 $180° \times (16-2) = 2520°$
십육각형의 외각의 크기의 합은 $360°$이다.

2 답 (1) $140°$ (2) $80°$

(1) 육각형의 내각의 크기의 합은
$180° \times (6-2) = 720°$
따라서 $\angle x + 120° + 130° + 120° + 110° + 100° = 720°$이므로
$\angle x = 140°$

(2) 다각형의 외각의 크기의 합은 항상 $360°$이므로
$\angle x + 60° + 65° + 80° + 75° = 360°$
$\therefore \angle x = 80°$

3 답 (1) 십이각형 (2) 십오각형

(1) 내각의 크기의 합이 $1800°$인 다각형을 n각형이라 하면
$180° \times (n-2) = 1800°$
$n-2=10 \quad \therefore n=12$
따라서 구하는 다각형은 십이각형이다.

(2) 내각의 크기의 합이 $2340°$인 다각형을 n각형이라 하면
$180° \times (n-2) = 2340°$
$n-2=13 \quad \therefore n=15$
따라서 구하는 다각형은 십오각형이다.

4 답 85

다각형에서 외각의 크기의 합은 항상 $360°$이므로 오른쪽 그림에서

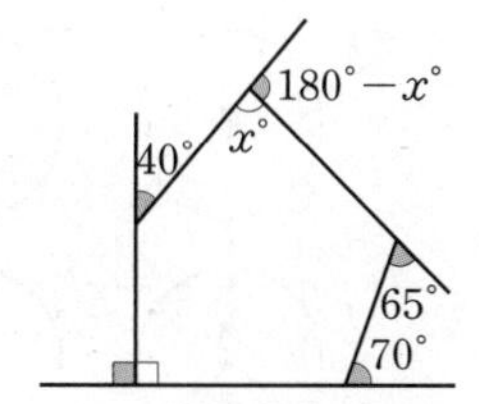

$40+90+70+65+(180-x)=360$

$445-x=360$
$\therefore x=85$

다른 풀이

오각형에서 내각의 크기의 합은 $180° \times (5-2) = 540°$이므로 오른쪽 그림에서

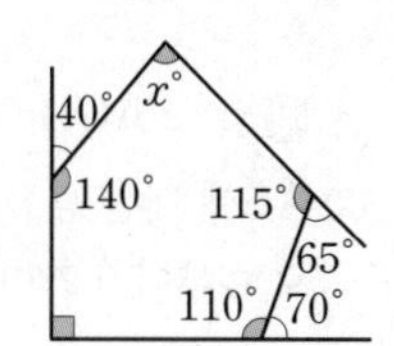

$x+140+90+110+115=540$
$x+455=540$
$\therefore x=85$

5 답 (1) $150°$ (2) $75°$ (3) $105°$

(1) 사각형의 내각의 크기의 합은 $360°$이므로
$\angle ABC + \angle DCB = 360° - (110° + 100°) = 150°$

(2) $\angle PBC + \angle PCB = \frac{1}{2}(\angle ABC + \angle DCB)$
$= \frac{1}{2} \times 150° = 75°$

(3) $\triangle PBC$에서
$\angle x = 180° - (\angle PBC + \angle PCB)$
$= 180° - 75° = 105°$

6 답 $1620°$

한 꼭짓점에서 그을 수 있는 대각선의 개수가 8개인 다각형을 n각형이라 하면
$n-3=8 \quad \therefore n=11$
즉, 십일각형이므로 십일각형의 내각의 크기의 합은
$180° \times (11-2) = 1620°$

7 답 $360°$

로봇청소기가 점 A에서 출발하여 다시 점 A로 돌아올 때까지 회전한 각들은 모두 육각형의 외각이므로 다시 점 A로 돌아올 때까지 회전한 각의 크기의 합은 육각형의 외각의 크기의 합과 같다.
이때 육각형의 외각의 크기의 합은 $360°$이므로 로봇청소기가 점 A에서 출발하여 다시 점 A로 돌아올 때까지 회전한 각의 크기의 합은 $360°$이다.

▶ 문제 속 개념 도출

답 ① 외각 ② $360°$

• 본문 70~71쪽

개념 27 정다각형의 한 내각과 한 외각의 크기

개념 확인

1 답

정다각형	한 내각의 크기
(1) 정육각형	$\frac{180° \times (6-2)}{\boxed{6}} = \boxed{120°}$
(2) 정구각형	$\frac{180° \times (9-2)}{9} = 140°$
(3) 정십각형	$\frac{180° \times (10-2)}{10} = 144°$
(4) 정십팔각형	$\frac{180° \times (18-2)}{18} = 160°$
(5) 정이십각형	$\frac{180° \times (20-2)}{20} = 162°$

2 답

정다각형	한 외각의 크기
(1) 정육각형	$\dfrac{360°}{\boxed{6}}=\boxed{60°}$
(2) 정구각형	$\dfrac{360°}{9}=40°$
(3) 정십각형	$\dfrac{360°}{10}=36°$
(4) 정십팔각형	$\dfrac{360°}{18}=20°$
(5) 정이십각형	$\dfrac{360°}{20}=18°$

교과서 문제로 개념 다지기

1 답 (1) 135°, 45° (2) 150°, 30°

(1) 정팔각형의 한 내각의 크기는 $\dfrac{180°\times(8-2)}{8}=135°$,

한 외각의 크기는 $\dfrac{360°}{8}=45°$

(2) 정십이각형의 한 내각의 크기는 $\dfrac{180°\times(12-2)}{12}=150°$,

한 외각의 크기는 $\dfrac{360°}{12}=30°$

2 답 132°

정십오각형의 한 내각의 크기는 $\dfrac{180°\times(15-2)}{15}=156°$

$\therefore \angle a=156°$

정십오각형의 한 외각의 크기는 $\dfrac{360°}{15}=24°$ $\quad\therefore \angle b=24°$

$\therefore \angle a-\angle b=156°-24°=132°$

3 답 ③

한 내각의 크기가 144°인 정다각형을 정n각형이라 하면

$\dfrac{180°\times(n-2)}{n}=144°$, $180°\times n-360°=144°\times n$

$36°\times n=360°$ $\quad\therefore n=10$

따라서 구하는 정다각형은 정십각형이다.

4 답 정오각형

담장의 길이와 각 담장의 연장선이 이웃한 담장과 이루는 각의 크기가 모두 같으므로 담장이 이루는 모양은 정다각형이다.

이때의 정다각형을 정n각형이라 하면

$\dfrac{360°}{n}=72°$ $\quad\therefore n=5$

따라서 담장이 이루는 모양은 정오각형이다.

5 답 (1) 정구각형 (2) 140°

(1) 대각선의 개수가 27개인 정다각형을 정n각형이라 하면

$\dfrac{n(n-3)}{2}=27$

$n(n-3)=54=9\times6$ $\quad\therefore n=9$

즉, 정구각형이다.

(2) 정구각형의 한 내각의 크기는

$\dfrac{180°\times(9-2)}{9}=140°$

6 답 ⑤

한 내각과 한 외각의 크기의 합은 180°이므로

(한 외각의 크기)$=180°\times\dfrac{1}{5+1}=180°\times\dfrac{1}{6}=30°$

구하는 정다각형을 정n각형이라 하면

$\dfrac{360°}{n}=30°$ $\quad\therefore n=12$

따라서 구하는 정다각형은 정십이각형이다.

7 답 18

$\triangle BAC$에서 $\overline{BA}=\overline{BC}$이므로 $\triangle BAC$는 이등변삼각형이다.

즉, $\angle BCA=\angle BAC=10°$이고,

$\angle ABC=180°-(10°+10°)=160°$이므로

정n각형의 한 내각의 크기는 160°이다.

$\dfrac{180°\times(n-2)}{n}=160°$, $180°\times n-360°=160°\times n$

$20°\times n=360°$ $\quad\therefore n=18$

▶ 문제 속 개념 도출

답 ① $\dfrac{180°\times(n-2)}{n}$ ② 180°

• 본문 72~73쪽

개념 28 원과 부채꼴

개념 확인

1 답

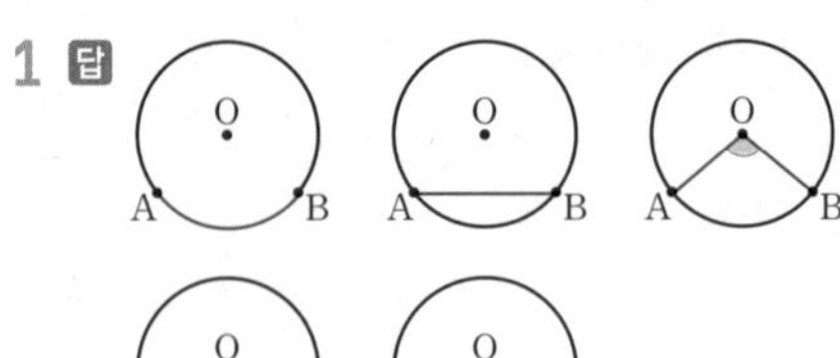

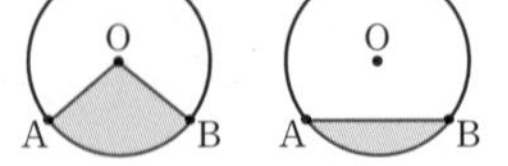

2 답 (1) $\angle AOB$ (2) $\angle AOC$ (3) $\widehat{BC}$ (4) $\angle BOC$

(2) $\widehat{AC}$에 대한 중심각은 두 반지름 OA, OC로 이루어진 각이므로 $\angle AOC$이다.

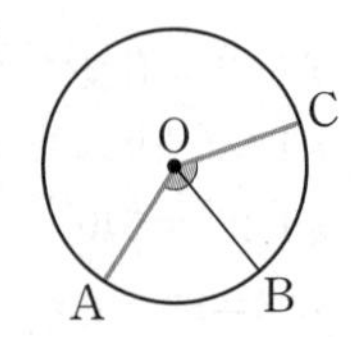

3 답 (1) × (2) ○ (3) × (4) × (5) ○ (6) × (7) ×

(1) 원 위의 두 점을 연결한 원의 일부분을 호라 한다.
(3) 원 위의 두 점을 이은 선분은 현이다.
(4) 호와 현으로 이루어진 도형은 활꼴이다.
(6) 한 원에서 부채꼴과 활꼴이 같아질 때, 이 부채꼴의 중심각의 크기는 180°이다.
(7) 두 반지름과 호로 이루어진 도형은 부채꼴이다.

교과서 문제로 개념 다지기

1 답 (1) ∠AOC (2) $\overset{\frown}{BC}$ (3) $\overline{CD}$ (4) ∠AOD

2 답 ㄴ, ㄷ, ㄹ

ㄱ. $\overset{\frown}{AB}$에 대한 중심각은 ∠AOB이다.
따라서 옳은 것은 ㄴ, ㄷ, ㄹ이다.

3 답 (1) ㉢ (2) 8 cm

(1) 가장 긴 현은 원의 중심을 지나는 현이므로 ㉢이다.
(2) 원의 현 중에서 길이가 가장 긴 현은 원의 지름이다.
따라서 반지름의 길이가 4 cm이므로 가장 긴 현의 길이, 즉 원의 지름의 길이는
$4\times2=8$(cm)

4 답 ③, ④

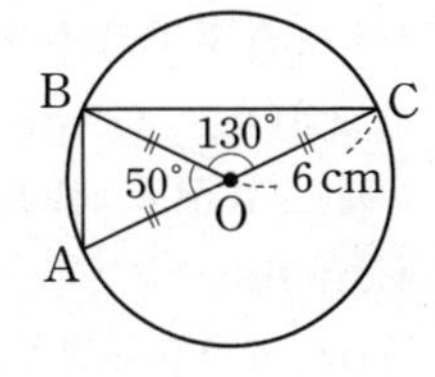

③ 오른쪽 그림의 △BOC에서
$\overline{BC}<\overline{OB}+\overline{OC}=2\overline{OC}=12$(cm)
즉, $\overline{BC}$의 길이는 12 cm가 아니다.
④ $\overset{\frown}{AB}$에 대한 중심각은 ∠AOB이므로
∠AOB$=180°-130°=50°$

5 답 ③

한 원에서 부채꼴과 활꼴이 같을 때는 현이 지름인 경우, 즉 반원인 경우이므로 부채꼴의 중심각의 크기는 180°이다.

6 답 60°

$\overset{\frown}{AB}$에 대한 중심각은 ∠AOB이고
△OAB에서
$\overline{OA}$의 길이는 원의 반지름의 길이이므로
$\overline{AB}=\overline{OA}=\overline{OB}$ ← 한 원에서 반지름의 길이는 모두 같다.
따라서 △OAB는 정삼각형이므로
∠AOB$=60°$

▶ 문제 속 개념 도출

답 ① 원 ② 정삼각형

• 본문 74~75쪽

개념 29 부채꼴의 성질(1) - 호의 길이, 넓이

개념 확인

1 답 (1) $\overset{\frown}{BC}$ (2) 2 (3) BOC

2 답 (1) ○ (2) ○ (3) ○ (4) ×

3 답 (1) 4 (2) 120 (3) 8 (4) 100

(1) $2:x=30:60$이므로 $30x=120$
$\therefore x=4$
(2) $6:18=40:x$이므로 $6x=720$
$\therefore x=120$
(3) $40:160=x:32$이므로 $160x=1280$
$\therefore x=8$
(4) $50:x=8:16$이므로 $8x=800$
$\therefore x=100$

교과서 문제로 개념 다지기

1 답 $x=20$, $y=12$

$x:120=6:36$이므로 $36x=720$
$\therefore x=20$
$40:120=y:36$이므로 $120y=1440$
$\therefore y=12$

해설 꼭 확인

중심각의 크기 구하기
(×) → $x:120=36:6$ $\therefore x=720$
(○) → $x:120=6:36$ $\therefore x=20$
➡ 비례식을 세울 때는 구하려고 하는 것을 확인하고, 중심각의 크기와 호의 길이의 순서에 주의하여 바르게 세워야 해!

2 답 12 cm²

부채꼴 COD의 넓이를 x cm²라 하면
$90:30=36:x$, $90x=1080$
$\therefore x=12$
따라서 부채꼴 COD의 넓이는 12 cm²이다.

3 답 51 cm²

∠AOB : ∠COD$=\overset{\frown}{AB}:\overset{\frown}{CD}=15:9=5:3$
부채꼴 COD의 넓이를 x cm²라 하면
$85:x=5:3$, $5x=255$ $\therefore x=51$
따라서 부채꼴 COD의 넓이는 51 cm²이다.

4 답 120°

$\widehat{AB}:\widehat{BC}:\widehat{CA}=3:4:5$이므로

$\angle AOB:\angle BOC:\angle COA=3:4:5$

$\therefore \angle BOC=360^\circ\times\frac{4}{3+4+5}=360^\circ\times\frac{1}{3}=120^\circ$

5 답 (1) 20° (2) 140° (3) $56\,cm$

(1) $\overline{AC}/\!/\overline{OD}$이므로

$\angle OAC=\angle BOD=20^\circ$(동위각)

(2) $\triangle OAC$에서

$\overline{OA}=\overline{OC}$ (원의 반지름)이므로

$\triangle OAC$는 이등변삼각형이다.

따라서 $\angle OCA=\angle OAC=20^\circ$이므로

$\angle AOC=180^\circ-(20^\circ+20^\circ)=140^\circ$

(3) $140:20=\widehat{AC}:8$이므로

$20\widehat{AC}=1120$

$\therefore \widehat{AC}=56(cm)$

6 답 (1) 60° (2) $15\,cm$

(1) 원 모양의 파이를 6조각의 똑같은 부채꼴 모양으로 잘랐으므로 파이 한 조각의 중심각의 크기는

$\frac{360^\circ}{6}=60^\circ$

(2) 파이 한 조각의 호의 길이를 $x\,cm$라 하면 전체 파이의 둘레의 길이가 $90\,cm$이므로

$90:x=360:60$, $360x=5400$

$\therefore x=15$

따라서 파이 한 조각의 호의 길이는 $15\,cm$이다.

▶ 문제 속 개념 도출

답 ① 중심각

• 본문 76~77쪽

개념 30 부채꼴의 성질(2) - 현의 길이

개념 확인

1 답 반지름, $\angle COD$, $\equiv$, SAS, $=$

2 답 (1) $=$ (2) $=$ (3) $=$ (4) $<$ (5) $=$ (6) $<$

(6) $2\times(\triangle AOB$의 넓이$)$

$=(\triangle AOB$의 넓이$)+(\triangle BOC$의 넓이$)$

$=(\triangle AOC$의 넓이$)+(\triangle ACB$의 넓이$)$

$\therefore (\triangle AOC$의 넓이$)$ ㉠< $2\times(\triangle AOB$의 넓이$)$

교과서 문제로 개념 다지기

1 답 ⑤

⑤ 현의 길이는 중심각의 크기에 정비례하지 않는다.

2 답 135°

$\overline{AB}=\overline{CD}=\overline{DE}=\overline{EF}$이므로

$\angle AOB=\angle COD=\angle DOE=\angle EOF=45^\circ$

$\therefore \angle COF=\angle COD+\angle DOE+\angle EOF$

$=45^\circ+45^\circ+45^\circ=135^\circ$

3 답 $26\,cm$

$\angle AOC=\angle BOC$이므로

$\overline{BC}=\overline{AC}=8\,cm$

따라서 색칠한 부분의 둘레의 길이는

$\overline{OA}+\overline{AC}+\overline{BC}+\overline{OB}=5+8+8+5$

$=26(cm)$

4 답 135°

$\overline{AB}=\overline{BC}$이므로

$\angle AOB=\angle BOC$

이때 $\angle AOB+\angle BOC+\angle AOC=360^\circ$이므로

$2\angle BOC+90^\circ=360^\circ$, $2\angle BOC=270^\circ$

$\therefore \angle BOC=135^\circ$

5 답 90°

사각형 ABCD가 정사각형이므로 $\overline{AB}=\overline{BC}=\overline{CD}=\overline{DA}$

$\therefore \angle AOB=\angle BOC=\angle COD=\angle DOA$

이때 $\angle AOB+\angle BOC+\angle COD+\angle DOA=360^\circ$이므로

$4\angle AOB=360^\circ$ $\therefore \angle AOB=90^\circ$

따라서 호 AB에 대한 중심각의 크기는 90°이다.

6 답 ㄴ, ㅁ

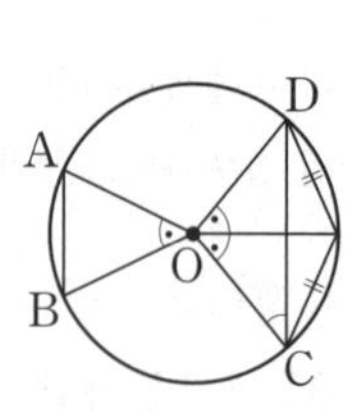

ㄱ, ㄹ. 오른쪽 그림에서

$2\overline{AB}>\overline{CD}$,

$2\times$(삼각형 AOB의 넓이)

$>$(삼각형 COD의 넓이)

ㄴ, ㅁ. 부채꼴의 호의 길이와 넓이는 각각 중심각의 크기에 정비례하므로

$2\widehat{AB}=\widehat{CD}$,

$2\times$(부채꼴 AOB의 넓이)$=$(부채꼴 COD의 넓이)

ㄷ. $\angle AOB=50^\circ$라 하면 $\angle COD=100^\circ$이다.

$\triangle OAB$에서 $\overline{OA}=\overline{OB}$ (원의 반지름)이므로

$\triangle OAB$는 이등변삼각형이고

$\angle OAB=\frac{1}{2}\times(180^\circ-50^\circ)=65^\circ$

$\triangle$OCD에서 $\overline{OC}=\overline{OD}$ (원의 반지름)이므로
$\triangle$OCD는 이등변삼각형이고
$\angle OCD=\frac{1}{2}\times(180^\circ-100^\circ)=40^\circ$
$\therefore \angle OAB\neq 2\angle OCD$
따라서 옳은 것은 ㄴ, ㅁ이다.

▶ 문제 속 개념 도출

답 ① 호 ② 현

• 본문 78~79쪽

개념 31 원의 둘레의 길이와 넓이

개념 확인

1 답 (1) $l=10\pi$, $S=25\pi$ (2) $l=18\pi$, $S=81\pi$
(3) $l=12\pi$, $S=36\pi$

(1) 원 O의 반지름의 길이가 5이므로
$l=2\pi\times5=10\pi$, $S=\pi\times5^2=25\pi$
(2) 원 O의 반지름의 길이가 9이므로
$l=2\pi\times9=18\pi$, $S=\pi\times9^2=81\pi$
(3) 원 O의 반지름의 길이가 $12\times\frac{1}{2}=6$이므로
$l=2\pi\times6=12\pi$, $S=\pi\times6^2=36\pi$

2 답 (1) $2\pi r$, 8, 8 (2) πr^2, 6, 6

교과서 문제로 개념 다지기

1 답 14π cm, 49π cm^2

원의 반지름의 길이는 $14\times\frac{1}{2}=7$(cm)
따라서 원의 둘레의 길이는
$2\pi\times7=14\pi$(cm)
이고, 원의 넓이는
$\pi\times7^2=49\pi$(cm^2)

해설 꼭 확인

지름의 길이가 14 cm인 원의 넓이 구하기
$\xrightarrow{(\times)}$ $\pi\times14^2=196\pi$(cm^2)
$\xrightarrow{(\bigcirc)}$ 반지름의 길이는 7 cm이므로 $\pi\times7^2=49\pi$(cm^2)
➡ (원의 둘레의 길이)$=2\pi r$, (원의 넓이)$=\pi r^2$에서
r는 원의 반지름의 길이이므로 원의 지름의 길이가 주어진 경우는 반지름의 길이를 구해서 공식에 대입해야 해!

2 답 (1) $(10\pi+20)$cm (2) 50π cm^2

(1) $(2\pi\times10)\times\frac{1}{2}+10\times2=10\pi+20$(cm)
(2) $(\pi\times10^2)\times\frac{1}{2}=50\pi$(cm^2)

3 답 (1) 12 cm (2) 9π cm^2

(1) 원의 반지름의 길이를 r cm라 하면
$2\pi r=24\pi$
$\therefore r=12$
따라서 원의 반지름의 길이는 12 cm이다.
(2) 원의 반지름의 길이를 r cm라 하면
$2\pi r=6\pi$
$\therefore r=3$
따라서 원의 넓이는 $\pi\times3^2=9\pi$(cm^2)

4 답 16π cm

원의 반지름의 길이를 r cm라 하면
$\pi r^2=64\pi$
$r^2=64$ $\quad\therefore r=8$
따라서 원의 둘레의 길이는 $2\pi\times8=16\pi$(cm)

5 답 (1) 둘레의 길이: 24π cm, 넓이: 24π cm^2
(2) 둘레의 길이: 18π cm, 넓이: 27π cm^2

(1) (색칠한 부분의 둘레의 길이)$=2\pi\times7+2\pi\times5$
$=14\pi+10\pi$
$=24\pi$(cm)
(색칠한 부분의 넓이)$=\pi\times7^2-\pi\times5^2$
$=49\pi-25\pi$
$=24\pi$(cm^2)
(2) (색칠한 부분의 둘레의 길이)$=2\pi\times6+2\pi\times3$
$=12\pi+6\pi$
$=18\pi$(cm)
(색칠한 부분의 넓이)$=\pi\times6^2-\pi\times3^2$
$=36\pi-9\pi$
$=27\pi$(cm^2)

6 답 98π cm^2

$\pi\times14^2-4\times\left\{(\pi\times7^2)\times\frac{1}{2}\right\}=196\pi-98\pi$
(└ 작은 반원 하나의 넓이)
$=98\pi$(cm^2)

7 답 72π cm

반지름의 길이가 12 cm이므로 원 모양의 바퀴의 둘레의 길이는
$2\pi\times12=24\pi$(cm)

이 바퀴가 세 바퀴 회전하였으므로 A지점에서 B지점까지의 곡선의 길이는

$24\pi \times 3 = 72\pi(\text{cm})$

▶ 문제 속 개념 도출

답 ① $2\pi r$

• 본문 80~81쪽

개념 32 부채꼴의 호의 길이와 넓이

개념 확인

1 답 (1) $l=\frac{4}{3}\pi$, $S=\frac{8}{3}\pi$ (2) $l=2\pi$, $S=3\pi$
(3) $l=5\pi$, $S=15\pi$ (4) $l=12\pi$, $S=54\pi$

(1) $l=2\pi\times4\times\frac{60}{360}=\frac{4}{3}\pi$

$S=\pi\times4^2\times\frac{60}{360}=\frac{8}{3}\pi$

(2) $l=2\pi\times3\times\frac{120}{360}=2\pi$

$S=\pi\times3^2\times\frac{120}{360}=3\pi$

(3) $l=2\pi\times6\times\frac{150}{360}=5\pi$

$S=\pi\times6^2\times\frac{150}{360}=15\pi$

(4) $l=2\pi\times9\times\frac{240}{360}=12\pi$

$S=\pi\times9^2\times\frac{240}{360}=54\pi$

2 답 (1) 16π (2) 15π

(1) (부채꼴의 넓이)$=\frac{1}{2}\times8\times4\pi=16\pi$

(2) (부채꼴의 넓이)$=\frac{1}{2}\times5\times6\pi=15\pi$

교과서 문제로 개념 다지기

1 답 (1) $8\pi\text{ cm}^2$ (2) $27\pi\text{ cm}^2$ (3) $6\pi\text{ cm}^2$ (4) $20\pi\text{ cm}^2$

(1) $\pi\times8^2\times\frac{45}{360}=8\pi(\text{cm}^2)$

(2) $360^\circ-90^\circ=270^\circ$이므로 부채꼴의 중심각의 크기는 270°이다.
따라서 부채꼴의 넓이는

$\pi\times6^2\times\frac{270}{360}=27\pi(\text{cm}^2)$

(3) $\frac{1}{2}\times6\times2\pi=6\pi(\text{cm}^2)$

(4) $\frac{1}{2}\times8\times5\pi=20\pi(\text{cm}^2)$

2 답 40°

부채꼴의 중심각의 크기를 x°라 하면

$\pi\times18^2\times\frac{x}{360}=36\pi$ $\therefore x=40$

따라서 구하는 중심각의 크기는 40°이다.

3 답 8π cm

부채꼴의 호의 길이를 l cm라 하면

$\frac{1}{2}\times16\times l=64\pi$ $\therefore l=8\pi$

따라서 부채꼴의 호의 길이는 8π cm이다.

4 답 $(7\pi+18)$ cm

(색칠한 부분의 둘레의 길이)

$=$(부채꼴 AOB의 호의 길이)$+$(부채꼴 COD의 호의 길이)
$+\overline{AC}+\overline{BD}$

$=\left(2\pi\times15\times\frac{60}{360}\right)+\left(2\pi\times6\times\frac{60}{360}\right)+9+9$

$=5\pi+2\pi+18=7\pi+18(\text{cm})$

해설 꼭 확인

색칠한 부분의 둘레의 길이 구하기

(×) → $\widehat{AB}+\widehat{CD}$

(○) → $\widehat{AB}+\widehat{CD}+\overline{AC}+\overline{BD}$

➡ 주어진 도형을 길이를 구할 수 있는 꼴로 적당히 나누어 각각의 길이를 구한 후 모두 더해야 해!

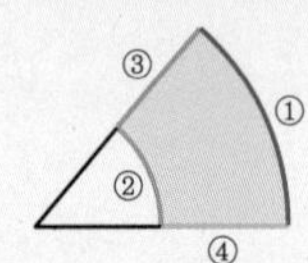

(색칠한 부분의 둘레의 길이)
$=①+②+③+④$
$=①+②+③\times2$
└→ 빠뜨리지 말자.

5 답 (1) 5 cm (2) 144°

(1) 부채꼴의 반지름의 길이를 r cm라 하면

$\frac{1}{2}\times r\times4\pi=10\pi$ $\therefore r=5$

따라서 부채꼴의 반지름의 길이는 5 cm이다.

(2) 부채꼴의 중심각의 크기를 x°라 하면

$2\pi\times5\times\frac{x}{360}=4\pi$ $\therefore x=144$

따라서 부채꼴의 중심각의 크기는 144°이다.

6 답 (1) 120° (2) $27\pi\text{ cm}^2$

(1) 정육각형의 한 내각의 크기는

$\frac{180^\circ\times(6-2)}{6}=120^\circ$

(2) 색칠한 부분의 넓이는 반지름의 길이가 9 cm이고 중심각의 크기가 120°인 부채꼴의 넓이와 같으므로

(색칠한 부분의 넓이)$=\pi\times9^2\times\frac{120}{360}=27\pi(\text{cm}^2)$

7 답 건우의 조각 피자

(진호의 조각 피자의 넓이)$=\pi\times8^2\times\frac{45}{360}=8\pi(\text{cm}^2)$

(건우의 조각 피자의 넓이)$=\pi\times9^2\times\frac{40}{360}=9\pi(\text{cm}^2)$

따라서 건우의 조각 피자가 진호의 조각 피자보다 양이 더 많다.

▶ 문제 속 개념 도출

답 ① πr^2

• 본문 82~83쪽

개념 33 색칠한 부분의 넓이

개념 확인

1 답 (1) $8\pi-16$ (2) $72\pi-144$

(1)

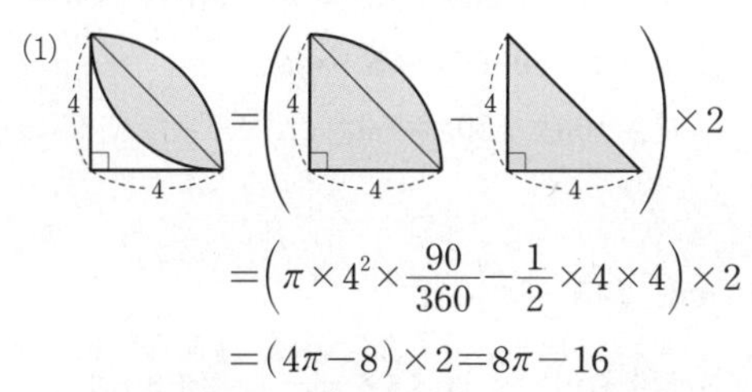

$=\left(\pi\times4^2\times\frac{90}{360}-\frac{1}{2}\times4\times4\right)\times2$

$=(4\pi-8)\times2=8\pi-16$

(2)

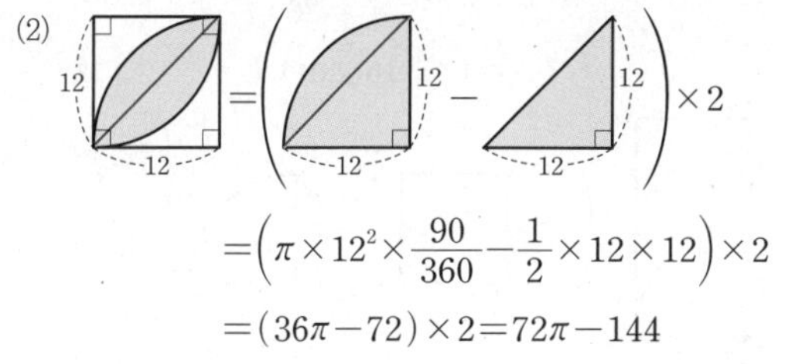

$=\left(\pi\times12^2\times\frac{90}{360}-\frac{1}{2}\times12\times12\right)\times2$

$=(36\pi-72)\times2=72\pi-144$

2 답 (1) 50 (2) 32

(1) 오른쪽 그림과 같이 도형을 이동하면

(색칠한 부분의 넓이)

$=\frac{1}{2}\times10\times10=50$

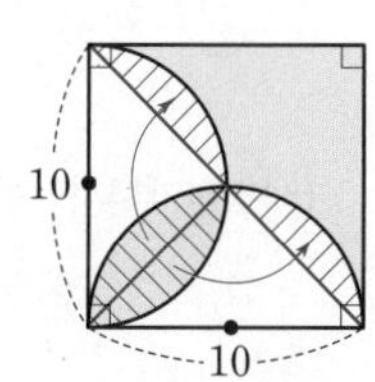

(2) 오른쪽 그림과 같이 도형을 이동하면

(색칠한 부분의 넓이)

$=\frac{1}{2}\times8\times8=32$

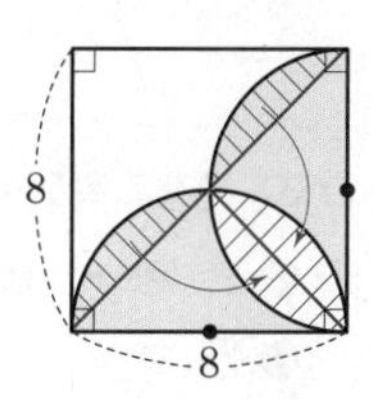

교과서 문제로 개념 다지기

1 답 $18\pi\text{ cm}^2$

오른쪽 그림과 같이 도형을 이동하면 색칠한 부분의 넓이는 반지름의 길이가 6 cm인 반원의 넓이와 같으므로

$(\pi\times6^2)\times\frac{1}{2}=18\pi(\text{cm}^2)$

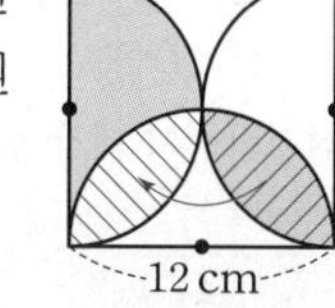

2 답 ③

오른쪽 그림과 같이 도형을 이동하면 색칠한 부분의 넓이는

$\left(\pi\times14^2\times\frac{90}{360}\right)\times2=98\pi(\text{cm}^2)$

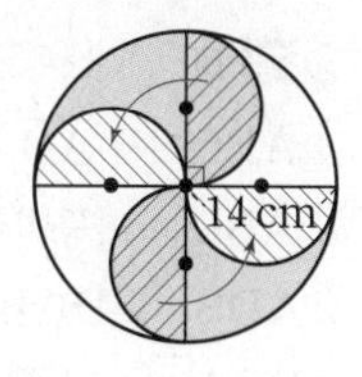

3 답 $(128\pi-256)\text{ cm}^2$

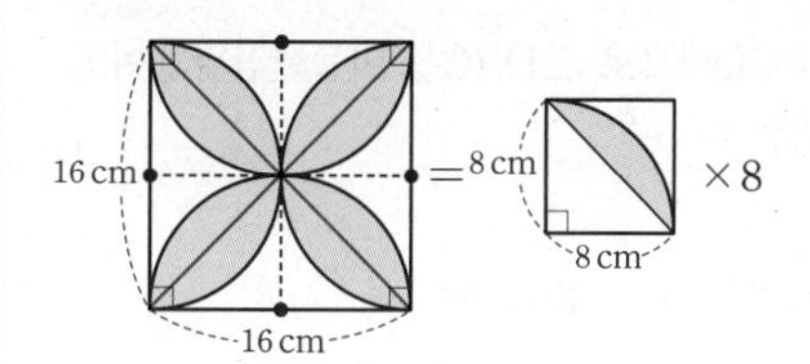

∴ (색칠한 부분의 넓이)$=\left(\pi\times8^2\times\frac{90}{360}-\frac{1}{2}\times8\times8\right)\times8$

$=(16\pi-32)\times8=128\pi-256(\text{cm}^2)$

4 답 ⑤

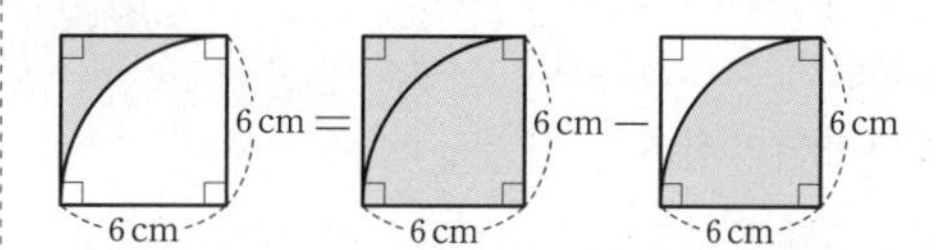

∴ (색칠한 부분의 넓이)$=\left(6\times6-\pi\times6^2\times\frac{90}{360}\right)\times2$

$=(36-9\pi)\times2=72-18\pi(\text{cm}^2)$

5 답 $25\pi\text{ cm}^2$

꽝이 적힌 영역은

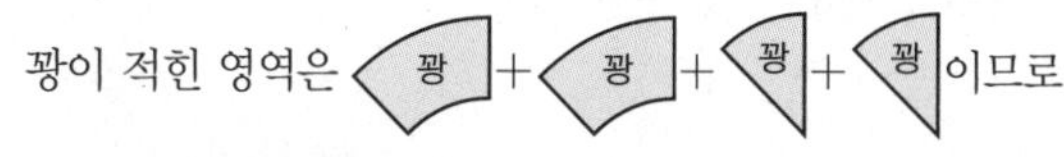

이므로

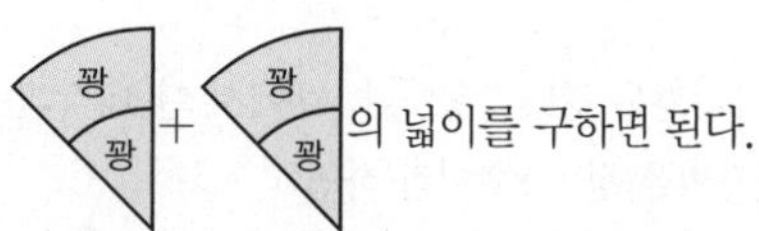

의 넓이를 구하면 된다.

따라서 꽝이 적힌 영역의 넓이는 반지름의 길이가 10 cm이고 중심각의 크기가 $\frac{360°}{8}\times2=90°$인 부채꼴의 넓이와 같으므로 구하는 영역의 넓이는

$\pi\times10^2\times\frac{90}{360}=25\pi(\text{cm}^2)$

▶ 문제 속 개념 도출

답 ① πr^2 ② 같다

학교 시험 문제로 단원 마무리 • 본문 84~85쪽

1 답 124

팔각형의 한 꼭짓점에서 그을 수 있는 대각선의 개수는

$8-3=5$(개) $\quad\therefore a=5$

십칠각형의 대각선의 개수는

$\dfrac{17\times(17-3)}{2}=119$(개) $\quad\therefore b=119$

$\therefore a+b=5+119=124$

2 답 60°

△ABD에서 $\overline{AB}=\overline{BD}$이므로

△ABD는 이등변삼각형이고

$\angle ADB=\angle DAB=20^\circ$이므로

$\angle DBC=\angle ADB+\angle DAB$

$=20^\circ+20^\circ=40^\circ$

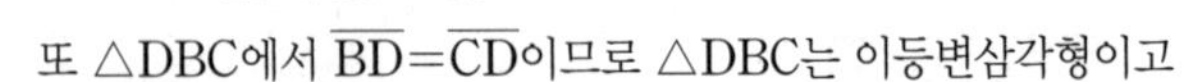

또 △DBC에서 $\overline{BD}=\overline{CD}$이므로 △DBC는 이등변삼각형이고

$\angle DCB=\angle DBC=40^\circ$

따라서 △ACD에서

$\angle x=\angle DAC+\angle DCA=20^\circ+40^\circ=60^\circ$

3 답 (1) 80° (2) 85° (3) 40°

(1) 사각형의 내각의 크기의 합은

$180^\circ\times(4-2)=360^\circ$이므로

$75^\circ+145^\circ+\angle x+(180^\circ-120^\circ)=360^\circ$

$\angle x+280^\circ=360^\circ \quad\therefore \angle x=80^\circ$

(2) 오각형의 내각의 크기의 합은

$180^\circ\times(5-2)=540^\circ$이므로

$\angle x+140^\circ+(180^\circ-75^\circ)+90^\circ+(180^\circ-60^\circ)=540^\circ$

$\angle x+455^\circ=540^\circ \quad\therefore \angle x=85^\circ$

(3) 육각형의 외각의 크기의 합은 360°이므로

$70^\circ+\angle x+(180^\circ-110^\circ)+65^\circ+(180^\circ-95^\circ)+30^\circ=360^\circ$

$\angle x+320^\circ=360^\circ \quad\therefore \angle x=40^\circ$

4 답 ⑤

① ㈎, ㈏에서 구하는 다각형은 정다각형이다. ㈐에서 한 내각의 크기가 150°인 정다각형을 정n각형이라 하면

$\dfrac{180^\circ\times(n-2)}{n}=150^\circ$, $180^\circ\times n-360^\circ=150^\circ\times n$

$30^\circ\times n=360^\circ \quad\therefore n=12$

즉, 정십이각형이다.

② 대각선의 개수는 $\dfrac{12\times(12-3)}{2}=54$(개)

③ 내각의 크기의 합은 $180^\circ\times(12-2)=1800^\circ$

④ 한 외각의 크기는 $180^\circ-150^\circ=30^\circ$이므로

$150:30=5:1$

⑤ 한 꼭짓점에서 그을 수 있는 대각선의 개수는

$12-3=9$(개)

따라서 옳지 않은 것은 ⑤이다.

5 답 140°

$\widehat{AB}:\widehat{BC}=7:2$이므로

$\angle AOB:\angle BOC=7:2$

$\therefore \angle AOB=180^\circ\times\dfrac{7}{7+2}=180^\circ\times\dfrac{7}{9}=140^\circ$

6 답 ㄱ, ㄹ

ㄴ, ㄷ. 현의 길이와 삼각형의 넓이는 각각 중심각의 크기에 정비례하지 않으므로

$\overline{CD}\neq\dfrac{1}{3}\overline{AB}$

(△AOB의 넓이)$\neq3\times$(△COD의 넓이)

따라서 옳은 것은 ㄱ, ㄹ이다.

7 답 40π cm, 50π cm²

(색칠한 부분의 둘레의 길이)$=2\pi\times10+(2\pi\times5)\times2$

$=20\pi+20\pi=40\pi$(cm)

(색칠한 부분의 넓이)$=\pi\times10^2-(\pi\times5^2)\times2$

$=100\pi-50\pi=50\pi$(cm²)

8 답 $(4\pi+16)$cm, $(48-8\pi)$cm²

(색칠한 부분의 둘레의 길이)$=\left(2\pi\times4\times\dfrac{90}{360}\right)\times2+8+8$

$=4\pi+16$(cm)

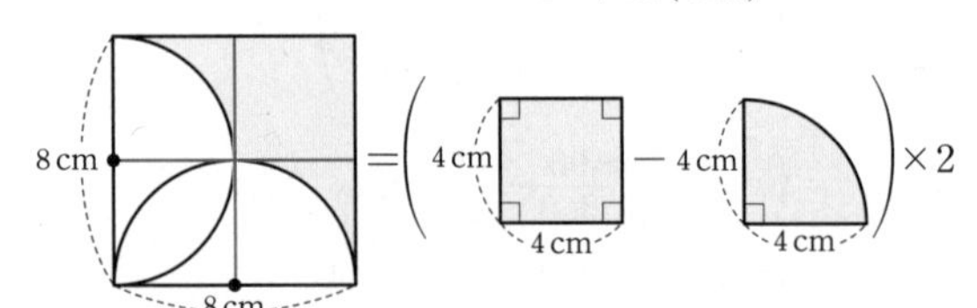

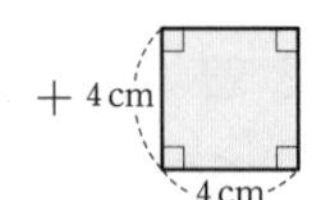

$\therefore$ (색칠한 부분의 넓이)$=\left(4\times4-\pi\times4^2\times\dfrac{90}{360}\right)\times2+4\times4$

$=32-8\pi+16$

$=48-8\pi$(cm²)

OX 문제로 확인하기 ········ 본문 86쪽

답 ❶ × ❷ × ❸ ○ ❹ × ❺ × ❻ ○ ❼ ○ ❽ ○ ❾ ○

4 입체도형

• 본문 88~89쪽

다면체

개념 확인

1 답 ㄱ, ㄷ, ㄹ

다면체는 다각형인 면으로만 둘러싸인 입체도형이므로 다각형인 면으로만 둘러싸인 입체도형을 찾으면 ㄱ, ㄷ, ㄹ이다.

| 참고 | ㄴ, ㅁ은 원 또는 곡면으로 이루어져 있으므로 다면체가 아니다.

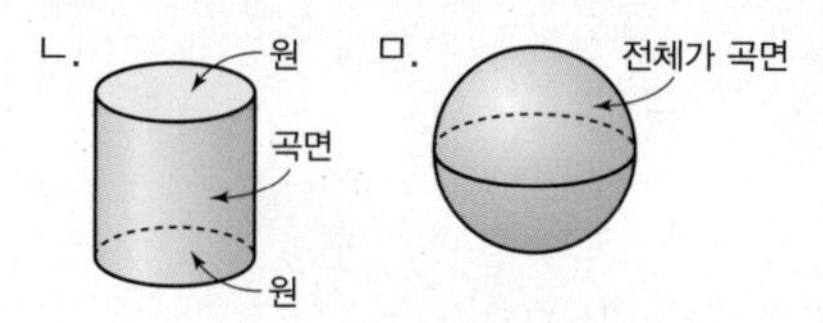

2 답

겨냥도			
이름	육각기둥	육각뿔	육각뿔대
옆면의 모양	직사각형	삼각형	사다리꼴
면의 개수 ⇨ 몇 면체?	8개 ⇨ 팔면체	7개 ⇨ 칠면체	8개 ⇨ 팔면체
모서리의 개수	18개	12개	18개
꼭짓점의 개수	12개	7개	12개

교과서 문제로 개념 다지기

1 답 4개

다각형인 면으로만 둘러싸인 입체도형, 즉 다면체는 ㄴ, ㄷ, ㄹ, ㅂ의 4개이다.

해설 꼭 확인

다면체의 개수 구하기

(×) → 사면체, 삼각뿔, 삼각기둥, 원기둥, 사각뿔대의 5개

(○) → 사면체, 삼각뿔, 삼각기둥, 사각뿔대의 4개

➡ 다면체는 다각형인 면으로만 둘러싸인 입체도형이야. 입체도형 중에서 원이나 곡면으로 둘러싸인 입체도형은 다면체가 아니라는 것에 주의해야 해!

2 답 (1) 오각형 (2) 사다리꼴 (3) 2개 (4) 7개

3 답 ④

각 다면체의 면의 개수는

① $7+1=8$(개) ② $5+2=7$(개) ③ $6+2=8$(개)

④ $7+2=9$(개) ⑤ $5+1=6$(개)

따라서 면의 개수가 가장 많은 다면체는 ④이다.

4 답 ⑤

각 다면체의 모서리의 개수는

① $4\times3=12$(개) ② $5\times3=15$(개) ③ $3\times2=6$(개)

④ $7\times3=21$(개) ⑤ $8\times2=16$(개)

따라서 다면체와 그 모서리의 개수를 짝 지은 것으로 옳은 것은 ⑤이다.

5 답 9

주어진 각뿔대를 n각뿔대라 하면

$n+2=11$ $\quad\therefore n=9$

즉, 주어진 각뿔대는 구각뿔대이다.

따라서 구각뿔대의 모서리의 개수는 $9\times3=27$(개)이므로

$x=27$

꼭짓점의 개수는 $9\times2=18$(개)이므로

$y=18$

$\therefore x-y=27-18=9$

다른 풀이

주어진 각뿔대를 n각뿔대라 하면

$x=3n$, $y=2n$이므로

$x-y=3n-2n=n$

이때 $n+2=11$에서 $n=9$이므로

$x-y=n=9$

6 답 팔각기둥

조건 (가), (나)를 모두 만족시키는 입체도형은 각기둥이다.

구하는 입체도형을 n각기둥이라 하면

조건 (다)에서 모서리의 개수가 24개이므로

$3n=24$ $\quad\therefore n=8$

따라서 구하는 입체도형은 팔각기둥이다.

7 답 (1) 풀이 참조 (2) $(n+2)$개, $3n$개

(1)

각뿔대	삼각뿔대	사각뿔대	오각뿔대	육각뿔대
면의 개수	$3+2$ $=5$(개)	$4+2$ $=6$(개)	$5+2$ $=7$(개)	$6+2$ $=8$(개)
모서리의 개수	3×3 $=9$(개)	4×3 $=12$(개)	5×3 $=15$(개)	6×3 $=18$(개)

▶ 문제 속 개념 도출

답 ① 각뿔대 ② 모서리

• 본문 90~91쪽

정다면체

개념 확인

1 답 풀이 참조

겨냥도			
이름	정사면체	정육면체	정팔면체
면의 모양	정삼각형	정사각형	정삼각형
각 꼭짓점에 모인 면의 개수	3개	3개	4개
면의 개수	4개	6개	8개
모서리의 개수	6개	12개	12개
꼭짓점의 개수	4개	8개	6개

겨냥도		
이름	정십이면체	정이십면체
면의 모양	정오각형	정삼각형
각 꼭짓점에 모인 면의 개수	3개	5개
면의 개수	12개	20개
모서리의 개수	30개	30개
꼭짓점의 개수	20개	12개

2 답 (1) ○ (2) × (3) × (4) ○ (5) ×

(2) 정다면체는 정사면체, 정육면체, 정팔면체, 정십이면체, 정이십면체의 다섯 가지뿐이다.

(3) 정다면체의 한 면이 될 수 있는 다각형은 정삼각형, 정사각형, 정오각형이다.

(5) 다면체의 각 꼭짓점에 모이는 각의 크기의 합이 360°이면 평면이 되므로 360°보다 작아야 입체도형이 만들어진다.

| 참고 | 각 꼭짓점에 모인 정삼각형이 6개 이상이거나 정사각형이 4개 이상이거나 정오각형이 4개 이상이면 각의 크기의 합이 360°보다 크게 되어 다면체를 만들 수 없으므로 정다면체는 다음과 같이 다섯 가지뿐이다.

정사면체

정팔면체

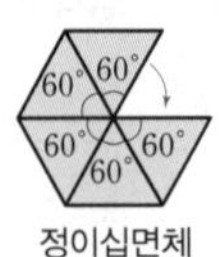

정이십면체

90° 90° 90°
정육면체

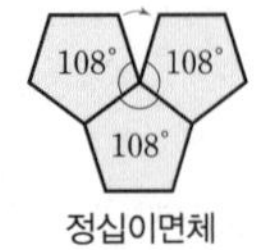

정십이면체

교과서 문제로 개념 다지기

1 답 (1) ① ㄱ, ㄷ, ㅁ ② ㄴ ③ ㄹ
(2) ① ㄱ, ㄴ, ㄹ ② ㄷ ③ ㅁ

| 참고 | 정다면체의 분류

(1) 면의 모양에 따라
- 정삼각형: 정사면체, 정팔면체, 정이십면체
- 정사각형: 정육면체
- 정오각형: 정십이면체

(2) 각 꼭짓점에 모인 면의 개수에 따라
- 3개: 정사면체, 정육면체, 정십이면체
- 4개: 정팔면체
- 5개: 정이십면체

2 답 20

정육면체의 꼭짓점의 개수는 8개이므로

$a=8$

정팔면체의 모서리의 개수는 12개이므로

$b=12$

$\therefore a+b=8+12=20$

3 답 42

조건 (가), (나)를 모두 만족시키는 입체도형은 정이십면체이므로 모서리의 개수는 30개, 꼭짓점의 개수는 12개이다.

따라서 $x=30$, $y=12$이므로

$x+y=30+12=42$

4 답 정다면체가 아니다, 각 꼭짓점에 모인 면의 개수가 다르다.

정다면체가 되려면

(i) 모든 면이 합동인 정다각형이어야 하고,

(ii) 각 꼭짓점에 모인 면의 개수가 같아야 한다.

그런데 주어진 입체도형은 각 꼭짓점에 모인 면의 개수가 3개 또는 4개로 다르므로 정다면체가 아니다.

해설 꼭 확인

정다면체인지 판단하기

(×) 모든 면이 합동인 정삼각형이므로 정다면체이다.

(○) 모든 면이 합동인 정삼각형이지만 각 꼭짓점에 모인 면의 개수가 같지 않으므로 정다면체가 아니다.

➡ 정다면체는 모든 면이 합동인 정다각형으로 이루어져 있고, 각 꼭짓점에 모인 면의 개수가 같아.
즉, 두 조건 중 어느 한 가지만 만족시키는 다면체는 정다면체가 아니므로 정다면체인지 판단할 때는 두 가지 조건을 모두 만족시키는지 확인해야 해!

5 답 ㄱ, ㄹ

주어진 전개도로 만들어지는 정다면체는 정십이면체이다.

ㄴ. 정팔면체의 모서리의 개수는 12개이다.

ㄷ. 각 꼭짓점에 모인 면의 개수는 3개이다.

ㄹ. 각 정다면체의 꼭짓점의 개수는

정사면체: 4개, 정육면체: 8개, 정팔면체: 6개,

정십이면체: 20개, 정이십면체: 12개

이므로 정십이면체의 꼭짓점의 개수가 가장 많다.

따라서 옳은 것은 ㄱ, ㄹ이다.

6 답 (1) (가) E (나) D (2) $\overline{\mathrm{ED}}$ (3) $\overline{\mathrm{AC}}$ (또는 $\overline{\mathrm{EC}}$)

(1), (2), (3) 주어진 전개도로 만들어지는 정사면체는 다음 그림과 같다.

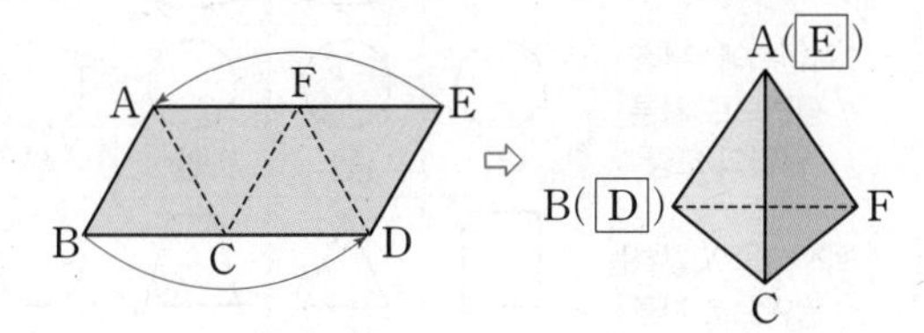

따라서 $\overline{\mathrm{DF}}$와 꼬인 위치에 있는 모서리는 $\overline{\mathrm{AC}}$ (또는 $\overline{\mathrm{EC}}$)이다.

▶ 문제 속 개념 도출

답 ① 꼬인 위치

• 본문 92~93쪽

회전체

개념 확인

1 답 ㄱ, ㄹ, ㅁ

2 답

평면도형	겨냥도	평면도형	겨냥도	평면도형	겨냥도
(1) l		(2) l		(3) l	
(4) l		(5) l		(6) l	

각각의 평면도형을 직선 l을 축으로 하여 1회전 시킬 때 생기는 회전체의 겨냥도를 그리면 다음과 같다.

(1)

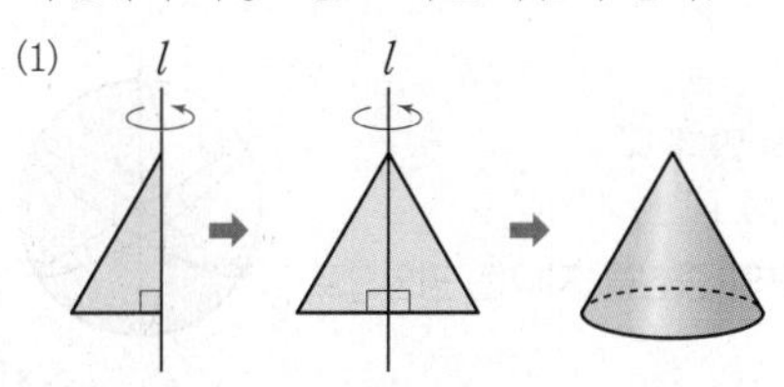

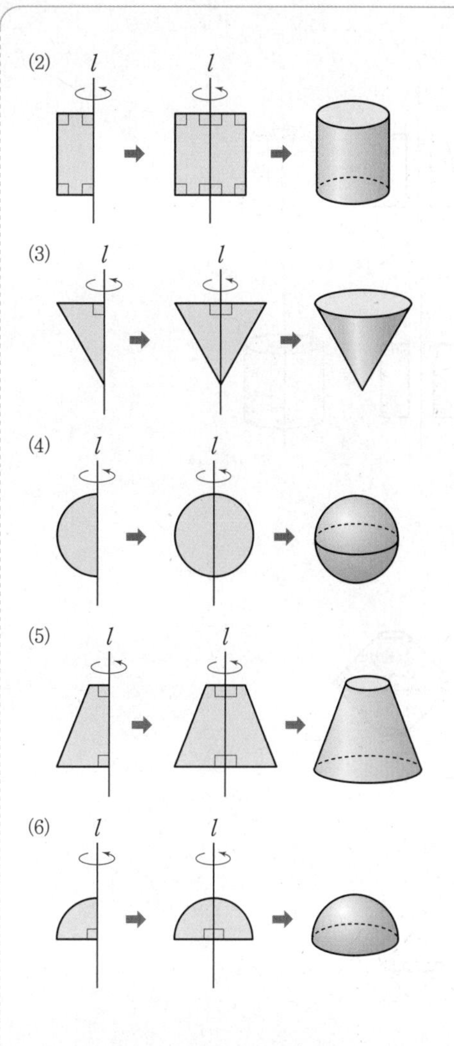

교과서 문제로 개념 다지기

1 답 ㄱ, ㄴ, ㅁ, ㅅ

회전체: ㄱ, ㄴ, ㅁ, ㅅ

다면체: ㄷ, ㄹ, ㅂ, ㅇ

따라서 회전축을 갖는 입체도형은 ㄱ, ㄴ, ㅁ, ㅅ이다.

2 답 원기둥, $\overline{\mathrm{AB}}$

주어진 직사각형 ABCD를 직선 l을 회전축으로 하여 1회전 시킬 때 생기는 입체도형은 오른쪽 그림과 같은 원기둥이고, 모선이 되는 선분은 $\overline{\mathrm{AB}}$이다.

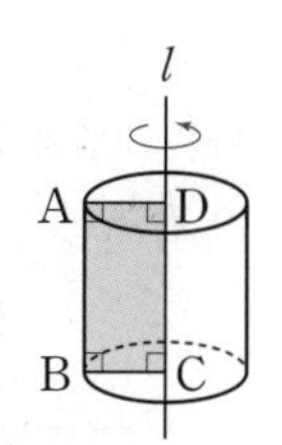

3 답 (1) ㄴ (2) ㄷ (3) ㄱ

(1)

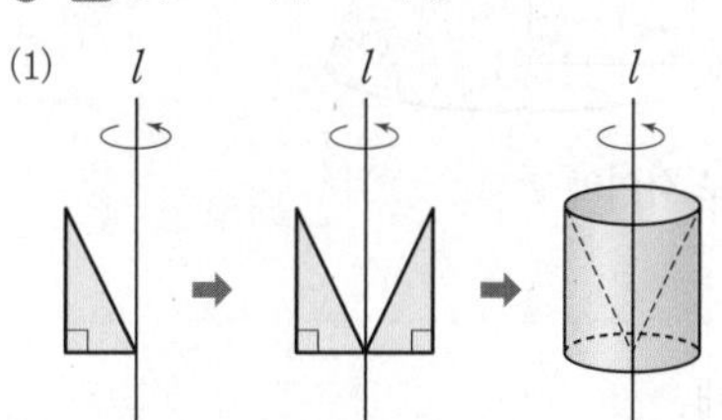

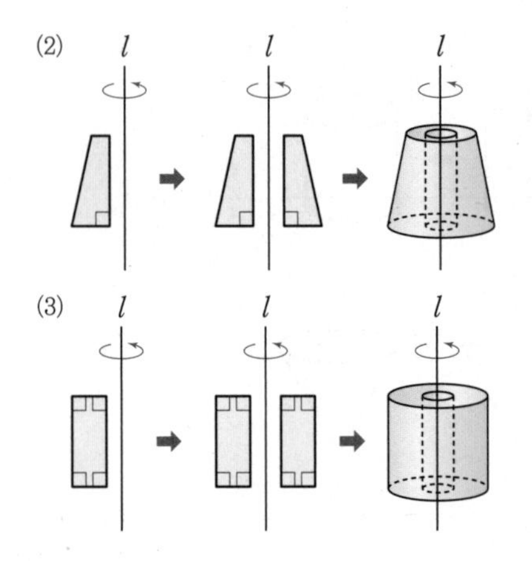

4 답 ⑤

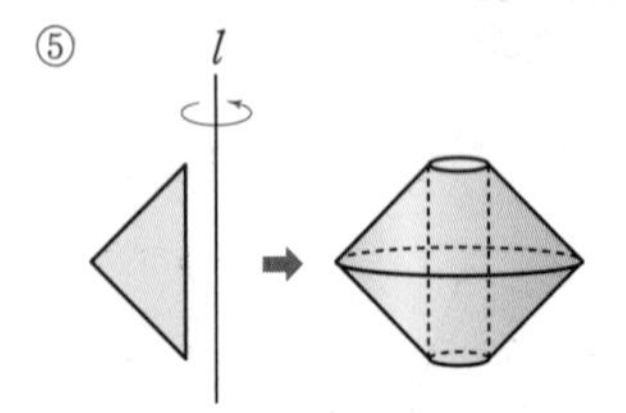

해설 꼭 확인

겨냥도 찾기

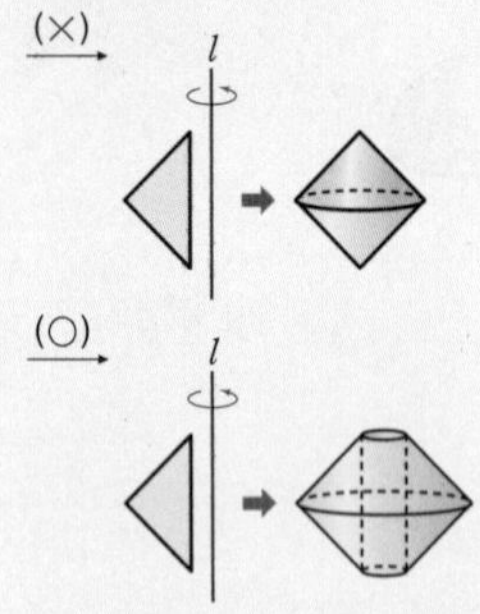

➡ 회전시키기 전의 도형의 모양만 보고 겨냥도를 생각하면 안 돼. 회전시키기 전의 도형이 회전축에서 떨어져 있는 경우 가운데에 구멍이 뚫린 회전체가 생기는 것에 주의해야 해!

5 답 $\overline{BC}$

다음 그림과 같이 $\overline{BC}$를 회전축으로 하여 1회전 시키면 원뿔대가 된다.

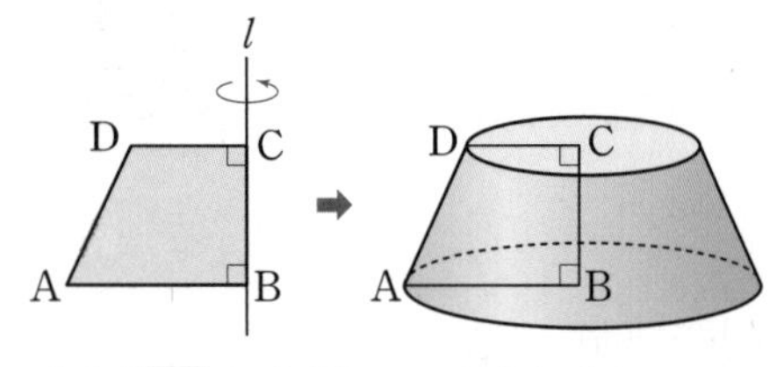

따라서 $\overline{BC}$를 회전축으로 하여야 한다.

▶ 문제 속 개념 도출

답 ① 회전축 ② 원뿔대

• 본문 94~95쪽

회전체의 성질

개념 확인

1 답 (1) × (2) ○ (3) ×

(1), (2) 회전체를 회전축을 포함하는 평면으로 자를 때 생기는 단면은 합동인 선대칭도형이다.

(3) 회전체를 회전축에 수직인 평면으로 자를 때 생기는 단면은 항상 원이지만 모두 합동인 것은 아니다.

2 답

회전체				
회전축에 수직인 평면으로 자른 단면의 모양	원	원	원	원
회전축을 포함하는 평면으로 자른 단면의 모양	직사각형	이등변삼각형	사다리꼴	원

교과서 문제로 개념 다지기

1 답 ②, ③

② 원뿔 – 이등변삼각형

③ 원뿔대 – 사다리꼴

2 답 ③

①, ②, ④, ⑤ 회전축에 수직인 평면으로 자를 때 생기는 단면은 모두 원이지만 그 크기가 다르므로 합동이 아니다.

따라서 회전축에 수직인 평면으로 자를 때 생기는 단면이 항상 합동인 회전체는 ③이다.

3 답 원뿔

원뿔을 회전축에 수직인 평면으로 자른 단면의 모양은 원이고, 회전축을 포함하는 평면으로 자른 단면의 모양은 이등변삼각형이다.

4 답 구

구는 회전축이 무수히 많고, 어떤 평면으로 잘라도 그 단면이 항상 원이다.

| 참고 | 구의 성질

- 구의 회전축은 무수히 많다.
- 구의 단면은 항상 원이다.
- 구의 단면인 원은 구의 중심을 지나는 평면으로 자를 때 가장 크다.

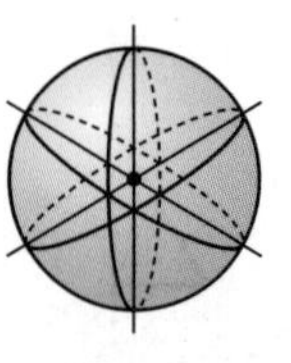

5 답 $24\,cm^2$

오른쪽 그림과 같이 회전축을 포함하는 평면으로 자를 때 생기는 단면의 넓이가 가장 크다.

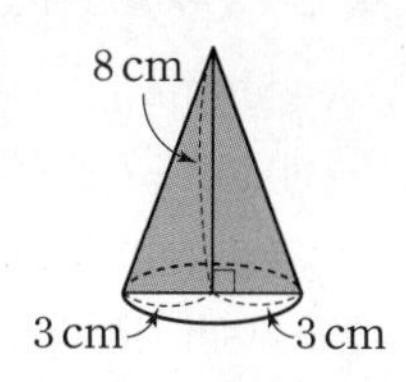

따라서 단면의 넓이는

$\frac{1}{2}\times(3+3)\times8=24(cm^2)$

6 답 (1) 원, $16\pi\,cm^2$ (2) 직사각형, $72\,cm^2$

주어진 평면도형을 직선 l을 회전축으로 하여 1회전 시킬 때 생기는 회전체는 오른쪽 그림과 같은 원기둥이다.

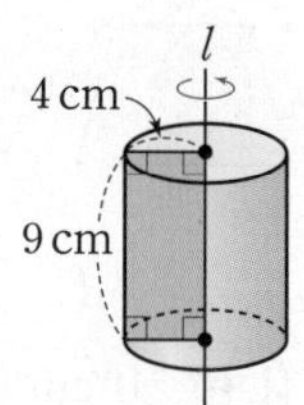

(1) 원기둥을 회전축에 수직인 평면으로 자를 때 생기는 단면은 반지름의 길이가 4 cm인 원이므로

(단면의 넓이)$=\pi\times4^2=16\pi(cm^2)$

(2) 원기둥을 회전축을 포함하는 평면으로 자를 때 생기는 단면은 가로의 길이가 $4+4=8(cm)$, 세로의 길이가 9 cm인 직사각형이므로

(단면의 넓이)$=8\times9=72(cm^2)$

7 답 $16\pi\,cm^2$

반원을 직선 l을 회전축으로 하여 1회전 시킬 때 생기는 회전체는 구이고, 구를 한 평면으로 자를 때 생기는 단면은 원이다.
이때 단면이 반지름의 길이가 4 cm인 원일 때 넓이가 최대가 되므로 그 단면의 넓이는

$\pi\times4^2=16\pi(cm^2)$

▶ 문제 속 개념 도출

답 ① 원 ② 구 ③ πr^2

• 본문 96~97쪽

개념 38 회전체의 전개도

개념 확인

1 답 (1) $a=11$, $b=5$ (2) $a=5$, $b=3$ (3) $a=10$, $b=3$

(1) a는 원기둥의 모선의 길이이므로 $a=11$이고,
b는 밑면인 원의 반지름의 길이이므로 $b=5$이다.

(2) a는 원뿔의 모선의 길이이므로 $a=5$이고,
b는 밑면인 원의 반지름의 길이이므로 $b=3$이다.

(3) a는 원뿔대의 모선의 길이이므로 $a=10$이고,
b는 밑면인 원 중 반지름의 길이가 5가 아닌 원의 반지름의 길이이므로 $b=3$이다.

2 답 둘레, 6, 12π

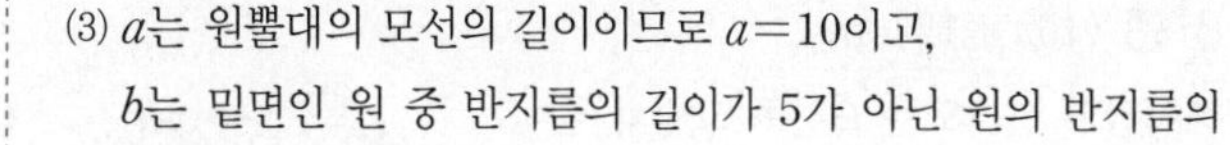
교과서 문제로 개념 다지기

1 답 $x=2$, $y=4\pi$, $z=7$

주어진 직사각형을 직선 l을 회전축으로 하여 1회전 시킬 때 생기는 회전체는 밑면의 반지름의 길이가 2 cm, 높이가 7 cm인 원기둥이므로

$x=2$, $z=7$

또 전개도에서 직사각형의 가로의 길이는 밑면인 원의 둘레의 길이와 같으므로

$y=2\pi\times2=4\pi$

2 답 80π

a cm는 밑면인 두 원 중 반지름의 길이가 4 cm가 아닌 원의 반지름의 길이이므로

$a=2$

b cm는 원뿔대의 모선의 길이이므로

$b=5$

또 전개도의 옆면에서 곡선으로 된 부분 중 길이가 긴 부분의 길이는 밑면인 두 원 중 반지름의 길이가 긴 원의 둘레의 길이와 같으므로

$c=2\pi\times4=8\pi$

$\therefore abc=2\times5\times8\pi=80\pi$

3 답 18π cm

(부채꼴의 호의 길이)$=$(밑면인 원의 둘레의 길이)

$=2\pi\times9=18\pi(cm)$

4 답 ③

밑면인 원의 둘레의 길이는 직사각형의 가로의 길이와 같으므로 밑면인 원의 반지름의 길이를 r cm라 하면

$2\pi r=10\pi \quad \therefore r=5$

따라서 밑면인 원의 반지름의 길이는 5 cm이다.

5 답 4 cm

밑면인 원의 둘레의 길이는 부채꼴의 호의 길이와 같으므로 밑면인 원의 반지름의 길이를 r cm라 하면

$2\pi\times16\times\frac{90}{360}=2\pi\times r$

$8\pi=2\pi r \quad \therefore r=4$

따라서 밑면인 원의 반지름의 길이는 4 cm이다.

6 답 $(16\pi+12)$cm

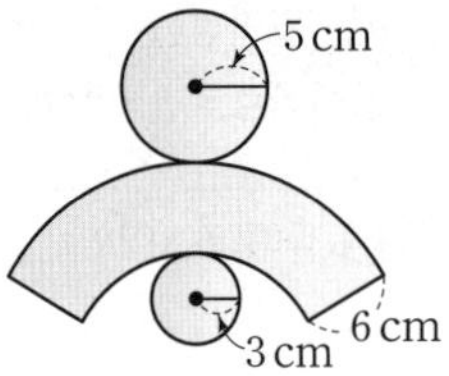

종이컵의 전개도는 오른쪽 그림과 같으므로 작은 원의 둘레의 길이는

$2\pi\times3=6\pi$(cm)

큰 원의 둘레의 길이는

$2\pi\times5=10\pi$(cm)

따라서 옆면을 만드는 데 사용된 종이의 둘레의 길이는

$6\pi+10\pi+6+6=16\pi+12$(cm)

▶ 문제 속 개념 도출

답 ① 둘레 ② $2\pi r$

• 본문 98~99쪽

개념 39 기둥의 겉넓이

개념 확인

1 답 (1) ㉠: 3 ㉡: 5 ㉢: 16 (2) 15 (3) 112 (4) 142

(1) ㉢: $3+5+3+5=16$

(2) $3\times5=15$

(3) $16\times7=112$

(4) $15\times2+112=142$

2 답 (1) ㉠: 5 ㉡: 10π ㉢: 9 (2) 25π (3) 90π (4) 140π

(1) ㉡: $2\pi\times5=10\pi$

(2) $\pi\times5^2=25\pi$

(3) $10\pi\times9=90\pi$

(4) $25\pi\times2+90\pi=140\pi$

교과서 문제로 개념 다지기

1 답 (1) 72 cm² (2) 66 cm² (3) 54π cm² (4) 378π cm²

(1) (밑넓이)$=\frac{1}{2}\times3\times4=6$(cm²)

(옆넓이)$=(3+4+5)\times5=60$(cm²)

∴ (겉넓이)$=6\times2+60=72$(cm²)

(2) (밑넓이)$=3\times3=9$(cm²)

(옆넓이)$=(3+3+3+3)\times4=48$(cm²)

∴ (겉넓이)$=9\times2+48=66$(cm²)

(3) (밑넓이)$=\pi\times3^2=9\pi$(cm²)

(옆넓이)$=(2\pi\times3)\times6=36\pi$(cm²)

∴ (겉넓이)$=9\pi\times2+36\pi=54\pi$(cm²)

(4) 원기둥의 밑면의 반지름의 길이는 $18\times\frac{1}{2}=9$(cm)이므로

(밑넓이)$=\pi\times9^2=81\pi$(cm²)

(옆넓이)$=(2\pi\times9)\times12=216\pi$(cm²)

∴ (겉넓이)$=81\pi\times2+216\pi=378\pi$(cm²)

| 참고 | 여러 가지 다각형의 넓이

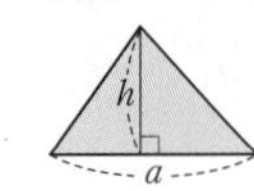

⇨ $\frac{1}{2}ah$

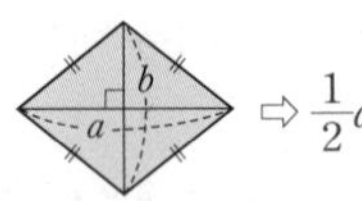

⇨ $\frac{1}{2}ab$

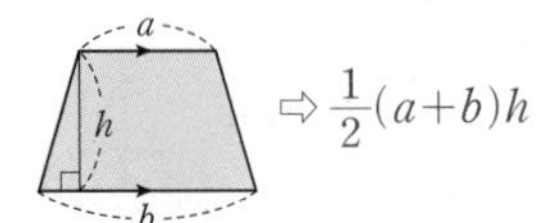

⇨ $\frac{1}{2}(a+b)h$

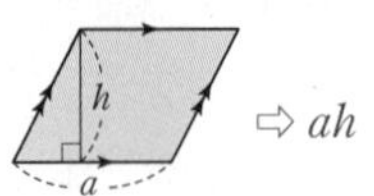

⇨ ah

2 답 212 cm²

$\left\{\frac{1}{2}\times(6+12)\times4\right\}\times2+(6+5+12+5)\times5$

$=72+140$

$=212$(cm²)

3 답 $(56\pi+80)$cm²

(밑넓이)$=(\pi\times4^2)\times\frac{1}{2}=8\pi$(cm²)

(옆넓이)$=\left\{(2\pi\times4)\times\frac{1}{2}+8\right\}\times10=40\pi+80$(cm²)

∴ (겉넓이)$=8\pi\times2+(40\pi+80)=56\pi+80$(cm²)

4 답 10 cm

사각기둥의 높이를 h cm라 하면

$(6\times5)\times2+(6+5+6+5)\times h=280$

$60+22h=280$

$22h=220$ ∴ $h=10$

따라서 사각기둥의 높이는 10 cm이다.

5 답 (1) 3 (2) 78π cm²

(1) $2\pi r=6\pi$이므로 $r=3$

(2) (밑넓이)$=\pi\times3^2=9\pi$(cm²)

(옆넓이)$=6\pi\times10=60\pi$(cm²)

∴ (겉넓이)$=9\pi\times2+60\pi=78\pi$(cm²)

6 답 1000π cm²

페인트가 칠해진 넓이는 원기둥의 옆넓이의 5배이므로

$\{(2\pi\times5)\times20\}\times5=200\pi\times5=1000\pi$(cm²)

▶ 문제 속 개념 도출

답 ① 직사각형 ② 둘레

• 본문 100~101쪽

개념 40 기둥의 부피

개념 확인

1 답 (1) 120 (2) 90π

(1) (부피)$=24\times5=120$

(2) (부피)$=15\pi\times6=90\pi$

2 답 (1) (밑넓이)$=12$, (높이)$=6$, (부피)$=72$
(2) (밑넓이)$=30$, (높이)$=8$, (부피)$=240$
(3) (밑넓이)$=16\pi$, (높이)$=9$, (부피)$=144\pi$
(4) (밑넓이)$=25\pi$, (높이)$=6$, (부피)$=150\pi$

(1) (밑넓이)$=\frac{1}{2}\times8\times3=12$
(높이)$=6$
$\therefore$ (부피)$=$(밑넓이)$\times$(높이)
$=12\times6=72$

(2) (밑넓이)$=5\times6=30$
(높이)$=8$
$\therefore$ (부피)$=$(밑넓이)$\times$(높이)
$=30\times8=240$

(3) (밑넓이)$=\pi\times4^2=16\pi$
(높이)$=9$
$\therefore$ (부피)$=$(밑넓이)$\times$(높이)
$=16\pi\times9=144\pi$

(4) (밑넓이)$=\pi\times5^2=25\pi$
(높이)$=6$
$\therefore$ (부피)$=$(밑넓이)$\times$(부피)
$=25\pi\times6=150\pi$

교과서 문제로 개념다지기

1 답 (1) $108\,\text{cm}^3$ (2) $128\pi\,\text{cm}^3$

(1) (밑넓이)$=\frac{1}{2}\times(6+3)\times4=18(\text{cm}^2)$
(높이)$=6\,\text{cm}$
$\therefore$ (부피)$=18\times6=108(\text{cm}^3)$

(2) (밑넓이)$=\pi\times4^2=16\pi(\text{cm}^2)$
(높이)$=8\,\text{cm}$
$\therefore$ (부피)$=16\pi\times8=128\pi(\text{cm}^3)$

2 답 $121\,\text{cm}^3$

사각기둥의 밑넓이는
$\frac{1}{2}\times3\times4+\frac{1}{2}\times5\times2=6+5=11(\text{cm}^2)$
이때 사각기둥의 높이가 $11\,\text{cm}$이므로 부피는
$11\times11=121(\text{cm}^3)$

3 답 $384\pi\,\text{cm}^3$

$\left\{(\pi\times8^2)\times\frac{1}{2}\right\}\times12=384\pi(\text{cm}^3)$

4 답 $320\pi\,\text{cm}^3$

$(\pi\times6^2)\times10-(\pi\times2^2)\times10=360\pi-40\pi=320\pi(\text{cm}^3)$

5 답 $392\,\text{cm}^3$

$(5\times12)\times7-(2\times2)\times7=420-28=392(\text{cm}^3)$

6 답 $20\,\text{cm}$

여우가 음식을 내어놓은 원기둥 모양의 그릇의 부피는
$(\pi\times6^2)\times5=180\pi(\text{cm}^3)$
두루미가 음식을 내어놓은 원기둥 모양의 그릇의 높이를 $h\,\text{cm}$라 하면 그릇의 부피는
$(\pi\times3^2)\times h=9\pi h(\text{cm}^3)$이므로
$9\pi h=180\pi$ $\quad\therefore h=20$
따라서 두루미가 음식을 내어놓은 원기둥 모양의 그릇의 높이는 $20\,\text{cm}$이다.

▶ 문제 속 개념 도출

답 ① 넓이 ② 높이

• 본문 102~103쪽

개념 41 뿔의 겉넓이

개념 확인

1 답 (1) ㉠: 12 ㉡: 13 (2) 100 (3) 240 (4) 340

(2) $10\times10=100$

(3) $\left(\frac{1}{2}\times10\times12\right)\times4=240$

(4) $100+240=340$

2 답 (1) ㉠: 6 ㉡: 8π (2) 16π (3) 24π (4) 40π

(1) ㉡: $2\pi\times4=8\pi$

(2) $\pi\times4^2=16\pi$

(3) $\frac{1}{2}\times6\times8\pi=24\pi$

(4) $16\pi+24\pi=40\pi$

교과서 문제로 개념 다지기

1 답 (1) $132\,\text{cm}^2$ (2) $360\,\text{cm}^2$ (3) $175\pi\,\text{cm}^2$ (4) $27\pi\,\text{cm}^2$

(1) (밑넓이)$=6\times6=36(\text{cm}^2)$

(옆넓이)$=\left(\frac{1}{2}\times6\times8\right)\times4=96(\text{cm}^2)$

$\therefore$ (겉넓이)$=36+96=132(\text{cm}^2)$

(2) (밑넓이)$=10\times10=100(\text{cm}^2)$

(옆넓이)$=\left(\frac{1}{2}\times10\times13\right)\times4=260(\text{cm}^2)$

$\therefore$ (겉넓이)$=100+260=360(\text{cm}^2)$

(3) (밑넓이)$=\pi\times7^2=49\pi(\text{cm}^2)$

(옆넓이)$=\frac{1}{2}\times18\times(2\pi\times7)=126\pi(\text{cm}^2)$

$\therefore$ (겉넓이)$=49\pi+126\pi=175\pi(\text{cm}^2)$

(4) (밑넓이)$=\pi\times3^2=9\pi(\text{cm}^2)$

(옆넓이)$=\frac{1}{2}\times6\times(2\pi\times3)=18\pi(\text{cm}^2)$

$\therefore$ (겉넓이)$=9\pi+18\pi=27\pi(\text{cm}^2)$

2 답 (1) $224\,\text{cm}^2$ (2) $96\pi\,\text{cm}^2$

(1) $8\times8+\left(\frac{1}{2}\times8\times10\right)\times4=64+160=224(\text{cm}^2)$

(2) $\pi\times6^2+\left\{\frac{1}{2}\times10\times(2\pi\times6)\right\}=36\pi+60\pi=96\pi(\text{cm}^2)$

3 답 9

주어진 사각뿔의 겉넓이가 $208\,\text{cm}^2$이므로

$8\times8+\left(\frac{1}{2}\times8\times h\right)\times4=208$에서

$64+16h=208$, $16h=144$ $\quad\therefore h=9$

4 답 (1) $16\pi\,\text{cm}^2$ (2) $64\pi\,\text{cm}^2$ (3) $72\pi\,\text{cm}^2$ (4) $152\pi\,\text{cm}^2$

(1) (작은 밑면의 넓이)$=\pi\times4^2=16\pi(\text{cm}^2)$

(2) (큰 밑면의 넓이)$=\pi\times8^2=64\pi(\text{cm}^2)$

(3) (옆넓이)$=$(큰 부채꼴의 넓이)$-$(작은 부채꼴의 넓이)

$=\frac{1}{2}\times12\times(2\pi\times8)-\frac{1}{2}\times6\times(2\pi\times4)$

$=96\pi-24\pi=72\pi(\text{cm}^2)$

(4) (겉넓이)$=16\pi+64\pi+72\pi=152\pi(\text{cm}^2)$

5 답 (1) $6\pi\,\text{cm}$ (2) $3\,\text{cm}$ (3) $36\pi\,\text{cm}^2$

(1) (옆면인 부채꼴의 호의 길이)$=2\pi\times9\times\frac{120}{360}=6\pi(\text{cm})$

(2) 밑면인 원의 반지름의 길이를 $r\,\text{cm}$라 하면

(밑면인 원의 둘레의 길이)$=$(옆면인 부채꼴의 호의 길이)

이므로 $2\pi r=6\pi$ $\quad\therefore r=3$

따라서 밑면인 원의 반지름의 길이는 $3\,\text{cm}$이다.

(3) (겉넓이)$=\pi\times3^2+\frac{1}{2}\times9\times6\pi=9\pi+27\pi=36\pi(\text{cm}^2)$

6 답 원뿔

사각뿔과 원뿔의 겉넓이를 각각 구하면

(사각뿔의 겉넓이)$=8\times8+\left(\frac{1}{2}\times8\times11\right)\times4$

$=64+176=240(\text{cm}^2)$

(원뿔의 겉넓이)$=\pi\times4^2+\frac{1}{2}\times11\times(2\pi\times4)$

$=16\pi+44\pi=60\pi(\text{cm}^2)$

이때 $\pi=3.141592\cdots$이므로

$60\pi=188.4\times\times\times<240$

따라서 원뿔의 겉넓이가 사각뿔의 겉넓이보다 더 작으므로 더 적은 양의 셀로판지로 만들 수 있는 입체도형은 원뿔이다.

▶ 문제 속 개념 도출

답 ① 삼각형 ② 4 ③ 부채꼴

• 본문 104~105쪽

뿔의 부피

개념 확인

1 답 (1) 160 (2) 49π

(1) (부피)$=\frac{1}{3}\times96\times5=160$

(2) (부피)$=\frac{1}{3}\times21\pi\times7=49\pi$

2 답 (1) (밑넓이)$=30$, (높이)$=11$, (부피)$=110$

(2) (밑넓이)$=15$, (높이)$=7$, (부피)$=35$

(3) (밑넓이)$=25\pi$, (높이)$=12$, (부피)$=100\pi$

(4) (밑넓이)$=36\pi$, (높이)$=9$, (부피)$=108\pi$

(1) (밑넓이)$=6\times5=30$

(높이)$=11$

$\therefore$ (부피)$=\frac{1}{3}\times$(밑넓이)$\times$(높이)

$=\frac{1}{3}\times30\times11=110$

(2) (밑넓이)$=\frac{1}{2}\times6\times5=15$

(높이)$=7$

$\therefore$ (부피)$=\frac{1}{3}\times15\times7=35$

(3) (밑넓이)$=\pi\times5^2=25\pi$

(높이)$=12$

$\therefore$ (부피)$=\frac{1}{3}\times$(밑넓이)$\times$(높이)

$=\frac{1}{3}\times25\pi\times12=100\pi$

(4) (밑넓이)$=\pi\times6^2=36\pi$

(높이)$=9$

$\therefore$ (부피)$=\frac{1}{3}\times$(밑넓이)$\times$(높이)

$=\frac{1}{3}\times36\pi\times9=108\pi$

교과서 문제로 개념 다지기

1 답 (1) $147\,\text{cm}^3$ (2) $486\pi\,\text{cm}^3$

(1) (밑넓이)$=7\times7=49(\text{cm}^2)$

(높이)$=9\,\text{cm}$

$\therefore$ (부피)$=\frac{1}{3}\times49\times9=147(\text{cm}^3)$

(2) (밑넓이)$=\pi\times9^2=81\pi(\text{cm}^2)$

(높이)$=18\,\text{cm}$

$\therefore$ (부피)$=\frac{1}{3}\times81\pi\times18=486\pi(\text{cm}^3)$

2 답 $80\pi\,\text{cm}^3$

$\frac{1}{3}\times(\pi\times4^2)\times9+\frac{1}{3}\times(\pi\times4^2)\times6$

$=48\pi+32\pi$

$=80\pi(\text{cm}^3)$

3 답 (1) $28\,\text{cm}^3$ (2) $84\pi\,\text{cm}^3$

(1) (큰 사각뿔의 부피)$=\frac{1}{3}\times(4\times4)\times6$

$=32(\text{cm}^3)$

(작은 사각뿔의 부피)$=\frac{1}{3}\times(2\times2)\times3$

$=4(\text{cm}^3)$

$\therefore$ (부피)=(큰 사각뿔의 부피)−(작은 사각뿔의 부피)

$=32-4=28(\text{cm}^3)$

(2) (큰 원뿔의 부피)$=\frac{1}{3}\times(\pi\times6^2)\times8$

$=96\pi(\text{cm}^3)$

(작은 원뿔의 부피)$=\frac{1}{3}\times(\pi\times3^2)\times4$

$=12\pi(\text{cm}^3)$

$\therefore$ (부피)=(큰 원뿔의 부피)−(작은 원뿔의 부피)

$=96\pi-12\pi=84\pi(\text{cm}^3)$

4 답 $12\,\text{cm}$

원기둥의 부피는

$(\pi\times6^2)\times9=324\pi(\text{cm}^3)$

원뿔의 높이를 $h\,\text{cm}$라 하면 원뿔의 부피는

$\frac{1}{3}\times(\pi\times9^2)\times h=27\pi h(\text{cm}^3)$

즉, $324\pi=27\pi h$이므로

$h=12$

따라서 원뿔의 높이는 $12\,\text{cm}$이다.

5 답 $\frac{45}{2}\,\text{cm}^3$

(처음 정육면체의 부피)$=3\times3\times3=27(\text{cm}^3)$

(잘라 낸 삼각뿔의 부피)$=\frac{1}{3}\times\left(\frac{1}{2}\times3\times3\right)\times3$

$=\frac{9}{2}(\text{cm}^3)$

$\therefore$ (남은 입체도형의 부피)$=27-\frac{9}{2}=\frac{45}{2}(\text{cm}^3)$

6 답 50초

(원뿔 모양의 빈 그릇의 부피)$=\frac{1}{3}\times(\pi\times5^2)\times18$

$=150\pi(\text{cm}^3)$

따라서 1초에 $3\pi\,\text{cm}^3$씩 물을 넣을 때, 빈 그릇에 물을 가득 채우는 데 걸리는 시간은

$150\pi\div3\pi=50$(초)

▶ 문제 속 개념 도출

답 ① $\frac{1}{3}$

• 본문 106~107쪽

개념 43 구의 겉넓이

개념 확인

1 답 (1) 9^2, 324π (2) 100π (3) 256π

(2) (겉넓이)$=4\pi\times5^2=100\pi$

(3) (겉넓이)$=4\pi\times8^2=256\pi$

2 답 (1) 18π, 9π, 27π (2) 48π (3) 108π

(1) (겉넓이)$=\frac{1}{2}\times$(구의 겉넓이)+(원의 넓이)

$=\frac{1}{2}\times(4\pi\times3^2)+\pi\times3^2$

$=\boxed{18\pi}+\boxed{9\pi}=\boxed{27\pi}$

(2) (겉넓이)$=\frac{1}{2}\times(4\pi\times4^2)+\pi\times4^2$

$=32\pi+16\pi=48\pi$

(3) (겉넓이)$=\frac{1}{2}\times(4\pi\times6^2)+\pi\times6^2$

$=72\pi+36\pi=108\pi$

교과서 문제로 개념 다지기

1 답 (1) $36\pi\,cm^2$ (2) $196\pi\,cm^2$

(1) $4\pi\times3^2=36\pi(cm^2)$

(2) $4\pi\times7^2=196\pi(cm^2)$

2 답 ④

반지름의 길이가 2 cm인 구를 반으로 잘랐으므로 이때 생기는 반구의 겉넓이는 반지름의 길이가 2 cm인 반구의 겉넓이와 같다.

$\therefore$ (겉넓이)$=\frac{1}{2}\times(4\pi\times2^2)+\pi\times2^2=8\pi+4\pi=12\pi(cm^2)$

해설 꼭 확인

반구의 겉넓이 구하기

(×) → 반구는 구의 반이므로

(겉넓이)$=\frac{1}{2}\times(4\pi\times2^2)=8\pi(cm^2)$

(○) → 반구는 구의 반이므로 구의 겉넓이의 $\frac{1}{2}$에 단면인 원의 넓이를 더한다.

(겉넓이)$=\frac{1}{2}\times(4\pi\times2^2)+\pi\times2^2=12\pi(cm^2)$

➡ 반구의 겉넓이를 구할 때는 단면인 원의 넓이를 빠뜨리지 않도록 주의해야 해!

3 답 $228\pi\,cm^2$

(겉넓이)$=\frac{1}{2}\times(4\pi\times6^2)+(2\pi\times6)\times10+\pi\times6^2$

$=72\pi+120\pi+36\pi=228\pi(cm^2)$

4 답 4배

(반지름의 길이가 8 cm인 구의 겉넓이)$=4\pi\times8^2$

$=256\pi(cm^2)$

(반지름의 길이가 4 cm인 구의 겉넓이)$=4\pi\times4^2$

$=64\pi(cm^2)$

따라서 반지름의 길이가 8 cm인 구의 겉넓이는 반지름의 길이가 4 cm인 구의 겉넓이의 $\frac{256\pi}{64\pi}=4$(배)이다.

5 답 $\frac{49}{2}\pi\,cm^2$

(가죽 한 조각의 넓이)=(구의 겉넓이)$\times\frac{1}{2}$

$=\left\{4\pi\times\left(\frac{7}{2}\right)^2\right\}\times\frac{1}{2}=\frac{49}{2}\pi(cm^2)$

6 답 $144\pi\,cm^2$

(겉넓이)$=\frac{3}{4}\times(4\pi\times6^2)+\left(\frac{1}{2}\times\pi\times6^2\right)\times2$ (→ 한쪽 단면인 반원의 넓이)

$=108\pi+36\pi=144\pi(cm^2)$

7 답 (1) 옳지 않다, 이유는 풀이 참조 (2) $432\pi\,cm^2$

(1) 구를 잘랐을 때 생기는 단면은 생각하지 않았으므로 진아의 설명은 옳지 않다.

반구의 겉넓이는 구의 겉넓이의 $\frac{1}{2}$과 단면인 원의 넓이의 합과 같다.

(2) 반지름의 길이가 12 cm인 반구의 겉넓이는

$(4\pi\times12^2)\times\frac{1}{2}+\pi\times12^2=288\pi+144\pi=432\pi(cm^2)$

▶ 문제 속 개념 도출

답 ① $4\pi r^2$ ② $\frac{1}{2}$

• 본문 108~109쪽

개념 44 구의 부피

개념 확인

1 답 (1) 6^3, 288π (2) $\frac{256}{3}\pi$ (3) $\frac{500}{3}\pi$

(2) (구의 부피)$=\frac{4}{3}\pi\times4^3=\frac{256}{3}\pi$

(3) (구의 부피)$=\frac{4}{3}\pi\times5^3=\frac{500}{3}\pi$

2 답 (1) 18π (2) $\frac{16}{3}\pi$ (3) $\frac{686}{3}\pi$

(1) (반구의 부피)$=\frac{1}{2}\times$(구의 부피)$=\frac{1}{2}\times\left(\frac{4}{3}\pi\times3^3\right)=\boxed{18\pi}$

(2) (반구의 부피)$=\frac{1}{2}\times\left(\frac{4}{3}\pi\times2^3\right)=\frac{16}{3}\pi$

(3) (반구의 부피)$=\frac{1}{2}\times\left(\frac{4}{3}\pi\times7^3\right)=\frac{686}{3}\pi$

교과서 문제로 개념 다지기

1 답 (1) $36\pi\,cm^3$ (2) $144\pi\,cm^3$

(1) (부피)$=\frac{4}{3}\pi\times3^3=36\pi(cm^3)$

(2) (부피)$=\frac{1}{2}\times\left(\frac{4}{3}\pi\times6^3\right)=144\pi(cm^3)$

2 답 $81\pi\,cm^3$

(반구의 부피)$=\frac{1}{2}\times\left(\frac{4}{3}\pi\times3^3\right)=18\pi(cm^3)$

(원기둥의 부피)$=(\pi\times3^2)\times5=45\pi(cm^3)$

$\therefore$ (입체도형의 부피)$=18\pi\times2+45\pi=81\pi(cm^3)$

3 답 $\frac{256}{3}\pi\,\text{cm}^3$

구의 반지름의 길이를 r cm라 하면

$4\pi r^2=64\pi$, $r^2=16$ $\quad\therefore r=4$

$\therefore$ (구의 부피)$=\frac{4}{3}\pi\times4^3=\frac{256}{3}\pi(\text{cm}^3)$

4 답 $288\pi\,\text{cm}^3$

구는 어느 방향으로 잘라도 그 단면이 항상 원이므로 단면의 넓이가 최대가 되는 경우는 구의 중심을 지나는 평면으로 잘랐을 때이다.

구의 반지름의 길이를 r cm라 하면

$\pi r^2=36\pi$, $r^2=36$

$\therefore r=6$

따라서 이 구의 반지름의 길이는 6 cm이므로 구의 부피는

$\frac{4}{3}\pi\times6^3=288\pi(\text{cm}^3)$

5 답 $\frac{224}{3}\pi\,\text{cm}^3$

잘라 낸 부분은 구의 $\frac{1}{8}$이므로 남아 있는 부분은 구의 $\frac{7}{8}$이다.

$\therefore$ (부피)$=\frac{7}{8}\times\left(\frac{4}{3}\pi\times4^3\right)=\frac{224}{3}\pi(\text{cm}^3)$

6 답 15 cm

(구의 부피)$=\frac{4}{3}\pi\times5^3=\frac{500}{3}\pi(\text{cm}^3)$

원뿔의 높이를 h cm라 하면

(원뿔의 부피)$=\frac{1}{3}\times(\pi\times5^2)\times h=\frac{25}{3}\pi h(\text{cm}^3)$

구의 부피가 원뿔의 부피의 $\frac{4}{3}$이므로

$\frac{500}{3}\pi=\frac{25}{3}\pi h\times\frac{4}{3}$ $\quad\therefore h=15$

따라서 원뿔의 높이는 15 cm이다.

7 답 $\frac{2416}{3}\pi\,\text{cm}^3$

맨틀의 부피는 반지름의 길이가 9 cm인 구 모양의 지구 모형의 부피에서 반지름의 길이가 5 cm인 구 모양의 핵의 부피를 뺀 것과 같다.

따라서 맨틀의 부피는

$\frac{4}{3}\pi\times9^3-\frac{4}{3}\pi\times5^3=\frac{2916}{3}\pi-\frac{500}{3}\pi$

$=\frac{2416}{3}\pi(\text{cm}^3)$

▶ 문제 속 개념 도출

답 ① $\frac{4}{3}\pi r^3$

학교 시험 문제로 단원 마무리

• 본문 110~111쪽

1 답 44

오각기둥의 모서리의 개수는 $5\times3=15$(개)이므로

$a=15$

팔각뿔의 면의 개수는 $8+1=9$(개)이므로

$b=9$

십각뿔대의 꼭짓점의 개수는 $10\times2=20$(개)이므로

$c=20$

$\therefore a+b+c=15+9+20=44$

2 답 ⑤

① 정사면체의 모서리의 개수는 6개이다.

② 정육면체의 꼭짓점의 개수는 8개이다.

③ 정십이면체의 각 꼭짓점에 모인 면의 개수는 3개이다.

④ 정이십면체의 면의 모양은 정삼각형이다.

⑤ 정사면체, 정팔면체, 정이십면체의 면의 모양은 정삼각형이고, 정육면체의 면의 모양은 정사각형, 정십이면체의 면의 모양은 정오각형이므로 정다면체의 면의 모양은 정삼각형, 정사각형, 정오각형뿐이다.

따라서 옳은 것은 ⑤이다.

3 답 ③

③

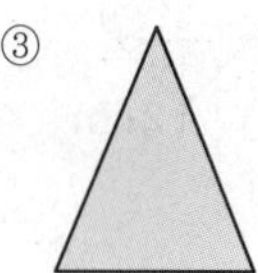

4 답 ⑤

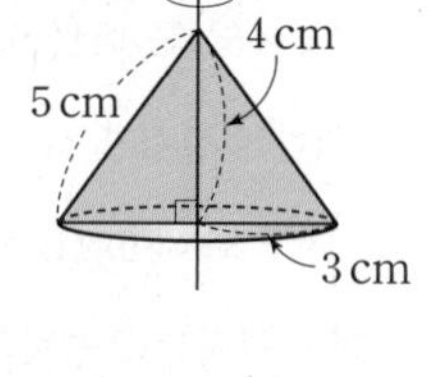

① 원뿔이다.

② 높이는 4 cm이다.

③ 밑면인 원의 둘레의 길이는 $2\pi\times3=6\pi(\text{cm})$

④ 전개도를 그리면 옆면의 모양은 부채꼴이다.

⑤ 원뿔을 회전축을 포함하는 평면으로 자를 때 생기는 단면은 이등변삼각형이므로

(단면의 넓이)$=\frac{1}{2}\times(3+3)\times4=12(\text{cm}^2)$

따라서 옳은 것은 ⑤이다.

5 답 $(130+8\pi)\text{cm}^2$, $(100-5\pi)\text{cm}^3$

(밑넓이)$=5\times4-\pi\times1^2=20-\pi(\text{cm}^2)$

(옆넓이)$=(5+4+5+4)\times5+(2\pi\times1)\times5$

$=90+10\pi(\text{cm}^2)$

$\therefore$ (겉넓이) $=(20-\pi)\times 2+90+10\pi=130+8\pi(\text{cm}^2)$

(부피) = (사각기둥의 부피) − (원기둥의 부피)

$=(5\times 4)\times 5-(\pi\times 1^2)\times 5=100-5\pi(\text{cm}^3)$

6 답 $120°$

원뿔의 모선의 길이를 l cm라 하면

$\pi\times 4^2+\frac{1}{2}\times l\times(2\pi\times 4)=64\pi$

$16\pi+4\pi l=64\pi$

$4\pi l=48\pi \quad \therefore l=12$

이때 원뿔의 전개도는 오른쪽 그림과 같으므로 부채꼴의 중심각의 크기를 $x°$라 하면

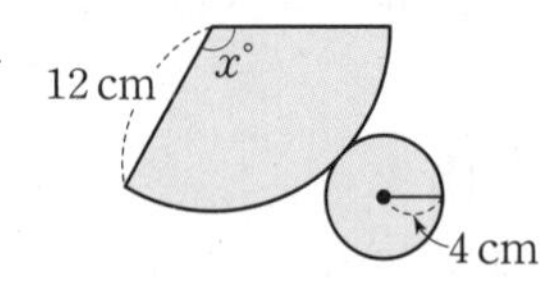

$2\pi\times 12\times\frac{x}{360}=2\pi\times 4$

$\therefore x=120$

따라서 부채꼴의 중심각의 크기는 $120°$이다.

7 답 $32\pi\ \text{cm}^3$

주어진 평면도형을 직선 l을 회전축으로 하여 1회전 시킬 때 생기는 입체도형은 오른쪽 그림과 같으므로

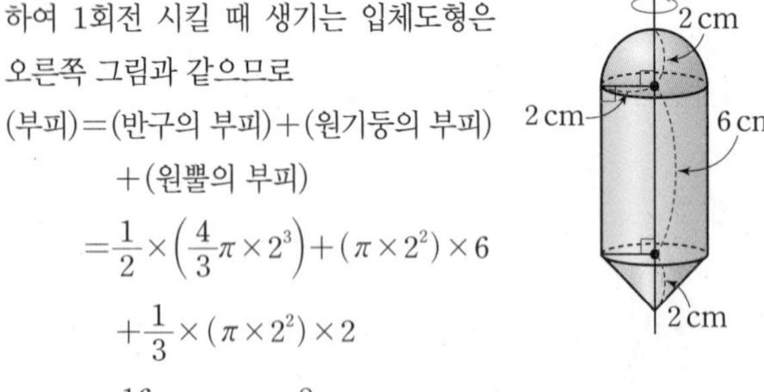

(부피) = (반구의 부피) + (원기둥의 부피) + (원뿔의 부피)

$=\frac{1}{2}\times\left(\frac{4}{3}\pi\times 2^3\right)+(\pi\times 2^2)\times 6+\frac{1}{3}\times(\pi\times 2^2)\times 2$

$=\frac{16}{3}\pi+24\pi+\frac{8}{3}\pi=32\pi(\text{cm}^3)$

8 답 8개

(반지름의 길이가 6 cm인 구 모양의 초콜릿의 부피)

$=\frac{4}{3}\pi\times 6^3=288\pi(\text{cm}^3)$

(반지름의 길이가 3 cm인 구 모양의 초콜릿의 부피)

$=\frac{4}{3}\pi\times 3^3=36\pi(\text{cm}^3)$

따라서 구하는 초콜릿의 개수는

$288\pi\div 36\pi=8$(개)

OX 문제로 확인하기 • 본문 112쪽

답 ❶ × ❷ ○ ❸ ○ ❹ × ❺ ○ ❻ × ❼ × ❽ ×

5 자료의 정리와 해석

• 본문 114~115쪽

개념 45 줄기와 잎 그림

개념 확인

1 답 (1) 2권, 36권

(2) (0|2는 2권)

줄기	잎
0	2 3 4 4 8 8 9
1	2 4 6 8
2	0 4 6
3	2 6

2 답 (1) 잎이 가장 많은 줄기: 1, 잎이 가장 적은 줄기: 3
(2) 0, 2, 3, 3, 5, 7 (3) 6명 (4) 35회

(1) 잎이 가장 많은 줄기는 잎의 개수가 6개인 줄기 1이고, 잎이 가장 적은 줄기는 잎의 개수가 2개인 줄기 3이다.

(3) 2단 뛰기 줄넘기 기록이 20회 이상인 학생 수는 21회, 21회, 23회, 28회, 30회, 35회의 6명이다.

(4) 2단 뛰기 줄넘기 기록이 가장 좋은 학생의 기록은 줄기가 3이고 잎이 5이므로 35회이다.

교과서 문제로 개념 다지기

1 답 (1) 4 (2) 20명 (3) 41시간

(1) 잎이 가장 많은 줄기는 잎의 개수가 8개인 줄기 4이다.

(2) 전체 학생 수는 잎의 총 개수와 같으므로
$2+5+8+3+2=20$(명)

(3) 봉사 활동 시간이 가장 많은 학생의 시간은 64시간, 봉사 활동 시간이 가장 적은 학생의 시간은 23시간이므로 구하는 시간의 차는
$64-23=41$(시간)

2 답 (1) (1|2는 12세)

줄기	잎
1	2 9
2	3 8 8 9
3	0 4 5 5 8
4	0 4 5 9
5	4 5 8
6	2 7

(2) 5명 (3) 9명 (4) 55세

(2) 나이가 15세 이상 30세 미만인 사람 수는
19세, 23세, 28세, 28세, 29세의 5명이다.
(3) 나이가 40세 이상인 사람 수는
40세, 44세, 45세, 49세, 54세, 55세, 58세, 62세, 67세의 9명이다.
(4) 나이가 많은 사람의 나이부터 차례로 나열하면
67세, 62세, 58세, 55세, ⋯
따라서 나이가 많은 쪽에서 4번째인 사람의 나이는 55세이다.

3 답 (1) 5명 (2) 25 %

(1) 은지보다 키가 작은 학생은
135 cm, 137 cm, 142 cm, 143 cm, 144 cm의 5명이다.
(2) 은지네 반의 전체 학생 수는 $2+6+8+4=20$(명)이고,
은지보다 키가 작은 학생 수는 5명이므로
전체의 $\frac{5}{20}\times 100=25(\%)$이다.

4 답 (1) 1반 (2) 1반, 2명 (3) 1반: 6명, 2반: 4명

(1) 줄기 중에서 가장 큰 수는 4이고, 줄기가 4인 잎 중에서 가장 큰 수는 8이다.
따라서 팔굽혀펴기를 가장 많이 한 학생의 팔굽혀펴기 기록은 48회이고, 이 학생은 1반 학생이다.
(2) 팔굽혀펴기 횟수가 25회 이상 35회 미만인 학생 수는
1반이 25회, 26회, 29회, 32회, 33회의 5명,
2반이 27회, 32회, 34회의 3명
이므로 1반이 2명 더 많다.
(3) 1반에서 팔굽혀펴기 횟수가 35회 이상인 학생 수는
37회, 38회, 38회, 40회, 45회, 48회의 6명이다.
2반에서 팔굽혀펴기 횟수가 35회 이상인 학생 수는
39회, 44회, 46회, 47회의 4명이다.
따라서 1반과 2반에서 1등급을 받는 학생 수는 각각 6명, 4명이다.

▶ 문제 속 개념 도출

답 ① 잎

• 본문 116~117쪽

개념 46 도수분포표(1)

개념 확인

1 답 (1) 133 cm, 175 cm

(2)

기록(cm)	학생 수(명)	
130 이상 ~ 140 미만	𝍸	5
140 ~ 150	𝍸 //	7
150 ~ 160	////	4
160 ~ 170	///	3
170 ~ 180	/	1
합계	20	

2 답 (1) 계급의 크기: 6분, 계급의 개수: 4개
(2) 6분 이상 12분 미만
(3) 12분 이상 18분 미만
(4) 10명

(1) 계급의 크기는 $6-0=12-6=18-12=24-18=6$(분)
계급의 개수는 0분 이상 6분 미만, 6분 이상 12분 미만, 12분 이상 18분 미만, 18분 이상 24분 미만의 4개이다.
(2) 도수가 가장 작은 계급은 도수가 4명인 6분 이상 12분 미만이다.
(4) 아침 식사 시간이 0분 이상 6분 미만인 학생 수는 6명이고, 6분 이상 12분 미만인 학생 수는 4명이므로 아침 식사 시간이 12분 미만인 학생 수는
$6+4=10$(명)

교과서 문제로 개념 다지기

1 답 (1)

나이(세)	사람 수(명)
10 이상 ~ 20 미만	3
20 ~ 30	5
30 ~ 40	7
40 ~ 50	3
합계	18

(2) 30세 이상 40세 미만
(3) 3명

(2) 도수가 가장 큰 계급은 도수가 7명인 30세 이상 40세 미만이다.
(3) 나이가 43세인 참가자가 속하는 계급은 40세 이상 50세 미만이므로 구하는 계급의 도수는 3명이다.

해설 꼭 확인

(2) 도수가 가장 큰 계급 구하기

(×) → 40세 이상 50세 미만
(○) → 30세 이상 40세 미만

➡ 도수는 각 계급에 속한 변량의 개수야. 즉, 도수가 가장 큰 계급은 속하는 사람 수가 가장 많은 계급을 의미함에 주의해야 해!

2 답 (1) 10점 (2) 12명 (3) 80점 이상 90점 미만

(1) 계급의 크기는 $60-50=70-60=\cdots=100-90=10$(점)

(2) 수학 점수가 50점 이상 60점 미만인 학생 수는 1명이고, 60점 이상 70점 미만인 학생 수는 3명이고, 70점 이상 80점 미만인 학생 수는 8명이므로 수학 점수가 80점 미만인 학생 수는
$1+3+8=12$(명)

(3) 수학 점수가 90점 이상인 학생은 9명이고, 80점 이상인 학생은 $12+9=21$(명)이므로 수학 점수가 높은 쪽에서 15번째인 학생이 속하는 계급은 80점 이상 90점 미만이다.

3 답 ③, ⑤

① 계급의 개수는 10개 이상 15개 미만, 15개 이상 20개 미만, …, 35개 이상 40개 미만의 6개이다.

② 계급의 크기는 $15-10=20-15=\cdots=40-35=5$(개)

③ 도수가 가장 작은 계급은 도수가 2회인 30개 이상 35개 미만이다.

④ 던진 공의 개수가 30개 이상인 경기 수는
$2+3=5$(회)

⑤ 가장 많이 던진 공의 개수는 알 수 없다.

따라서 옳지 않은 것은 ③, ⑤이다.

4 답 $A=28$, $B=26$, $C=14$

주어진 [표 1], [표 2]에서

$24+A=52$이므로 $A=28$

$B=12+14=26$

$C=9+5=14$

▶ 문제 속 개념 도출

답 ① 도수분포표 ② 크기

• 본문 118~119쪽

개념 47 도수분포표 (2)

 개념 확인

1 답 (1) 5 (2) 5명 (3) 60분 이상 80분 미만 (4) 8명

(1) $3+\square+11+8+2+1=30$이므로
$\square+25=30$ $\therefore \square=5$

(2) 하루 동안의 스마트폰 사용 시간이 50분인 학생이 속하는 계급은 40분 이상 60분 미만이고, 이 계급의 도수는 5명이다.

(3) 도수가 가장 큰 계급은 도수가 11명인 60분 이상 80분 미만이다.

(4) 하루 동안의 스마트폰 사용 시간이 20분 이상 40분 미만인 학생 수는 3명이고, 40분 이상 60분 미만인 학생 수는 5명이므로 하루 동안의 스마트폰 사용 시간이 60분 미만인 학생 수는
$3+5=8$(명)

2 답 (1) 20명 (2) 5명 (3) 25 % (4) 20 %

(1) 등산 동호회의 전체 회원 수는
$5+7+4+3+1=20$(명)

(2), (3) 등산 횟수가 5회 이상 10회 미만인 회원 수는 5명이므로
전체의 $\frac{5}{20}\times100=25(\%)$이다.

(4) 등산 횟수가 20회 이상 25회 미만인 회원 수는 3명이고, 25회 이상 30회 미만인 회원 수는 1명이므로 등산 횟수가 20회 이상인 회원 수는
$3+1=4$(명)
따라서 등산 횟수가 20회 이상인 회원은
전체의 $\frac{4}{20}\times100=20(\%)$이다.

교과서 문제로 개념 다지기

1 답 ⑤

① 계급의 개수는 10회 이상 20회 미만, 20회 이상 30회 미만, …, 50회 이상 60회 미만의 5개이다.

② 계급의 크기는 $20-10=30-20=\cdots=60-50=10$(회)

③ $5+10+4+A+1=28$이므로
$A+20=28$ $\therefore A=8$

④ 도수가 가장 큰 계급은 도수가 10명인 20회 이상 30회 미만이다.

⑤ 도서관 이용 횟수가 30회 이상인 학생 수는
$4+8+1=13$(명)

따라서 옳지 않은 것은 ⑤이다.

해설 꼭 확인

⑤ 도서관 이용 횟수가 30회 이상인 학생 수 구하기

(×) → 30회 이상 40회 미만인 학생 수는 4명이므로 4명이다.

(○) → 30회 이상 40회 미만인 학생 수는 4명,
40회 이상 50회 미만인 학생 수는 8명,
50회 이상 60회 미만인 학생 수는 1명
이므로 $4+8+1=13$(명)

➡ 해당하는 계급이 여러 개일 때는 해당하는 계급 중 하나의 도수만 확인하지 않고, 해당하는 모든 계급의 도수를 더해야 해!

2 답 (1) 32 % (2) 28 %

(1) 전체 학생 수는 25명이고, 봉사 활동 시간이 8시간 이상 12시간 미만인 학생 수는 8명이므로
전체의 $\frac{8}{25}\times100=32(\%)$이다.

(2) 봉사 활동 시간이 12시간 이상인 학생 수는 $5+2=7$(명)이므로 전체의 $\frac{7}{25}\times100=28(\%)$이다.

3 답 (1) 6명 (2) 60 %

(1) 몸무게가 3.0 kg 이상 3.5 kg 미만인 신생아 수는 $15-(1+2+4+2)=6$(명)

(2) 몸무게가 3.5 kg 미만인 신생아 수는 $1+2+6=9$(명)이므로 전체의 $\frac{9}{15}\times100=60(\%)$이다.

4 답 (1) 6명 (2) 12명

(1) 던지기 기록이 24 m 이상 28 m 미만인 학생 수를 x명이라 하면 던지기 기록이 28 m 미만인 학생 수가 전체의 25 %이므로

$\frac{2+x}{32}\times100=25,\ 2+x=8 \qquad \therefore x=6$

따라서 구하는 학생 수는 6명이다.

(2) 던지기 기록이 32 m 이상인 학생 수는 $32-(2+6+12)=12$(명)

▶ 문제 속 개념 도출

답 ① 도수 ② 총합

• 본문 120~121쪽

개념 48 히스토그램

개념 확인

1 답

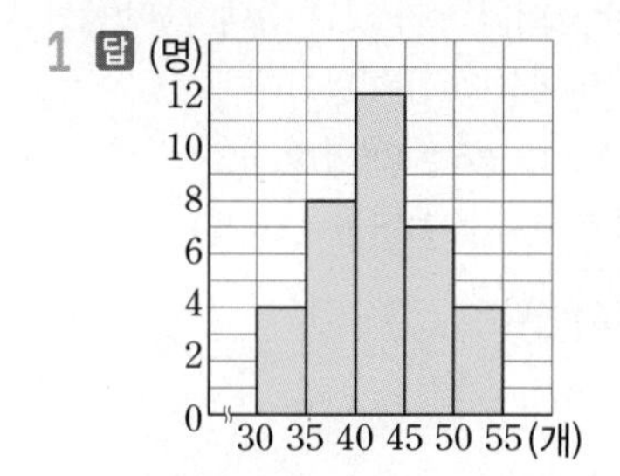

2 답 (1) 계급의 크기: 10점, 계급의 개수: 6개 (2) 50명 (3) 70점 이상 80점 미만 (4) 11명

(1) 계급의 크기는 $50-40=60-50=\cdots=100-90=10$(점)
계급의 개수는 40점 이상 50점 미만, 50점 이상 60점 미만, …, 90점 이상 100점 미만의 6개이다.

(2) 전체 학생 수는 $3+7+11+14+10+5=50$(명)

(3) 도수가 가장 큰 계급은 도수가 14명인 70점 이상 80점 미만이다.

교과서 문제로 개념 다지기

1 답 (1) 2점 (2) 21명 (3) 74

(1) 계급의 크기는 $12-10=14-12=\cdots=20-18=2$(점)

다른 풀이

히스토그램에서 계급의 크기는 직사각형의 가로의 길이와 같으므로 구하는 계급의 크기는 2점이다.

(2) 자기 평가 점수가 12점 이상 16점 미만인 학생 수는 $10+11=21$(명)

(3) (직사각형의 넓이의 합) = (계급의 크기) × (도수의 총합)
$=2\times(4+10+11+7+5)$
$=2\times37=74$

| 참고 | 히스토그램에서
- (직사각형의 넓이)=(각 계급의 크기)×(그 계급의 도수)
- (직사각형의 넓이의 합)=(계급의 크기)×(도수의 총합)

2 답 (1) 150분 이상 180분 미만 (2) 30명 (3) 20 %

(1) 도수가 가장 작은 계급은 도수가 1명인 150분 이상 180분 미만이다.

(2) 성훈이네 반의 전체 학생 수는 $2+4+8+10+5+1=30$(명)

(3) 운동 시간이 120분 이상인 학생 수는 $5+1=6$(명)이므로 전체의 $\frac{6}{30}\times100=20(\%)$이다.

3 답 ③, ④

① 조사한 날수는 $9+12+8+5+4+2=40$(일)

② 미세 먼지 평균 농도가 가장 낮은 날의 농도는 알 수 없다.

③ 도수가 가장 큰 계급은 도수가 12일인 40 $\mu g/m^3$ 이상 45 $\mu g/m^3$ 미만이다.

④ 히스토그램에서 직사각형의 가로의 길이는 계급의 크기이므로 일정하다.
즉, 직사각형의 넓이는 세로의 길이인 각 계급의 도수에 정비례하므로 도수가 가장 작은 계급의 직사각형의 넓이가 가장 작다.

⑤ 미세 먼지 평균 농도가 40 $\mu g/m^3$ 이상 50 $\mu g/m^3$ 미만인 날수는 $12+8=20$(일)이고, 50 $\mu g/m^3$ 이상인 날수는 $5+4+2=11$(일)이므로 2배가 아니다.

따라서 옳은 것은 ③, ④이다.

4 답 ③, ④

① 6시간 이상 9시간 미만 시청한 학생 수는 9명으로 가장 많다.

② 12시간 이상 15시간 미만 시청한 학생 수는 4명으로 가장 적다.

③ 가장 오래 시청한 학생이 시청한 시간은 알 수 없다.

④ 12시간 이상 시청한 학생 수는 4명이고, 9시간 이상 시청한 학생 수는 8+4=12(명)이므로 10번째로 오래 시청한 학생이 속하는 계급은 9시간 이상 12시간 미만이다.
즉, 10번째로 오래 시청한 학생은 최소 9시간 이상 시청했다.

⑤ 전체 학생 수는 32명이고, 9시간 미만 시청한 학생은
$5+6+9=20$(명)이므로
전체의 $\frac{20}{32}\times100=62.5(\%)$이다.
즉, 경수네 반 학생의 절반 이상은 9시간 미만 시청한 것으로 나타난다.

따라서 옳지 않은 것은 ③, ④이다.

▶ 문제 속 개념 도출

답 ① 크기 ② 도수

• 본문 122~123쪽

개념 49 도수분포다각형

개념 확인

1 답

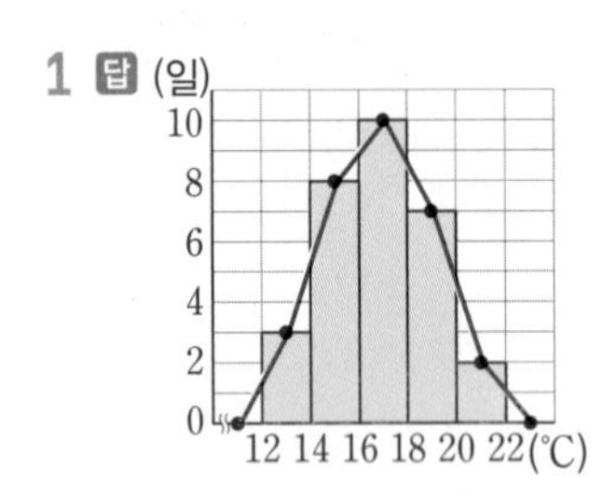

2 답 (1) 계급의 크기: 2초, 계급의 개수: 4개 (2) 30명
(3) 도수가 가장 큰 계급: 8초 이상 10초 미만,
도수가 가장 작은 계급: 12초 이상 14초 미만
(4) 6초 이상 8초 미만

(1) 계급의 크기는 $8-6=10-8=12-10=14-12=2$(초)
계급의 개수는 6초 이상 8초 미만, 8초 이상 10초 미만, 10초 이상 12초 미만, 12초 이상 14초 미만의 4개이다.
(2) 전체 학생 수는 $6+13+8+3=30$(명)
(3) 도수가 가장 큰 계급은 도수가 13명인 8초 이상 10초 미만이고, 도수가 가장 작은 계급은 도수가 3명인 12초 이상 14초 미만이다.

교과서 문제로 개념 다지기

1 답 (1) 5개 (2) 28명 (3) 17명

(1) 계급의 개수는 5시간 이상 6시간 미만, 6시간 이상 7시간 미만, …, 9시간 이상 10시간 미만의 5개이다.
(2) 미주네 반의 전체 학생 수는
$2+7+8+7+4=28$(명)
(3) 수면 시간이 8시간 미만인 학생 수는
$2+7+8=17$(명)

2 답 (1) 10명 (2) 9명 (3) 175

(1) 도수가 가장 큰 계급은 70 cm 이상 75 cm 미만이고,
이 계급의 도수는 10명이므로 구하는 학생 수는 10명이다.
(2) 앉은키가 80 cm 이상인 학생 수는
$6+3=9$(명)
(3) 도수분포다각형과 가로축으로 둘러싸인 부분의 넓이는
히스토그램의 각 직사각형의 넓이의 합과 같으므로
$5\times(2+6+10+8+6+3)=5\times35=175$

| 참고 | 히스토그램의 각 직사각형의 넓이의 합
➡ (계급의 크기)×(도수의 총합)

3 답 0

색칠한 두 삼각형은 밑변의 길이와 높이가 각각 같으므로 넓이가 서로 같다.
따라서 $A=B$이므로 $A-B=0$

| 참고 | 오른쪽 도수분포다각형의
$\triangle$ACB와 $\triangle$ECD에서
$\overline{AB}=\overline{ED}$, $\overline{BC}=\overline{DC}$, $\angle B=\angle D=90^\circ$
$\therefore$ $\triangle ACB\equiv\triangle ECD$ (SAS 합동)
따라서 $\triangle$ACB와 $\triangle$ECD의 넓이는 서로 같다.

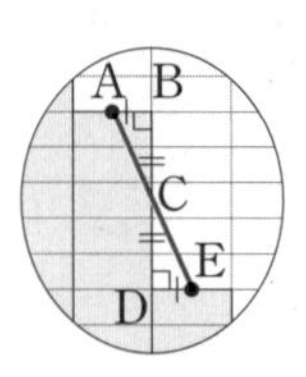

4 답 (1) 70점 이상 80점 미만 (2) 45 %

(1) 영어 점수가 60점 미만인 학생 수는 3명이고, 70점 미만인 학생 수는 $3+5=8$(명)이고, 80점 미만인 학생 수는
$3+5+14=22$(명)이므로 영어 점수가 낮은 쪽에서 9번째인 학생이 속하는 계급은 70점 이상 80점 미만이다.
(2) 전체 학생 수는 $3+5+14+12+6=40$(명)이고,
영어 점수가 80점 이상인 학생 수는 $12+6=18$(명)이므로
전체의 $\frac{18}{40}\times100=45(\%)$이다.

5 답 (1) 11명 (2) 56 %

(1) 독서 시간이 40분 이상 60분 미만인 학생 수를 x명이라 하면
$3+x+6+3+2=25$
$x+14=25$ $\therefore x=11$
따라서 구하는 학생 수는 11명이다.
(2) 독서 시간이 60분 미만인 학생 수는 $3+11=14$(명)이므로
전체의 $\frac{14}{25}\times100=56(\%)$이다.

▶ 문제 속 개념 도출

답 ① 도수분포다각형

• 본문 124~125쪽

개념 50 상대도수

개념 확인

1 답 (1) 풀이 참조 (2) 1

(1)

개수(개)	도수(명)	상대도수
$5^{이상}$ ~ $10^{미만}$	3	$\frac{3}{25}=0.12$
10 ~ 15	7	$\frac{7}{25}=0.28$
15 ~ 20	9	$\frac{9}{25}=0.36$
20 ~ 25	4	$\frac{4}{25}=0.16$
25 ~ 30	2	$\frac{2}{25}=0.08$
합계	25	A

(2) 상대도수의 총합은 항상 1이므로 $A=1$

2 답 (1) 0.2, 8 (2) 0.52, 25

교과서 문제로 개념 다지기

1 답 (가) 10 (나) 0.5 (다) 0.15 (라) 0.1 (마) 1

4만 원 이상 6만 원 미만인 계급의 상대도수는

$\frac{3}{20}=\boxed{0.15}$ ∴ (다)$=0.15$

6만 원 이상 8만 원 미만인 계급의 상대도수는

$\frac{2}{20}=\boxed{0.1}$ ∴ (라)$=0.1$

2 답 $A=8$, $B=0.26$, $C=50$, $D=0.14$, $E=1$

50분 이상 60분 미만인 계급에서

(도수의 총합)$=\frac{6}{0.12}=50$(명)이므로 $C=50$

10분 이상 20분 미만인 계급의 상대도수가 0.16이므로

$A=50\times0.16=8$

20분 이상 30분 미만인 계급의 도수가 13명이므로

$B=\frac{13}{50}=0.26$

40분 이상 50분 미만인 계급의 도수가 7명이므로

$D=\frac{7}{50}=0.14$

상대도수의 총합은 항상 1이므로 $E=1$

3 답 32 %

30분 이상 40분 미만인 계급의 상대도수가 0.32이므로
대화 시간이 30분 이상 40분 미만인 학생은
전체의 $0.32\times100=32(\%)$이다.

4 답 (1) 풀이 참조 (2) 25 %

(1)

나무의 키(cm)	도수(그루)	상대도수
$300^{이상}$ ~ $350^{미만}$	$200\times0.1=20$	0.1
350 ~ 400	$200\times0.2=40$	0.2
400 ~ 450	$200\times0.3=60$	0.3
450 ~ 500	$200\times0.15=30$	0.15
500 ~ 550	$200\times0.15=30$	0.15
550 ~ 600	$200\times0.1=20$	0.1
합계	200	1

(2) 500 cm 이상인 계급의 상대도수의 합은
$0.15+0.1=0.25$
따라서 키가 500 cm 이상인 나무는
전체의 $0.25\times100=25(\%)$이다.

5 답 (1) 80명 (2) 8명

(1) 40점 이상 50점 미만인 계급에서

(전체 참가자의 수)$=\frac{4}{0.05}=80$(명)

(2) 50점 이상 60점 미만인 계급의 상대도수는 0.1이므로
점수가 50점 이상 60점 미만인 참가자의 수는
$80\times0.1=8$(명)

다른 풀이

각 계급의 상대도수는 그 계급의 도수에 정비례하므로
50점 이상 60점 미만인 계급의 도수를 x명이라 하면
$4 : x=0.05 : 0.1$에서
$4 : x=1 : 2$ ∴ $x=8$
따라서 구하는 참가자의 수는 8명이다.

▶ 문제 속 개념 도출

답 ① 상대도수 ② 도수의 총합

• 본문 126~127쪽

개념 51 상대도수의 분포를 나타낸 그래프

개념 확인

1 답

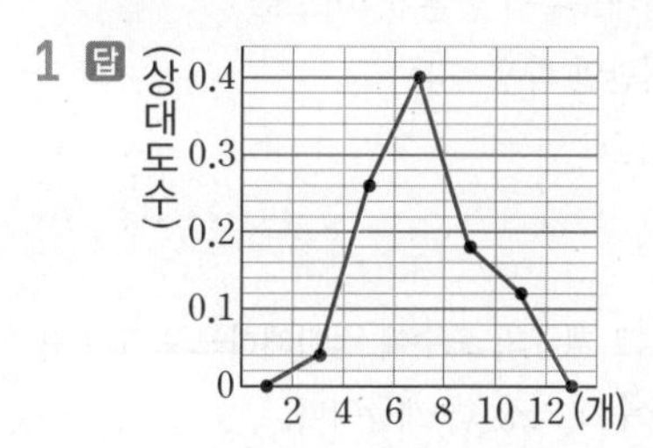

2 답 (1) 165 cm 이상 170 cm 미만, 150 cm 이상 155 cm 미만
(2) 165 cm 이상 170 cm 미만, 150 cm 이상 155 cm 미만
(3) 0.2 (4) 12명 (5) 25 %

(1) 상대도수가 가장 큰 계급은 상대도수가 0.35인 165 cm 이상 170 cm 미만이고, 상대도수가 가장 작은 계급은 상대도수가 0.05인 150 cm 이상 155 cm 미만이다.
(2) 상대도수는 그 계급의 도수에 정비례하므로 도수가 가장 큰 계급의 상대도수도 가장 크고, 도수가 가장 작은 계급의 상대도수도 가장 작다.
따라서 도수가 가장 큰 계급과 가장 작은 계급을 차례로 구하면 165 cm 이상 170 cm 미만, 150 cm 이상 155 cm 미만이다.
(3), (4) 전체 학생 수는 60명이고, 160 cm 이상 165 cm 미만인 계급의 상대도수가 0.2이므로 이 계급의 도수는
$60\times0.2=12$(명)
(5) 170 cm 이상인 계급의 상대도수의 합은
$0.15+0.1=0.25$이므로 키가 170 cm 이상인 학생은
전체의 $0.25\times100=25$(%)이다.

교과서 문제로 개념 다지기

1 답 ⑤
① 상대도수가 가장 큰 계급은 16 ℃ 이상 18 ℃ 미만이다.
② 도수가 가장 작은 계급은 상대도수가 가장 작은 계급인 22 ℃ 이상 24 ℃ 미만이다.
③ 상대도수의 총합은 항상 1이고, 도수의 총합은 50곳이므로 같지 않다.
④ 18 ℃ 이상 20 ℃ 미만인 계급의 상대도수는 0.2이므로 이 계급에 속하는 지역은
$50\times0.2=10$(곳)
⑤ 14 ℃ 미만인 계급의 상대도수의 합은
$0.06+0.1=0.16$이므로 최고 기온이 14 ℃ 미만인 지역은
전체의 $0.16\times100=16$(%)이다.
따라서 옳은 것은 ⑤이다.

2 답 (1) 0.4 (2) 16명
(1) 40분 미만인 계급의 상대도수의 합은
$0.05+0.15+0.2=0.4$
(2) 40분 미만인 계급의 상대도수의 합은 0.4이므로
기다린 시간이 40분 미만인 학생 수는
$40\times0.4=16$(명)

3 답 (1) 40명 (2) 10명
(1) 각 계급의 상대도수는 그 계급의 도수에 정비례하므로 도수가 가장 큰 계급은 상대도수가 가장 큰 계급이다.
즉, 도수가 가장 큰 계급은 상대도수가 가장 큰 계급인 7회 이상 9회 미만이다.
따라서 이 계급의 상대도수는 0.45, 도수는 18명이므로 웅이네 반의 전체 학생 수는
$\frac{18}{0.45}=40$(명)
(2) 3회 이상 7회 미만인 계급의 상대도수의 합은
$0.1+0.15=0.25$이므로 턱걸이 횟수가 3회 이상 7회 미만인 학생 수는
$40\times0.25=10$(명)

4 답 (1) 1명 (2) 0.16
(1) 상대도수가 가장 작은 계급은 상대도수가 0.04인 280 mm 이상 290 mm 미만이므로 이 계급의 도수는
$25\times0.04=1$(명)
(2) 신발 크기가 280 mm 이상 290 mm 미만인 학생 수는
(1)에서 1명이고,
신발 크기가 270 mm 이상 280 mm 미만인 학생 수는
$25\times0.16=4$(명)이다.
따라서 신발 크기가 큰 쪽에서 5번째인 학생이 속하는 계급은 270 mm 이상 280 mm 미만이므로 구하는 상대도수는 0.16이다.

▶ 문제 속 개념 도출
답 ① 정비례 ② 상대도수

• 본문 128~129쪽

개념 52 도수의 총합이 다른 두 자료의 비교

개념 확인

1 답 (1) 풀이 참조
(2) 80점 이상 85점 미만
(3) 남학생: 8명, 여학생: 5명
(4) 어떤 계급의 상대도수가 같다고 하여 도수도 같다고 할 수는 없다.

(1)

수학 점수(점)	남학생		여학생	
	도수(명)	상대도수	도수(명)	상대도수
75이상 ~ 80미만	4	0.1	3	0.12
80 ~ 85	8	0.2	5	0.2
85 ~ 90	12	0.3	7	0.28
90 ~ 95	10	0.25	9	0.36
95 ~ 100	6	0.15	1	0.04
합계	40	1	25	1

(2) 남학생과 여학생의 상대도수가 같은 계급은 상대도수가 0.2로 같은 80점 이상 85점 미만이다.

(3) 전체 남학생 수는 40명이므로 80점 이상 85점 미만인 계급에 속하는 남학생 수는

$40\times0.2=8$(명)

전체 여학생 수는 25명이므로 80점 이상 85점 미만인 계급에 속하는 여학생 수는

$25\times0.2=5$(명)

(4) (2), (3)에서 상대도수가 같은 계급의 도수가 같지 않음을 알 수 있다.

따라서 어떤 계급의 상대도수가 같다고 하여 도수도 같다고 할 수는 없다.

2 답 (1) 0.45, 0.25, 1 (2) 2반

(2) 2반의 그래프가 1반의 그래프보다 전체적으로 오른쪽으로 치우쳐 있으므로 2반이 1반보다 운동 시간이 대체적으로 더 길다고 할 수 있다.

교과서 문제로 개념 다지기

1 답 20분 이상 40분 미만, 40분 이상 60분 미만, 60분 이상 80분 미만

2 답 B중학교

80분 이상 100분 미만인 계급의 상대도수가 B중학교가 A중학교보다 더 크므로 학생의 비율도 B중학교가 A중학교보다 더 높다.

3 답 A중학교: 136명, B중학교: 168명

60분 이상 80분 미만인 계급의 상대도수가 A중학교는 0.34이고, B중학교는 0.28이므로

A중학교에서 자습 시간이 60분 이상 80분 미만인 학생 수는

$400\times0.34=136$(명)

B중학교에서 자습 시간이 60분 이상 80분 미만인 학생 수는

$600\times0.28=168$(명)

4 답 B중학교

B중학교의 그래프가 A중학교의 그래프보다 전체적으로 오른쪽으로 치우쳐 있으므로 B중학교가 A중학교보다 자습 시간이 대체적으로 더 길다고 할 수 있다.

5 답 ㄴ, ㄷ

ㄱ. 전체 남학생 수와 전체 여학생 수는 알 수 없다.

ㄴ. 남학생의 그래프가 여학생의 그래프보다 전체적으로 오른쪽으로 치우쳐 있으므로 남학생이 여학생보다 TV 시청 시간이 대체적으로 더 길다고 할 수 있다.

ㄷ. 남학생의 그래프에서 6시간 이상 10시간 미만인 계급의 상대도수의 합은 $0.24+0.26=0.5$이므로 TV 시청 시간이 6시간 이상 10시간 미만인 남학생은 남학생 전체의 $0.5\times100=50(\%)$이다.

따라서 옳은 것은 ㄴ, ㄷ이다.

6 답 가영, 나영

가영: 20회 이상 25회 미만인 계급의 상대도수는 야구부가 0.3이고, 배구부가 0.2이므로 이 계급에 속하는 학생의 비율은 야구부가 배구부보다 높다.

나영: 야구부의 그래프에서 15회 미만인 계급의 상대도수의 합은 $0.04+0.16=0.2$이므로 야구부에서 기록이 15회 미만인 학생은 야구부 전체의 $0.2\times100=20(\%)$이다.

다영: 야구부의 그래프가 배구부의 그래프보다 전체적으로 왼쪽으로 치우쳐 있으므로 야구부가 배구부보다 기록이 더 안 좋은 편이라 할 수 있다.

따라서 옳게 말한 학생은 가영, 나영이다.

▶ 문제 속 개념 도출

답 ① 상대도수

학교 시험 문제로 단원 마무리

• 본문 130~132쪽

1 답 ③, ④

① 은주네 반의 전체 학생 수는

$4+4+6+7+4=25$(명)

② 잎이 가장 많은 줄기가 3이므로 학생 수가 가장 많은 점수대는 30점대이다.

③ 점수가 10점 미만인 학생 수는 2점, 5점, 8점, 9점인 4명이므로 전체의 $\frac{4}{25}\times100=16(\%)$이다.

④ 은주보다 점수가 높은 학생 수는 35점, 37점, 38점, 42점, 44점, 47점, 49점의 7명이다.

⑤ 점수가 낮은 학생의 점수부터 차례로 나열하면 2점, 5점, 8점, 9점, 10점, 12점, …이므로 점수가 낮은 쪽에서 6번째인 학생의 점수는 12점이다.

따라서 옳지 않은 것은 ③, ④이다.

2 답 ②

① 계급의 양 끝 값의 차는 계급의 크기이다.

③ 각 계급에 속하는 자료의 개수는 도수이다.

④ 변량을 일정한 간격으로 나눈 구간은 계급이다.

⑤ 계급의 개수는 자료의 양에 따라 보통 5~15개 정도로 한다. 이때 계급의 개수가 너무 적거나 많으면 자료의 분포 상태를 알기 어렵다.

따라서 옳은 것은 ②이다.

3 답 (1) 9 (2) 14개
(3) 500 kcal 이상 600 kcal 미만

(1) $3+11+10+A+7+5=45$
$\therefore A=9$

(2) 열량이 100 kcal 이상 300 kcal 미만인 식품 수는
$3+11=14$(개)

(3) 열량이 600 kcal 이상인 식품 수는 5개이고, 500 kcal 이상인 식품 수는 $7+5=12$(개)이므로 열량이 높은 쪽에서 10번째인 식품이 속하는 계급은 500 kcal 이상 600 kcal 미만이다.

4 답 (1) 8명 (2) 24 % (3) 3배

(1) 등교 시간이 18분인 학생이 속하는 계급은 15분 이상 20분 미만이므로 구하는 계급의 도수는 8명이다.

(2) 등교 시간이 30분 이상인 학생 수는 $9+3=12$(명)이므로
전체의 $\frac{12}{50}\times 100=24(\%)$이다.

(3) 등교 시간이 35분 이상인 학생 수는 3명이고, 등교 시간이 30분 이상인 학생 수는 $9+3=12$(명)이다.
따라서 등교 시간이 2번째로 긴 학생이 속하는 계급은 35분 이상 40분 미만이고, 이 계급의 직사각형의 넓이는
$5\times 3=15$
또 등교 시간이 8번째로 긴 학생이 속하는 계급은 30분 이상 35분 미만이고, 이 계급의 직사각형의 넓이는
$5\times 9=45$
따라서 등교 시간이 8번째로 긴 학생이 속하는 계급의 직사각형의 넓이는 등교 시간이 2번째로 긴 학생이 속하는 계급의 직사각형의 넓이의 $\frac{45}{15}=3$(배)이다.

다른 풀이
등교 시간이 8번째로 긴 학생이 속하는 계급은 30분 이상 35분 미만이고, 2번째로 긴 학생이 속하는 계급은 35분 이상 40분 미만이다.
히스토그램에서 직사각형의 넓이는 계급의 도수에 정비례하고, 30분 이상 35분 미만인 계급의 도수는 9명, 35분 이상 40분 미만인 계급의 도수는 3명이므로
$\frac{9}{3}=3$(배)이다.

5 답 ④, ⑤

① 단체 여행을 신청한 전체 관광객 수는
$3+8+5+11+6+4=37$(명)

② 나이가 20세 미만인 관광객 수는 3명이고, 30세 미만인 관광객 수는 $3+8=11$(명)이고, 40세 미만인 관광객 수는 $3+8+5=16$(명)이다.
따라서 나이가 적은 쪽에서 12번째인 관광객이 속하는 계급은 30세 이상 40세 미만이므로 구하는 도수는 5명이다.

④ (가)의 색칠한 부분의 넓이는 (나)의 색칠한 부분의 넓이와 같다.

⑤ 도수가 가장 큰 계급은 40세 이상 50세 미만이고, 이 계급에 속하는 관광객 수는 11명이다.
도수가 가장 작은 계급은 10세 이상 20세 미만이고 이 계급에 속하는 관광객 수는 3명이다.
즉, 구하는 도수의 차는
$11-3=8$(명)

따라서 옳지 않은 것은 ④, ⑤이다.

6 답 (1) 50명
(2) $A=0.24$, $B=15$, $C=8$, $D=0.16$
(3) 34 %

(1) 10 m 이상 20 m 미만인 계급의 도수는 5명이고, 이 계급의 상대도수는 0.1이므로
(전체 학생 수)$=\frac{5}{0.1}=50$(명)

(2) $A=\frac{12}{50}=0.24$
$B=50\times 0.3=15$
$C=50-(5+12+15+10)=8$
$D=\frac{8}{50}=0.16$

(3) 30 m 미만인 계급의 상대도수의 합은 $0.1+0.24=0.34$이므로 멀리 던지기 기록이 30 m 미만인 학생은
전체의 $0.34\times 100=34(\%)$이다.

7 답 (1) B반 (2) 25명 (3) A반

(1) 4권 이상 6권 미만인 계급의 상대도수는
A반이 0.2, B반이 0.28이다.
따라서 독서량이 4권 이상 6권 미만인 학생의 비율은 B반이 A반보다 더 높다.

(2) B반에서 독서량이 5권인 학생이 속하는 계급은 4권 이상 6권 미만이고, 이 계급의 상대도수는 0.28이므로
B반의 전체 학생 수는
$\frac{7}{0.28}=25$(명)

(3) A반의 그래프가 B반의 그래프보다 전체적으로 오른쪽으로 치우쳐 있으므로 A반이 B반보다 독서량이 대체적으로 더 많다고 할 수 있다.

OX 문제로 확인하기 본문 133쪽

답 ❶ × ❷ ○ ❸ × ❹ × ❺ ○ ❻ ○ ❼ ○ ❽ ○ ❾ ×

공부는 스스로 해야 실력이 됩니다.
아무리 뛰어난 스타강사도, 아무리 좋은 참고서도
학습자의 실력을 바로 높여 줄 수는 없습니다.

내가 무엇을 공부하고 있는지, 아는 것과 모르는 것은 무엇인지
스스로 인지하고 학습할 때 진짜 실력이 만들어집니다.

메가스터디북스는 스스로 하는 공부, **내가스터디**를 응원합니다.
메가스터디북스는 여러분의 **내가스터디**를 돕는 좋은 책을 만듭니다.

메가스터디BOOKS

www.megastudybooks.com

내용 문의 | 02-6984-6901 **구입 문의** | 02-6984-6868,9